VOLTAIRE

Elemente der Philosophie Newtons
Verteidigung des Newtonianismus
Die Metaphysik des Neuton

VOLTAIRE

Elemente der Philosophie Newtons
Verteidigung des Newtonianismus
Die Metaphysik des Neuton

Herausgegeben, eingeleitet
und mit einem Anhang versehen
von Renate Wahsner und
Horst-Heino v. Borzeszkowski

W DE G

Walter de Gruyter · Berlin · New York · 1997

Ubersetzung der Texte „Elemente der Philosophie Newtons“ und „Verteidigung des Newtonianismus“ aus dem Französischen von Christa Poser

⊗ Gedruckt auf säurefreiem Papier,
das die US-ANSI-Norm über Haltbarkeit erfüllt.

Die Deutsche Bibliothek – CIP-Einheitsaufnahme

Voltaire:
Elemente der Philosophie Newtons. Verteidigung des Newtonianismus [u. a.]. Voltaire. Hrsg., eingel. und mit einem Anhang vers. von Renate Wahsner und Horst-Heino v. Borzeszkowski. [Übers. der Texte ... aus dem Franz. von Christa Poser]. – Berlin ; New York : de Gruyter, 1997
ISBN 3-11-015656-3

Printed in Germany
Druck und buchbinderische Verarbeitung: Hubert + Co. GmbH, Göttingen.
Einbandentwurf: Sirko Wahsner, Berlin.

Vorwort

Die beiden Schriften Voltaires "Elemente der Philosophie Newtons" und "Verteidigung des Newtonianismus" sind historisch deshalb bedeutsam, weil Voltaire durch sie – sowie durch seine "Englische Briefen" – die Verbreitung des Newtonianismus in Frankreich initiierte. Zwar wurden alle Schriften Newtons ab 1699 der Pariser Akademie bekannt und haben andere Franzosen, so Maupertuis, d'Alembert, Clairaut, Lagrange und Laplace in der folgenden Zeit die Klassische Mechanik weiterentwickelt, doch Voltaire war ihr eigentlicher französischer Popularisator. Er bereitete so das Feld für die spätere Ausgestaltung der Mechanik vor. Mit seiner Popularisierung – die eine völlig neue Art allgemeinverständlicher Physikliteratur vorstellt – nahm er aber nicht nur auf die naturwissenschaftliche, sondern auch auf die philosophische und überhaupt auf die kulturelle Entwicklung Einfluß. Indem er Newtons Lehre als eine Weltsicht mit einer gegen den Anspruch von Altar und Krone im absolutistischen Staat gerichteten Tendenz verbreitete, leistete er Entscheidendes für die Begründung des Anspruchs der Vernunft, ausschließliches Kriterium allen Tuns zu sein, mithin für die geistige Vorbereitung der Französischen Revolution.

In seiner englischen Form wäre der Newtonianismus in Frankreich nicht annehmbar gewesen. Der weitgehend empiristisch ausgerichtete englische Newtonianismus mußte für den in Frankreich herrschenden cartesischen Rationalismus attraktiv werden. Voltaire gelang es, ihn in dieser Weise zu verändern. Damit brach er die herkömmliche Philosophie, die als rationalistische Metaphysik begriffen wurde, für Probleme auf, deren sich bislang der Empirismus angenommen hatte. Dem Voltaireschen Erfolg war allerdings eine mechanizistische Interpretation der Newtonschen Lehre inhärent. Indem Voltaire die Newtonsche Physik zur Weltanschauung machte, sah er von ihrer Bedingtheit und Begrenztheit ab. Mit Voltaire begann die Form der philosophischen Rezeption der Mechanik, die von den nachfolgenden philosophischen Generationen für die einzig mögliche bzw. für die Mechanik selbst gehalten wurde. Namentlich der Mechanikbegriff des deutschen Idealismus ist durch Voltaires Newton-Rezeption geprägt. Und das heißt zweierlei: durch die Identifizierung der Klassischen Mechanik mit dem mechanistischen Weltbild und durch das Ziel, die Newtonschen Prinzipien in ihrer *kulturellen* Leistung zu erkennen.

Voltaires Rezeption zeigt bis heute ihre Wirkung, wobei allerdings ihr zweitgenannter Aspekt stark vernachlässigt wird. Sie zeigt ihre Wirkung vor allem dann, wenn es um die Beurteilung des Charakters der Physik und um das Verhältnis von Naturwissenschaften und Philosophie geht. Das Wissen um die von Voltaire begründete Form des Newtonianismus dient daher sowohl einem besseren Verständnis des begrifflichen Status und der erkenntnistheoretischen Probleme der theoretischen Naturwissenschaft als auch des Gegenstandes der auf die französische Aufklärung folgenden philosophischen Systeme.

Erst die Kenntnis der wenig beachteten naturphilosophischen Komponente des Werkes Voltaires läßt verstehen, warum sich späterhin in der philosophischen Diskussion zwei einander entgegengesetzte philosophische Standpunkte zur exakten Naturwissenschaft entwickelten: die (im Keim bei Diderot sich ausbildende) "philosophische" Entwicklungslinie und die (im Ansatz bei d'Alembert und Condillac fixierte) "analytische" Richtung.

Die heutige Physik betrifft die von Voltaire initiierte Lesart der Newtonschen Physik insofern, als sie maßgeblich auf der Newtonschen gründet. Damit fällt auch auf sie der Schatten des Mechanizismus. Es ist daher für ihr Verständnis, das heißt für die Beurteilung ihrer Möglichkeiten und Grenzen wichtig, die Voltairesche Tat zu erkennen – zu erkennen, wie der mechanizistische Schein der Mechanik entstand und welche Umstände und philosophischen Interessen eine weltanschaulich-mechanistische Interpretation rein physikalischer Lehren bedingen.

Voltaire initiierte in einem die Synthese des Empirismus mit dem Rationalismus und die Mechanisierung der Mechanik. Ob beides notwendigerweise miteinander verknüpft sein muß ist eine noch recht offene Frage. Das Studium der hier vorgelegten Voltaire-Schriften hilft vielleicht, sie zu beantworten.

Berlin 1996 Die Herausgeber

Inhaltsverzeichnis

Tiere, Pflanzen, Mineralien, alles scheint mit Maß, Gewicht, Zahl und Bewegung ausgestattet zu sein. Alles ist Feder, Hebel und Rolle, hydraulische Maschine, chemisches Laboratorium, vom Grashalm bis zur Eiche, vom Floh bis zum Menschen, vom Sandkorn bis zu unseren Wolken

Voltaire

Einleitung

Zur Editionsgeschichte

Der hier in deutscher Sprache vorgelegte Text gründet auf der in Band 31 der französischen Gesamtausgabe der Werke Voltaires von 1783-1789, der sogenannten Kehl-Ausgabe, enthaltenen Fassung der Schrift "Élémens de la philosophie de Newton".[1] Sie wurde zur Grundlage gewählt, weil diese Ausgabe die Variation letzter Hand reproduziert, die zudem Voltaires philosophische Ambition am deutlichsten zum Ausdruck bringt. Die Erstausgaben von 1738 als Grundlage einer deutschen Ausgabe von Voltaires Schrift "Élémens de la philosophie de Newton" zu wählen wäre nicht sinnvoll, da sie verschiedene Mängel enthalten, die später korrigiert wurden.[2]

Im Juli 1736 hatte Voltaire begonnen, systematisch an den "Élémens" zu arbeiten. Durch die Begeisterung von Mme du Châtelet für Mathematik und Physik und die Kontakte zu den in ihrem Hause verkehrenden Gelehrten Clairault, Maupertuis, Johann Bernoulli und König wurde er angeregt, sich ebenfalls mit diesen Gebieten zu beschäftigen. Die Idee zu den "Élémens" hatte er bereits 1735, veranlaßt durch den Venezianer Algarotti, der auf Einladung der Marquise du Châtelet im Oktober 1735 nach Cirey gekommen war, um mit ihr und Voltaire Fragen der Newtonschen

1 Oeuvres completes de Voltaire, Tome trente-unième, De l'imprimerie de la société littéraire-typographique 1784. Pierre de Beaumarchais, der Autor des "Barbier von Sevilla" und der "Hochzeit des Figaro", war der Initiator dieser in Kehl gedruckten Gesamtausgabe der Werke Voltaires, mit der die Aufklärer Voltaire – wie sie sagten – "das schönste literarische und typographische Denkmal" setzen wollten. Trotz der für Beaumarchais ruinösen Kosten erschien die Ausgabe in relativ kurzer Zeit in zweiundsiebzig Bänden mit einer Einleitung und mit Anmerkungen von Condorcet und wurde die Vulgata aller künftigen Voltaire-Editionen. (Über diese Ausgabe siehe vor allem: R. Diehl, Beaumarchais als Nachfolger Baskervilles. Entstehungsgeschichte der Kehler Voltaire-Ausgabe in Baskerville-Typen, Frankfurt a. M. 1925; aber auch: E. du Bois-Reymond, Voltaire als Naturforscher, in: Reden von Emil du Bois-Reymond, Erste Folge, Leipzig 1886, S. 8, 27, Anm. 20; Th. Besterman, Voltaire, aus dem Englischen übersetzt von S. Schmitz, München 1971, S. 371, 581; J. Orieux, Das Leben des Voltaire, aus dem Französischen von J. Kirchner, Frankfurt a. M. 1968, 942-946.)

2 Für eine ausführliche Darstellung der Publikationsgeschichte der "Elemente" siehe: R. L. Walters and W. H. Barber, Introduction to "Eléments de la philosophie de Newton", in: The Complete Works of Voltaire, hrsg. von W. H. Barber and U. Kölving, Bd. 15, Oxford 1992, S. 98-140; siehe auch: Th. Besterman, Voltaire, a. a. O., S. 158-161.

Wissenschaft zu diskutieren. Algarotti, der zu jener Zeit gerade das Manuskript eines Buches vollendete, in dem er Newtons Lehre, vornehmlich deren optischen Teil, der Damenwelt in populärer Weise nahebringen wollte,[3] weckte Voltaires spezielles Interesse für die Optik, die er zuvor schon durch Henry Pembertons 1728 veröffentlichte populäre Darstellung und durch die Gespräche mit Samuel Clarke kennengelernt hatte.[4] Zugleich erinnerte Algarottis Vorhaben Voltaire daran, daß es auch in Frankreich keine ausführliche, über seine "Englischen Briefe" (so der ursprüngliche Titel seiner "Philosophischen Briefe") hinausgehende, allgemeinverständliche Darstellung der Newtonschen Gedankenwelt gab. So nahm die Idee Gestalt an, eine solche Schrift zu verfassen. Dabei wollte Voltaire, anders als Algarotti, nicht frivol und elegant, sondern klar und sachlich schreiben. Allerdings gedachte er, von Algarotti die Anordnung der Optik vor der Gravitationstheorie zu übernehmen. Der Entschluß zu dieser Anordnung dürfte – wie die Herausgeber der "Élémens" in der englischen Voltaire-Gesamtausgabe vermuten – dadurch bedingt gewesen sein, daß Voltaire seine Schrift mit einem Kapitel über die philosophischen und theologischen Ansichten Newtons abschließen wollte und diese sich besser an die Newtonschen Bewegungsgesetze der Himmelskörper als an die Optik anschließen lassen.[5]

Mit Beginn der systematischen Arbeit an den "Élémens" begann Voltaire, die Originalwerke Newtons zu lesen und sich von Fachleuten wie Mme du Châtelet,[6] Pitot und Maupertuis beraten zu lassen. Den optischen Teil hatte er schon weitgehend fertiggestellt, als er im Dezember 1736 für einige Wochen nach Holland fliehen mußte. Für seine Schrift dürfte diese unfreiwillige Reise gut gewesen sein, denn er hatte wohl die Schwierigkeiten des himmelsmechanischen Teiles unterschätzt. In Holland bot sich ihm nun die Möglichkeit, viel darüber zu lesen und auch den Rat von Spezialisten wie Musschenbroek, Boerhaave und 'sGravesande einzuholen.[7] Diesen zweiten Teil stellte er dann nach seiner Rückkehr nach Cirey allmählich fertig.

Während seines Aufenthaltes in Amsterdam hatte Voltaire die Drucklegung seiner "Élémens" eingeleitet und beaufsichtigt. Zurückgekehrt nach Cirey verzögerte er jedoch absichtlich das Erscheinen der holländischen Ausgabe, indem er die letzten Kapitel nicht nach Amsterdam schickte. Er hoffte nämlich, sein Werk gleichzeitig in Frankreich publizieren zu können. Diese Veröffentlichung wurde aber vorrangig wegen des

3 Es erschien 1737 unter dem Titel "Il Newtonianismo per le dame. Ovvero, dialoghi sopra la luce, i colori e l'attrazione" (dt: Newtons Welt-Wissenschaft für Frauenzimmer oder Unterredungen von dem Licht, von den Farben und von der anziehenden Kraft, Braunschweig 1745).

4 Vgl. H. Pemberton, A view of Sir Isaac Newton's philosophy, with an introduction to the reprint edition by I. B. Cohen, New York/ London 1972 (deutsch: Anfangsgründe der Newtonischen Philosophie, Berlin 1793).

5 Vgl. R. L. Walters and W. H. Barber, Introduction to "Eléments de la philosophie de Newton", a. a. O., S. 78.

6 Vgl. I. O. Wade, Voltaire and Madame du Châtelet. An essay on the intellectual activity at Cirey, Princeton 1941; ders., Studies on Voltaire, Princeton 1947; P. Brunet, La vie et l'oeuvre de Clairaut, Paris 1952; ders., L'introduction des théories de Newton en France an XVIIIe siècle, Paris 1931. Durch Mme du Châtelet wurde Voltaire auch mit Clairaut bekannt.

7 Er scheint Musschenbroek getroffen zu haben, er konsultierte Boerhaave, und er besuchte einige der öffentlichen Vorträge von 'sGravesande.

Inhalts des letzten, des metaphysischen Teils von der Zensur nicht gestattet.[8] Da Voltaire nun zögerte, die Amsterdamer Ausgabe überhaupt erscheinen zu lassen, der Verleger Ledet aber schon 300 Seiten unter Voltaires Aufsicht gedruckt hatte, entschloß sich Ledet, einen anonymen Mathematiker mit der Vollendung des zweiten Teils zu beauftragen und die Schrift im März 1738 ohne Rücksprache mit Voltaire zu veröffentlichen. – Schließlich erschien im selben Jahr – herausgegeben von Prault – mit stillschweigender Genehmigung der französischen Zensur die sogenannte Londoner Ausgabe ('Londres' édition) der "Élémens", die sich wenig von der Amsterdamer Edition unterschied; sogar die nicht von Voltaire stammenden Kapitel waren übernommen worden. Sie enthielt allerdings zwei Hinzufügungen: die "Eclaircissements nécessaires", die schon zuvor veröffentlicht worden waren und die nun von Prault als Vorwort dieser Ausgabe vorangestellt wurden, und ein diese Ausgabe abschließendes Kapitel über die Gezeiten.

Voltaire selbst berichtet an den Kronprinzen Friedrich über die Art dieser Herausgabe: "Ich weiß nicht, ob Ew. Kgl. Hoheit die neue Ausgabe der *Eléments de Newton* erhalten haben. Da Sie geruhen, sich so für mich zu interessieren, daß Sie mir sogar berichten, Monsieur s'Gravesande habe nicht viel Gutes dazu geäußert, werde ich ihm also mitteilen, daß mich das nicht überrascht. – Da die Verleger, respektive die holländischen Korsaren, es nicht erwarten konnten, das Werk in den Handel zu bringen, haben sie sich entschieden, die beiden letzten Kapitel von einem holländischen Metaphysiker zusammenstümpern zu lassen, dessen erstes Ziel es war, in diesen zwei unechten Kapiteln den Auffassungen von Monsieur s'Gravesande zu widersprechen. Der verneint die beiden vorzüglichsten Erkenntnisse des Newtonschen Systems, die Begründung für Gezeiten und die Erklärung für die Verschiebung der Tagundnachtgleiche, die zweifelsohne von den Erdausbuchtungen im Äquatorialbereich herrührt. Monsieur s'Gravesande hat sich zu Recht mit diesen zwei wichtigen Punkten befaßt. Im übrigen ist das Buch mit hundert lächerlichen Fehlern gedruckt. Die französische Ausgabe, nur zum Schein in London erschienen, ist ein wenig exakter."[9]

Die beiden Erstausgaben von 1738 enthalten also nur die Kapitel über Newtons Optik und Newtons Gravitationstheorie, nicht aber das ursprünglich geplante abschließende Kapitel über Newtons Philosophie resp. Metaphysik. Damit war Voltaire selbstredend seiner ursprünglichen und hauptsächlichen Intention nicht gerecht geworden, da es ihm ja vorrangig um die Darstellung des philosophischen oder aufklärerischen Konzepts der Newtonschen Wissenschaft ging.

Obwohl der Text des ausgelassenen metaphysischen Kapitels verlorengegangen ist, kann man unterstellen, daß er zusammen mit den "Philosophischen Briefen" der Aus-

8 Welche Konflikte mit der Obrigkeit wegen dieses Kapitels für Voltaire zu befürchten waren, gibt ein Brief von Mme du Châtelet an den Grafen d'Argental vom Januar 1737 wieder. (Siehe: Correspondence and Related Documents, definitive edition by Theodore Besterman, in: The Complete Works of Voltaire, hrsg. von W. H. Barber and U. Kölving, Bde. 85-135, Institut et Musée Voltaire, Geneve 1968-1977, Bd. 88, S. 210-213 (D 1265) (deutsch in: Briefe des alten Frankreich, übertragen und hrsg. von Werner Langer, Leipzig 1941, S. 254-256)).

9 Voltaire, Brief an Friedrich II. vom 1. 9. ? 1738, in: Correspondence and Related Documents, a. a. O., Bd. 89, S. 281-283 (D 1608) (deutsch in: Aus dem Briefwechsel Voltaire – Friedrich der Große, hrsg. von H. Pleschinski, Darmstadt 1992, S. 111 f.).

gangspunkt für die 1740 von Ledet und Desbordes in Amsterdam veröffentlichte Schrift "La Métaphysique de Newton" war, deren Text dann den ersten Teil der 1741 erschienenen, nunmehr in drei Teile untergliederten, "Élémens" bildete.[10] In der 41er Fassung wurde der Text von 1738 nicht nur neu gegliedert, sondern es wurden auch Kapitel ausgedehnt, neue hinzugefügt und andere weggelassen. Die Ausgabe von 1741 ist die erste, die völlig von Voltaire stammt. Obwohl sie von Prault in Paris herausgebracht wurde, trägt auch sie den Aufdruck "London", woraus sich wieder auf eine nur stillschweigende Duldung des Drucks durch die Zensur schließen läßt.

Der nun erste – die Newtonsche Metaphysik betreffende – Teil unterscheidet sich von der 1740 selbständig veröffentlichten Schrift recht wenig. Voltaire änderte hier nur einige Passagen, und zwar vornehmlich deshalb, um nicht in Frankreich bei der Zensur und anderen Autoritäten erneut Anstoß zu erregen. Die Modifizierungen betrafen vor allem seine Bemerkungen über Locke und die Möglichkeit einer denkenden Materie. Größere Änderungen nahm er hingegen an den beiden naturwissenschaftlichen Teilen vor. Er ersetzte nun die nicht von ihm stammenden Kapitel durch neue, wobei er die schon früher konzipierten und teilweise formulierten Kapitel über die Form der Erde, die Präzession des Äquinoktiums und die Natur der Kometen als weitere wichtige Bestätigungen des Newtonschen Gravitationsgesetzes vorstellt. Das schon in der "Londres"-Edition enthaltene Kapitel über die Gezeiten wird nun als Kapitel 13 vor das Kapitel 14, das die Himmelskörper Mond, Mars, Jupiter und Saturn betrifft, gesetzt, und nach dem Kapitel über die Kometenbewegungen folgt dann eine abschließende Betrachtung über die Natur der Newtonschen Attraktion. Zudem ordnet Voltaire die früheren Kapitel 9 und 10 über die Atome und das Kapitel 17 über das Leere in den Kontext der im ersten Teil diskutierten Leibnizschen Ansichten ein und fügt im zweiten Teil ein neues Kapitel über die scheinbare Vergrößerung von Mond und Sonne in der Nähe des Meridians hinzu. (Letzteres wurde in den nachfolgenden Ausgaben besonders häufig verändert.) Aufgrund der starken Kritik an seinen früheren Schriften schwächt Voltaire seine Angriffe auf Descartes nun ab. Alles in allem zeugt die Edition von 1741 von Voltaires gewachsenem physikalischen Wissen.

Voltaire hat später seine "Élémens" noch mehrfach verändert. Nach den in den Jahren 1744 und 1745 erschienenen Wiederabdrucken der Prault-Edition kam es 1748 zur ersten Edition durch Walther in Dresden, zu den Editionen von 1750-1752 in Rouen und 1751 in Paris als Teile von Gesamtausgaben des Voltaireschen Werkes und zur zweiten Walther-Ausgabe von 1752. Abgesehen davon, daß Voltaire in der Edition von 1748 Kapitel, die ihm in ihren Aussagen inkorrekt erschienen bzw. keinen Bezug auf Newton hatten, wegließ und den "Brief des Autors" am Ende des optischen Teils einfügte, änderte er vorwiegend den ersten Teil, indem er insbesondere die Passage über die Willensfreiheit erweiterte und präzisierte. Diese Änderung des metaphysischen Teils ist sowohl auf Voltaires Lebenserfahrung zurückzuführen als auch als Antwort auf Kritiken an früheren Editionen der "Élémens" anzusehen. Die nachfolgenden Ausgaben der Jahre 1750-1752 enthalten gegenüber der 48er Edition nur geringfügige Änderungen.

10 Zu diesem Textzusammenhang vgl.: Vorbericht des Holländischen Buchhändlers zur "Metaphysik Newtons" [hier S. 249-252].

Nach seiner Niederlassung bei Genf begann Voltaire, seine Werke für die erste Cramer-Edition von 1756 zu überarbeiten. Diese Überarbeitung enthält die letzten wichtigen Änderungen an der Schrift "Elemente der Philosophie Newtons". Neben Textveränderungen des ersten Teils – die aber keinen Wandel in Voltaires Ansichten erkennen lassen – werden hauptsächlich der zweite und der dritte Teil gekürzt: im Teil II werden das Kapitel 4 über die Brechung des Lichts und das Kapitel 5 über die Anatomie des Auges weggelassen, und im Teil III werden die Kapitel 14 über die Bewegung der Monde und das Kapitel 15 über die Kometen gestrichen, während das Kapitel 16 stark gekürzt wird. (Die Kapitel 10 und 11 der 41er Ausgabe waren schon 1748 gestrichen worden.)

Die letzte Ausgabe, die Voltaire selbst, drei Jahre vor seinem Tod, durchgesehen hat, die Genfer Ausgabe von 1775, modifiziert die 56er Edition nur geringfügig. Die Herausgeber der erwähnten Kehl-Ausgabe reproduzieren diesen Text mit gewissen, aus Voltaireschen Quellen stammenden geringen Hinzufügungen.

Was Voltaire vom Text der Edition von 1741 im Laufe seiner nachfolgenden Bearbeitungen gestrichen hat, betrifft lediglich recht langatmige, rein naturwissenschaftliche Darstellungen. Die verbliebenen Teile repräsentieren seine Rezeption der Naturwissenschaft hinreichend. Das Wesentliche ist erhalten.

Die ausführlichste Fassung der "Elemente", die von 1741 (die das Metaphysikkapitel bereits enthält, in den beiden physikalischen Teilen von Voltaire aber noch nicht gekürzt worden war), zur Grundlage zu wählen empfahl sich für das Anliegen dieser deutschen Ausgabe nicht. Denn diese soll vor allem Voltaires philosophische Rezeption der Newtonschen Physik und die von ihm initiierte französische Form des Newtonianismus, die ihrerseits den Mechanikbegriff des deutschen Idealismus maßgeblich beeinflußt hat, darstellen. Hierfür schien – wie gesagt – die Ausgabe letzter Hand, die intensiver als die früheren Voltaires philosophische Ambitionen zum Ausdruck bringt, am geeignetsten zu sein.

Mit der vorliegenden Ausgabe wird Voltaires Werk "Élémens de la philosophie de Newton" erstmals in allen seinen drei Teilen in deutscher Fassung ediert. Die 1740 publizierte Schrift "La Métaphysique de Newton", die später im Prinzip den ersten Teil des Gesamtwerks bildete, erschien ein Jahr später in deutscher Übersetzung, betitelt "Die Metaphysik des Neuton oder Vergleichung der Meinungen des Herren von Leibniz und des Neutons".[11] Eigene Recherchen sowohl als auch die Nachforschungen von Bibliographen und Voltaire-Editoren führten auf keine andere deutsche Ausgabe des in Rede stehenden Voltaireschen Werks.[12]

Den "Elementen" wird hier noch die Schrift "Verteidigung des Newtonianismus" angefügt, mit der Voltaire ein Jahr nach dem ersten Erscheinen der "Elemente" die in Frankreich gegen die Newtonsche Wissenschaft, vor allem die Optik, vorgebrachten Einwände widerlegen wollte. Zudem wird als Faksimile "Die Metaphysik des Neuton

11 Voltaire, Die Metaphysik des Neuton oder Vergleichung der Meinungen des Herren von Leibnitz und des Neutons. Von dem Herrn von Voltaire in Französischer Sprache abgefasset und ins Deutsche übersetzt von G. L. Bey Christian Friedrich Weygard, Helmstädt 1741.

12 Vgl. zum Beispiel: H. Fromm, Bibliographie deutscher Übersetzungen aus dem Französischen 1700-1948, Baden-Baden 1950-1953, S. 270; R. L. Walters and W. H. Barber, Introduction to "Eléments de la philosophie de Newton", a. a. O., S. 168.

oder Vergleichung der Meinungen des Herren von Leibniz und des Neutons" beigegeben, eben weil sie die sehr frühe und bislang einzige deutsche Ausgabe des Voltaireschen Werkes über Newton war. Überdies hat man hierdurch die Möglichkeit, die früheste und die späteste Fassung des "metaphysischen" Teils der "Elemente" selbst zu vergleichen und Änderungen zu erkennen.

Zeitgenössische Polemik gegen Voltaires "Metaphysik des Neuton"

Als Voltaire die "Elemente" verfaßte, war ihm bewußt, daß er sowohl die Kirche als auch die meisten der professionellen Naturwissenschaftler gegen sich haben würde.[13] Daher war er nahezu ängstlich bestrebt, gegenüber der Kritik, die in einer Reihe von Pamphleten und offenen Briefen zum Ausdruck kam, zu beweisen, daß er zumindest in der rein naturwissenschaftlichen Darstellung keinen Fehler gemacht hatte. Nach der Auffassung Condorcets hat er dies auch nicht getan – worüber man streiten kann. Tatsache ist jedoch, daß das Buch großes Aufsehen erregte und selbst bei Leuten, die Voltaire nicht wohlgesonnen waren, Anerkennung erzwang. Ein Jesuit konstatierte: Der große Newton schien vergessen zu sein. "Da endlich erschien M. de Voltaire, und sogleich wird Newton verstanden, beziehungsweise man gibt sich Mühe, ihn zu verstehen; ganz Paris hallt wider von Newton, ganz Paris stammelt Newton, ganz Paris studiert und lernt Newton."[14] Der Voltaire-Forscher Besterman meint gar, die Wirkung von Voltaires Schrift "Élémens de philosophie de Newton" sei nur mit der von Darwins Werk "The origin of species" zu vergleichen.[15] Ihre Bedeutung ist auf jeden Fall nur dann gerecht zu beurteilen, blickt man auf die Situation der Zeit. Und so man dies tut, kann man Condorcets Urteil nachvollziehen, demzufolge die "Elemente" noch 1774 das einzige Buch waren, "durch das sich diejenigen, welche sich nicht mit den Naturwissenschaften befaßt haben, einfache und genaue Vorstellungen vom System der Welt und von der Theorie des Lichts machen können". "Es enthält" – so meinte er – "keineswegs grobe Fehler, wie jene, die diese Dinge nicht zu verstehen vermögen, unterstellt haben, es enthält keinen einzigen Irrtum, der M. de Voltaire angekreidet werden könnte. ... Als M. de Voltaire dieses Buch veröffentlichte, war Johann Bernoulli, der größte Mathematiker Europas, noch ein Gegner der Lehre Newtons; mehr als die Hälfte der Académie des sciences war cartesianisch eingestellt; selbst Fontenelle, der so hoch über allen sektiererischen und nationalen Vorurteilen stand und noch nicht dreißig war, als Newtons System publiziert wurde, und der zu den wenigen gehörte, die es zu begreifen imstande waren, hielt hartnäckig an seiner ursprünglichen Auffassung fest. Wenn man zu alledem noch die Tatsache hinzurechnet, daß das erste französische Schulbuch, in dem die Theorie Newtons behandelt wurde, erst zehn Jahre nach M. de Voltaires Werk erschien, so kann man nur zu dem Schluß kommen,

13 Sei es nun, weil letztere vor-Newtonischen Auffassungen verhaftet waren, oder sei es, weil sie Voltaires Darstellung für dilettantisch hielten. (Siehe dazu Anm. 8.)

14 Mémoires pour l'historie des sciences & des artes (1738), 1673-1674; vgl. auch Bibliothèque française *XXVIII* (1738?), 257-289.

15 Th. Besterman, Voltaire, a. a. O., S. 159.

daß die Veröffentlichung von 1738, die unser berühmter Meister mit so viel Bescheidenheit seinen kleinen Katechismus der Gravitation nennt, sehr verdienstvoll war."[16]

Obzwar die "Elemente" noch 1738 ins Englische übersetzt wurden und Voltaire – letztlich aufgrund dieses Werkes – im Jahre 1743 zum Mitglied der Royal Society gewählt wurde, war die allgemeine Reaktion in England auf dieses Werk Voltaires nicht sehr euphorisch. Man meinte, für einen Franzosen habe er Newton ganz gut verstanden, sah aber für sich selbst nichts Neues in dem Werk. Ähnlich verhalten wie in England war die Reaktion auf Voltaires "Elemente" in Deutschland.[17] Es wurde zwar in der "Bibliothéque germanique" unter der Rubrik "Neue Literatur" eine baldige deutsche Übersetzung des Voltaireschen Werkes angekündigt,[18] sie erschien aber nie. Im Januar 1739 vermerkte die "Göttingische Zeitung von gelehrten Sachen" kurz das Erscheinen der Voltaireschen Arbeit,[19] und etwas später veröffentlichten die in Leipzig erscheinenden "Deutsche Acta Eruditorum" eine Rezension der Amsterdamer Ausgabe der "Elemente", die von einer gründlichen Lektüre des Voltaireschen Textes zeugte und dessen Kritik an Descartes unterstützte, jedoch schon die spätere deutsche Kritik an Voltaires mangelndem Verständnis des Leibnizschen Prinzips des zureichenden Grundes ahnen läßt.[20] Wenig später und etwas kürzer wurde dieselbe Ausgabe der "Elemente" in dem in lateinischer Sprache erscheinendem Periodikum "Nova Acta Eruditorum" besprochen – sorgfältig und wohlwollend.[21] Zuvor war aber schon in der "Göttingischen Zeitung" die pro-cartesische Schrift von Jean Banières "Examen et réfutation des Eléments de la philosophie de Newton de M. de Voltaire" vorgestellt worden.[22] Es handelt sich um jene Schrift, auf die Voltaire mit der "Verteidigung des Newtonianismus" Bezug nahm.[23] Auch andere anti-Newtonsche Schriften erschienen und wurden besprochen. So notierte die "Göttingische Zeitung" das Erscheinen der italienischen Übersetzung von Regnaults cartesianisch argumentierendem "Brief eines Physikers über die Philosophie Newtons",[24] und die "Nova Acta Eruditorum" rezen-

16 M. J. A. N. de Caritat Condorcet, Brief an J. F. de La Harpe vom Juni 1774, in: Voltaire, Correspondence and Related Documents, a. a. O., Bd. 125, S. 23-25 (D 18991) (deutsch in: Th. Besterman, Voltaire, a. a. O., S. 158).

17 Ausführlich zur Rezeption von Voltaires "Elemente der Philosophie Newtons" und "Die Metaphysik des Neuton" siehe E. L. Rathlef, Die Geschichte des Herrn Franz Arouet von Voltaire, in: ders., Geschichte Jetztlebender Gelehrten, Siebender Theil, Zelle 1743, S. 29-148; H. A. Korff, Voltaire im literarischen Deutschland des XVIII. Jahrhunderts. Ein Beitrag zur Geschichte des deutschen Geistes von Gottsched bis Goethe, Heidelberg 1917, S. 197-235; A. Kleinert, Die allgemeinverständlichen Physikbücher der französischen Aufklärung, Aarau 1974, S. 87-106; R. L. Walters and W. H. Barber, Introduction to "Eléments de la philosophie de Newton", in: The Complete Works of Voltaire, hrsg. von W. H. Barber and U. Kölving, Bd. 15, Oxford 1992, S. 97-118; W. H. Barber, Introduction to "Courte réponse aux longs discours d'un docteur Allemand", in: The Complete Works of Voltaire, Bd. 15, a. a. O., S. 751-754.

18 Vgl. Bibliothéque germanique *XLIII* (1738), 227.

19 Vgl. Göttingische Zeitungen von Gelehrten Sachen *I* (1739), 29.

20 Vgl. Deutsche Acta Eruditorum *230* (1739), 77-102.

21 Vgl. Nova Acta Eruditorum (1740), 511-516.

22 Vgl. Göttingische Zeitungen von Gelehrten Sachen *I* (1739), 881-882.

23 Allerdings kritisierte Banières nur die Darstellung der Optik, die Kritik des anderen Teils hatte er später zu geben versprochen. (Vgl. E. L. Rathlef, Die Geschichte des Herrn Franz Arouet von Voltaire, in: ders., Geschichte Jetztlebender Gelehrten, Siebender Theil, Zelle 1743, S. 114.)

24 Vgl. Göttingische Zeitungen von Gelehrten Sachen *II* (1740), 393.

sierten die Originalversion, wobei sie die beißende Kritik Regnaults an Voltaire hervorhob, ohne allerdings dazu selbst Partei zu ergreifen.[25]

Diese Rezeption im Blick habend verwundert es nicht, daß die separate Publikation der "Metaphysik des Neuton", die in Frankreich, abgesehen von einer wohlwollenden Rezension in der Amsterdamer "Bibliothèque française",[26] auf ein geringes Interesse stieß, in Deutschland eine lebhafte Diskussion auslöste. Der Stein des Anstoßes war Voltaires Leibniz-Kritik. Die "Göttingische gelehrte Zeitung" besprach Voltaires Text, verteidigte Leibniz, argumentierte aber fair und sorgfältig oder – wie man es auch auffassen könnte - mit einer gewissen überlegenen Sanftmut. "Der berühmte Verfasser" – beginnt der Rezensent – "fähret fort, der Welt von seiner Einsicht in die Philosophie Proben zu geben." Man könne ihm allerdings nicht in allen seinen Gedanken folgen, die Ideen von Leibniz seien nicht ganz verstanden, die Einwände gegen die prästabilierte Harmonie schon oft beantwortet worden. Letztendlich wird das Ganze sanft abgelehnt, "da vor den Zweifel des Herrn Voltaire kein Raum sey".[27] Doch dabei blieb es nicht. Voltaire hatte die Wolffianer oder vielleicht die gesamte etablierte Philosophie mit seiner Schrift schwer gekränkt. Diese war so aufgefaßt worden, als ob den Deutschen der Ruhm, den letzten großen Philosophen Europas zu haben, genommen werden sollte. Leibniz sollte – so sah man dies – herabgesetzt werden zugunsten eines Mannes, der in der europäischen Gelehrtenwelt zwar den Namen eines außerordentlichen mathematischen Physikers, nicht aber den eines großen Philosophen hatte. Von Göttingen aus wurde daher zum harten Schlag ausgeholt. Es erschien das obligate dicke deutsche Buch, das Kapitel für Kapitel Voltaires Text analysierte (und zwar noch bevor dieser in deutscher Sprache erschienen war), um mit Gründlichkeit alles zu widerlegen, was Voltaires leichtsinniger Eifer gegen Leibniz vorgebracht hatte. Sein Titel lautete: "Vergleichung der Leibnitzschen und Neutonischen Metaphysik wie auch verschiedener anderer philosophischer und mathematischer Lehren beyder Weltweisen angestellet und dem Herrn von Voltaire entgegen gesetzet", sein Verfasser war Ludwig Martin Kahle, es erschien zu Göttingen 1741. Kahle konzentrierte sich auf die Polemik gegen Newtons Gottesbegriff und Newtons Beweis für die Existenz Gottes – so wie Voltaire sie dargestellt hatte –, wies Newtons metaphysische Gedanken als inadäquat zurück und verteidigte Leibniz.

Kahles Entgegnung beginnt mit den Worten: "Der Herr von Voltaire hat den Ruhm eines starcken Geistes, seit geraumer Zeit zu erwerben gewußt; man findet sich also genöthiget, ihm beyzufallen, ehe man ihn gelesen; zumahl wenn man bedencket, daß er zu großmüthig ist, wieder sein Gewissen zu schreiben, und er ausserdem lange damit umgegangen, sich den Vorurtheilen und Irrthümern zu entreissen; dergestalt daß es nicht an Leuten fehlet, die da glauben, er gehe in diesem Stücke zu weit. Dem ohngeachtet nehme ich mir hierdurch die Freyheit, welche der Herr von Voltaire, als ein Philosoph, selbst billigen wird, zu zeigen, daß diese seine neue Schrift ihrem Verfas-

25 Vgl. Nova Acta Eruditorum (1740), 517-518.
26 Vgl. Bibliothèque française *XXXII* (1741), 119-135.
27 Vgl. Göttingische Zeitungen von Gelehrten Sachen *II* (1740), 777-782.

ser nicht völlig ähnlich ist."[28] Kahle kritisiert Voltaire dafür, daß er Newton einen Metaphysiker nennt, obwohl der nur ein paar nicht zusammenhängende metaphysische Sätze formuliert habe. Ihn über Leibniz zu erheben sei Voltaire nur dadurch möglich, daß er die großen Verdienste Leibnizens in diesem Teile der Weltweisheit mit Stillschweigen übergangen habe: "Es weiß der Herr von Voltaire keinen andern Rath den Neuton in der Methaphysik groß zu machen, als ... den Leibnitz auf alle Art zu erniedrigen."[29] Sein Hauptzweck sei es gewesen, "sich bey den Engelländern beliebt zu machen, wie seine sämmtlichen Schriften sattsam zu erkennen geben".[30] Unterziehe man Satz für Satz seines Buches einer eingehenden Prüfung, so werde deutlich, wie wenig Voltaire Leibniz wirklich verstanden habe. Er habe die Schriften des deutschen Philosophen nur sehr flüchtig gelesen oder vergessen, worauf es ankomme. Und nun folgen – entsprechend den Kapiteln des Voltaireschen Buches – neun Kapitel, in denen Kahle der Reihe nach die prägnantesten Behauptungen Voltaires mustert und ihnen mit den Formeln der Schulphilosophie höchst gelehrt entgegentritt, indem er die einzelnen Sätze Voltaires vorrangig unter metaphysisch-definitorischem und formal-logischem Aspekt bei Voraussetzung seines eigenen philosophischen Standpunktes untersucht und sich darauf konzentriert, seinem Gegner metaphysisch-deduktive Fehler in der Beweisführung nachzuweisen. Die Kapitel umfassen gemäß der Voltaireschen Gliederung die Themen: "Gott", "Raum und Zeit", "Freiheit Gottes und Kausalität", "Willensfreiheit", "Natürliche Religion", "Körper-Seele-Problem," "Prinzipien der Materie", "Elemente und Monaden" und "Tätige Kraft". Das Fazit der Kritik lautet: Voltaire hat Leibniz nicht nur mißverstanden, sondern auch leichtsinnig unsolide Schlüsse gezogen.

Noch im Jahr ihres Erscheinens erfolgte die Anzeige der Kahleschen Gegenschrift.[31] Erleichtert registrierte man, daß nunmehr wenigstens Leibnizens Ehre gerettet und die Unzulänglichkeit nebst dem "Ungrund der neutonischen Begriffe und Sätze" in ein klares Licht gestellt worden ist. Kahles Unterstellung, Voltaires Hauptabsicht sei es gewesen, sich durch Newtons Erhebung bei den Engländern beliebt zu machen, wird lebhaft aufgegriffen. Leider – so bedauert man – sei Voltaire der deutschen Sprache nicht mächtig und könne daher die treffende Widerlegung nicht lesen. 1742 erschienen zwei weitere Rezensionen der Kahleschen Schrift,[32] in denen für Kahle Partei ergriffen wurde, zumeist vom Standpunkt der Wolffschen Philosophie aus argumentierend.[33]

28 L. M. Kahle, Vergleichung der Leibnitzschen und Neutonischen Metaphysik wie auch verschiedener anderer philosophischer und mathematischer Lehren beyder Weltweisen angestellet und dem Herrn von Voltaire entgegen gesetzet, Göttingen 1741, Vorrede.

29 Ebenda, S. 115.

30 Ebenda, S. 29.

31 Vgl. Göttingische Zeitungen von Gelehrten Sachen *III* (1741), Vorrede.

32 Vgl. Nova Acta Eruditorum (1742), 87-93; Journal Littéraire d'Allemagne *I* (1742), II, 373-395.

33 Auch die Anzeige des Werkes von Mme du Châtelet "Institutionen der Physik" erfolgt mit Bezug auf diese Auseinandersetzung: "Die Marquise de Chatelet, eine grosse Liebhaberin der Naturlehre, worinnen sie sonst des Newtons Grundsätzen gefolgt und einige Proben bey der Academie der Wissenschaften zu Paris geäussert, hat ohnlängst institutiones de la physique nach den Leibnitzianischen und Wolfianischen Grundlehren in 8. heraus gegeben. Da sie eine grosse Gönnerin des Herrn von Voltaire ist, so scheinet sie dennoch hiedurch von seiner Meinung abzugehen, daß

Wolff selbst sah ebenfalls verächtlich auf die Angriffe herab, die im Feuilletonstil auf die tiefgründige Philosophie Leibnizens unternommen worden waren. Er sprach von "der einfältig so genannten Neutonianischen Philosophie, so nicht einmahl den Namen der Physick, geschweige denn der gantzen Philosophie verdient".[34] In einem weiteren Brief an Manteuffel schreibt er: "Herr Professor Kahl in Göttingen hat mir eine Widerlegung der Métaphysique de Newton zugeschickt, die der Herr de Voltaire herausgegeben und darinnen er auch in metaphysicis denselben dem Herrn v. Leibniz vorziehen will. Es ist schade, daß sie deutsch, und de Voltaire sie nicht lesen kann. Es konnte wohl nichts abgeschmackteres sein, als daß er den Herrn Newton zu einem Metaphysico machen will, da er bloß in seinen Schriften einige notiones imaginarias von solchen Dingen hat, davon der Metaphysicus reelle Konzepte hervorbringen muß, und noch dazu einen Parallelismum zwischen Newton und Leibniz anstellt. So ungereimt aber, als es ist, so hat er doch gleich Beifall ... gefunden."[35] Und etwas später wiederholt er dieses Urteil: "Herr de Voltaire hat den Newton zu einem groszen Metaphysico machen und ihn in diesem studio dem H^{n} von Leibnitz vorziehen wollen. Allein er hat nicht allein in Deutscher Sprache von dem Herrn Prof. Kohl in Göttingen seine Abfertigung bekommen, sondern es wird auch in Berlin ein gewiszer Gelehrter, der verborgen bleiben wil, solches in Frantzösischer Sprache thun. Puri Mathematici sind wohl zu nichts weniger geschickt, als zur Metaphysick, und ist eben soviel als wenn ein bloszer Poët sich von mathematischen Sachen ein Urtheil anmaszen wollte, davon er keinen Begriff hat."[36] Wolff meinte, daß man es "heute zu Tage" nicht nötig habe, die "abgeschmackte Freydenckerey der Engelländer" zu dozieren.[37] Er sah durch "die principia der heutigen berühmten Engelländer" den Materialismus und Skeptizismus sich gewaltig verbreitend und in seiner Philosophie die einzigen Waffen dagegen . Auch Frankreich sei durch England verdorben worden, weshalb die Franzosen gar nicht an das wollten, was methodisch verfaßt ist. Bereits ein Jahr vor dem Erscheinen von Voltaires "Metaphysik Newtons" schrieb er: "In Franckreich reißet der Deismus, Materialismus und Scepticismus auch gewaltig und mehr ein, als fast zu glauben stehet. Und es wäre gut, wenn die vortrefflich

Newton ein grösserer Weltweise, als Leibnitz gewesen." (Göttingische Zeitungen von Gelehrten Sachen *III* (1741), 233.)

34 Ch. Wolff, Brief vom 1. 10. 1740 an E. Ch. v. Manteuffel, in: H. Wuttke, Vorwort zu: Christian Wolffs eigene Lebensbeschreibung, in: Christian Wolff, Gesammelte Werke, hrsg. von J. École, H. W. Arndt, Ch. A. Corr, J. E. Hofmann und M. Thomann, I. Abteilung. Deutsche Schriften, Bd. 10. Biographie, Leipzig/ Breslau 1739, Leipzig 1841, Halle 1755, S. 70.

35 Ch. Wolff, Brief an Manteuffel vom 27. 1. 1741, in: Ch. Wolff Selbstbiographie, hrsg. von H. Wuttke, Leipzig 1841, in: Christian Wolff, Gesammelte Werke, a. a. O., I. Abteilung. Deutsche Schriften, Bd. 10, a. a. O., (zitiert nach: H. A. Korff, Voltaire im literarischen Deutschland des XVIII. Jahrhunderts, a. a. O., S. 210).

36 Ch. Wolff, Brief an J. D. Schumacher vom 25. 3. 1741, in: Ch. Wolff, Gesammelte Werke, a. a. O, I. Abt. Deutsche Schriften, Bd. 16. Briefe von Christian Wolff aus den Jahren 1719-1753, St. Petersburg/ Leipzig 1860, S. 133 f.

37 Vgl. Ch. Wolff, Brief vom 14. 8. 1740 an E. Ch. v. Manteuffel, in: H. Wuttke, Vorwort zu: Christian Wolffs eigene Lebensbeschreibung, in: Christian Wolff, Gesammelte Werke, a. a. O, I. Abteilung. Deutsche Schriften, Bd. 10. a. a. O., S. 69, siehe auch 70-71.

gelehrte Marquisin gleichfalls das Instrument seyn könnte, wodurch diesem Uebel vermittelst meiner Philosophie gesteuert würde."[38]

Der (von nationalistischen Ambitionen nicht ganz freie) Ruf nach einer Übersetzung der Kahleschen Schrift ins Französische wurde immer lauter, und 1744 erschien sie dann endlich.[39] Voltaire konnte sie lesen und schrieb einen Brief an Ludwig Martin Kahle: "Monsieur le doyen, ich nehme mit Vergnügen davon Kenntnis, daß Sie gegen mich ein kleines Buch geschrieben haben. Sie haben mir damit eine große Ehre widerfahren lassen. Sie verwerfen Seite 17 den physiko-teleologischen Gottesbeweis. Wenn Sie diese Gedanken in Rom entwickelt hätten, würde der ehrwürdige Vater, der große Jakobiner des heiligen Palastes, Sie der Inquisition übergeben haben; wenn Sie so gegen einen Theologen von Paris geschrieben hätten, würde er Ihren Satz durch die heilige Fakultät für verwerflich haben erklären lassen; wenn gegen einen Schwärmer, würden Sie eine Beleidigung zu hören bekommen haben usw. usw.! Aber, da ich die Ehre nicht habe, weder Jakobiner, noch Theologe, noch Schwärmer zu sein, lasse ich Sie bei Ihrer Meinung und bleibe bei der meinigen. Ich werde immer davon überzeugt sein, daß eine Uhr einen Uhrmacher und das Universum einen Gott beweist. Ich wünsche von Herzen, daß Sie selbst verstehen möchten, was Sie über Raum und Zeit, über die Kausalität der Materie, über die Monaden und über die prästabilierte Harmonie sagen; und ich verweise Sie auf das, was ich darüber in meiner letzten Veröffentlichung gesagt habe, wo ich mich richtig verstanden wissen möchte, was allerdings keine Kleinigkeit ist in der Metaphysik! Sie zitieren gelegentlich der Begriffe Raum und Unendlichkeit die Medea Senecas, die Philippiken Ciceros, die Metamorphosen Ovids, Verse des Herzogs v. Buckingham, von Gombauld, von Regnier, Rapin usw. Ich habe Ihnen zu sagen, mein Herr, daß ich ebensoviele Verse kenne wie Sie, daß ich sie liebe wie Sie, und daß, wenn es sich um Verse handelte, wir gutes Spiel miteinander haben würden; dagegen halte ich sie für wenig geeignet, eine metaphysische Frage zu erhellen, sie seien denn von Lucrez oder dem Kardinal von Polignac. Im übrigen, wenn Sie jemals irgendetwas von den Monaden verstehen sollten, von der prästabilierten Harmonie, und – um Verse zu zitieren

Wenn Sie mein Herr Dekan je zu verstehen vermögen,
Wieso, wenn alles voll, das All sich konnt' bewegen,

wenn Sie dazu noch entdecken würden, wieso der Mensch frei ist, wenn alles notwendig, dann würden Sie mir ein Vergnügen machen, wenn Sie mir davon Mitteilung geben wollten. Wenn Sie aber auch noch erklärt haben werden, in Versen oder anderswie, warum so viele Menschen in der besten der möglichen Welten gegenseitig sich erwürgen, so werde ich Ihnen sehr verbunden sein. Ich erwarte Ihre Beweise, Ihre Verse, Ihre Angriffe; und beteuere Ihnen aus überzeugtem Herzen, daß weder Sie noch ich irgendetwas in dieser Frage wissen. Im übrigen habe ich die Ehre usw."[40]

38 Christian Wolffs eigene Lebensbeschreibung, a. a. O., S. 177 f., siehe auch 175-184. Mit der Marquisin ist Mme du Châtelet gemeint.

39 Sie erschien unter dem Titel "Examen d'un livre intitulé la Métaphysique de Newton" 1744 in La Haye, übersetzt von Gautier de Saint-Blacard.

40 Voltaire, Brief an L. M. Kahle (März ?) 1744, in: Correspondence and Related Documents, a. a. O., Bd. 93, S. 78-79 (D 2945).

Es ist nicht bekannt, ob dieser Brief beantwortet wurde. Aber auf Voltaires öffentliche Antwort wurde erwidert. Diese war in demselben Sinne wie der Brief verfaßt und betitelt: "Kurze Antwort auf eine lange Abhandlung eines deutschen Doktors". Voltaire erwiderte, er habe geglaubt, wenigstens in der Philosophie Ruhe zu finden, muß nun aber die Erfahrung machen, daß auch noch die Philosophie Feinde erzeugt. Die Metaphysik sei jedoch ein Luftballon und er habe sich, je weiter er in ihr vorangekommen sei, davon überzeugt, daß die Systeme der Metaphysik für die Philosophen so etwas seien wie die Romane für die Frauen. Sie kämen nacheinander in Mode und endigten, indem sie vergessen werden. Während eine mathematische Wahrheit für die Ewigkeit sei, glitten die metaphysischen Phantome vorbei wie die Träume eines Kranken. Während Newton wenigstens zu zweifeln verstanden habe, gäbe es andere Leute, die mit Dreistigkeit behaupteten, daß sie die ganze Welt zu erklären wüßten. Dies in der folgenden Weise: "Wie erklärt man den Zusammenhang von Leib und Seele? Nun, sehr einfach: prästabilierte Harmonie! Woraus besteht die Materie? Nun, sehr einfach: aus Monaden! ... Es ist wirklich ein Vergnügen, einen Gelehrten zu beobachten, der im Magistertone demonstriert: Sie irren, mein Herr, Sie wissen nicht, was man seit kurzem entdeckt hat: was ist, das ist möglich, und was möglich ist, ist nicht wirklich, und was wirklich ist, ist möglich, und das Wesen aller Dinge ist unveränderlich. Möchte es doch Gott gefallen, daß sich das Wesen der Gelehrten veränderte! Nun gut: Sie wollen mich lehren, was das Wesen der Dinge ist; und ich, ich lehre Sie, daß weder Sie noch ich die Ehre haben, es zu kennen; ich lehre Sie, daß noch kein Mensch auf der Erde gewußt hat, noch wissen wird, was Materie ist, was das Prinzip des Lebens, des Gefühls und was die menschliche Seele ist!"[41]

Diese die Gelehrtenwelt verblüffende oder gar schockierende Erwiderung Voltaires wurde prompt in der "Göttingischen Zeitung" rezensiert. In ihr schrieb Haller: "Das ist fürs erste eine neue und zwar die allerbeste Art, auf das kürzeste aus allem Streit zu kommen, und fürs andere ein Bekänntnis, das den philosophischen Stolz ungemein beugen muß. Denn wenn das wahr ist, was hier gesaget wird, so weiß der Bauer so viel, als der aufgeblasenste Weltweise. Nemlich sie wissen beide nichts. Ist demnach der Herr von Voltaire nicht zu beklagen, daß er seine Ruhe in einem solchen Abgrund zu finden vermeinet? Wäre es nicht besser und sicherer mit Salomo, der auch lange im Kreiß der Eitelkeiten herumgelaufen ist, sich an das zu halten, was uns die Offenbarung lehret? Achtet er aber diese seiner Aufmerksamkeit nicht werth, so ist er auch der Ruhe nicht werth, die er suchet."[42] Gottsched reagierte ähnlich und fand zudem noch einen Widerspruch in Voltaires Entgegnung. Er meinte, Voltaire habe es dem Professor übelgenommen, daß er ihm so deutlich gezeigt habe, daß Newton entweder gar kein Metaphysicus gewesen sei oder doch dem Leibniz unendlich nachstehe. Den Namen seines Gegners habe er aus Stolz oder Verdruß nicht nennen mögen. Seine Antwort, die ganze Metaphysik sei ungewiß und tauge nichts, sei keine

41 Vgl. Voltaire, Courte réponse aux longs discours d'un docteur Allemand, in: The Complete Works of Voltaire, a. a. O., Bd. 15, S. 756-762 (deutsch in: H. A. Korff, Voltaire im literarischen Deutschland des XVIII. Jahrhunderts, a. a. O., S. 218).

42 Siehe: Göttingische Zeitungen von Gelehrten Sachen *VII* (1745), 67-68.

gute Antwort. Denn "glaubte denn Herr Voltaire eben das, als er den Neuton durchaus zum Metaphysico machen wollte?"[43]

In der ganzen Debatte spielte Newtons Physik, die erkenntnistheoretischen Erfordernisse und Konsequenzen dieser Wissenschaft, überhaupt keine Rolle (nicht einmal die "Regulae philosophandi" wurden aufgegriffen), sondern man diskutierte über einzelne explizite, und zwar religionsphilosophische, Passagen der Newtonschen Schriften, und zwar in deren Wiedergabe durch Voltaire.[44]

Allgemein wurde in Deutschland Voltaires philosophisches Ziel verkannt bzw. wurde Voltaire als Philosoph nicht akzeptiert. Nun ist der Vorwurf, daß er Leibniz nicht verstanden habe, gewiß berechtigt. Aber man muß auch hinzufügen, daß die (vor-kantischen) Deutschen Newton nicht verstanden haben, genauer: daß sie die *philosophische* Relevanz der Newtonschen Physik nicht erkannt haben.[45]

Um Voltaires Anliegen nicht mißzuverstehen, sei gesagt, daß sein Angriff auf die Leibniz-Wolffsche Philosophie nicht vorrangig ein Angriff auf diese in ihrem spezifischen Konzept war, sondern auf diese als Evangelium, auf die dogmatische Selbstverständlichkeit, mit der vom Standpunkt dieses Systems aus argumentiert wurde. Es war ein Angriff auf ein philosophisches System *als* System. Denn "wenn von Voltairescher Philosophie die Rede ist, so muss man nicht ein philosophisches System erwarten. Im Gegentheil war seine Bedeutung, die bisherigen Resultate der Systeme von den Schranken des Systems zu befreien. Was man seine Oberflächlichkeit genannt hat, ist darum eben seine Stärke."[46]

Mit Blick auf dieses Anliegen löst sich auch der von Gottsched erhobene Widerspruchsvorwurf auf oder wird zumindest gemildert, legt man den Gedanken zugrunde: Da man nichts Genaues in der Metaphysik weiß, könnte es auch so sein, wie Newton sagt. Selbst Hallers Voltaire nicht wohlgesonnene Anzeige der "Metaphysik Newtons" belegt dies, insofern als sie die Absicht, die Voltaire mit dieser Schrift verfolgte, so wiedergibt: "Er habe in seiner Vergleichung der Lehren von Newton und Leibnitz nur gewiesen, daß Newton kein Systema angenommen, weil er zu zweifeln gewußt. Und darüber habe sich in Teutschland ein Geschrey erhoben von Leuten, die da sagen, sie zweifelten nicht; sie wüßten alles gewiß."[47]

43 Siehe: Neuer Büchersaal der schönen Wissenschaften und der freyen Künste *I* (1745), 30-52, S. 47. Gottsched beginnt seine Rezension des sechsten Bandes der Voltaireschen Werke, "darinn solche Stücke enthalten sind, die in den vorigen Theilen nicht stunden", mit den Worten: "Herr Voltaire, der unter den itztlebenden französischen Dichtern das meiste von sich zu reden macht, fährt noch immer fort, die Liebhaber seiner Muse zu vergnügen; ohngeachtet man gar deutlich spüret, daß sie auf dem Rückwege von ihren schönen Jahren ist: wie die Franzosen von ihren alternden Schönheiten zu reden pflegen." (Ebenda, S. 30 f.)

44 So identifizierte zum Beispiel der Rezensent in der erwähnten ausführlichen Anzeige der Voltaireschen Schrift [Göttingische Zeitungen von Gelehrten Sachen *II* (1740), 777-782] Voltaires Thematik und Kapitelfolge mit der Thematik und Kapitelfolge eines vermeintlichen – in Wahrheit aber nicht existenten – Newtonschen Werkes.

45 Vgl. näher hierzu den Abschnitt "Die Mechanisierung der Mechanik".

46 J. E. Erdmann, Versuch einer wissenschaftlichen Darstellung der Geschichte der neuern Philosophie, Faksimile-Neudruck der Ausgabe Leipzig 1834-1853 in sieben Bänden, Stuttgart 1982, Bd. III, S. 261.

47 Göttingische Zeitungen von Gelehrten Sachen *VII* (1745), 67.

Natürlich muß man auch zugeben, daß Metaphysik nicht gerade Voltaires Lieblingsfach war.[48] Dennoch behandelte er die Metaphysiker, deren Auffassungen er bekämpfte, stets mit Hochachtung – sowohl Descartes als auch Leibniz oder Wolff.[49]
Es gab sogar eine Zeit, in der Voltaire – animiert durch den preußischen Kronprinzen – gemeinsam mit Mme du Châtelet in Frankreich für Leibniz und Wolff Propaganda machte, eine Zeit, in der er mit Wolff eine Korrespondenz unterhielt und sich mit ihm zu treffen wünschte. Es war dies die Zeit, in der Wolff verfolgt wurde und seine Philosophie als religionsgefährlich galt, resp. der Wolff, mit dem sich Voltaire zu treffen wünschte, war jener, der verfolgt wurde und dessen Philosophie als religionsgefährlich galt.[50]
In deutschen Landen hatte sich Voltaire aber schon Jahre zuvor mit seinen "Philosophischen Briefen" verdächtig gemacht, indem er an dem Dualismus von Seele und Leib rüttelte, so daß die Unsterblichkeit gefährdet schien. Voltaire hatte in diesen Briefen erklärt, er könne sich, gerade wenn man Gottes Allmacht voraussetzt, eine denkende Seele ebensogut wie eine denkende Materie vorstellen. Diese Briefe waren bereits 1734 in einer deutschen Übersetzung erschienen und dann noch einmal 1747 in einer anderen, erhalten gebliebenen, Ausgabe unter dem Titel "Sammlung verschiedener Briefe des Herrn v. Voltaire die Engelländer und andere Sachen betreffend". Besonders beklagte man die "flüssige und gefällige Schreibart", in die Voltaires Irrtümer verkleidet seien, wobei als der gefährlichste Irrtum eben jener von der Möglichkeit einer denkenden Materie angesehen wurde. Folgerichtig erschien 1740 auch ein (von Johann Gustav Reinbeck verfaßtes) Gegenbuch, betitelt "Philosophische Gedanken über die vernünftige Seele und derselben Unsterblichkeit nebst einigen Anmerkungen über ein französisches Schreiben, darin behauptet werden will, daß die Materie denke". Es geht die Rede, daß die Absicht bestanden habe, dieses Werk überhaupt in französischer Sprache zu verfassen, womit bezeichnet ist, wen man berichtigen wollte.

Daß man die Möglichkeit, Voltaires Schrift, wenn sie doch – wie man meinte – so wenig die Tiefe der metaphysischen Gedanken Leibnizens erfaßt hatte, einfach links liegen zu lassen, nicht ergriff, oder die Möglichkeit, sich ganz ruhig-sachlich mit ihr

48 Vgl. Anm. 204, 205, 219, 220.

49 Vgl. zum Beispiel: Voltaire, Sammlung verschiedener Briefe des Herrn von Voltaire die Engelländer und andere Sachen betreffend, Jena 1747, S. 217-230 (XIV. Brief. Über Descartes und Newton); ders., Die Metaphysik des Neuton, a. a. O., S. 13 [248] (Zweites Hauptstück), 42 [263] (Fünftes Hauptstück), 64 [274] (Sechstes Hauptstück), 90 f. [287 f.] (Achtes Hauptstück), 104 [294] (Neuntes Hauptstück); ders., Élémens de philosophie de Newton, a. a. O., S. 33 [96] (Zweites Kapitel), 38 [99] (Drittes Kapitel), 61 [112 f.] (Siebentes Kapitel), 73 [119] (Neuntes Kapitel), 78 [122] (Zehntes Kapitel); ders., Das Zeitalter Ludwigs XIV., deutsch von R. Habs, Leipzig 1885, Bd. 2, S. 95; vgl. auch Anm. 220.

50 In diesem Sinne gedenkt auch Gottsched der Beziehung dieser beiden Denker. Er schreibt: "Als Hr. von Voltaire einmal durch Halle gieng, war er sehr begierig diesen großen Mann kennen zu lernen. Und als ihm nach Gewohnheit viele Studirende ihre Stammbücher brachten; schrieb er in dieselben: Wolfio philosophante, Rege Philosopho regnante, & Germania plaudente, Athenas Halenses invisi. Er ist auch bis an des Hochseligen Ende sein Freund gewesen, wie ich aus mündlichen Umgange bezeigen kann, und hat seiner in verschiedenen Schriften rühmlich gedacht." (J. Ch. Gottsched, Historische Lobschrift weiland Herrn geheimen Raths und Kanzlers, Freyherrn von Wolff, in: Christian Wolff, Gesammelte Werke, a. a. O., I. Abteilung. Deutsche Schriften, Bd. 10, a. a. O., S. 118.

auseinanderzusetzen, nicht verwirklichte, lag wohl an der Vorgeschichte, daran, daß der "Metaphysik Newtons" schon eine andere Leibniz-Newton-Debatte, der Leibniz-Clarke-Briefwechsel, vorangegangen war, der in den einschlägigen Journalen lebhaft diskutiert wurde.[51]

Gegenstand des Streites war es, obzwar man vordergründig über Gott und die Qualität seiner Schöpfung diskutierte, den Begriff einer empirischen mathematisierten Naturwissenschaft im Gegensatz sowohl zu dem der Philosophie als auch zu dem der rein empirischen Naturforschung bzw. der reinen Naturbeschreibung zu bestimmen. Dabei vertrat Newton (in der Gestalt Clarkes) die Position der empirischen mathematisierten Naturwissenschaft, während Leibniz die Aufgaben der Philosophie verteidigte. Allerdings war beiden dieser Kern der Debatte nicht bewußt und konnte es nicht sein – weshalb sie im Grunde genommen aneinander vorbeiredeten. Erst mit Kant wurde der Unterschied zwischen Philosophie und Naturwissenschaft in das philosophische Bewußtsein gehoben.[52]

Die Vermischung der ernsthaften philosophischen Debatte über das Verhältnis von Empirismus und Metaphysik resp. über das von Naturwissenschaft und Philosophie mit nationalistischen Animositäten zeigte sich nicht nur in deutschen Landen. Voltaire schildert in seinen "Englischen Briefen" die Reaktion auf eine Vergleichung Newtons mit Descartes: "Man hat hier ganz begierig die Lobrede des Herrn *Newtons*, welche der Herr *von Fontenelle* in der Akademie der Wissenschaften gehalten, aufgenommen und ins Englische übersetzet. Der Herr *von Fontenelle* ist der Richter unter den Philosophen, in Engclland siehet man sein Urtheil so an, als wenn der Engelländischen Philosophie der Vorzug vor der andern feyerlich zugestanden worden sey; Sobald man aber sahe, daß er den *des Cartes* mit *Neuton* in Vergleichung setzte, so empörte sich die ganze Königliche Gesellschaft zu Londen; Weit gefehlt, daß man es bey seinem Urtheil hätte sollen bewenden lassen, man beurtheilete so gar solches. Selbst verschiedenen (und dieses sind eben nicht die stärksten Weltweisen) kam diese Vergleichung anstößig vor, blos deswegen, weil *des Cartes* ein Franzose war."[53]

51 Im Oktober 1717 erschien in den Acta Eruditorum Wolffs Besprechung der englischen Originalausgabe dieses Briefwechsels; drei, vier Monate danach eine solche von Bernard in Nouvelles de la République des Letters; die im Herbst 1720 erschienene deutsche Ausgabe des Briefwechsels enthielt eine – selbstredend die Partei von Leibniz ergreifende – Vorrede von Christian Wolff; diese Ausgabe wurde noch im selben Jahr in den Acta Eruditorum besprochen und im darauffolgenden Jahr in der Historie der Gelehrsamkeit Unserer Zeiten; ebenfalls 1721 wurde in den Deutschen Acta Eruditorum die französische Ausgabe der Leibniz-Clarke-Korrespondenz mit einem Kommentar angezeigt. Dies nur als Auswahl.

52 Vgl. zu diesem Newton-Leibniz-Streit: E. Cassirer, Newton and Leibniz, The Philosophical Review *II* (1943), No. 310; A. Koyré and I. B. Cohen, Newton and the Leibniz-Clarke correspondence with notes on Newton, Conti and Des Maizeaux, Archives internationales d'histoire des sciences *15* (1962), 63-126; H.-H. v. Borzeszkowski und R. Wahsner, Die Metaphysizierung der Physik , in: Weltanschauung und Denkweise, hrsg. von H. Horstmann, Berlin 1981, S. 149-161; dies., Physikalischer Dualismus und dialektischer Widerspruch. Studien zum physikalischen Bewegungsbegriff, Darmstadt 1989, S. 39-49; V. Schüller, Anhang des Herausgebers zu : Der Leibniz-Clarke-Briefwechsel, Berlin 1989 (dieser Band enthält auch viele den Briefwechsel betreffende Korrespondenzen und Dokumente); Anm. 116 ; Anm. 13, 14 zum Text.

53 Voltaire, Sammlung verschiedener Briefe des Herrn von Voltaire die Engelländer und andere Sachen betreffend, a. a. O., S. 219 f. (XIV. Brief. Über Descartes und Newton).

Eine Synthese der metaphysischen deutschen und der empiristischen englischen Philosophie gab erst Kant. Er synthetisierte, wenngleich letztlich nur durch methodologische Regelung, Leibniz und Newton – und zwar nicht sehr viel später. 1746 erschienen die "Gedanken von der wahren Schätzung der lebendigen Kräfte", zehn Jahre danach erschien die "Monadologia physica"[54] und nur drei Jahre nach Voltaires Tod die "Kritik der reinen Vernunft", womit der Kantsche Kritizismus begründet und die Aufklärung vollendet wurde. Der von Voltaire inszenierte Streit über die "Vergleichung der Leibnitzschen und der Neutonischen Metaphysik" hat vermutlich ganz entscheidend zu dieser Synthese beigetragen. War das Voltaires Ziel? Um zu sehen, *was* Kant synthetisierte, muß man die ihm unmittelbar vorgängige Geschichte des philosophischen Denkens genau kennen, mithin auch wissen, worin Voltaires philosophisches Anliegen bestand.

Voltaires Weg vom Literaten zum Philosophen

Über das Zeitalter, in das er hineingeboren wurde, das Zeitalter Ludwigs XIV., urteilt Voltaire: "Die Künste sind allerdings nicht weiter gediehen als unter den Mediceern, den Cäsaren und den Macedoniern – aber die menschliche Vernunft im allgemeinen hat sich vervollkommnet. Die wahre Philosophie ist erst in dieser Epoche bekannt geworden."[55]

Was ist in den Augen Voltaires die wahre Philosophie? Sein Wörterbuch sagt, der Philosoph sei ein Freund der Weisheit, mithin der Wahrheit, der die Menschen lehrt, ein glückliches Leben zu führen. Der Philosoph soll jederzeit darauf hinweisen, daß hundert Dogmen nicht so viel wert sind wie eine einzige gute Tat und daß es besser ist, einem Unglücklichen zu helfen, als sich in theologischen Spitzfindigkeiten auszukennen. "Und was tut der Weise, wenn er einen Abergläubischen oder einen Fanatiker sieht?" – fragt Voltaire und antwortet: "Er sorgt dafür, daß sie nicht töten können."[56] In diesem Sinne zu wirken war letztlich Voltaires eigenes Bestreben.

Zunächst hatte Voltaire nicht solche hochgesteckten Ziele, sondern es ging ihm mehr darum, die Schranken der Standeshierarchie, und zwar für sich, zu überwinden, weshalb er auch 1719 seinen Namen "François Marie Arouet" in "Arouet de Voltaire" und später in "Voltaire" änderte.

54 Nicht uninteressant für die Diagnose des Anliegens ist der volle Wortlaut der Titel: "Gedanken von der wahren Schätzung der lebendigen Kräfte und Beurtheilung der Beweise deren sich Herr von Leibnitz und andere Mechaniker in dieser Streitsache bedient haben, nebst einigen vorhergehenden Betrachtungen welche die Kraft der Körper überhaupt betreffen" bzw. "Der Gebrauch der Metaphysik sofern sie mit der Geometrie verbunden ist, in der Naturphilosophie, dessen erste Probe die physische Monadologie enthält".

55 Voltaire, Das Zeitalter Ludwigs XIV., deutsch von R. Habs, Leipzig 1885, Erster Band, S. 21.

56 Voltaire, Abbé – Beichtkind – Cartesianer. Philosophisches Wörterbuch, hrsg. von R. Noack, übersetzt von E. Salewski, Leipzig 1965, S. 197-199.

Aus einer mittleren bürgerlichen Familie stammend besuchte Voltaire eine Pariser Jesuitenschule, aus der später das Collège Louis-le-Grand wurde. In dieser, der besten Bildungseinrichtung Frankreichs wurden die Söhne aus gutbürgerlichem Hause gemeinsam mit den Söhnen des Adels unterrichtet, und Voltaire knüpfte hier so manche lebenslänglich anhaltende nützliche Beziehung. Er erlebte aber auch die soziale Stufung: so hatte von den hochadligen Zöglingen jeder sein eigenes Zimmer, während von den bürgerlichen je fünf unter der Aufsicht eines Präfekten ein Zimmer bewohnten. Ihn prägte jedoch auch maßgeblich, daß er hier in einem schulischen Klima lernte, in dem die Beweglichkeit des Geistes und der geschmeidige Schliff einer Höflichkeit von auffälliger Eleganz eingeübt wurde. Man lernte gründlich Latein, und auch das Theater war bei den Patres sehr beliebt: man schrieb und spielte Theaterstücke. Bereits hier hatte Voltaire in seiner Klasse Bewunderer und wurde – so wird erzählt – verzehrt von der Sucht nach Ruhm.[57] Er lernte zu gefallen und erwog, seine Fähigkeit, gefällig reimen zu können, zum Beruf zu machen, also Literat zu werden.

Die Poesie galt zu Beginn des 18. Jahrhunderts als die subtilste Ausdrucksform jener Gesellschaft, die ihre Existenzberechtigung in ihrer verfeinerten Zivilisation sah. Voltaire entschied sich für die Poesie, weil er sich für die gesellschaftlichen Werte der Aristokratie entschieden hatte. Die Poesie stand hoch im Kurs, da es der Aristokratie jener Zeit nicht möglich war, etwas inhaltlich Neues zu schaffen. Daher verfeinerte sie bestehende Formen und schärfte die Pointen. "Man war geistreich, das heißt, man zwirbelte die einfachsten Dinge so lange, bis sie einen Anschein von Originalität bekamen. Man hatte Esprit."[58]

Esprit zu haben machte es möglich, ohne an der alten Ordnung etwas zu ändern, etwas Neues zu schaffen, die von der Zensur auferlegten Vorschriften zu respektieren und dennoch im exklusiven Zirkel alles sagen zu können. Die gewählte leichte und nüchterne Ästhetik bildete einen wohltuenden Gegensatz zu dem schwerfälligen Pomp und der Macht der kirchlichen Institutionen. Auf diese Weise bestimmte sich schließlich eine Elite, deren exponierte Stellung nicht durch Geburt, Wissen oder Macht bedingt war, sondern durch einen zivilisierten, wählerischen Umgang mit Gesprächsformen. Voltaire schien geradezu dafür geschaffen zu sein, sich auf einem solchen Feld zu bewegen.[59] So lag es nahe, den Status des Literaten statt die vom Vater gewünschte juristische Laufbahn zu wählen, um mit seiner bürgerlichen Herkunft zu brechen. Es lag nahe, auf diese Weise zu versuchen, den Weg nach oben, in den Kreis der Großen dieser Welt zu finden. Doch Voltaire ging es dabei nicht nur um das Wohin, sondern auch um das Wie. Er selbst mußte das Ziel erreichen. Als sein Vater – dies verkennend – ihm einen Adelstitel kaufen wollte, antwortete Voltaire: "Sagen Sie meinem Vater, daß ich keine Würde haben will, die man kauft. Ich werde mir eine verschaffen, die nichts kostet."[60]

Die literarische Karriere ließ allerdings zunächst auf sich warten. Ein angestrebter literarischer Preis wurde nicht dem begabten unbekannten Anfänger, sondern einem

57 Cf. Th. Duvernet, La Vie de Voltaire, Genf 1786, S. 14.

58 P. Lepape, Voltaire. Oder die Geburt der Intellektuellen im Zeitalter der Aufklärung, Frankfurt a. M./ New York 1996, S. 17.

59 Vgl. ebenda, S. 15-24.

60 Th. Duvernet, La Vie de Voltaire, a. a. O., S. 25.

alten Routinier und Schützling des einflußreichen Akademiemitglieds Antoine Houdar de La Motte zugesprochen. Voltaire verkleidete seinen heftigen Groll hierüber mit dem Kampf um eine bestimmte ästhetische Auffassung: Der von de La Motte in den Jahren 1713-1715 neu belebte Streit über die Haltung der Modernen zur Antike – dreißig Jahre zuvor durch die These Charles Perraults, daß die Schriftsteller im Zeitalter des Sonnenkönigs auf die Imitation antiker Vorbilder verzichten könnten, inszeniert – veranlaßte Voltaire zur Verteidigung der Alten, da de La Motte sich zu den "Modernen" zählte. Voltaire kämpfte euphorisch mit allen literarischen Mitteln, wurde dadurch in manchen Kreisen bekannt, aber ein rechter Durchbruch war das noch nicht.

Die Sache entwickelte sich zu Voltaires Gunsten, als 1715 Ludwig XIV. starb und Philippe d'Orleans für den neuen unmündigen König die Regentschaft übernahm. Der Regent galt als Reformator, und es war zu erwarten, daß Macht, Privilegien und Protektionen neu verteilt wurden.

Voltaire hatte Erfolg und geriet dadurch in Gefahr: Die Stimmung der neuen Zeit erlaubte es, daß der Bürgerssohn mit namhaften Persönlichkeiten verkehrte und nun wirklich in die große Gesellschaft eingeführt wurde. Diese Gesellschaft, Priester, Adlige, hohe Beamte genossen die Freuden des Weines und der Tafel, liebten elegante Ausschweifungen – und hörten Voltaire zu, der Verse schmiedete, wie sie sie liebten: leicht, lebendig, bissig, voller Anspielungen auf die Antike, freizügig bis schlüpfrig, voller ungehemmter Witze über Religion und Monarchie. Voltaire wirkte auf die alternden Herrschaften mit seinem sprühenden Geist hinreißend. Und er war hingerissen von der Gesellschaft, die ihm applaudierte, und trunken vom Erfolg. Er lernte dabei, was Mode war und vervollkommnete seine Gabe zu gefallen. Aber er vergaß auch, woher er kam; er hielt sich für ebenso unverwundbar wie jene Herren, die ihn in ihren Kreis aufgenommen hatten und die er bezauberte. Er glaubte, es handelte sich um ein rechtschaffenes Tauschgeschäft: Geburt gegen Talent, Vermögen gegen Geist, Macht gegen Können, politischen Ehrgeiz gegen literarischen Ehrgeiz. Dabei war ihm entgangen, daß er sein Talent, seinen Geist, sein Können und seinen Ehrgeiz in den Dienst der Feinde des Regenten gestellt hatte – nicht weil er des Regenten Feind war, sondern weil er der Freund der Feinde des Regenten war.

Mit ihnen wiederholte er immer wieder, daß man in diesen Zeiten politischer und religiöser Unruhen einen König brauche, der imstande sei, durch seine Bedeutung, Größe und Güte die Eintracht wieder herzustellen, einen neuen Heinrich IV. Dies war der Anlaß für seine 1717 begonnene "Henriade". Dieses große Epos setzte er im Gefängnis fort, in das er verbracht wurde, da man ihm aufgrund seines literarischen Salonerfolgs zwei skandalöse Epigramme unterstellte, die den Regenten des Inzests beschuldigten.

Jean-Baptiste Rousseau hatte diese Gefahr für Voltaire vorausgeahnt, als dieser ihm seinerzeit seine Satiren gegen de La Motte schickte. Er wußte aus eigener bitterer Erfahrung, daß ein Schriftsteller zwar nicht viel gilt, aber das gedruckte Wort schwer wiegt, und er kannte die Gefahren des literarischen Lebens, die Heftigkeit der Streitereien, die Strudel, die von der Kritik zur Satire, von der Satire zur Diffamierung und von der Diffamierung zum Gefängnis oder zur Verbannung führen konnten. Zudem fürchtete er, daß Voltaires vielversprechendes Talent Gefahr lief, sich in der sterilen Unverbindlichkeit der Streitereien bei Hofe und in den Salons totzulaufen.

Im Gefängnis überdachte Voltaire seine Stellung in der Gesellschaft, seine Karriere, die Verkettung von Provokationen und eigenem Leichtsinn und den richtigen Umgang mit der Freiheit des Schreibens, einem Umgang, der nur dann richtig ist, wenn man ihn selbst streng kontrolliert. Er glaubte zu wissen, was man tun und was man lassen muß, um Ruhm zu erlangen, ohne das Gefängnis zu riskieren: viel arbeiten, sich in den erhabenen Gattungen der Literatur durchsetzen, wissen, daß das Leben als Schriftsteller eher ein Kampf als ein Fest ist, daß man für ein solches Leben Mut, Vorsicht und List braucht, nützliche Freundschaften festigen und sich die stärksten Protektionen sichern muß und daß man die herrschende Macht nicht frontal angreifen darf.

Obzwar Voltaire späterhin geschickt den Freiraum nutzte, der sich auftat, als Frankreich einen Nachfolger für Racine suchte, war es ihm noch nicht gelungen, die Protektion und finanzielle Zuwendung der Macht zu erreichen, die ihm den Lebensstil der Aristokraten erlaubt hätten. Ihm war der Status als ewig Eingeladener, als Spaßmacher und Unterhalter, den man gerne bei Tisch und zur Belebung seiner Feste hatte und mit dem man zur Schau stellen wollte, daß man auch zur Welt des Geistes gehörte, zugewiesen. Allen Schriftstellern ging es so. Aber Voltaire wollte sich mit einem solchen Los nicht abfinden. Die Prinzipien und Strukturen der Gesellschaft stellte er nicht in Frage, aber den Platz, der ihm darin zugewiesen wurde. Dies wäre nun nichts Besonderes, wenn er nicht in einem damit den Platz der Literatur und der Intelligenz diskutiert hätte. Er erarbeitete, langsam und abhängig von zahlreichen Zufällen, eine Strategie, wie für die kulturelle Elite ein autonomer gesellschaftlicher Raum errichtet werden kann. Zu diesem Zweck weitete er ab 1718 seine Annäherungsversuche an die Mächtigen auf ganz Europa aus. Er schickte seinen "Ödipus" zusammen mit erbötigen Briefen an den Herzog von Lothringen, an den König von England, Georg I., aber auch an Lord Bolingbroke, den früheren Führer der Tories, der im französischen Exil lebte. Zweitens war er bestrebt, finanziell unabhängig zu werden.

Letzteres bedurfte einer speziellen Lösung. In einer Gesellschaft, in der jede Berufstätigkeit mit dem Makel sozialer Niedrigkeit behaftet war, konnte die Kunst ihre höchsten Bestrebungen nur ausüben, wenn sie sich dagegen verwahrte, ein Beruf zu sein. Es war unfein, Geld zu verdienen, aber Armut wurde ebenfalls verachtet. Zwar gab es auch eine Strömung, die meinte, wenn die glücklichen Zeiten, als der Geistesadel die Armut nicht kannte, da der Staat als Mäzen die Würde des Schriftstellers gerecht entlohnte, vorbei sind, dann sei es legitim, daß die Autoren für ihre Arbeit Anspruch auf ein Entgelt von den Verlegern erheben, ohne sich zu erniedrigen. Doch Voltaire lehnte es strikt ab, vom Ertrag seiner Feder zu leben. Zugleich hielt er Armut für eine literarische Untugend, da ein armer Schriftsteller immer in Versuchung sei zu schreiben, nur um sich ein wenig Geld zu verdienen, also nicht souverän sein könne. Die Lösung fand sich darin, daß es der Aristokratie zwar verboten war zu arbeiten, nicht aber, den Staat und Finanziers zu schröpfen. Finanzspekulationen waren mithin gestattet. Der moderne Adel war ein geschäftlich aktiver Adel. Die Grenze zwischen den adligen Gutsherren und den bürgerlichen Unternehmern verwischte sich nach und nach. Die Aristokratie wollte die Bürgerlichen nicht allein vom Wirtschaftsaufschwung profitieren lassen. Auf diesem Weg konnte sich Voltaire letztlich seine finanzielle Unabhängigkeit sichern und so den Adel des Schriftstellermetiers etablieren (zumindest für sich selbst).

Hierdurch wurde jedoch nicht alles unproblematisch. Die Jahre 1722-1725 waren noch unsicherer als die zuvor. Der Regent war 1723 verstorben, der 13jährige König hatte an seiner Seite einen unfähigen und unbeliebten Premierminister, den Duc de Bourbon. Der Hof zog wieder von Paris, wohin er während der Regentschaft zurückgekehrt war, nach Versailles. Dort mußte man nun aber mit den sich in Paris während der Herrschaft des Regenten entwickelt habenden Eliten rechnen.

Voltaire, der seit seinem "Ödipus" als dramatisch unangreifbarer Dichter akzeptiert wurde, war auf dem Gebiet der Tragödie immer noch nur ein Erbe des großen klassischen Theaters, des Theaters von Corneille und Racine. Als wirklicher Erneuerer, als erster französischer Autor in einer großen erhabenen Gattung mußte er sich noch etablieren. Das geschah mit dem Epos "Henriade". Dieses enthielt nun zwar nichts, was die Monarchie kritisierte. Aber um zu mißfallen, genügte es, daß Voltaire politische und religiöse Fragen aufwarf. Selbst wenn er die Fragen "richtig" beantwortete, verletzte er damit ein unausgesprochenes Gebot. Denn es war eine für die königliche Autorität erforderliche Regel, nicht sehen zu lassen, was der König in Frankreich vermag. Man wüßte sonst bald, was er nicht vermag.

Voltaire wollte sich voll und ganz dem Hof verschreiben, zugleich aber unabhängig sein. Er trachtete daher nach einem der einträglichen Ehrenämter. Er wollte den Hof und seine Ehrungen. Gern wäre er Erster Dichter des Königs gewesen, aber er wollte nicht sein Hofnarr sein. Ohne je die Hoffnung aufzugeben, daß er dies erreichen könnte, hatte er noch ein zweites Eisen im Feuer.

Im Oktober 1725 schrieb er an Georg I. von England: "Schon lange betrachte ich mich als einen der Untertanen Ihrer Majestät. Ich wage es, für eines meiner Werke Ihren Schutz zu erflehen. Es ist ein episches Gedicht mit dem Thema Heinrich IV., der unser bester König war. ... Eifrig erwarte ich die Ehre, nach London zu kommen, um Ihnen den tiefen Respekt und die Dankbarkeit zu erklären, mit der ich, Sire, der höchst ergebene, äußerst gehorsame und äußerst verbundene Diener Ihrer Majestät bin."[61]

Zu diesem Zeitpunkt suchte Voltaire einen Ort, an dem er seine überarbeitete "Henriade" drucken lassen konnte und schrieb auch nach Genf, um dort das Terrain zu sondieren. Doch diese unmittelbaren Publikationssorgen vermischten sich mit dem grundsätzlichen Wunsch nach sozialer Anerkennung. Voltaire suchte einen Ort, wo man seine Bücher frei druckte und er zugleich die Protektion und Gunst des Herrschers genoß. Er gestand sich ein, daß ihm in Frankreich dieses Privileg verweigert wurde. Daher versuchte er es anderswo, bei einem anderen König und an einem anderen Hof. England lockte ihn.

England lockte aber auch noch aus einem anderen Grunde. Lord Bolingbroke hatte sein Interesse für Philosophie geweckt. Im Jesuitenkolleg hatte er seinerzeit nur die ihn langweilende Scholastik kennengelernt. Descartes wurde von den Patres verabscheut, Voltaire hatte ihn nicht gelesen und wußte nicht einmal von der Existenz Malebranches. Bolingbroke veranlaßte ihn, die Schriften seiner Landsleute zu lesen: Locke, Shaftesbury und Newton, dessen Physik ihm der Descartes' weit überlegen zu

61 Brief Voltaires an Georg I., König von England und Irland, vom 6. 10. 1725, in: Correspondence and Related Documents, a. a. O. Bd. 85, S. 267-268 (D 250).

sein schien. Auf seinen Anstoß hin las Voltaire auch – und zwar aus einer kritischen Perspektive – Pascal und Malebranche. Auch vermittelte Bolingbroke Voltaire seinen – für Voltaire folgenreichen – Standpunkt, dem zufolge Gott die Wahrheit unserer logischen, klaren Ideen garantiert, gegen die die christliche Religion verstößt, weshalb diese Religion falsch ist und dem Volk nur wegen seines Nichtwissens als wahr gilt. Indem Voltaire die Philosophie entdeckte, entdeckte er auch den englischen Deismus. Und diese Entdeckung wurde für ihn noch reizvoller durch die Ansichten, die die englischen Philosophen über die Bedingungen der Entwicklung der Künste vertraten. Er verglich die Lage der Künstler in Frankreich und England. Aus diesem Vergleich erwuchs seine politische Empörung über die französischen Zustände. Ernsthaft – wofür der Transfer von Geldmitteln spricht – bereitete Voltaire seine Reise nach London vor.

Da ereignet sich die "Affäre Rohan", Voltaire wird quasi des Landes verwiesen – unmittelbar verursacht durch seinen Irrglauben, er könne wie ein Adliger seine Ehre verteidigen. Voltaire, der zwar nach literarischem Aufstieg strebte, das bestehende System und die königliche Macht aber durchaus respektierte, sich ihr sogar anbot, fühlte sich verstoßen. Anders betrachtet: das alte System war so morsch, daß es den Anspruch Voltaires auf Freiheit für die Kunstschaffenden nicht in sich integrieren konnte.

*

Die Schriftstellerschaft, beim Tode Ludwigs XIV. vollkommen dominiert von den Wertvorstellungen des Adels und der religiösen Erziehung, machte einen sozialen Wandel durch, der auch das Bild veränderte, das sie sich von sich selbst und ihrer Funktion in der Gesellschaft machte.[62]

Dieser Wandel war verknüpft mit der Bildung sogenannter Provinzakademien, die unter ihrem Dach Amtsadel, gelehrten Klerus und liberale Bourgeoisie vereinten, die Entstehung von Freimaurerlogen und einer ökonomischen Umgestaltung des Verlagswesens.

Und er ging einher mit einer Modifizierung des Verhältnisses zwischen gelehrter und eleganter Literatur. In der Mitte des 17. Jahrhunderts genoß der Gelehrte in Literatur und Denken dadurch, daß das kulturelle Lebens durch den Hof beherrscht wurde, kein hohes Ansehen. Das verbreitete Ideal war der gebildete Weltmann, ein Ideal, das ein allen "Leuten von Stand" leicht vermittelbares Wissen bevorzugte, bevorzugte gegenüber gelehrten Studien und einem wissenschaftlichen Diskurs, die sich leicht den Vorwurf der Pedanterie oder der müßigen Spekulation einhandelten. Das sogenannte große Jahrhundert erkannte die wissenschaftlichen Umwälzungen, die sich in ihm vollzogen, nicht. Die wissenschaftliche Welt lebte im wesentlichen zurückgezogen. Der überwiegende Gebrauch der lateinischen Sprache trennte sie noch stark vom Pu-

62 Hierüber gibt es zahlreiche ausführliche Darstellungen. Erwähnt sei zum Beispiel: W. Schröder, Gesellschaftliche Gegebenheiten der Literaturproduktion in der sich auflösenden Ständegesellschaft und ihre Konsequenzen für die Aufklärungsphilosophie, in:, Französische Aufklärung. Bürgerliche Emanzipation, Literatur und Bewußtseinsbildung, Leipzig 1979, S. 60-122; M. Fontius, Literaturkritik im "Zeitalter der Kritik", in: ebenda, S. 346-402.

blikum, und sie selbst bekundete für die weltliche Kultur eine eifersüchtige Verachtung. Die einzige Bresche in dieser Trennwand bildete die religiöse Polemik.

Dieses Beziehungsgefüge geriet in den letzten Jahren der Herrschaft Ludwigs XIV. in Bewegung. Da die Literatur sorgfältig reglementiert war, das Theater der Unmoral bezichtigt wurde, das trostlose politische Leben sich auf Bulletins über die Gesundheit der königlichen Familie konzentrierte, gewann man Interesse an Kuriositäten und Überraschungen der Wissenschaft. Es wurde Mode, sich für Physik oder Astronomie zu begeistern. Dies war ein angenehmer Zeitvertreib, der intellektuell aufwertete und politisch ungefährlich zu sein schien. Die Wissenschaftler, so sie zu plaudern verstanden, hielten Einzug in den Salons. Die erwähnte Aufbereitung der Wissenschaft für Damen hat hierin ihren Grund.[63] Mit Begeisterung wurde Fontenelles Erfindung eines neuen literarischen Genres, das der galanten, populärwissenschaftlichen Darstellung wissenschaftlicher Erkenntnisse aufgenommen. Voltaire selbst urteilt über diese Leistung Fontenelles: "Die schwere Kunst, sogar die Philosophie, in ein anmutiges Gewand zu kleiden, war ebenfalls eine neue Erfindung, von der Fontenelles Buch über die W e l t e n das erste Beispiel gab, freilich ein gefährliches Beispiel, denn der wahre Schmuck der Philosophie ist die Ordnung, die Klarheit und vor allem die Wahrheit. Was die Nachwelt hindern könnte, dies geistreiche Werk unter unsere klassischen Bücher einzureihen, ist der Umstand, daß es sich zum Teil auf die Chimäre der Wirbel Descartes' stützt."[64] Selbst wenn es nun so gewesen sein sollte, daß Fontenelle den königlichen Absolutismus nur besser stützen wollte, indem er die rationalistische Elite und die Träger der Staatsräson miteinander vereinte, so hatte seine "Erfindung" doch letztlich regimeverändernde Wirkungen.

Analog verhielten sich unmittelbare Absicht und schließlicher Effekt in dem im ersten Viertel des 18. Jahrhunderts immer wieder aufflackernden alten religiösen Streit. Die politische Konstruktion des monarchistischen Staates, wie sie von den Nachfolgern Heinrichs IV. entwickelt worden war, hatte die Wiederherstellung einer religiösen Einheit vorausgesetzt, die durch das Edikt von Nantes aus dem Jahre 1598, eines für die Wiederherstellung des inneren Friedens notwendigen Kompromisses der kriegführenden Parteien erreicht wurde. Die Aufhebung des Edikt im Jahre 1685 erfolgte ebenfalls im Interesse einer Glaubenseinheit, einer Glaubenseinheit, die man als unerläßlich für die Realisierung der nationalen Einheit ansah. Sie bewirkte aber eine

63 Die Aufbereitung der Wissenschaft für Damen war zu jener Zeit sehr verbreitet. Nicht nur Algarotti (vgl. hierzu M. Fehér, The triumphal march of a paradigm. Algarotti, ambassador of the Newtonian Empire, in: dies., Changing tools. Case studies in the history of scientific methodology, Budapest 1995), sondern selbst der Metaphysiker Christian Wolff bereitete seine Philosophie für eine Dame zu. (Vgl. H. Wuttke, Vorwort zu: Ch. Wolffs eigene Lebensbeschreibung, in: Christian Wolff, Gesammelte Werke, a. a. O., I. Abteilung. Deutsche Schriften, Bd.10, a. a. O., S. 41.)

64 Voltaire, Das Zeitalter Ludwigs XIV., a. a. O., Zweiter Band, S. 70. – Es handelt sich um Fontenelles Schrift "Dialog über die Vielheit der Welten" (zum Beispiel in: B. Fontenelle, Philosophische Neuigkeiten für Leute von Welt und für Gelehrte. Ausgewählte Schriften, Leipzig 1989). In ihr wurde in demselben Jahr (1686), in dem Newton der Royal Society die "Principia mathematica" vorlegte, die cartesische Lehre gemeinfaßlich dargestellt und so populär gemacht. Allgemein und ausführlich zu diesem beginnenden Umbruch in der Literatur: A. Kleinert, Die allgemeinverständlichen Physikbücher der französischen Aufklärung, a. a. O.

ökonomische und intellektuelle Katastrophe: den Exodus von mindestens 200000 Protestanten, Revolten und ein Klima der Verfolgung. Noch problematischer aber wurde eine innerhalb des Katholizismus entstandene religiöse Abtrünnigkeit, der Jansenismus. Der Kampf schien 1713 mit der von Papst Clemens XI. im September 1713 veröffentlichten Bulle "Unigenitus" erledigt zu sein. Doch das Gegenteil geschah. Der religiöse Streit überschritt das Episkopat, drang hinab bis in die Pfarreien und die Krämerläden. Für eine Regierung, für die schon die bloße Idee einer "öffentlichen Meinung" etwas Unvorstellbares war, war das eine völlig neue Situation. Die einzige Antwort: Repression. Da die Jansenisten im Episkopat nur eine winzige Minderheit darstellten, waren sie von Anfang an dafür eingetreten, die Debatte öffentlich zu machen. Sie versuchten zu gewinnen, indem sie die Terminologie des Streits allgemeinverständlich erklärten und immer mehr Publikationen in französischer Sprache herausbrachten. In der Folge dieses Streit fand eine beträchtliche kulturelle Verschiebung statt, die über die Intentionen der jansenistischen Führer weit hinausging. Ihre Überlebenstaktik veranlaßte sie, eine theologische Opposition auf das Terrain der Politik zu bringen und sich so mit der Monarchie anzulegen, obwohl sie gar keine Feinde der Monarchie waren. Sie suchten sich Verbündete: einerseits beim Volk, das aber keinerlei politisches Gewicht besaß, andererseits bei den Angehörigen der Gerichtshöfe und in Juristenkreisen, wo sie Gehör fanden. Auf dem Höhepunkt des so inszenierten Konflikts kursierte in Paris ein juristisches Gutachten, abgezeichnet von den berühmtesten Anwälten. Darin hieß es, der König sei das Haupt der Nation und der Gerichtshof sein Senat und die Gesetze seien ein Übereinkommen zwischen Regierten und Regierenden. War dies eine Schmähschrift, die die Dreiteilung der Gewalten oder wenigstens eine konstitunelle Monarchie forderte? Auf jeden Fall war es ein Angriff auf das Bestehende und ein Schritt in die Richtung, in die auch Voltaires Forderung nach Freiheit der Kulturschaffenden zielte.

Ihrer unmittelbaren Ambition nach waren Voltaire und seine literarischen Kollegen weit von dem Kampf der Jansenisten entfernt. Sie suchten den Kompromiß zwischen einer Gesellschaft, die sich genügend modernisierte, damit ihre Talente sich entfalten könnten, und die stabil genug blieb, damit sie ihre Privilegien behalten könnten. Es war dies nicht ganz so illusionär, wie es aus dem Rückblick scheint. Man schrieb das Jahr 1730, Ludwig XV. war erst zwanzig Jahre alt, und man hoffte noch auf seine Änderungen.

*

Als Voltaire nach England kam, war er trotz Bolingbrokes Einfluß ein philosophischer Anfänger. Er hatte auf dem Gebiet der Philosophie und der Religion keine festgelegte Auffassung. Konfrontiert mit der religiösen Vielfalt in England, entdeckte er die Notwendigkeit, selbst zu denken, und die schützenden Vorteile der Toleranz. Zudem eröffnete ihm die praktizierte Toleranz neue Gebiete, zunächst das der religiösen Debatte. War die religiöse Diskussion in seiner "Henriade" rein rhetorisch und voller Allgemeinplätze gewesen, so führte Voltaire nun lange Gespräche mit Quäkern, mit Juden und dem von einem mathematischen Gottesbeweis träumenden Pfarrer Samuel Clarke Auch den Bischof Berkeley lernte er oberflächlich kennen, und begeisterte sich für Bacon. Er stellte Fragen und ließ sich mutig auf die Spekulationen der englischen Experten ein. Seine Gesprächskunst und lebhafte Intelligenz ermöglichten es ihm, mit gelehrten Theologen zu wetteifern. Eine großartige Perspektive eröffnete sich – unterschieden von Fontenelles Erfolg bei den Damen der vornehmen Gesellschaft, aber nicht unabhängig von ihm –: die uneingeschränkte Kommunikation zwischen der Welt der Wissenschaftler und der Welt der Schriftsteller. Dabei konnte Voltaire eine der brillantesten Seiten seines Talents enthüllen: die Fähigkeit, den aus dem Rahmen fallenden Aspekt einer Tatsache zu erfassen, um sie in einen Mythos zu verwandeln (wie die Sage von dem auf Newtons Kopf gefallenen Apfel). Voltaire wirkte de facto darauf hin, daß die herrschende Kaste resp. die öffentliche Meinung die Wissenschaft zur Kenntnis nehmen mußte.

Voltaires Entdeckung der Toleranz ging einher mit einer zweiten, der Entdeckung des Wohlstands und der Betriebsamkeit in England. Er verband beides. Und er erweiterte sein Repertoire um zwei neue Elemente: Geschichte und Politik. Er erweiterte das Feld des literarischen Eingreifens auf alles, was die Gesellschaft interessierte. Es durfte – so nun seine Devise – für den Schriftsteller keinen verbotenen Bereich geben. Dem Schriftsteller durfte ein Bereich weder verboten sein, weil es sich um vermeintlich zu komplexe oder zu gelehrte Wissensgebiete handelte noch weil es um Staatsaffären ging, die verschwiegen werden sollten. Die neue soziale Rolle des Schriftstellers sollte darin bestehen, Sprachrohr der Bedürfnisse und Ansprüche der Zivilgesellschaft und zugleich ihr Pädagoge zu sein.

Voltaire war genau zu dem Zeitpunkt in England, als sich dort auf spektakuläre Weise eine wirksame öffentliche Meinung konstituierte. Es wird vermutet, daß die Rolle, die der Öffentlichkeit hier zugestanden wurde, indem man sie aufrief, ihren Verstand zu gebrauchen, um über die Taten der Regierung zu urteilen, Voltaire auch verwirrt hat. Tatsache ist jedenfalls, daß er es vorgezogen hat, lieber nach Frankreich zurückzukehren als in London Karriere zu machen. Er hätte dort akzeptieren müssen zu sein, was er nicht sein wollte: ein bürgerlicher Schriftsteller.

Voltaire wollte die Literatur in der Sphäre adliger Tätigkeit halten resp. sie in eine solche erheben. Die Ehrung, die man – wie er erlebt hatte – in England dem Gelehrten und Schriftsteller Newton bei seiner Bestattung hatte zukommen lassen, eine Ehrung, wie sie in Frankreich nur Königen erwiesen wurde, ließ ihm letzteres als erreichbar erscheinen. Er brachte aus England den Sinn für Freiheit, Toleranz, Modernisierung, Nützlichkeit und für ein Sich-Einmischen des Schriftstellers ins öffentliche Leben mit, auch den Appell, seine Vernunft und seinen kritischen Geist zu gebrauchen. Er wollte für eine Organisation der Gesellschaft kämpfen, die auf einer generellen Verbreitung des Handelsverkehrs beruhte, und weigerte sich zugleich, literarische Tätigkeit und künstlerische Beziehungen in eben jenen Handelsverkehr einzubeziehen.

Im Zuge der Konstituierung des citoyen gewann der Schriftsteller eine Funktion, in der Konversation nicht länger eine gefällige Kunst war, sondern die vollendetste Äußerung dieses neu die Bühne betretenden gesellschaftlichen Wesens, das nun der Staatsmacht, von der es ausgeschlossen war, als Opposition gegenüberstand.

Doch der neue "freie" Schriftsteller, der sich von der Abhängigkeit von der Kirche und vom Hof befreit hatte, geriet in die Abhängigkeit vom Publikum. Die Literatur wurde zu einer Ware.

Um dieser neuen Realität, deren Prinzipien Voltaire billigte, deren Folgen er aber fürchtete, die Stirn zu bieten, entwickelte Voltaire – zögerlich und nicht immer erfolgreich – mehrere Verhaltensmaßregeln, wobei er häufig einander widersprechende Taktiken anwandte. Er engagierte sich in dem kritischen Treiben, das für den neuen öffentlichen Raum charakteristisch war. Allseitige Kritik war das Motto: Kritik an der Wissenschaft, an der Geschichte, an der Religion, an der Politik. Ein anderer Name für diese allseitige Kritik war "Philosophie". Voltaire tastete sich Schritt für Schritt vorwärts, immer wagemutiger, immer riskanter, wobei er sich angesichts der feindseligen königlichen Macht Unterstützung und Schutz suchen mußte, zuerst bei den Großen, aber zunehmend auch bei diesem Publikum, dem er seinen Ruhm und daher zum großen Teil auch seine Straflosigkeit verdankte. Entscheiden wollte sich Voltaire nicht, nicht zwischen zwei Parteien, die ihm gleich begehrenswert erschienen: die Treue zur Vergangenheit und die Faszination einer neuen Gesellschaft, die Wertschätzung der Elite und der Applaus der Menge, Adel und Geld, verfeinerter Geschmack und vibrierende Empfindsamkeit.

Voltaire mußte sich daher gleichzeitig in Vergessenheit bringen und dafür sorgen, daß er nicht vergessen wurde. Wissenschaftliche Studien konnten eine wirksame Ablenkung von dem gefährlichen Feuer der Schriftstellerei sein. Und als er im Frühjahr 1733 Mme du Châtelet kennenlernte, verwandelte sich durch ihren Einfluß seine Neugier eines begeisterten Amateurs in ein ernsthaftes wissenschaftliches Studium. Voltaire begann, sein Werk "Elemente der Philosophie Newtons" in Angriff zu nehmen. Mme du Châtelet hielt dieses Gebiet für politisch weniger riskant als das schöngeistige. Intellektuelle Kühnheit war erforderlich, aber man lief weniger Gefahr, verfolgt zu werden. Die Entscheidung für die Physik Newtons gegen die inzwischen offiziell anerkannte Physik von Descartes hatte den Vorzug, Voltaire an die Spitze einer wichtigen Debatte zu stellen, die nicht direkt an Tabuthemen wie "Regierung", "Religion" und "gute Sitten" rührte. Immerhin war Newton, obzwar Bürger einer Ketzernation, ein vorbildlicher Bürger, respektvoll gegen die Obrigkeit und gegen die Offenbarungsreligion. Und Fontenelle als anerkannte Persönlichkeit von Rang hatte 1727 anläßlich von Newtons Tod eine Gedenkrede auf den Autor der "Principia" gehalten, in der er das cartesianische Weltbild zu verteidigen versuchte, ohne die Entdeckungen Newtons zu verwerfen.[65]

Doch als Mme du Châtelet versuchte, Voltaire auf die genannte Weise zu schützen, war es bereits zu spät. Voltaire war Dichter, Dramaturg, Historiker und Meister der edlen Gattungen gewesen, doch der immense Erfolg seiner "Philosophischen Briefe" hatte ihm auch das Ansehen als Philosophen gebracht,[66] als Freund der Weisheit und daher Wahrheit.[67]

Seit seiner Rückkehr aus England hatte Voltaire Notizen zu diesen Briefen gemacht, die zunächst nur als Betrachtung über die reizvolle Modernität Englands gedacht waren. Sie erwiesen sich nach Voltaires eigenem Urteil aber in ihrem philosophischen

65 Vgl. B. Fontenelle, Laudatio auf Newton, in: ders., Philosophische Neuigkeiten für Leute von Welt und für Gelehrte, a. a. O., S. 326-348.

66 Zwischen 1734 und 1739 sollen 20 000 Exemplare verkauft worden sein.

67 Zu den näheren Umständen der Publikation und der Wirkung der "Briefe" siehe zum Beispiel: Th. Besterman, Voltaire, a. a. O., S. 138-142.

Teil am stärksten. Er schreibt über sie: "Ich habe eben diese 'Englischen Briefe', die zur Hälfte leichtfertig, zur Hälfte wissenschaftlich sind, noch einmal gelesen. In Wahrheit ist in diesem kleinen Werk das am passabelsten, was die Philosophie betrifft; und ich glaube, das ist es, was am wenigsten gelesen wird. Man kann noch so oft behaupten, unser Jahrhundert sei philosophisch. Trotzdem hat man keine zweihundert Exemplare des Büchleins von Monsieur de Maupertuis, in dem von der Gravitation die Rede ist, verkauft; und wenn man schon so wenig Interesse für ein Werk zeigt, das von Meisterhand geschrieben ist, was wird dann mit den schwachen Versuchen eines Schülers wie mir geschehen? Glücklicherweise habe ich versucht, die Trockenheit dieser Gegenstände ein wenig aufzulockern und sie gemäß dem Geschmack der Nation etwas schmackhafter zu machen. Raten Sie mir, daß ich noch ein paar kurze, vom Thema losgelöste Reflexionen über die 'Gedanken' von Pascal anfügen soll? Schon lange habe ich Lust, diesen Riesen anzugreifen .... Übrigens werde ich dabei mit Vorsicht zu Werke gehen und nur die Stellen kritisieren, die nicht so sehr mit unserer heiligen Religion verbunden sind, da man Pascal nicht die Haut ritzen kann, ohne das Christentum bluten zu lassen."[68] Voltaire erkannte ein Bedürfnis der Gesellschaft, in der er lebte, bzw. eine für ihre Umgestaltung erforderliche, jedoch kaum befriedigte Notwendigkeit. Seiner eigenen Veränderung nach dem Englandaufenthalt bewußt werdend deutete er die Hysterie der vornehmen Gesellschaft Frankreichs als Sehnsucht nach Veränderung, nach einer Veränderung, die zugleich gefürchtet wurde. Er schlug als Heilmittel eine literarische Gattung vor, die in ihrem Inhalte alt, in der Form aber neu war: die Philosophie.

Mit diesem Inhalt-Form-Kontrast war gemeint, daß die Philosophie in der Gestalt einer gelehrten Wissenschaft kein Heilmittel sein konnte, Gassendi, Descartes, Newton aber eine Botschaft hinterlassen hatten, die klar und deutlich war. Die Gesellschaft war über sie jedoch nicht informiert, da sie zu ernst formuliert und ihre Entschlüsselung zu mühselig war. *Um in die Köpfe einzudringen, mußte die Philosophie Literatur werden* und auch dem Charme, der Frivolität und der Weltlichkeit einen Platz einräumen. Fontenelle hatte den Weg gezeigt, aber er war zu vorsichtig und zu harmlos, als daß er für die Macht mehr war als eine leichte Störung hätte sein können.

Für Voltaire ergab sich auf diese Weise, sein Talent in den Dienst der Wahrheit zu stellen, überzeugt davon, damit den neuen Bedürfnissen seines Publikums zu entsprechen.

Die Philosophie, die Bemühung um die Wahrheit, war in erster Linie eine Bewegung gegen den Einfluß der Vorurteile, die den Zugang zum Wissen versperrten und dessen Wirksamkeit verhinderten. Die Philosophie, so wie Voltaire und seine Zeitgenossen sie auffaßten, war nur denkbar in Konkurrenz zur religiösen Propaganda. Sie konnte nur hoffen, die Menschen für sich zu gewinnen, indem sie das Terrain besetzte, auf dem sich die Kirche seit Jahrhunderten eingerichtet hatte.

Philosophie mußte auf allen von der Religion besetzten Gebieten kämpfen: Wissen, Erziehung, Emotionalität, Moral, Politik. Um diese Aufgabe zu erfüllen, mußten sich diese Philosophen wie die Priester darauf berufen können, "Gesalbte" zu sein, die das Glück einer Menschheit förderten, die auf der Basis der Vernunft mit sich selbst und

68 Brief Voltaires an Jean-Baptiste-Nicolas Formont vom Juni 1733, in: Correspondence and Related Documents, a. a. O., Bd. 86, S. 342-343 (D 617).

der Wahrheit der Dinge im Einklang war. Der Philosoph war der neue Priester einer Menschheitsreligion, der Religion einer Menschheit, die von der Erbsünde befreit war, die das Geheimnis ihrer Größe und Würde in sich selbst suchte.

Der Kampf, der nun eröffnet wurde, nahm die verschiedensten Formen an, vom Graben- bis zum pompöseren Bewegungskrieg. Im einem wie im anderen Lager probierten unterschiedlich talentierte Generäle die ganze Skala möglicher Taktiken aus. Philosophen verkleideten sich als Mönche, Ordensgeistliche als Philosophen. Es gab Leute, die das Lager wechselten, Verräter und verirrte Schafe. Es bildeten sich widersprüchliche Koalitionen, in jeder Partei entstanden verschiedene Richtungen und entwickelten sich bösartige Rivalitäten. Aber diese Vielheiten bildeten ein ganzes Stück, ein Stück, dessen erster Regisseur Voltaire war: der Kampf der Religion mit dem, was sich zur Aufklärung gestaltete.

Voltaire war modern gegen die Modernen, er warf ihnen vor, daß sie nur die Sprache, nicht aber das Denken verändern wollten. Und so stand hinter der ästhetischen Polemik, hinter dem Streit über Stil und das "Natürliche" ein philosophischer Kampf. Die Modernen wollten die alte Ordnung an die neuen Realitäten anpassen, Voltaire versuchte, mittels moderner geistiger Grundlagen eine neue Ordnung zu denken. Die Modernen wandten sich an die Elite der Vornehmen, deren Distinktion sie durch Sprachfinessen noch betonten, Voltaire wandte sich an das größere Publikum der ehrenwerten Leute, das Publikum all jener, die eine klare, elegante, präzise Sprache zu größerem Wissen führen konnte. Und so konnte er über sein Werk "Elemente der Philosophie Newtons" erklären: "Diese Schrift ist nur für jene, die weder Wissen noch Vorurteile haben. Ich behandele darin bekannte Dinge, wie die ursprünglichen Grundlagen des Sehens, aber man muß gemeinverständlich sein. Ich bin nicht gekommen für die Weisen, sondern für das unwissende Volk, dem anzugehören ich die Ehre habe."[69]

Voltaire vertraute darauf, daß Worte, wenn man nur geschickt mit ihnen umging, denjenigen, die lesen können, alles sagen können. Sein Vertrauen in die Macht der Literatur war absolut. Sie mußte es zuwege bringen, die Kluft zwischen der Welt der Gelehrten und der eleganten Gesellschaft zu überwinden. In dem Schriftsteller sah er den Beseitiger der Grenzen zwischen der Wissenschaft der Gelehrten und einer Öffentlichkeit, die noch von ihren Vorurteilen und ihren Emotionen gelenkt wurde. Es handelte sich für ihn nicht darum, das Wissen zu vulgarisieren, es in seinem Umfang und seiner Tragweite einzuschränken, um nur die Grundzüge zu erfassen, sondern darum klarzumachen, *wie* das Wissen seine wesentlichen Wahrheiten übermittelte, nämlich so, daß ein mit Vernunft und Empfindung begabtes Wesen imstande war, es zu verstehen. Voltaires Engagement im Kampf der Philosophie rührte nicht so sehr her von einem Glauben an die Universalität der Vernunft, sondern mehr von einem unverbrüchlichen Glauben an die Fähigkeit der Literatur, das Bedürfnis einer desorientierten Gesellschaft nach Wissen und Verstehen aufzugreifen und ihr mitzuteilen. *Er machte sich zum Sprachrohr eines Publikums, das noch nicht existierte,* doch das er mit seinen Worten anrief und erahnte.

69 Brief Voltaires an Henri Pitot vom 29. 5. 1737, in: Correspondence and Related Documents, a. a. O., Bd. 88, S. 314-315 (D 1332). Selbstredend zählt sich Voltaire hier nicht plötzlich zum einfachen Volk, sondern meint mit dieser Bezeichnung die (bürgerlichen ?) Nicht-Gelehrten.

Voltaires Frage war stets die nach dem Platz des Schriftstellers im gesellschaftlichen Netz der Macht. In seinen Augen wurde der Schriftsteller zum Wächter über die Werte, die nunmehr als allgemeine der Menschheit dargestellt wurden, zum Sprachrohr der Zivilgesellschaft gegen die Willkür und den Despotismus der politischen Macht. Der Schriftsteller wurde, indem er zum Sprachrohr der öffentlichen Meinung wurde resp. diese konstituierte, zum Philosophen, zu dem, was man heute "Intellektueller" nennen würde. Und sie, die Philosophen sollten diejenigen sein, die die bessere Gesellschaft regieren (sie erzeugen und erhalten).[70]

Im Herbst 1763 schreibt Voltaire an Helvétius: "Jeden Tag gewinnt die Vernunft, die so sehr verfolgt worden ist, neues Terrain. ... Die jungen Leute formieren sich, diejenigen, die für die höchsten Stellen bestimmt sind, sind befreit von den schändlichen Vorurteilen, die eine Nation entwürdigen. Es wird immer noch ein großes Volk von Dummköpfen und eine Menge Spitzbuben geben. Doch die kleine Zahl der Denker wird sich durchsetzen. ... Seien Sie sicher, sobald die anständigen Menschen vereint sind, wird man sie nicht antasten. ... Es liegt im Interesse des Königs und des Staates, daß die Philosophen die Gesellschaft regieren. Die Zeit ist gekommen, da Menschen wie Sie die Oberhand gewinnen müssen. ... Endlich trägt unsere Partei in den besseren Kreisen den Sieg über die ihre davon."[71]

Voltaires Entwicklung zum Philosophen der bezeichneten Art ging einher mit der zum Vollender der klassischen Tragödie, die auf dem Sprung zum bürgerlichen Drama stand, und zum führenden Historiographen der frühen französischen Aufklärung. Zu letzterem wurde er, indem er der Universalgeschichtsschreibung neue Prinzipien zugrunde legte. Nicht mehr die Ausbreitung und Entwicklung der christlichen Kirche sollte ihr Maßstab sein, sondern die Genese der zivilisatorisch-kulturellen Leistungen. Man habe bisher nur die Geschichte der Könige, nicht aber die der Nationen geschrieben, kritisierte Voltaire. Sein "Das Zeitalter Ludwigs XIV." beginnt mit den Worten: "Es ist nich meine Absicht, bloß das Leben Ludwigs XIV. zu beschreiben: ich habe einen größeren Gegenstand im Auge. Ich will versuchen, der Nachwelt nicht die Taten eines einzelnen Mannes, sondern den Geist der Menschen im aufgeklärtesten aller bisherigen Zeitalter zu schildern." Geschichtsschreibung sollte sich nicht länger darin auflösen, die Abfolge von Herrscherhäusern und Schlachten darzustellen, sondern sollte Geistesgeschichte sein. Sie sollte nicht zufällig überkommene Sagen von Ereignissen zusammenstellen, sondern das Übermittelte kritisch nach seinem möglichen Zusammenhang prüfen. Gewiß ist Voltaire seiner eigenen Forderung nicht von Anfang an gerecht geworden, doch spätestens seit seiner Anfang der vierziger Jahre begonnenen "Universalgeschichte" war er bestrebt – insbesondere Mme du Châtelet und ihren gelehrten Freunden – zu zeigen, daß alles, einschließlich der Metaphysik und der

70 Vgl. auch den 23. seiner "Englischen Briefe", den Brief "Über die Achtung, welche den Schriftstellern gebührt".

71 Brief Voltaires an Claude-Adrien Helvétius vom 15. 9. 1763, in: Correspondence and Related Documents, a. a. O., Bd. 110, S. 403-405 (D 11418).

Physik, in Verbindung mit dem Abenteuer der Menschheitsgeschichte steht – und diese daher auch so geschrieben werden muß (und kann), daß das deutlich wird.[72]

Seine Devise, es sei die Aufgabe der Philosophie, gegen Aberglauben und Fanatismus zu wirken, dafür zu sorgen, daß aus Aberglauben und Fanatismus nicht getötet wird, ist aus dieser Sicht gesehen kein bloßes Moralprinzip, sondern Weltweisheit.

Die Mechanisierung der Mechanik

"Mein Schicksal hat es gewollt" – schreibt Voltaire –, "daß ich als erster meinen Mitbürgern die Entdeckungen des großen Newton erklären durfte. Ich bin der Apostel und Märtyrer der Engländer gewesen."[73] Nach Haller meinte Voltaire, "daß er der erste Franzos gewesen, der von Newtons Entdeckungen in der Materie vom Licht und der allgemeinen Schwehre umständliche Nachricht gegeben; sey auch zum Mitglied der Gesellschaft zu London aufgenommen worden: habe aber, weil er die Leibnitzschen Einheiten, vorbestimte Harmonie und dergleichen Zeug in Zweifel gezogen, es mit den Teutschen verdorben. Zwar habe auch eine Person von vielerley Witz diese Dinge sich gefallen lassen; er befinde aber in der Warheit, daß die metaphysischen Systemata bey den Weltweisen eben das sind, was die Romainen bey dem Frauenzimmer. Sie sind angenehm, wenn sie neu sind. Hernach werden sie beyseite geleget und vergessen. ... Er habe in seiner Vergleichung der Lehren von Newton und Leibnitz nur gewiesen, daß Newton kein Systema angenommen, weil er zu zweifeln gewußt. Und darüber habe sich in Teutschland ein Geschrey erhoben von Leuten, die da sagen, sie zweifelten nicht; sie wüßten alles gewiß."[74] Der fünfzehnte seiner "Philosophischen Briefe", der Brief "Von der anziehenden Kraft" beginnt mit den Worten: "Die Entdeckungen des Ritters Newton, welche ihm eine allgemeine Hochachtung erworben, betreffen das Lehrgebäude von der Welt, das Licht, das Unendliche in der Erdmeskunst und endlich die Zeitrechnungskunst, mit welcher er sich nur belustigte, wenn er sich von seinen ernsthaften Geschäften wieder erhohlen wollte. – Ich will (wenn es ohne viele Worte zu machen geschehen kan) das wenige, welches ich von allen diesen hohen Begriffen habe erhaschen können, hierhersetzen."[75]

72 Vgl. hierzu unter anderem: D. F. Strauß, Voltaire, Leipzig 1924, S. 164-169; M. Fontius, Einleitung zu Voltaire. Ein Lesebuch für unsere Zeit, Berlin/ Weimar 1989, S. XXV-LIV, einschließlich der darin zitierten Literatur. Siehe vor allem auch: E. Cassirer, Die Philosophie der Aufklärung, Tübingen 1932, S. 288-305.

73 Voltaire, Brief an Horace Walpole vom 15. 7. 1768. in: Correspondence and Related Documents, a. a. O. Bd. 117, S. 449-454 (D15140) (deutsch in: Voltaire in seinen schönsten Briefen, ausgewählt, übersetzt und kommentiert von H. Missenharter, Stuttgart 1953, S. 260).

74 Göttingische Zeitungen von Gelehrten Sachen *VII* (1745), 67.

75 Voltaire, Sammlung verschiedener Briefe des Herrn von Voltaire die Engelländer und andere Sachen betreffend, Jena 1747, S. 230. Vgl. auch einen Brief an den Grafen d'Argental vom 27. 1. 1737, in dem Voltaire schreibt: "Im übrigen lebe ich als Philosoph, studiere eifrig, sehe wenig Leute, versuche, Newton zu verstehen und ihn verständlich zu machen." [In: Correspondence and Related Documents, a. a. O., Bd. 88, S. 221-222 (D 1270) (deutsch in: Voltaire in seinen schönsten Briefen, a. a. O., S. 67).]

Voltaire hat die Lehren des englischen Empirismus resp. dessen geistige Haltung und das Newtonsche Gedankengut nach Frankreich gebracht und dort verbreitet. Es waren zwar verschiedene Arbeiten Newtons einzelnen Fachleuten sogar schon vor 1699 bekannt.[76] Auch war Voltaire gewiß nicht der erste, der sich in Frankreich offen als Newtonianer bekannte; dies war Pierre Louis Moreau de Maupertuis.[77] Und es waren die Franzosen d'Alembert, Clairaut, Laplace und Lagrange, die später die klassische Mechanik weiterentwickelten. Aber Voltaire war ihr eigentlicher Popularisator.[78] Seine 1732 in englischer und 1734 in französischer Sprache veröffentlichten "Englischen Briefe" und die 1738 erstmals publizierten "Elemente der Philosophie Newtons" (deren Druck – wie gesagt – in Frankreich verboten war) gaben eine bislang für ein breites französisches Publikum nirgendwo anders zu findende Übersicht über die wichtigsten Entdeckungen Newtons. Gewiß waren bereits Darstellungen der Newtonschen Lehre erschienen,[79] doch handelte es sich entweder um Werke, die nur

76 Vgl. H. Guerlac, Newton on the Continent, Ithaca and London 1981, S. 41-53.

77 Vgl. P. Brunet, Maupertuis, Paris 1929, Bd. I.

78 Auf die Bedeutung Voltaires für die Verbreitung der Newtonschen Mechanik wurde verschiedentlich hingewiesen. Siehe zum Beispiel: E. L. Rathlef, Die Geschichte des Herrn Franz Arouet von Voltaire, in: ders., Geschichte Jetztlebender Gelehrten, Siebender Theil, Zelle 1743, S. 29-148; M. J. A. N. de Caritat Condorcet, Avertissement des editeurs, in: Oeuvres complètes de Voltaire, Tome trente-uniéme, De l'imprimerie de la société littéraire-typographieque 1784 [81-88]; ders., Vie de Voltaire, in: Oeuvres complètes de Voltaire, Tome soixante-dixime, De l'imprimerie de la société littéraire-typographieque 1789; du Bois-Reymond, Voltaire als Naturforscher, in: Reden von Emil du Bois-Reymond. Erste Folge, Leipzig 1886; ders., Zu Diderots Gedächtnis, in: Reden von Emil du Bois-Reymond. a. a. O.; P. Sakmann, Voltaire in seinen Beziehungen zur Naturwissenschaft, Jahreshefte des Vereins für Mathematik und Naturwissenschaften *8* (1897), 143-154; ders., Voltaires Geistesart und Gedankenwelt, Stuttgart 1910; F. A. Lange, Geschichte des Materialismus, Leipzig 1902, Bd. I, S. 299-307; H. A. Korff, Voltaire im literarischen Deutschland des XVIII. Jahrhunderts, a. a. O., insbes. S. 197-235; E. Cassirer, Die Philosophie der Aufklärung, a. a. O., S. 1-122; M. S. Libby, The attitude of Voltaire to magic and the sciences, New York 1935; I. O. Wade, Studies on Voltaire, Princeton 1947, ders., Voltaire's Micromégas, Princeton 1950; R. L. Walters, Voltaire and the Newtonian universe. A study of the "Eléments de la philosophie de Newton", Diss. Princeton 1954 [siehe auch: Dissertation Abstracts *16* (1956), 540]; V. Klemperer, Einleitung zu: Voltaire, Sämtliche Romane und Erzählungen in zwei Bänden, Leipzig 1960, S. IX-XLII; A. Kleinert, Die allgemeinverständlichen Physikbücher der französischen Aufklärung, a. a. O. sowie die darin zitierte Literatur; H.-J. Treder, Elementare Kosmologie, Berlin 1975; M. Fontius, Voltaire – Proteus der Schriftsteller, Einleitung zu : Voltaire – Erzählungen. Dialoge. Streitschriften, hrsg. von Martin Fontius, Berlin 1981, S. 5-40, insbes. 13-16; ders., Einleitung zu: Voltaire. Ein Lesebuch für unsere Zeit, a. a. O., S. XXV-LIV, insbes. XXXVIII-XLIII; H. Ley, Geschichte der Aufklärung und des Atheismus, Bd. 4/2, Berlin 1984, S. 9-112; M. Fehér, The triumphal march of a paradigm. Algarotti, ambassador of the Newtonian Empire, a. a. O.

79 Zum Beispiel: 1720/21 "Physices elementa mathematica, experimentis confirmata, sive Introductio ad philosophiam Newtoniam" von 'sGravesande, 1728 "A view of Sir Isaac Newton's philosophy" von Pemberton, 1729 "Elementa physices" von Musschenbroek, 1732 Maupertuis' Schrift "Abhandlung über die unterschiedlichen Gestalten der Sterne", 1736 "Mechanica" von Euler, 1737 "Il Newtonianismo per le dame. Ovvero, dialoghi sopra la luce, i colori e l'attrazione" von Algarotti, zudem hatte Fontenelle bereits 1727 eine Gedenkrede auf Newton gehalten. – Überdies gab es auch Autoren, die Newtons Lehre nicht erklären oder darstellen wollten, sondern sie bzw. das,. was sie dafür hielten, einfach kritisierten, lächerlich zu machen suchten, ablehnten und verurteilten oder umgekehrt bewunderten, glorifizierten und gar predigten. Auch sie haben,

Fachleuten verständlich sein konnten oder um Schriften, die in Frankreich nicht verbreitet waren, bzw. um solche, die nicht die Newtonsche Lehre gleichgewichtig in allen ihren Teilen vorführten. Im allgemeinen waren die Newtonschen Erkenntnisse nicht nur den Laien, sondern auch den meisten Physikern unbekannt - selbst dann, wenn sie Newtons Lehre bekämpften. Daher kam der Voltaireschen Tat große Bedeutung zu. Die Popularisierung der Newtonschen Lehre war in Frankreich und anderenorts – wie auch im Vorwort der Kehler Ausgabe der "Elemente" geurteilt wird – sogar für deren Akzeptanz unter Wissenschaftlern wichtig. Durch das selbst in England verbreitete "Handbuch der cartesischen Physik" von J. Rohault war der Cartesianismus bis in die zwanziger Jahre des achtzehnten Jahrhunderts die Standardlehre. Die Newtonsche Physik schien den meisten der Descartesschen weder methodisch-theoretisch noch praktisch überlegen zu sein. Ihre Popularisierung trug dazu bei, die begrifflichen Grundlagen dieser Physik zu klären, und sie appellierte zugleich an die Wissenschaftler, nach weiteren Anwendungen dieser Theorie zu suchen.[80]

Voltaire hat insbesondere durch die Art und Weise, in der er die Newtonsche Lehre popularisierte, mehr als ein anderer zum Sturz des Cartesianismus in Frankreich beigetragen. Und dies zu tun, war durchaus nicht ungefährlich. Condorcet als zeitgenössischer Herausgeber der "Elemente der Philosophie Newtons" schreibt über ihn: "Er gestattete es sich aber auch, Descartes und Leibniz anzugreifen, und dazu gehörte Mut zu einer Zeit, als Frankreich cartesisch war, als die Ideen von Leibniz in Deutschland und im Norden herrschten."[81] Deshalb ist es durchaus nicht unbegründet, wenn sich Voltaire nicht nur als Apostel, sondern auch als Märtyrer der Engländer verstand. Er war sich der Bedeutung seiner Popularisierung der Newtonschen Lehre in Frankreich durchaus bewußt, nicht aber der Tatsache, daß er die Mechanik nicht in der Form verbreitete, in der Newton sie begründet hatte, daß er die Newtonschen Erkenntnisse, indem er sie seinen Mitbürgern erklärte, im Interesse der Aufklärung modifizierte.

Allerdings erkannte man bereits 1743, daß man fortan zwischen dem echten und dem voltaireisierten Newton wird unterscheiden müssen. In der "Geschichte Jetztle-

und sei es unabsichtlich, zur Verbreitung des Newtonianismus beigetragen. (Vgl. M. Fehér, The triumphal march of a paradigm. Algarotti, ambassador of the Newtonian Empire, a. a. O., S. 124.) Eine Abwägung der verschiedenen physikalischen Publikationen jener Zeit findet sich in: A. Kleinert, Die allgemeinverständlichen Physikbücher der französischen Aufklärung, a. a. O. – Ein aus heutiger Sicht besonders kurioses Beispiel der Newton-Verehrung bietet das Poem des der Physik durchaus kundigen J. T. Desauguliers "The Newtonian System of the world, the best model of government: An allegorical Poem" (London/ Westminster 1728).

80 In der zweiten Hälfte des Jahrhunderts war Newtons Lehre als Grundlage der Naturwissenschaft schon ziemlich akzeptiert, wovon der nachfolgend genannte Titel zeugt: Benjamin Martin, Philosophia Britannica oder neuer und faßlicher Lehrbegriff der Newtonschen Weltweisheit, Astronomie und Geographie in zwölf Vorlesungen ..., aus dem Englischen übersetzt, mit einer Vorrede von A. G. Kästner, Leipzig 1778. Mit dieser Schrift wollte der Autor ein Werk liefern, "welches den ganzen Umfang der Naturkunde begreift, und auf physisch-mathematischen Gründen der Newtonschen Weltweisheit beruhet", zusammengestellt aus den naturwissenschaftlichen Spitzenwerken der Zeit.

81 Vorwort der Herausgeber der 1784er Ausgabe von Voltaires Schrift "Élémens de philosophie de Newton", in: Oeuvres complètes de Voltaire, Tome trente-uniéme, De l'imprimerie de la société littéraire-typographique 1784, S. 12 [84].

bender Gelehrten" kann man lesen: Voltaire verließ "seine Poesie, weil sie ihm vielfältigen Verdrus erwekt, und legte sich auf ernsthaftere Dinge. Er gedachte zurük an seine Liebe gegen Newton, die ihm im Engelland beigebracht worden, und legte sich auf die Mathematik und Philosophie. Jene erlernete er im Jahre 1736 in kurzer Zeit. Sonderlich machte er sich an den Newton. Dieses Gelehrten Schriften hielt er für alzu dunkel. Daher wante er allen Fleis an, seine Wahrheyten auf eine begreiflichere Art vorzustellen."[82] Allgemein habe man dazu gemeint, er hätte bei seinem Dichten bleiben sollen. Die Fachwelt in England und Frankreich habe seine Newton-Schrift nicht geachtet. "Er hat alzugeschwinde in diesen Dingen ein Meister sein wollen. ... Wir müssen also, wenn wir künftig von Newton reden, den wahren und echten Newton von dem voltaireschen Newton wol unterscheiden."[83] Und einige Seiten weiter schreibt Rathlef: "Man bewunderte also seine [Newtons – d. V.] Schriften mehr, als daß man sie verstehen konte. Herr Voltaire wagte sich also an die schwere Arbeit, seine Schriften mit rechter Aufmerksamkeit zu lesen, seine Lehren aus dem Schatten, in welchem sie schwer zu erkennen waren, an die Sonne zu bringen, und sie auf eine begreiflichere Weise und mit angenehmeren Worten vorzustellen. Weil man aber bei dergleichen Arbeit der Schärfe des Beweises leicht etwas nehmen kan, so wird es eben daher auch komen, daß man dem Herrn Voltaire vorwirft, daß seine newtonischen Wahrheyten nicht allenthalben wahr genug wären – Wiewol dies auch oft daher kommen können, daß sein Held, der Herr Newton, mannigmahl Einfällen und Vorstellungen zu viel zugetraut hat. ... Aber dennoch bleibt des Herrn Voltaire Buch ein gutes Buch, das fleißig von Liebhabern der höhern Weltweisheit gelesen wird."[84]

Durch Voltaire erhielt die klassische Mechanik eine weltanschauliche Dimension in einer betont anti-kurialen Interpretation. Voltaire leistete damit Entscheidendes zur geistigen Vorbereitung der Französischen Revolution, zur Begründung des Ausschließlichkeitsanspruches der Vernunft, für die es erforderlich war, die Grundfrage der klassischen bürgerlichen Philosophie zu beantworten, nämlich zu zeigen, wie es möglich ist, daß die ganze Natur und die Gesellschaft rational, d. h. durch die Vernunft mittels Kenntnis unausweichlicher Gesetze erfaßt werden können. In seiner englischen Form wäre Newton für das cartesische Frankreich nicht annehmbar gewesen und hätte nicht die bedeutende Rolle für das Weltbild des aufstrebenden Bürgertum spielen können, wie sie ihm tatsächlich zugekommen ist. Die Voltairesche Interpretation der Newtonschen Physik war zu dieser Zeit die einzige Möglichkeit, um die Mechanik zur Basis eines sich auf die Wissenschaft berufenden Weltbildes werden zu lassen. Sie initiierte aber zugleich das mechanizistische Verständnis der Mechanik.[85] Dieses erweist sich damit als historisch notwendig, womit die Frage nach dem

82 E. L. Rathlef, Die Geschichte des Herrn Franz Arouet von Voltaire, in: ders., Geschichte Jetztlebender Gelehrten, a. a. O., S. 37.

83 Ebenda, S. 38 f.

84 Ebenda, S. 113 f. – Die Mängel der Voltaireschen Darstellung wurden auch späterhin immer wieder bemerkt und kritisiert. (Vgl. zum Beispiel: M. S. Libby, The attitude of Voltaire to magic and the sciences, a. a. O.)

85 Natürlich war Voltaire nicht der einzige, der zur Mechanisierung der Mechanik beitrug. Doch soll in dieser Arbeit nicht die Geschichte der Mechanisierung, sondern die Tatsache dargestellt und charakterisiert werden, daß Voltaire diese Uminterpretation initiiert hat.

(mechanistischen oder nicht-mechanistischen Charakter der Mechanik durchaus noch offen ist.

Um diese für die Beurteilung von Voltaires Newton-Rezeption maßgebliche Frage zu beantworten, muß zum einen kurz charakterisiert werden, was hier mit "mechanistisch" oder "mechanizistisch" gemeint ist, zum anderen bestimmt werden, wie Newton die Mechanik begründet hat, und dann mit deren Rezeption durch Voltaire verglichen werden.

Zum Begriff des Mechanizismus

Die klassische Mechanik hat seit ihrer Begründung durch Newton die verschiedenartigsten philosophischen Auslegungen erfahren. Dabei war die mechanistische die historisch bedeutsamste philosophische Interpretation, eine Interpretation, die auf die Gleichsetzung von Mechanik und mechanistischem Weltbild hinausläuft. Ist aber die Mechanik von sich aus mechanistisch? Impliziert sie zwangsläufig ein mechanistisches Weltbild?[86] Keinesfalls ist es selbstverständlich, eine physikalische Disziplin und eine bestimmte philosophische Konzeption von vornherein gleichzusetzen.

Das mechanistische Verständnis der Mechanik erhebt den Anspruch, die Welt allein mittels der Mechanik zu erklären. Die Mechanik soll nicht nur die einzig mögliche Physik, sondern die einzig mögliche Naturauffassung überhaupt sein. Damit behauptet man letztlich, daß nur das als natürliches Wesen existiert, was mit den Begriffen der Mechanik beschrieben, was mit ihren Gesetzen erklärt werden kann. In der Konsequenz werden so Theorie bzw. Begriff und Wirklichkeit identifiziert, das heißt, die Mechanik wird überhaupt nicht als Theorie erkannt, mithin denkt man nicht darüber nach, wie die Mechanik zu ihren Aussagen gelangt, und folglich nicht, welcher Art diese sind.[87]

86 In mehreren Arbeiten wurden diese Fragen untersucht und negativ beantwortet. Siehe zum Beispiel: P. Ruben, Mechanik und Dialektik, untersucht am Streit zwischen Cartesianern und Leibnizianern über das wahre Maß der bewegenden Kraft, in: Mikrokosmos - Makrokosmos, Bd. II. Berlin 1967; H.-H. v. Borzeszkowski und R. Wahsner, Die Mechanisierung der Mechanik. Rezeption und Popularisierung der klassischen Mechanik durch Voltaire, in: Newton-Studien, Berlin 1978; dies., Newton und Voltaire. Zur Begründung und Interpretation der klassischen Mechanik, Berlin 1980; dies., Not Even Classical Mechanics Is Mechanistic, in: Einstein meets Magritte. An Interdisciplinary Conference on Science and Society, hrsg. von D. Aerts, Yellow Book. Worldviews and the Problem of Synthesis. Dordrecht (im Druck); H.-G. Schöpf, Newton zwischen Physik und Theologie, Neue Zeitschrift für Systematische Theologie und Religionsphilosophie, *33* (1991), 262-281; R. Wahsner, "Ich bin der Apostel und Märtyrer der Engländer gewesen". Die Repräsentation Newtons durch Voltaire, in: Naturauffassungen in Philosophie, Wissenschaft und Technik. Band II: Renaissance und frühe Neuzeit, hrsg. von L. Schäfer und E. Ströker, Freiburg/ München 1994.

87 Diese Herangehensweise bestimmte keiner besser als Hegel. Da er die Mechanik mit dem mechanischen Materialismus resp. dem mechanistischen Weltbild identifizierte – was hier gerade als sachlich unbegründet nachgewiesen werden soll –, tat er zwar mit den folgenden Worten dem Begründer der klassischen Mechanik unrecht, charakterisierte aber treffend den Mechanizismus: "Physik, hüte dich vor Metaphysik, war sein Wahlspruch: das heißt also, Wissenschaft hüte dich vor dem *Denken*. Und er sowohl als alle diese physischen Wissenschaften bis diesen Tag haben

Die mechanischen Gesetze sind als mathematische Gleichungen formuliert und die Begriffe der Mechanik von diesen mathematischen Strukturen nicht zu trennen. Sie haben unabhängig von ihnen keinen bestimmten Sinn. Bedeutung erhalten sie allerdings allein hierdurch auch noch nicht, denn die mathematische Gleichung drückt zunächst lediglich eine Äquivalenz im mathematischen Sinne aus. Damit diese Äquivalenzen mechanische Bedeutung bekommen, das heißt, zu Aussagen über einen bestimmten sinnlich-gegenständlichen Bereich werden, müssen die in der mathematischen Beziehung verbundenen Zeichen bestimmte physikalische Größen symbolisieren, die durch die Angabe von Meßvorschriften definiert, das heißt, in der experimentellen Tätigkeit vergegenständlicht sind.

Zudem beruht die Mechanik – wie jede Theorie – auf bestimmten in Axiomen fixierten Voraussetzungen, die durch die Erfahrung begründet sind und zu Prinzipien verschärft wurden.

Unabhängig von den vorausgesetzten Axiomen und unabhängig von der experimentellen Grundlage sind die Aussagen der Mechanik sinn- und bedeutungslos. Doch nur in dieser gedachten Unabhängigkeit kann der Schein entstehen, daß die Mechanik die allumfassende Naturphilosophie sei. Die *Bedingtheit* der Mechanik wird nicht erkannt und folglich auch nicht ihre beschränkte Gültigkeit.[88]

Der Eindruck, Mechanik und mechanistisches Weltbild sowie Theorie und Wirklichkeit seien identisch, kann nur dann entstehen, wenn man die erkenntnistheoretische Problematik der Physik negiert. Damit wird jedoch auch der Philosophie ihre Existenzberechtigung abgesprochen. Denn setzt man Theorie und Wirklichkeit gleich, dann sind Fragen nach dem Erkenntnisvermögen, Fragen danach, wie sich das Subjekt *als* Subjekt gegeben ist, gegenstandslos.[89]

treulich darauf gehalten, als sie sich nicht auf eine Untersuchung ihrer Begriffe das Denken der Gedanken, eingelassen haben. Die Physik kann aber doch nichts machen ohne Denken; ihre Kategorien Gesetze hat sie nur durch das Denken - ohne dasselbe geht es nicht. Newton hat aber vorzüglich dazu beigetragen, die Reflexionsbestimmungen von Kräften in sie einzuführen; er hat die Wissenschaft auf den Standpunkt der Reflexion gehoben, statt der Gesetze der Phänomene die Gesetze der Kräfte aufgestellt. Dabei ist er nun ein so vollkommener Barbar an Begriffen, daß es ihm wie einem anderen seiner Landsleute gegangen ist, der sich höchlich verwunderte, als er erfuhr, daß er in seinem ganzen Leben Prosa gesprochen hatte, indem er sich nicht bewußt, daß er so geschickt sei, dies erfuhr Newton nie, wußte nicht, daß er Begriffe hatte und mit Begriffen zu tun hatte, während er mit physischen Dingen zu tun zu haben meinte: Und stellte das höchste Gegenteil zu Böhm auf, der die sinnlichen Dinge als Begriffe handhabte und durch die Stärke seines Gemüts sich ihrer Wirklichkeit vollkommen bemächtigte und sie unterjochte, statt dessen Newton die Begriffe wie sinnliche Dinge handhabte und sie nahm wie man Stein und Holz anzufassen pflegt." (G. W. F. Hegel, Vorlesungen über die Geschichte der Philosophie III, in: Werke in 20 Bänden, auf der Grundlage der Werke von 1832-1845 neu edierte Ausgabe, Frankfurt a. M. 1986, Bd. 20, S. 231 f.)

88 Die genauen physikalischen Grenzen einer physikalischen Theorie lassen sich selbstredend erst im nachhinein, vom Standpunkt einer allgemeineren Theorie aus bestimmen. Aber *daß* es Gültigkeitsgrenzen gibt, ist innerhalb der betreffenden Theorie selbst zu erkennen.

89 Vgl. hierzu: H.-H. v. Borzeszkowski und R. Wahsner, Über die Notwendigkeit der Philosophie für die Naturwissenschaft, in: Dialektik 1. Beiträge zu Philosophie und Wissenschaften. Orientierungen der Philosophie, hrsg. von B. Heidtmann, Köln 1980; dies., Noch einmal über das Bedürfnis der Naturwissenschaften nach Philosophie, in: Dialektik 5. Beiträge zu Philosophie und

Denn wenn die ganze Welt mittels der Mechanik erklärt werden soll, dann eben auch die Produktion der Erkenntnis. Die *tätige* Auseinandersetzung des Menschen mit der Natur und mit seiner gesellschaftlichen Umwelt, durch die überhaupt nur Erkenntnisse gewonnen werden können, fällt somit aus der Betrachtung heraus. Das Bewußtsein erscheint als bloßer Spiegel, über dessen verzerrte oder getreue Wiedergabe der Mechanizist als äußerer Beobachter urteilen zu können glaubt.

Dieser Glaube gründet sich auf die Unkenntnis der grundlegenden Voraussetzung der Physik, die Welt unter der Form des Objekts zu betrachten, das erkennende Subjekt durch die Wahl eines geeigneten Erkenntnismittels als Subjekt aus dieser Welt herauszunehmen und ihm die Rolle eines äußeren Beobachters zuzuteilen. Für die Physik ist ein solches Vorgehen nicht nur legitim, sondern sogar notwendig. Will man mit ihm jedoch das erkennende Subjekt erklären, so will man etwas Unmögliches tun, man will das Subjekt unter der Voraussetzung erklären, daß man es als Subjekt negiert hat.[90] So entsteht die kuriose Vorstellung, der Mensch könne sagen: So ist es wirklich, und so verzerrt bzw. getreu spiegelt unser Bewußtsein die Wirklichkeit wider.

Man denkt sich den Menschen als über der Welt und über seinem eigenen Bewußtsein schwebenden, also äußeren Beobachter. Diese Aporie ergibt sich nicht aus der Physik oder speziell aus der Mechanik, sondern daraus, daß der physikalische Standpunkt zu dem allein zulässigen erklärt bzw. mit dem philosophischen identifiziert wird, der gerade darin besteht, die Welt unter der Form des handelnden und erkennenden Subjekts zu betrachten. *Beide* Standpunkte sind zur Erkenntnis der Welt notwendig. *Philosophie aber wie Physik betreiben zu wollen, führt stets zu einem mechanistischen Weltbild.*[91]

Da von der Voraussetzung ausgegangen wird, daß es nur mechanische Eigenschaften, mechanische Bewegungen gibt, fehlt der mechanistischen Konzeption die Problemstellung, wie sich *verschiedene Qualitäten* zueinander verhalten. So gesehen ist sowohl die Gleichsetzung von Begriff und Wirklichkeit als auch die These konsequent, daß es in der Natur keine Sprünge gibt, sondern daß sie von einer streng linearen, lückenlosen Kausalität beherrscht wird.

Die Suche nach *einem* Prinzip, das die ganze Welt erklärt, hat hierin ihre Grundlage. Sie äußert sich andererseits in der Vorstellung, daß die Naturerscheinungen – im Prinzip – von einem geschickten Konstrukteur in einem mechanischen Modell nach-

Wissenschaften. Darwin und die Evolutionstheorie, hrsg. von K. Bayertz, B. Heidtmann und H.-J. Rheinberger, Köln 1982.

90 Vgl. E. Schrödinger, Die Natur und die Griechen, Wien 1955, ders., Geist und Materie, Braunschweig 1959; ders., Die Besonderheit des Weltbildes der Naturwissenschaft, in: ders., Was ist ein Naturgesetz? München/ Wien 1962. Siehe auch: H.-H. v. Borzeszkowski und R. Wahsner, Erwin Schrödingers Subjekt- und Realitätsbegriff, Deutsche Zeitschrift für Philosophie *35* (1987), 1109-1118.

91 Diese Vorgehensweise ist nicht an die Mechanik gebunden; die Subsumtion des Ausgangspunktes der Philosophie (Betrachtung der Welt unter der Form des Subjekts) unter den der Naturwissenschaft (Betrachtung der Welt unter der Form des Objekts) ist ebensogut mittels der Quantenmechanik oder der nichtlinearen Thermodynamik oder einer anderen modernen Theorie möglich. Vgl. hierüber zum Beispiel: H.-H. v. Borzeszkowski und R. Wahsner, Did the Nonlinear Irreversible Thermodynamics Revolutionize the Classical Time Conception of Physics? Foundations of Physics *14* (1984), 653-670; dies., Evolutionism as a Modern Form of Mechanicism, Science in Context 2 (1988), 287-306.

geahmt werden können. (In diesem Sinne wurde von den physikalischen Prinzipien *Anschaulichkeit* verlangt, wurde Anschaulichkeit zum Kriterium für die Wahrheit von Aussagen.) In Umkehrung folgt daraus, daß man die ganze *Welt als Maschine* betrachtet, als *äußerst kompliziertes Uhrwerk*. (Der Ursprung des Wortes "mechanistisch" verweist ebenfalls darauf: $\mu\eta\chi\alpha\nu\eta$ = Werkzeug. Er verweist natürlich auch auf den antiken Begriff von Mechanik als Technik im Gegensatz zu Natur.[92])

Eine Maschine setzt natürlich einen Konstrukteur voraus, einen Meister, der sie gebaut hat. Handelt es sich bei der Maschine um die Welt, kann der Meister nur Gott sein. Sein Werk ist eine zweckmäßige Schöpfung, in der es nichts Unwesentliches und keinen Zufall gibt.

Diese Konsequenz gibt man auf, um eine naturwissenschaftliche Haltung zu ermöglichen. Die Maschine wird dann als an sich vorhanden, als willkürliches mechanisches System betrachtet, stets jedoch wird nach hinter den Erscheinungen liegenden verborgenen Mechanismen gesucht, von denen man annimmt, sie seien wesentlich von der gleichen Art wie die Prinzipien, auf denen die Wirkungsweise der elementaren Werkzeuge beruht, die der Mensch seit Urzeiten gebraucht.

Wirft man den Schöpfer, den Uhrmacher und Meister, in dieser Weise hinaus, so verwandelt sich die teleologisch bestimmte in eine *fatalistisch determinierte Welt*. In ihr herrscht strenge Notwendigkeit, der Zufall wird nach wie vor negiert (oder auf Notwendigkeit zurückgeführt).

Da diese Notwendigkeit als absolute lineare Kausalität erscheint, wird jedes Ereignis angesehen, als sei es durch eine ihm äußerliche Erscheinung verursacht. Für die Welt als Maschine wird ein erster Beweger gebraucht, die Bewegung ist der Materie nicht inhärent, sondern ein Zustand an ihr, die Körper bewegen sich nicht von selbst, sondern bedürfen dazu einer von außen wirkenden Kraft. Den Naturgegenständen ihre Wirkungsfähigkeit abzusprechen charakterisiert die mechanistische Deutung der Mechanik. Ohne das Vermögen zu wirken, kann ein Körper aber nicht als physikalischer gelten. Er wird sachlich nicht von einem mathematischen Körper unterschieden.

Die Überzeugung, man könne also oder müsse diese Auffassung aus der Mechanik ableiten, gründet sich wiederum auf die Abstraktion von der mathematischen Formulierung der mechanischen Gesetze. Nur wenn man die in der Mechanik auftretenden mathematischen Gleichungen als Ursache-Wirkung-Verhältnisse deutet, kann man zum Beispiel schließen, das mechanische Grundgesetz (das zweite Newtonsche Axiom) $m\ddot{\vec{r}} = \vec{F}$ sage aus, eine Kraft $\vec{F}$ sei die notwendige *Ursache* für eine Beschleunigung $\ddot{\vec{r}}$. Es wird dabei übersehen, daß dieses Grundgesetz der Mechanik die *Äquivalenz* einer Kraft mit dem Produkt von träger Masse m und Beschleunigung $\ddot{\vec{r}}$ aussagt, wobei sogar schon in die Größe *träge Masse* die Wirkungsfähigkeit der Dinge in spezifischer Weise insofern eingeht, als sie als Widerstand gegen eine Änderung des Bewegungszustandes definiert ist.

Sieht man von dem Begriff der trägen Masse aber ab, so ist die Mechanik keine Physik, sondern lediglich Kinematik. Mechanische Bewegung ist nicht nur Lageveränderung. Um jedoch die Physik aufbauen zu können, reicht auch der Begriff der trägen Masse noch nicht aus; es müssen die physikalischen Körper durch weitere Größen

92 Vgl. R. Wahsner, Die Newtonsche Vernunft und ihre Hegelsche Kritik, Deutsche Zeitschrift für Philosophie *43* (1995), 789-800.

charakterisiert werden, wie *schwere Masse* oder *elektrische Ladung*, die in den mathematisch formulierten Kraftermen $\vec{F}$, zu denen man auf experimentellem Wege gelangt ist, auftreten und die Fähigkeit der physikalischen Körper ausdrücken, sich durch ihr gegenseitiges, zum Beispiel gravitatives, Verhalten zu bestimmen.

Die Mechanik setzt also die Wirkungsfähigkeit der Naturgegenstände gerade voraus. Nur wenn das übersehen wird, entsteht der Schein, die Mechanik behaupte die *Trennung von Materie und Bewegung*, sie belege die *absolute Festigkeit der Dinge*. Und nur wenn man ihr das unterstellt, kann die Mechanik für mechanistisch gelten.

Die Begründung der Mechanik – durch Newton

Newton als Begründer der klassischen Mechanik konnte die Wirkungsfähigkeit der Naturkörper nicht negieren, konnte nicht meinen, die mechanischen Begriffe hätten losgelöst von ihrer experimentellen Bestimmung und der mathematischen Struktur der Grundgesetze der Mechanik physikalische Bedeutung. Er konnte dem Irrtum des Mechanizismus nicht verfallen. Ohne sich über die Rolle des Experiments (bzw. der Beobachtung) und der Mathematik für die Physik klar zu sein, wäre es ihm prinzipiell unmöglich gewesen, seine "Philosophiae naturalis principia mathematica" zu schreiben. Ohne die Grenzen der von ihm geschaffenen Physik zu kennen, hätte er weder Platz für einen aktiven Gott finden können noch hätte er Anlaß gehabt, über das Wesen der Gravitation und der anderen Naturkräfte immer wieder nachzudenken.

Sowohl die Darstellung der klassischen Mechanik in seinen "Prinzipien", speziell die "Regeln zur Erforschung der Natur" ("Regulae philosophandi") und die "Allgemeine Anmerkung" ("Scholium generale"), als auch die seiner "Optik" angefügten Fragen, insbesondere die 31., zeigen, daß Newton um die Notwendigkeit bestimmter erkenntnistheoretischer – physikalisch nicht zu begründender, die Physik aber begründende – Voraussetzungen wußte. Damit ist ausgeschlossen, daß er Natur und Mechanik identifizierte.

Das Vorgehen der Physik schildert Newton folgendermaßen: In der Physik sollte "bei der Erforschung schwieriger Dinge die analytische Methode der synthetischen vorausgehen. Diese Analyse besteht darin, Experimente und Beobachtungen zu machen und durch Induktion allgemeine Schlüsse aus ihnen zu ziehen und gegen sie nur solche Anwürfe zuzulassen, die vom Experiment kommen oder von anderen sicheren Wahrheiten ... und obwohl das Folgern aus Experimenten und Beobachtungen durch Induktion kein Beweis für eine allgemeine Schlußfolgerung ist, so ist sie doch der beste Weg des Folgerns ... Und wenn die Erscheinungen keine Ausnahme liefern, kann die Schlußfolgerung als allgemein gelten. Wenn aber später eine Ausnahme von den Experimenten vorkommen sollte, kann von da an die Schlußfolgerung mit den vorkommenden Ausnahmen ausgesprochen werden. Durch diesen Weg der Analyse können wir vom Zusammengesetzten zu den Bestandteilen fortschreiten und von den Bewegungen zu den Kräften, die sie hervorbringen, und im allgemeinen von den Wirkungen zu den Ursachen und von den besonderen Ursachen zu den allgemeineren bis zuletzt zur allgemeinsten. Das ist die Methode der Analyse. Und die Synthese besteht darin, die entdeckten und als Prinzipien aufgestellten Ursachen vorauszusetzen und durch sie die Erscheinungen zu erklären, indem man von ihnen ausgeht und die Erklärungen prüft."[93]

Mit Prinzipien meint Newton die physikalischen Naturgesetze, die auf experimentellen, axiomatischen und erkenntnistheoretischen Voraussetzungen beruhen. In einem Brief an Oldenburg schrieb er: "Denn die beste und sicherste Methode des Philosophierens (d. h. Physik zu betreiben – d. V.) scheint darin zu bestehen, zuerst fleißig die Eigenschaften der Dinge zu untersuchen und sie durch Experimente zu stabilisieren und dann nach Hypothesen zu suchen, um sie zu erklären. Denn Hypothesen sollten nur gut sein, um die Eigenschaften der Dinge zu erklären, und nicht, um zu versuchen, sie vorher festzusetzen, sofern sie nicht eine Hilfe für die Experimente sind."[94] Sein bekannter Ausspruch "Hypotheses non fingo"[95] widerspricht dem nicht, sondern beinhaltet die Ablehnung einer Modellphysik, die im Gegensatz zu der von ihm etablierten Prinzipienphysik für jeden Fall ein Modell konstruiert und *insofern* auf dem Experiment vorausgehenden theoretischen Setzungen beruht, die von Fall zu Fall verschieden sind. Nach dem Newtonschen Konzept beruht das Experiment natürlich auch auf theoretischen Voraussetzungen, doch diese sind die Prinzipien, die durch die von ihm beschriebene Erfahrungsanalyse gewonnen wurden. Der Anti-Hypothesen-Satz richtet sich vor allem gegen die Cartesianer, die – obzwar sie es beabsichtigten – keine physikalische Experimentalwissenschaft, sondern eine spekulative Naturphilosophie entwickelt hatten. Newton ging sogar so weit, Hypothesen zuzulassen, die durch die Erfahrungen der Physik nur sehr indirekt bestätigt werden können, da sie erkenntnistheoretische Voraussetzungen für die Durchführbarkeit der Physik sind, wie zum Beispiel die atomistische Struktur der Materie,[96] der absolute Raum und die absolute Zeit.

Newton begründete mit der Mechanik nicht irgendeine physikalische Disziplin, sondern die Physik (im heutigen Verständnis) überhaupt,[97] deren Spezifik darin zum Ausdruck kommt, daß sie die Naturgesetze in Form von (mathematischen) Größen-

93 I. Newton, Opticks, with a foreword by A. Einstein, an introduction by Sir Edmund Whittaker, a preface by I. B. Cohen, Dover 1952, S. 404 (Query 31) [dt: Optik oder Abhandlung über Spiegelungen, Brechungen, Beugungen und Farben des Lichts, übersetzt und hrsg. von G. W. Abendroth, Leipzig 1898 (Bde. 96 und 97 der Reihe "Ostwalds Klassiker der exakten Naturwissenschaften"), Bd. 97, S. 147].

94 I. Newton, Brief an H. Oldenburg vom 10. 6. 1672, in: The Correspondence of Isaac Newton, hrsg. von H. W. Turnbull, Cambridge 1959, Bd. I, S. 164.

95 "... und Hypothesen erdenke ich nicht. Alles nämlich, was nicht aus den Erscheinungen folgt, ist eine H y p o t h e s e , und Hypothesen, seien sie nun metaphysische oder physische, mechanische oder diejenigen der verborgenen Eigenschaften, dürfen nicht in die Experimentalphysik aufgenommen werden. In dieser leitet man Sätze aus den Erscheinungen ab und verallgemeinert sie durch Induction." (I. Newton, Mathematische Principien der Naturlehre, mit Bemerkungen und Erläuterungen hrsg. von J. Ph. Wolfers, Berlin 1872, S. 511.)

96 I. Newton, Opticks, a. a. O., S. 400 (Query 31) (ausführlich zitiert unter Anm. 149).

97 Erst die Newtonsche Theorie ist Physik im eigentlichen Sinne, da erst durch sie die physikalische Dynamik begründet wurde, zu der Galilei wesentliche Vorarbeiten geleistet hatte. Alle Vorläufer dieser Galilei-Newtonschen Theorie sind entweder Naturphilosophie oder reine Statik bzw. Kinematik. Sie waren selbstverständlich unabdingbare naturwissenschaftliche, erkenntnistheoretische und weltanschauliche Voraussetzungen, um die Newtonsche Physik als dynamische Theorie ausarbeiten zu können. Ausführlicher dazu: H.-H. v. Borzeszkowski und R. Wahsner, Physikalische Bewegung und dialektischer Widerspruch, Deutsche Zeitschrift für Philosophie *30* (1982), 634-644; dies., Physikalischer Dualismus und dialektischer Widerspruch, a. a. O.

gleichungen erfaßt, daß sie ohne empirische Grundlage ebensowenig bestehen kann wie ohne ihre mathematische Sprache. Allein schon der von Newton gewählte Aufbau seiner "Prinzipien", beginnend mit Definitionen und Axiomen und daraus abgeleiteten Schlußfolgerungen, zeigt diesen Zusammenhang.

Die am Anfang stehenden Definitionen geben der (mathematisch darzustellenden) Theorie von vornherein eine physikalische, mithin eine auf die Wirklichkeit bezogene Bedeutung,[98] indem sie die Grundbegriffe der Mechanik, die als physikalische Größen auftreten, dadurch definieren, daß sie für sie eine Meßvorschrift angeben. Die dann folgenden Bewegungsgesetze (die drei Newtonschen Axiome),[99] die diese Größen mathematisch verknüpfen, werden von Newton als Erfahrungssätze, als durch Induktion aus der Erfahrung gewonnen angesehen.[100] Das wird auch in Newtons Anmerkung zu den Bewegungsaxiomen deutlich, in der die Berechtigung der ersten beiden Axiome mit dem Hinweis auf ihre vielfältige experimentelle Bestätigung begründet wird und anschließend Experimente und Beobachtungen zur Begründung des dritten Axioms angegeben werden.

Indem Newton die Physik als empirische Wissenschaft begründete, konnte er nicht in den Fehler verfallen, Mathematik und Physik gleichzusetzen, sondern er verstand die Mathematik als Sprache der Physik, als Methode, um physikalische Gesetze zu formulieren und aus ihnen Schlußfolgerungen zu deduzieren.

Schon in seinem Vorwort zur ersten Ausgabe der "Prinzipien" ist erkennbar, daß er Mathematik und Physik deutlich unterscheidet, wenn er sagt, daß es zweckmäßig zu sein scheint, "im vorliegenden Werke die M a t h e m a t i k soweit auszuführen, als sie sich auf die P h y s i k bezieht".[101]

Ähnlich äußert er sich auch in der Diskussion der dritten Regel zur Erforschung der Natur. Aus der Tatsache, so schreibt er hier, daß entsprechend der Mathematik die Teile eines Körpers durch Rechnung in immer noch kleinere zerlegt werden können, folgt nicht, daß dieses in der Natur tatsächlich möglich ist, sondern darüber entscheidet erst das Experiment.

Diese Äußerungen bedeuten keineswegs eine Geringschätzung der Mathematik für die Physik. Newton wußte, daß die physikalischen Gesetze mathematisch formuliert werden müssen, was bereits in dem Titel seines Hauptwerkes "Mathematische Prinzipien der Naturlehre" zum Ausdruck kommt.

98 Vgl. hierzu: R. Wahsner, Eigenschaft und Verhalten – Zur Beziehung von Mathematik und Physik, in: Gravitation und Kosmos. Beiträge zu Problemen der Allgemeinen Relativitätstheorie, hrsg. von R. Wahsner, Berlin 1988; R. Wahsner und H.-H. v. Borzeszkowski, Zum Verhältnis von Physik und Mathematik, in: Die Wirklichkeit der Physik. Studien zu Idealität und Realität in einer messenden Wissenschaft, Frankfurt a. M./ Berlin/ Bern/ New York/ Paris/ Wien 1992; dies., Physikalische Erfahrung und physikalische Wirklichkeit, in: ebenda.

99 1. Axiom: Jeder Körper beharrt in seinem Zustande der Ruhe oder der geradlinigen und gleichförmigen Bewegung, wenn er nicht durch einwirkende Kräfte gezwungen wird, seinen Zustand zu ändern.
2. Axiom: Die Änderung der Bewegung ist der Einwirkung der bewegenden Kraft proportional und geschieht nach der Richtung derjenigen geraden Linie, nach welcher jene Kraft wirkt.
3. Axiom: Die Wirkung ist stets der Gegenwirkung gleich, oder die Wirkungen zweier Körper aufeinander sind stets gleich und von entgegegesetzter Richtung.

100 Vgl. I. Newton, Mathematische Principien der Naturlehre, a. a. O., Drittes Buch.

101 Ebenda, S. 1 (Vorwort an den Leser).

Interessant ist in diesem Zusammenhang, daß Newton in dem schon erwähnten Vorwort auch Betrachtungen darüber anstellt, wie es möglich ist, daß die Mathematik (insbesondere die Geometrie) diese Rolle übernehmen kann. Er meint, das liege daran, daß ihre Grundbegriffe derselben Sphäre menschlicher Erfahrung wie die der Physik entstammen, nämlich der praktischen Mechanik.[102]

Nach der Formulierung der Bewegungsaxiome beweist Newton im Ersten Buch seiner "Prinzipien" mathematische Sätze ("Lehnsätze"), um mit Hilfe derselben in diesem und im nachfolgenden Zweiten Buch für zentralsymmetrische Kräfte und andere Situationen (zum Beispiel Bewegungen unter Berücksichtigung verschiedener Bremskräfte) mathematische Schlußfolgerungen zu ziehen, die er in der Form von Lehrsätzen angibt. Dieses sind im großen und ganzen Rechnungen, die so allgemein wie möglich gehalten sind, das heißt, sich noch nicht direkt auf konkrete physikalische Fälle wie etwa die Bewegung von Massen unter dem Einfluß der Gravitation beziehen.

Im Dritten Buch wendet er viele der abgeleiteten Lehrsätze dann auf den Spezialfall der gravitativen Bewegungen des Mondes, der Planeten, der Kometen und des Meeres an. Newton schreibt in der Einleitung zum Dritten Buch: "In den vorhergehenden Büchern habe ich die Principien der Naturlehre dargestellt, jedoch nicht physische, sondern nur mathematische, aus denen man nämlich in physikalischen Untersuchungen Schlüsse ziehen kann. Es sind das die Gesetze und Bedingungen der Bewegungen und Kräfte, welche sich hauptsächlich auf die Naturlehre beziehen ... Es bleibt noch übrig, dass wir nach jenen Principien die Einrichtung des Weltsystems kennen lernen." [103]

Den Lesern, denen die Rolle der Mathematik und des Experiments nicht klar war und die infolge fehlender praktischer Erfahrung auf dem Gebiete der Mathematik und Physik die Darlegungen der ersten beiden Bücher im einzelnen nicht verfolgen konnten, waren die "Prinzipien" eigentlich unverständlich. Sie konnten nur einige allgemeine Abschnitte dieser Bücher und einige Seiten des Dritten Buches lesen. Die sich daraus ergebenden Möglichkeiten für Mißverständnisse liegen auf der Hand und haben ihren Teil zu der späteren mechanistischen Deutung der Mechanik beigetragen.

Newton hat zumindest die Möglichkeit von Mißverständnissen vorausgesehen und deshalb eine ursprünglich vorgesehene populäre Fassung des Dritten Buches verworfen. Er erhoffte sich davon, daß diejenigen, die die ersten Teile nicht verstehen, dann wenigstens auch das Dritte Buch nicht lesen könnten: Ich hatte "das dritte Buch in populärer Form geschrieben, damit es von mehreren gelesen würde. Diejenigen aber, welche die vorausgesetzten Principien nicht hinreichend eingesehen haben, würden die Kraft der Folgerungen nicht fassen und die Vorurtheile nicht ablegen, an welche sie sich seit vielen Jahren gewöhnt haben. Aus diesem Grunde habe ich, damit die Sache nicht in einen Streit hineingezogen werde, die Summe jenes Buches nach mathematischer Weise in Sätze übertragen, damit dieselben nur von denjenigen gelesen würden, welche die Prinzipien vorher entwickelt haben."[104]

Trotzdem haben natürlich einige das Buch gelesen, die die Prinzipien vorher nicht entwickelt hatten, und so wurde die Sache doch in einen Streit hineingezogen, in den Streit um das Verständnis des Gravitationsgesetzes. Die Mechanizisten deuteten es als

[102] Vgl. R. Wahsner, Die Newtonsche Vernunft und ihre Hegelsche Kritik, a. a. O.
[103] I. Newton, Mathematische Principien der Naturlehre, a. a. O., S. 379.
[104] Ebenda, S. 379.

das *eine*, die gesamte Welt erklärende Prinzip, nach dem sie meinten, alles konstruieren zu können.

Newton selber war jedoch durchaus nicht dieser Meinung. Dies geht allein schon daraus hervor, daß er neben der Gravitation noch andere Kräfte (elektrische und magnetische) kannte bzw. die Entdeckung weiterer Kräfte (und die mathematische Formulierung entsprechender Kraftterme nach dem Vorbild seines Gravitationsgesetzes) für erforderlich hielt. So schreibt er, er habe im Dritten Buch zur Anwendung der im Ersten und Zweiten Buch behandelten allgemeinen Sätze das Weltsystem erklärt und fährt fort: "Möchte es gestattet sein, die übrigen Erscheinungen der Natur auf dieselbe Weise aus mathematischen Principien abzuleiten! Viele Beweggründe bringen mich zu der Vermuthung, dass diese Erscheinungen alle von gewissen Kräften abhängen können. Durch diese werden die Theilchen der Körper nämlich, aus noch nicht bekannten Ursachen, entweder gegen einander getrieben und hängen alsdann als reguläre Körper zusammen, oder sie weichen von einander zurück und fliehen sich gegenseitig. Bis jetzt haben die Physiker es vergebens versucht, die Natur durch diese unbekannten Kräfte zu erklären; ich hoffe jedoch, dass die hier aufgestellten Principien entweder über diese, oder irgend eine richtigere Verfahrensweise Licht verbreiten werden."[105]

Newton stellte sich also vor, daß man die Natur durch die Wirkung und das Zusammenspiel verschiedenartiger Kräfte erklären könnte. Seiner Meinung nach bestand die weitere Aufgabe der Physiker hauptsächlich darin, durch Induktion aus der Erfahrung die entsprechenden Kraftterme $\vec{F}$ zu finden, die dann in das zweite Newtonsche Axiom $m\ddot{\vec{r}} = \vec{F}$ auf der rechten Seite einzusetzen sind. Dieses Bewegungsaxiom, das er am Anfang seiner "Prinzipien" formulierte enthält im wesentlichen die gesamte Dynamik der klassischen Mechanik.

Obwohl sich die Gravitationsdynamik als Spezialfall der allgemeinen Newtonschen Dynamik erweist, spielte sie historisch für deren Begründung eine ausgezeichnete Rolle, indem sie als Synthese der Ergebnisse von experimentellen Untersuchungen irdischer Massen und der theoretischen Astronomie entwickelt wurde, also als Synthese vorrangig der Ergebnisse von Galilei und Kepler. Das Gravitationsgesetz beantwortete die seinerzeit stark diskutierte Frage, ob die Ursache, welche die Körper zur Erde fallen läßt, dieselbe sei wie diejenige, die die Planeten in ihren Bahnen hält. Newtons Gravitationsdynamik setzte – gemäß dem copernicanischen Prinzip – die naturgesetzliche Einheit von Erde und Kosmos voraus und bewies sie zugleich. Natur war nunmehr Himmel und Erde, die Dinge und Erscheinungen wurden universell vergleichbar. Es war dies ein Konzept, das mit Beginn der Neuzeit verfolgt, nunmehr aber erstmals wissenschaftlich verwirklicht werden konnte.[106] Nur über die Gravitation gelang diese Realisierung, da allein sie über irdische und kosmische Distanzen universell wirksam ist. So konnte das Gravitationsgesetz leicht als Weltgesetz aufgefaßt werden, wobei "Welt" häufig nicht nur wie bei Newton als Sonnensystem (eventuell auch als Fixsternsystem), sondern im philosophischen Sinne verstanden wurde.

Newton hatte jedoch außer den erwähnten auch noch andere Gründe, im Gravitationsgesetz nicht das Weltgesetz zu sehen. Er legte sie nicht nur in den "Prinzipien", sondern auch in seinem Briefwechsel mit dem Geistlichen und Altphilologen Bentley

105 Ebenda, S. 2 (Vorwort an den Leser).

106 Vgl. R. Wahsner, Mensch und Kosmos - die copernicanische Wende, Berlin 1978, S. 7-90.

und in den Fragen im Anhang der "Optik" dar. Da sie Ausdruck echter physikalischer und erkenntnistheoretischer Probleme und Schwierigkeiten der klassischen Mechanik und zum Teil der gesamten Physik sind, seien sie hier im einzelnen behandelt.[107]

Die Newtonschen Bewegungsgleichungen sind Differentialgleichungen zweiter Ordnung. Um aus ihnen durch Integration die Bahnkurve $\vec{r} = \vec{r}(t)$ ($\vec{r}$ ist der Ort des Körpers und t die Zeit) eines Körpers als Lösung zu erhalten, müssen die Anfangswerte $\vec{r}(t_0)$ und $\dot{\vec{r}}(t_0)$ zu irgendeinem Zeitpunkt t_0 das heißt der Anfangsort und die Anfangsgeschwindigkeit, vorgegeben werden. Diese folgen nicht aus der physikalischen Theorie, sondern sind durch die konkrete physikalische Situation bzw. durch die experimentelle Anordnung bestimmt und dementsprechend vorzugeben. So müssen für jeden Planeten unseres Sonnensystems unterschiedliche Anfangsbedingungen angenommen werden, um durch Integration der Newtonschen Bewegungsgleichungen die entsprechenden Bahnkurven der Planeten zu erhalten. In seinem ersten Brief an Bentley schreibt Newton, daß es keine natürliche Ursache gibt, die alle Planeten (primäre und sekundäre, d. h. Monde) zwingt, sich in derselben Weise und in derselben Ebene, ohne ersichtliche Änderungen, zu bewegen.[108] Im zweiten Bentley-Brief kommt Newton auf die Frage zurück, wie die Planeten auf ihre Bahnen kommen bzw. wie die entsprechenden Anfangsbedingungen dafür zustande kamen. Er diskutiert die auf Plato zurückgehende These, daß diese in einem weit von der Sonne entfernten Gebiet entstanden sind ("von Gott geschaffen wurden") und dann von dort aus in Richtung Sonne fallengelassen wurden, und zeigt, daß sie nicht ohne einen Eingriff, der ihnen in ihrer heutigen Entfernung von der Sonne zum Zeitpunkt t ihres Eintreffens an diesen Örtern die entsprechenden Anfangsgeschwindigkeiten $\dot{\vec{r}}(t)$ gegeben hat, auf die beobachteten Bahnen gelangt sein können. Newton beseitigt diese Schwierigkeit durch die Annahme, daß Gott zum Zeitpunkt t_0 eingegriffen hat.[109] Später nimmt Newton diese Argumentation in seine "Prinzipien" auf.[110]

Selbstverständlich sind die sich für die Entstehung des planetarischen Systems bei Newton ergebenden Schwierigkeiten wesentlich mit dem speziellen Modell, wonach die Planeten weit entfernt von der Sonne entstanden sind und dann von dort radikal in deren Richtung fallen, verbunden. Dieses Modell, das vorausgesetzt worden ist, um die entsprechenden Anfangsbedingungen der Planetenbewegungen zu begründen, erfüllt diese Erwartung nicht. Es sind jedoch andere Modelle denkbar, die das leisten und damit das Eingreifen Gottes an dieser Stelle überflüssig machen.

107 Vgl. H. Bondi, Cosmology, Cambridge 1952; H.-J. Treder, Relativität und Kosmos, Berlin 1968; P. G. Bergmann, Cosmology as a science, Foundations of Physics *1* (1970), 17-22; H.-H. v. Borzeszkowski und R. Wahsner, Kosmologie - Physik oder Metaphysik?, Deutsche Zeitschrift für Philosophie *26* (1978), 242-246; dies., Stichwörter "Kosmologie", "Kosmos", in: Europäische Enzyklopädie zu Philosophie und Wissenschaften, hrsg. von H.-J. Sandkühler, Hamburg 1990; dies., Physikalische Erfahrung und die Welt als Ganzes, a. a. O.; H. Goenner, Erkenntnistheoretische und begriffsgeschichtliche Vorbemerkungen, in: ders., Einführung in die Kosmologie, Heidelberg/ Berlin/ Oxford 1994.

108 Vgl. I. Newton, Brief an R. Bentley vom 10. 12. 1692, in: Isaac Newton's Papers and Letters on Natural Philosophy, hrsg. von I. B. Cohen, Cambridge/ Massachusetts 1958, S. 280-290.

109 Vgl. I. Newton, Brief an R. Bentley vom 17. 1. 1692/93, in: Isaac Newton's Papers and Letters on Natural Philosophy, a. a. O., S. 291-299.

110 Vgl. I. Newton, Mathematische Principien der Naturlehre, a. a. O., S. 508.

Die Newtonsche Argumentation zeigt deutlich das Prinzip, nach dem man die Anfangsbedingungen im allgemeinen physikalisch begründen kann. Man hat das zu beschreibende physikalische System (hier das planetarische) als Untersystem eines größeren (hier das weit von der Sonne entfernt gelegene Gebiete einschließende System) zu diskutieren. Aus der Dynamik desselben kann man dann die Anfangsbedingungen des Untersystems erhalten. Um die Dynamik des größeren Systems als Lösung der Bewegungsgleichungen zu bekommen, muß man aber wiederum dessen Anfangsbedingungen festlegen usw. Selbstverständlich gelangt man zu prinzipiellen Schwierigkeiten bei der Bestimmung der Anfangsbedingungen für die Dynamik des gesamten Universums, da dieses per definitionem kein Untersystem eines größeren Systems ist.

Newton hatte dieses Problem erkannt. Er äußerte sich dahingehend, daß Gottes Wille auch die Anfangsbedingung für die Bewegung des gesamten Universums war, indem Gott nicht nur den Plan der Weltbewegung (Bewegungsgesetze) vorgab, sondern auch die Anfangsbedingungen für alle Massen festlegte. Newton hielt diesen Willensakt für unabdingbar, um die Vielfalt der physikalischen Erscheinungen erklären zu können.

Er betrachtete die Bewegungsgesetze der Mechanik für sich allein als "blinde metaphysische Nothwendigkeit, welche stets und überall dieselbe ist". Sie "kann keine Veränderung der Dinge hervorbringen; die ganze, in Bezug auf Zeit und Ort herrschende Verschiedenheit aller Dinge kann nur von dem Willen und der Weisheit eines nothwendig existirenden Wesens herrühren".[111]

Vor allem war Newton sich eines Problems bewußt, das in seiner Bedeutung weit über die der Frage nach der Festlegung der Anfangsbedingungen hinausgeht. Es besteht in der Schwierigkeit, große *stabile* Systeme im Rahmen seiner Gravitationsdynamik zu beschreiben. Entsprechend dieser Theorie müßten die Fixsterne aufgrund der gravitativen Attraktionskräfte aufeinanderfallen (kollabieren). Noch in der zweiten Ausgabe der "Prinzipien" versucht Newton, die sich aus der Theorie ergebende Gefahr eines Zusammenbruchs des Kosmos durch die Bemerkung wegzudiskutieren, Gott habe die Fixsterne in ungeheure Entfernungen voneinander gestellt, "damit diese Kugeln nicht, vermöge ihrer Schwerkraft, auf einander fallen".[112]

Er war sich aber immer dessen bewußt, daß das Problem damit nicht gelöst ist. So stellt er in Query 28 der "Optik" die Frage: "Und was hindert die Fixsterne, aufeinanderzufallen?"[113] Seine Antwort: "Gott" bedeutet keinesfalls, daß er keine Möglichkeit sah, diese Frage physikalisch zu beantworten. Gerade die im Dritten Buch der "Prinzipien" ausführlich behandelte Dynamik des planetarischen Systems ist ein konkretes Beispiel dafür, wie die kosmischen Objekte durch die infolge ihrer Bewegungen auftretenden Zentrifugalkräfte am Zusammenstürzen (in diesem Falle am Sturz der Planeten in die Sonne) gehindert werden können. Daß diese Stabilisierung des planetarischen Systems nur zu einem Gleichgewicht führt, das durch kleine Störungen derart verändert werden kann, daß unter Umständen katastrophale Folgen eintreten könnten, wird von Newton in Frage 31 der "Optik" bemerkt. Er spricht von einigen unerheblichen Unregelmäßigkeiten im planetarischen System, die durch die gegenseitigen Wir-

[111] Ebenda., S. 510.
[112] Ebenda, S. 508.
[113] I. Newton, Opticks, a. a. O., S. 369 (Query 28).

kungen der Kometen und Planeten entstanden sein könnten und wohl so lange anwachsen werden, bis das gesamte System einer Umbildung bedarf.[114]

Newton sah also trotz der in Frage 31 erwähnten Schwierigkeit die prinzipielle Möglichkeit der Stabilisierung gravitativer physikalischer Systeme durch Zentrifugalkräfte.

Eine besondere Problematik ergibt sich im Rahmen der Newtonschen Gravitationstheorie jedoch für einen räumlich unendlichen Kosmos, der unendlich viele Massen enthält. Wenn diese Theorie gilt, erhält man kein physikalisch sinnvolles Modell, es sei denn, man postuliert starke Zusatzbedingungen. Hier liegen die Gültigkeitsgrenzen dieser Theorie. Denn in dem angenommenen Fall wirkt zu jeder Zeit auf jede Masse eine unendliche Gravitationskraft. Jene Kraft ist also nicht wohldefiniert. Man spricht, daher vom Newtonschen Gravitationsparadoxon.

Schon in seinem zweiten Brief an Bentley diskutiert Newton diese Schwierigkeit. Er hielt das Paradoxon für unauflösbar, da die unendliche (divergierende) Gravitationskraft nur durch unendliche Geschwindigkeiten der Massen, das heißt durch unendliche Zentrifugalkräfte, kompensiert werden kann, wofür unendlich große kinetische Energien nötig wären.[115] Deshalb scheint es dem Begründer der Mechanik erforderlich zu sein, daß Gott von Zeit zu Zeit korrigierend eingreift. Um zu verhindern, daß alles zusammenfällt, muß er in periodischen Abständen die Anfangsbedingungen jeder einzelnen Masse neu einstellen, das heißt, deren Ort und Geschwindigkeit neu festlegen. Der Weltmechanismus kann so wieder funktionieren, bis die Geschwindigkeiten erneut zu hoch werden.

Im Briefwechsel mit Clarke kritisierte Leibniz,[116] daß Newtons Gott nicht in der Lage sei, einen vollkommenen Kosmos zu schaffen. Er hielt es für eine Diskriminierung Gottes zu behaupten, dieser sei genötigt, das Universum immer wieder aufzuziehen, um es in Gang zu halten. "Newton und seine Anhänger" – schreibt er im ersten Brief – "haben außerdem noch eine recht sonderbare Meinung von dem Wirken Gottes. Nach ihrer Ansicht muß Gott von Zeit zu Zeit seine Uhr aufziehen – sonst bliebe sie stehen. Er hat nicht genügend Einsicht besessen, um ihr eine immerwährende Bewegung zu verleihen. Der Mechanismus, den er geschaffen, ist nach ihrer Ansicht sogar so unvollkommen, daß er ihn von Zeit zu Zeit durch einen außergewöhnlichen Eingriff ummodeln und selbst ausbessern muß, wie ein Uhrmacher sein Werk. Nun ist aber der schlechteste Meister derjenige, der sich am häufigsten zu Abänderungen und Berichtigungen genötigt sieht. Meiner Anschauung nach besteht im Ganzen der Welt stets dieselbe Kraft und Tätigkeit fort; sie geht nur gemäß den Gesetzen der Natur und der erhabenen prästabilierten Ordnung von Materie zu Materie über."[117]

114 Vgl. ebenda, S 402 (Query 31).

115 Vgl. H.-J. Treder, Elementare Kosmologie, a. a. O., S. 5-16.

116 Zu dieser Debatte vgl.: H.-H. v. Borzeszkowski und R. Wahsner, Physikalischer Dualismus und dialektischer Widerspruch, a. a. O., S. 39-49.; siehe auch Anm. 52.

117 G. W. Leibniz, Streitschriften mit Clarke, in: Gottfried Wilhelm Leibniz, Hauptschriften zur Grundlegung der Philosophie, übersetzt von A. Buchenau, durchgesehen und hrsg. von E. Cassirer, Hamburg 1966, Bd. I, S. 120 f.

Leibniz bringt damit zwei Einwände gegen Newton vor. Der erste bezieht sich auf die von Newton gemachte Äußerung, daß in der Welt nicht immer dieselbe Bewegungsmenge vorhanden sei, daß Bewegung verlorengehen könne.[118] Daher die Bemerkung, die Uhr müsse ab und zu aufgezogen werden. Zweitens polemisiert Leibniz aufgrund des aus der klassischen Theorie folgenden Gravitationsparadoxons gegen Newton. Der damit verbundene Kollaps kann nur durch eine Ausbesserung und Reinigung der Uhr vermieden werden. Ausgehend von diesem Streit wurde in der Folgezeit behauptet, Newton habe Gott als Motor der mechanischen Bewegung gebraucht, als Kompensator verlorengegangener Bewegung.[119]

Beide Vorwürfe von Leibniz haben einen physikalisch berechtigten Kern. Newton akzeptierte das Descartessche Maß der Bewegung $m\dot{r}$ und sah, daß diese Bewegungsgröße (später "Impuls" genannt) im allgemeinen nicht erhalten bleibt. Er war deshalb der Meinung, daß Bewegung aus der Welt verschwindet. Leibniz entschied sich für eine andere Definition des Bewegungsmaßes, nämlich für $\frac{1}{2}\dot{r}^2$ (später "kinetische Energie" genannt). Auch diese Größe bleibt in der Newtonschen Theorie im allgemeinen nicht erhalten. Es ist dies aber kein Einwand gegen die klassische Mechanik selbst. Berücksichtigt man, daß Leibniz Energie als Kraft bezeichnet, so bedeutet seine These, daß ständig ein und dieselbe Kraft vorhanden sei, die Forderung nach einem Erhaltungssatz der Energie.[120] Diese Forderung wird von der Newtonschen Theorie durch Erweiterung des Newtonschen Energiebegriffs erfüllt. Mayer und Helmholtz bewiesen dann, daß der Energieerhaltungssatz durch die Einbeziehung weiterer Energieformen zu einem allgemeinen theoretischen Prinzip wird.

Der zweite Vorwurf bezieht, sich auf den schon erwähnten Gravitationskollaps bzw. auf das Gravitationsparadoxon. Die Newtonsche Gravitationstheorie liefert für das unendlich ausgedehnte Universum mit unendlich vielen Teilchen im allgemeinen tatsächlich kein mathematisch sinnvolles Modell. In ihrem Rahmen ist ohne ganz spe-

118 Vgl. I. Newton, Opticks, a. a. O., S. 375-406 (Query 31).

119 Voltaire bezieht sich auf diese Diskussion im neunten Hauptstück, dem "Von der thätigen Kraft", seiner "Metaphysik des Neuton" resp. im Kapitel X des Ersten Teils der "Elemente". Entsprechend behandelte Kahle die Voltairesche Rezeption dieser Debatte im neunten Kapitel seiner Schrift. (Siehe L. M. Kahle, Vergleichung der Leibnitzschen und Neutonischen Metaphysik wie auch verschiedener anderer philosophischer und mathematischer Lehren beyder Weltweisen angestellet und dem Herrn von Voltaire entgegen gesetzet, Göttingen 1741, S. 147-159.)

120 In den Leipziger Acta Eruditorum des Jahres 1686 korrigierte Leibniz – wie er meinte – Descartes, der erklärt hatte, daß immer dieselbe Bewegung in der Welt sei, dabei als Maß der Bewegung das Produkt von Masse und Geschwindigkeit unterstellend. Leibniz ließ nicht die Summe der Bewegung, sondern die der Kräfte konstant sein, wobei er als ihr Maß das Produkt der Masse mit dem Quadrat der Geschwindigkeit ansah. Seitdem waren die Physiker Europas in zwei Lager gespalten. Eine Aufklärung brachte 1743 d'Alembert mit seiner "Abhandlung über Dynamik", in der er zeigte, daß beide Maße notwendig sind, da sie Verschiedenes erfassen. Er bezeichnete die vergangene Diskussion um das "wahre Maß der lebendigen Kräfte" daher als Wortstreit, womit er allerding diese Debatte um die physikalische Begrifflichkeit abwertete. Als Kant 1746 seine "Gedanken von der wahren Schätzung der lebendigen Kräfte" publizierte, die genau diesen Descartes-Leibniz-Streit zum Gegenstand hatten, schien ihm die d'Alembertsche Schrift unbekannt zu sein.

zifische Zusatzannahmen ein solcher Fall nicht lösbar. Er liegt außerhalb ihrer Gültigkeitsgrenzen.[121]

Die Art, in der Newton, um die besprochene Schwierigkeit zu überwinden, Gott als Akteur einführte, zeigt – unabhängig davon, daß es seinem Glauben entgegenkam –, daß er die Begrenztheit seiner Theorie kannte oder doch ahnte, selbst wenn er diese Theorie als die Physik bzw. die Naturwissenschaft darstellte. Denn damit blieb nur offen (gewiß auch für ihn selbst), ob er die Gültigkeitsgrenzen der Mechanik, der Physik oder der Naturwissenschaft meint, aber es bleibt das Ahnen der Grenzen.

Es gibt also keine Grundlage für die Behauptung, Newton habe Gott benötigt, um Bewegung von außen in die Welt einzuführen.

Das belegt zudem auch die Tatsache, daß er die Gravitation (und andere Kräfte) als aktives Prinzip postuliert. Die Inertialkraft bezeichnet er in Query 31 als passives Prinzip, durch das allein keine Bewegung in der Welt sei[122] und die Mannigfaltigkeit der Bewegung konstant zerfallen würde. Es sei daher notwendig, aktive Prinzipien wie das der Gravitation einzuführen.[123]

"Es scheint mir ferner, daß diese Teilchen nicht nur eine *Vis inertiae* besitzen und damit den aus dieser Kraft ganz natürlich entspringenden passiven Bewegungsgesetzen unterliegen, sondern daß sie auch von bestimmten aktiven Prinzipien bewegt werden, wie es das der Gravitation ist und das, welches die Gärung verursacht und die Kohäsion der Körper. *Diese Prinzipien betrachte ich* nicht als okkulte Qualitäten, die aus der spezifischen Form der Dinge hervorgehen sollen, sondern *als allgemeine Naturgesetze, durch die die Dinge selbst gebildet werden*; ihre Wahrheit zeigt sich uns durch die Erscheinungen, auch wenn ihre Ursachen noch nicht erforscht sind."[124]

Ähnlich wie seinerzeit Epikur die Deklinationen der Atome – ihre Fähigkeit, von der geraden Linie abzuweichen – einführte, damit in seiner atomaren Welt überhaupt etwas entstehen kann, postulierte Newton die Existenz aktiver Prinzipien, die das Aufeinandereinwirken der Körper zum Ausdruck bringen,[125] das Abweichen vom gesetzten Grundzustand (oder von der natürlichen Bewegung).

Daraus, daß Newton die Einführung aktiver Prinzipien für erforderlich hielt, um Physik entwickeln zu können, folgt, daß er es für notwendig erachtete, die *Wirkungsfähigkeit der Körper* vorauszusetzen, um Physik betreiben zu können. Query 31 beginnt mit den Worten: "Haben die kleinen Teilchen der Körper nicht bestimmte Kräfte, Fähigkeiten, Potenzen, durch die sie par distance wirken können ...? *Denn es ist gut*

[121] Auch die Einsteinsche Gravitationstheorie kann nicht alle Schwierigkeiten der Newtonschen Theorie lösen. Sie gestattet nicht, das Universum physikalisch derart zu erfassen daß es aus sich selbst heraus für alle Zeiten bestehen kann (d. h. sie gestattet nicht, es selbstkonsistent zu beschreiben). Hinsichtlich der Stabilität astrophysikalischer Objekte mit endlicher Masse (zum Beispiel Sterne, Galaxienkerne) hat sich das Problem sogar verschärft: Nach der Einsteinschen Theorie stürzen bereits Objekte mit endlicher Masse in sich zusammen, sofern diese größer ist als eine bestimmte aus der Theorie folgende Grenzmasse.

[122] Vgl. I. Newton, Opticks, a. a. O., S. 397 (Query 31).

[123] Vgl. ebenda, S. 399 (Query 31).

[124] Ebenda, S. 397 (Query 31) (Hervorhebung - d. V.).

[125] Vgl. H.-H. v. Borzeszkowski und R. Wahsner, Physikalischer Dualismus und dialektischer Widerspruch, a. a. O., S. 24-39.

bekannt, daß die Körper aufeinander einwirken durch die Attraktion der Gravitation, des Magnetismus und der Elektrizität."[126]

Die Gravitation als aktives Prinzip aufzufassen war das Ergebnis von Newtons jahrzehntelanger Suche nach ihrem besseren Verständnis, nach ihrer Ursache, nach einer mechanischen Erklärung für sie. Zunächst glaubte er, im Äther die materielle Ursache der Gravitation gefunden zu haben. In einer 1675 der Royal Society übergebenen Arbeit legte er das dar, und noch drei Jahre später schrieb er an Boyle, er *suche* noch immer im Äther die Ursache der Gravitation.[127] Dann verwarf er diese Erklärung wieder und schrieb 1686 an Halley, es sei dies nur eine Hypothese gewesen, auf die er kein Gewicht lege.[128] Ein Jahr später erschienen seine "Prinzipien" in denen er das Gravitationsgesetz formulierte und betonte, daß er die Gravitation nur mathematisch erfaßt habe und nichts über ihre physikalische Ursache sage. Damit war für ihn das Problem aber noch nicht gelöst. 1693 schrieb er an Bentley: "Die Schwere muß durch irgendeinen Antrieb verursacht werden, welcher beständig und in Übereinstimmung mit bestimmten Gesetzen wirkt. Ob aber dieser Antrieb ein materieller oder immaterieller sei, habe ich der Urteilskraft meiner Leser überlassen."[129]

In den zu der lateinischen Ausgabe der "Optik" von 1706 hinzugefügten Fragen 17-23 (die englische Ausgabe von 1704 enthielt nur sechzehn Fragen) versuchte Newton wieder, ein Äthermodell der Gravitation zu entwickeln (Fragen 21 und 22). Diesen Versuch nahm er in der Ausgabe von 1717 insofern zurück, als er zwischen die alte Frage 16 und die neue Frage 17 acht weitere Fragen hinzufügte. (1713 waren die "Prinzipien" in zweiten Auflage mit dem Vorwort von Cotes erschienen, in dem die Gravitation als *causa simplissima* hingestellt wird, für die keine mechanische Erklärung abgegeben werden könne.) Er bezweifelt in Frage 28 die Möglichkeit, eine mechanische Ursache der Gravitation finden zu können. Seine Überlegungen gipfeln in Query 31 in der Auffassung, daß die Gravitation als aktives Prinzip eingeführt, werden muß.

Warum hat sich der Begründer der klassischen Mechanik so viele Gedanken um die Erklärung der Gravitation gemacht? Er ahnte wohl, mit welchen Argumenten man seiner Gravitationstheorie begegnen würde, teils waren es vielleicht seine eigenen Zweifel. Tatsächlich begann auch nach dem Erscheinen der "Prinzipien" eine langwierige Diskussion. Der Begriff *Gravitation* wurde als nicht in die Mechanik gehörig betrachtet. Huygens und Leibniz waren empört über den "Rückfall in die Qualitätenphysik der Scholastik".[130] Sie nahmen – ebenso wie Bentley – an, Newton hielte die Gravitation für eine wesentliche und inhärente Eigenschaft der Materie.[131]

126 I. Newton, Opticks, a. a. o., S. 375 (Query 31) (Hervorhebung - d. V.).

127 Vgl. I. Newton, Brief an R. Boyle vom 28. 2. 1678/9, in: The Correspondence of Isaac Newton, hrsg. von H. W. Turnbull, Cambridge 1960, Bd. II, S. 288-295.

128 Vgl. I. Newton, Brief an E. Halley vom 27. 5. 1686, in: The Correspondence of Isaac Newton, hrsg. von H. W. Turnbull, Cambridge 1960, Bd. II, S. 433-434.

129 I. Newton, Brief an R. Bentley vom 25. 2. 1692/93, in: Isaac Newton's Papers and Letters on Natural Philosophy, a. a. O., S. 303.

130 Die neuzeitliche Naturwissenschaft, insbesondere die Physik, beruht darauf, daß nicht die Substanz der Körper Gegenstand der Untersuchung ist, sondern ihr Verhalten oder – wie man auch sagt – ihre Wirkung. Cassirer faßt diesen Übergang als den vom Substanzdenken zum Funktionsdenken, Laßwitz als den vom Denkmittel der Substantialität zu dem der Variabilität. [Siehe: Cassirer,

Newton wehrte sich entschieden dagegen und schrieb 1692 an Bentley: "Sie sprechen mitunter von der Gravitation als der Materie wesentlich und inhärent. Ich bitte darum, diese Auffassung nicht mir zuzuschreiben; die Ursache der Gravitation gebe ich nicht vor zu kennen, hierfür brauchte man mehr Zeit, um sie zu berücksichtigen."[132]

Der zweiten Ausgabe seines Hauptwerkes fügte er das "Scholium generale" hinzu und erklärte darin: "Ich habe noch nicht dahin gelangen können, aus den Erscheinungen den Grund dieser Eigenschaften der Schwere abzuleiten, und Hypothesen erdenke ich nicht."[133] Und weiter meint er in den "Regeln zur Erforschung der Natur" in derselben Ausgabe: "Ich behaupte aber doch nicht, dass die Schwere den Körpern wesentlich zukomme."[134] Letzteres folgte für ihn aus der dritten Regel, nach der man diejenigen Eigenschaften der Körper, welche weder verstärkt noch vermindert werden können und welche allen Körpern zukommen, an denen man Versuche anstellen kann, für Eigenschaften aller Körper halten muß. So sah er die Ausdehnung, Härte, Undurchdringlichkeit, Beweglichkeit und Trägheit auch für Eigenschaften "der kleinsten Teile der Körper" und damit für inhärente und wesentliche an, nicht aber die Gravitation. Denn sie nimmt mit der Entfernung der Massen voneinander ab; sie ist nicht die Eigenschaft eines einzelnen Körpers, sondern die Körper sind *gegeneinander* schwer. Sie konnte also nicht den Eigenschaften der kleinsten Partikel, der Atome (= primäre Eigenschaften), aus denen man die ganze Natur erklären wollte, zugerechnet werden. Sie konnte nicht als Attribut betrachtet werden, das einem individuellen Wesen zukommen kann, sondern sie erwies sich als gebunden an das Vorhandensein mehrerer Körper oder Massenpunkte, die allein dadurch, daß sie existieren, aufeinander einwir-

Substanzbegriff und Funktionsbegriff. Untersuchungen über die Grundfragen der Erkenntniskritik, Darmstadt 1990; ders., Das Erkenntnisproblem in der Philosophie und Wissenschaft der neueren Zeit, Darmstadt 1994 (Reprint), Bd. I, II; K. Laßwitz, Geschichte der Atomistik, Hamburg/ Berlin 1890.] Hegel sprach deshalb in seiner Naturphilosophie davon, daß die Bewegung das Subjekt ist, nicht das Prädikat. (Vgl. G. W. F. Hegel, Jenaer Systementwürfe III. Naturphilosophie und Philosophie des Geistes, hrsg. von R.-P. Horstmann, Hamburg 1987., S. 16 f.) Mit "Qualitätenphysik" war die Erklärung durch sogenannte okkulte Qualitäten gemeint. Die Bezeichnung "okkulte Qualität" geht auf den Aristotelismus zurück, in dem zwischen verständlichen und verborgenen, sinnlich nicht wahrnehmbaren natürlichen Eigenschaften der Dinge unterschieden wurde. Als verborgene oder okkulte Eigenschaften wurden jene gefaßt, die prinzipiell nicht durch die vier elementaren sublunaren Eigenschaften (Wärme, Kälte, Trockenheit, Feuchtigkeit) erklärt werden konnten, statt dessen unmittelbar auf (nicht weiter auflösbare) substantielle Formen zurückgeführt wurden. Trotz gewisser Wandlungen und Schattierungen des Begriffs der okkulten Qualität kennzeichnet dies seinen prinzipiellen Inhalt.

131 Siehe Briefwechsel von Huygens und Leibniz, zum Beispiel: Ch. Huygens, Briefe vom 11. 7. 1687 an Fatio de Duillier, vom 18. 11. 1690 an Leibniz; G. W. Leibniz, Briefe vom Oktober 1690 und vom 20. 3. 1693 an Huygens; Ch. Huygens, Discours de la Cause de la Pesanteur, in: Oeuvres Complètes de Christiaan Huygens, publiées par la Société hollandaise des Sciences, 22 Bde., La Haye 1888-1950, Bd. IX, S. 190 f., 538, 523; Bd. X, S. 428; XXI, 377-382. Vgl. auch I. B. Cohen, Preface to I. Newton, Opticks, a. a. O., S. IX-LVIII.

132 I. Newton, Brief an R. Bentley vom 17. 1. 1692/93, in: Isaac Newton's Papers and Letters on Natural Philosophy, a. a. O., S. 298.

133 I. Newton, Mathematische Principien der Naturlehre, a. a. O., S. 511.

134 Ebenda, S. 381.

ken. (Ohne das Aufeinandereinwirken der Körper kann der Begriff *Masse* gar nicht gebildet werden.)

Das Wesen der Gravitation zu diskutieren bedeutete, um das Verständnis der *aktiven Prinzipien* der Natur zu ringen.[135] Newton ist der späteren mechanistischen Deutung – die Gravitation als inhärente und wesentliche Eigenschaft der *einzelnen* Atome und damit als *passives Prinzip* (ähnlich der Trägheit) aufzufassen – nicht verfallen. Der tiefere Grund seines Unbehagens war ihm wohl zunächst nicht bewußt. Allein er tat das einzig Richtige. Er arbeitete das aus, was er positiv sagen konnte: "Es genügt, dass die Schwere existire, dass sie nach den von uns dargelegten, Gesetzen wirke und dass sie alle Bewegungen der Himmelskörper und des Meeres zu erklären im Stande sei."[136]

Obwohl ihm einerseits voll bewußt war, daß das, was er gefunden hatte – so auch sein Gravitationsgesetz –, nur mathematisch ausgesprochen werden konnte, sah Newton zugleich nicht, daß ein physikalisches Gesetz *prinzipiell nicht* anders formuliert werden kann. Er betonte, daß die in seiner Physik gewonnenen Erkenntnisse nicht von der mathematischen Struktur, in der sie dargestellt, wurden, losgelöst werden können, und suchte eben deshalb darüber hinaus noch nach einer physikalischen Erklärung.

"Die Benennung: Anziehung, Stoss oder Hinneigung gegen den Mittelpunkt" – schreibt Newton in den "Erklärungen" seines Hauptwerkes – "nehme ich ohne Unterschied und unter einander vermischt an, indem ich diese Kräfte nicht im physischen, sondern nur im mathematischen Sinne betrachte. Der Leser möge daher aus Bemerkungen dieser Art nicht schliessen, dass ich die Art und Weise der Wirkung oder die physische Ursache erklären, oder auch dass ich den Mittelpunkten (welche geometrische Punkte sind) wirkliche und physische Kräfte beilege."[137] Er hob so hervor, daß es ihn hier nicht interessiere, wodurch die Anziehung bewirkt sei – ob nun durch eine Wirkung des Äthers, der Luft oder irgendeines anderen körperlichen oder unkörperlichen Mediums, das die Körper gegeneinander treibt, oder durch die Wirksamkeit mittels ausgeschickter Geister zueinander hinstrebender Körper –, da er in diesem Werke *nicht die physischen Gattungen und Eigenschaften der Kräfte* betrachte, *sondern "ihre mathematischen Größen und Verhältnisse* erwäge."[138] Daher konnte er sich auch entschließen, "physikalische Streitigkeiten fahren zu lassen"[139] und die "Mathematischen Prinzipien der Naturlehre" aufzuschreiben. Daß er genau wußte, was er getan hatte, damit aber unzufrieden war, weil er glaubte, Physik sei das noch nicht, sondern nur erst ihre unabdingbare Voraussetzung, zeigt der folgende Text: "In der Mathematik hat man die Grössen der Kräfte und diejenigen Verhältnisse derselben zu erforschen, wel-

[135] Daß diese Problematik der Beziehungen von aktiven und passiven Prinzipien in neuer vertiefter Gestalt in der modernen Physik wieder auftritt, belegt die erkenntnistheoretische Diskussion der Allgemeinen Relativitätstheorie. (Vgl. hierzu: H.-H. v. Borzeszkowski und R. Wahsner, Erkenntnistheoretischer Apriorismus und Einsteins Theorie. Einstein in seiner Beziehung zu Newton und Kant, Deutsche Zeitschrift für Philosophie *27* (1979), 213-221; dies., Physikalischer Dualismis und dialektischer Widerspruch, a. a. O.)

[136] I. Newton, Mathematische Principien der Naturlehre, a. a. O., S. 511.

[137] Ebenda, S. 25.

[138] Enenda, S. 190 f. (Hervorhebung - d. V.).

[139] Ebenda, S. 167.

che aus gewissen vorausgesetzten Bedingungen hervorgehen. Steigt man hierauf zur Physik herab, so hat man diese Verhältnisse mit den Erscheinungen zu vergleichen, um zu erfahren, welche Bedingungen der Kräfte den einzelnen Arten anziehbarer Kräfte zukommen. Hierauf kann man endlich über die Gattungen der Kräfte, und über ihre physischen Ursachen und Verhältnisse streiten."[140]

Nun stimmt es ja tatsächlich, daß die Mechanik die Bewegung materieller Körper und Systeme unter dem Einfluß von Kräften lehrt, deren Herkunft jedoch unberücksichtigt läßt. Dennoch ist sie Physik. Sie wurde es gerade dadurch, daß sie es tat. Allerdings entwickelten sich späterhin auch physikalische Disziplinen, die sich gerade dadurch unterschieden, daß sie die *verschiedenartig bedingten* Kräfte untersuchten und insofern in gewisser Weise ihre Herkunft berücksichtigten. Sind diese Disziplinen das, was Newton vorschwebte?

Die Notwendigkeit, physikalische Naturgesetze als mathematische Größengleichungen zu formulieren, haben sie nicht aufgehoben. Es ist nicht eindeutig bestimmt, was Newton störte. Ahnte er, daß die klassische Mechanik einmal im Rahmen der Gesamtphysik die Protophysik sein würde,[141] das heißt, ahnte er, in welcher Weise die Physik weiter ausgebaut werden würde? Oder war das, was er als Aufgabe der Physik sah, Illusion, beruhend auf dem Unverständnis seiner eigenen Tat? Er hatte die Physik begründet, die sich nunmehr natürlich *grundsätzlich* von der vorherigen "Physik" oder Naturphilosophie unterschied. War er sich dessen voll bewußt? Zweifellos hat er sich im Laufe seines Lebens diesem Bewußtsein genähert.

Die Veränderung seiner Auffassung vom Charakter physikalischer Gesetze, von der physikalischen Bedeutung mathematisch formulierter Naturgesetze war eng mit der Entwicklung seiner Ansicht über die "Ursache" der Gravitation verbunden. *Physikalisch erklären* bedeutete für ihn zunächst, die Erscheinungen auf die Eigenschaften einzelner (isoliert gedachter) Körper oder Atome inhärenter und wesentlicher Eigenschaften (der Materie) zurückzuführen. Da die Gravitation nicht als eine solche Eigenschaft aufgefaßt werden konnte, meinte Newton, der im Gravitationsgesetz fixierte Zusammenhang sei nur mathematischer Natur und bedürfe noch einer physikalischen Begründung. Indem er schließlich die Gravitation als aktives Prinzip bestimmte (im Gegensatz zum passiven Prinzip Trägheit), das keine okkulte Eigenschaft ist, sondern Naturgesetz, das die Dinge selbst formt, erhielt sie physikalische Realität.[142] Das Gravitationsgesetz *ist* die Fixierung bestimmter Wirkungen *zwischen* Naturkörpern.

[140] Ebenda, S. 191.

[141] Die klassische Mechanik wird hier in dem Sinne als Protophysik bezeichnet, daß bei der Weiterentwicklung der Physik immer wieder auf die ursprünglichen Fragestellungen und Grundbegriffe dieser physikalischen Theorie zurückgegriffen werden muß. Dieser Begriff von Protophysik ist nicht mit dem von Hugo Dingler entwickelten und mit dem von der konstruktiven Wissenschaftstheorie geprägten zu verwechseln. Zu dem hier verwandten Begriff von Protophysik vgl.: H.-J. Treder, Newton und die heutige Physik, in: Newton-Studien, Berlin 1978; Messung als Begründung oder Vermittlung? Ein Briefwechsel mit Paul Lorenzen über Protophysik und ein paar andere Dinge, hrsg. und geführt von H.-H. v. Borzeszkowski und R. Wahsner, Sankt Augustin 1995.

[142] Vgl. I. Newton, Opticks, a. a. O., S. 401 (Query 31); siehe auch das unter Anm. 124 angeführte Zitat.

Indem der Begriff des aktiven Prinzips eingeführt wurde, hieß "physikalisch erklären" nicht mehr "zurückführen auf primäre Eigenschaften der Atome", sondern auf physikalische, Wechselwirkungen erfassende, Naturgesetze. Damit war zugleich auch zum einen die notwendige mathematische Fassung, zum anderen die Wirkungsfähigkeit der Naturkörper gesetzt, alles in allem ein neuer Begriff von physikalischer Realität.[143]

Die durch die aktiven Prinzipien (wie die Gravitation) bestimmten Eigenschaften sind als der Materie inhärent zu bezeichnen, wenn man nicht wie Newton – gemäß der Ansicht jener Zeit – unter Materie nur die einzelnen Atome mit ihren passiven Eigenschaften versteht, sondern auch die Wechselwirkung zwischen den Atomen und Körpern in den Materiebegriff mit einbezieht. De facto hat Newton dies in seiner Physik getan, aber er sprach dann nicht von "Materie", sondern von "Natur". Berücksichtigt man diesen Newtonschen Wortgebrauch nicht, identifiziert man Natur und Materie, und übernimmt dennoch Newtons Formulierung, daß die Gravitation keine der Materie inhärente und wesentliche Eigenschaft ist, so trennt man die aktiven Prinzipien von der Materie und so Bewegung und Materie (oder unterstellt doch zumindest dem Begründer der klassischen Mechanik eine solche Trennung). Behauptet man hingegen die Materieinhärenz der Gravitation, ohne zu begreifen, daß dies mit einer veränderten Materiekonzeption verknüpft ist, so mißdeutet man die Mechanik mechanistisch, so schreibt man den isolierten, den einzelnen Atomen, Körpern Eigenschaften zu, die sie doch *nur in Beziehung aufeinander* haben können. Somit wird die Bewegung etwas Mystisches (man weiß nicht, woher sie kommt). Zugleich wird die mathematische Erfassung der Gravitation (oder anderer aktiver Prinzipien) unwichtig, der in ihr fixierte Zusammenhang wird als den einzelnen Körpern an sich eigen angesehen. Die Begriffe der Mechanik werden aus ihrer mathematischen Struktur, in der allein sie eine bestimmte *Bedeutung* haben, losgelöst und so behandelt, als hätten sie diese unabhängig davon.

Newton hingegen war sich – wie wir sahen – der Spezifik physikalischer Erkenntnis durchaus bewußt. So sehr es ihn störte, gestand er sich ein, daß die in der Mechanik mathematisch formulierten Gesetze schon physikalische Erklärungen sind. Newtons Bedauern, das Gravitationsgesetz nur in mathematischer Form gefunden, nicht aber das Wesen der Gravitation verstanden zu haben, ist auch das Bedauern, nicht alle die Naturphilosophie betreffenden Fragen im Rahmen der Physik lösen zu können. Er hat so auf alle Fälle zwischen Physik und Philosophie unterscheiden müssen. Und das ist de facto anti-mechanizistisch.[144]

Seine immer wieder auftretende Unzufriedenheit mit der Eigenart der Physik resultiert zum einen aus dem Unbehagen an einer spezifischen Form physikalischer Theo-

[143] Vgl. H.-H. v. Borzeszkowski und R. Wahsner, Die Mechanisierung der Mechanik, a. a. O.; R. Wahsner, Das Aktive und das Passive. Zur erkenntnistheoretischen Begründung der Physik durch den Atomismus - dargestellt an Newton und Kant, Berlin 1981, S. 21-65; R. Wahsner und H.-H. v. Borzeszkowski, Die Wirklichkeit der Physik, a. a. O., S. 29-96, insbes. 29-47.

[144] Zu Newtons Bewußtsein über seine Mechanik siehe R. Wahsner, Die Newtonsche Vernunft und ihre Hegelsche Kritik, a. a. O.

rien,[145] zum anderen daraus, daß die rein physikalische Erklärung zu keinem vollständigen (unmittelbar schon philosophischen) Verständnis der Natur führt.[146]

Da Newton die erste geschlossene physikalische Theorie geschaffen hatte, konnte er nicht wissen, liegt das an *seiner* Physik oder an seiner *Physik.* Er sah nur, daß seine Mechanik nicht die ganze Natur erklären konnte. Den Ausweg suchte er in Hypothesen oder, wenn diese nicht zum Ziel führten, in Gott. Dieser kompensiert sowohl Grenzen der Newtonschen physikalischen Theorie als auch Grenzen der Physik überhaupt. Was jeweils zutrifft, ist unbestimmt, aus genanntem Grunde. *Aber nie – abgesehen von seinen, theologischen Schriften – führt er Gott ein, wo nicht ein ernsthaftes physikalisches Problem vorliegt.* Gott wird zur physikbegrenzenden Bedingung. Wenn Newton in der Physik "Gott" sagt (und meist sagt er das gar nicht so bestimmt, sondern formuliert als Ausweg: "ein körperliches oder unkörperliches Medium", "eine zusätzliche Macht, sei sie nun natürlicher oder übernatürlicher Natur"), so heißt das: Hier liegen die Grenzen meiner physikalischen Theorie, meiner Mechanik. Daß er das aber nicht so ausdrückt, sondern Gott zum Helfer aus der Not macht, beweist zugleich, daß er die Mechanik nicht in jeder Hinsicht als Theorie und in ihrer physikalischen Spezifik erkannte. Seine Äußerungen über die Grenzen der Mechanik[147] sind jedoch zweifellos anti-mechanizistisch, anti-mechanizistisch mit einer für Newton typischen theologischen, anti-atheistischen Färbung.

Die Färbung ist ernst zu nehmen, aber über sie nicht die nicht-metaphysische und nicht-empiristische wissenschaftliche Haltung zu vergessen. Nicht der Theologe und nicht der Mechanizist Newton (der er nicht war) begründete die Physik, sondern jener Newton, der die Einheit, die Harmonie und Gesetzmäßigkeit der Natur, ihre Selbst-

145 Newton war insbesondere mit der Beschreibung der Gravitation als Fernwirkung unzufrieden. Im dritten Brief an Bentley schreibt er: "Es ist unfaßbar, daß nichtbelebte rohe Materie ohne Vermittlung durch irgend etwas, das nicht materiell ist, etwas bewirken, auf andere Materie einwirken sollte ohne Kontakt, wie es sein müßte, wenn die Gravitation im Sinne Epikurs ihr wesentlich und inhärent ist. ... Daß ein Körper per Distanz auf einen anderen wirken kann ... ohne Vermittlung von irgend etwas, durch das die Aktion und Kraft von einem zum anderen transportiert wird, ist eine große Absurdität." (I. Newton, Brief an R. Bentley vom 25. 2. 1692/93, in: Isaac Newton's Papers and Letters on Natural Philosophy, a. a. O., S. 302.)

146 Möglicherweise sind in diesem Sinne seine Worte im *Scholium generale* gemeint: "Wir haben wohl eine Vorstellung von seinen [Gottes – d. V.] Eigenschaften, aber keine von seinen Bestandtheilen. Wir sehen nur die Gestalt und Farbe der Körper, wir hören ihre Töne, wir fühlen ihre äussere Oberfläche, wir richen und schmecken sie; was aber die inneren Substanzen betrifft, so erkennen wir sie weder durch irgend einen Sinn, noch durch Nachdenken, und noch weniger haben wir eine Vorstellung von der Substanz Gottes. Wir kennen ihn nur durch seine Eigenschaften und Attribute, durch die höchst weise und vorzügliche Einrichtung aller Dinge und durch ihre Endursachen; ... ." (I. Newton, Mathematische Principien der Naturlehre, a. a. O., S. 510.)

147 Außer den bereits zitierten Belegen seien hier zusätzlich noch zwei Textstellen genannt. Im vierten Brief schreibt Newton an Bentley: "Die Hypothese, daß das Weltsystem durch mechanische Prinzipien aus der gleichmäßig über den Himmel verteilten Materie abgeleitet werden kann, ist mit meinem System nicht vereinbar." (I. Newton, Brief an R. Bentley vom 11. 2. 1693, in: Isaac Newton's Papers and Letters on Natural Philosophy, a. a. O., S. 310.) In Frage 28 der "Optik" finden wir die Worte: "Das Hauptziel der Naturphilosophie (gemeint ist die Naturwissenschaft - d. V.) ist, von den Erscheinungen aus zu argumentieren, ohne Hypothesen zu ersinnen, und Ursachen aus Wirkungen abzuleiten, bis wir zur allerletzten Ursache gelangen, die bestimmt nicht mechanischer Art ist." [I. Newton, Opticks, a. a. O., S. 369.(Query 28.]

bewegung voraussetze. "*Nature is very consonant and conformable to her self.*"[148] Bei all seinen Überlegungen, namentlich auch, wenn er nach Erklärungen noch nicht verstandener Phänomene suchte, ging er davon aus, daß die Natur einheitlich und innerlich bewegt ist. Er begründete das atomistisch, wodurch er zugleich eine Basis für die Existenz objektiver Naturgesetze fand. "All dies bedenkend, scheint es mir wahrscheinlich zu sein, daß Gott am Anfang die Materie in soliden, massiven, harten, undurchdringlichen, beweglichen Teilchen von solcher Größe und Gestalt und mit solchen weiteren Eigenschaften und in solchem Verhältnis zum Raume erschuf, wie sie am besten dem Zweck entsprachen, für den er sie geschaffen hatte; ... Solange die Teilchen bestehen bleiben, können sich aus ihnen Körper ein und derselben Natur und Struktur zu allen Zeiten zusammensetzen ... Damit also die Natur beständig ist, können die Veränderungen der körperlichen Dinge nur in verschiedenen Trennungen und neuen Vereinigungen und Bewegungen dieser beständigen Teilchen bestehen; ... Es scheint mir ferner, daß diese Teilchen nicht nur eine *Vis inertiae* besitzen, ... sondern daß sie auch von bestimmten aktiven Prinzipien bewegt werden. ... Diese Prinzipien betrachte ich ... als allgemeine Naturgesetze, durch die die Dinge selbst gebildet werden ..."[149]

Damit die Welt werden konnte, wie sie ist, muß die Existenz von Atomen mit ganz bestimmten Eigenschaften angenommen werden. Sie sind theoretische Voraussetzung der physikalischen Theorie. Ihre Unveränderlichkeit ermöglicht, daß es in der Natur Wiederholbares und damit Gesetzmäßiges gibt. Daß sie allen Erscheinungen, wie verschieden diese auch seien, zugrunde liegen, garantiert die Einheit der Natur. Da die unveränderlichen Eigenschaften der (newtonisch modifizierten) Atome auch deren Aktivität einschließen,[150] ist die Bewegung inhärente Eigenschaft der Natur, bilden sich die Naturdinge, indem sie aufeinander einwirken.

Es ist gewiß nicht gleichgültig, ob man Gott die Atome schaffen oder den erkennenden Menschen die Voraussetzungen seiner Theorie bestimmen läßt, aber man kann auch nicht übersehen, daß Gott eine Rolle zugedacht wurde, die *die Physik als theoretische Naturwissenschaft ermöglichte*. Newton hat also die klassische Mechanik nicht mechanistisch begründet.

Die Uminterpretation der Mechanik – durch Voltaire

Voltaire war von den wissenschaftlichen Erkenntnissen seiner Zeit begeistert: "Die Philosophen des letzten Jahrhunderts haben ein ganz neues Weltgebäude entdecket, und diese neue Welt war um desto schwerer zu erkennen, je weniger man vorher ihr Dasein gemutmaßet. Den Gescheutesten kam dieß schon als eine sinnlose Verwegen-

148 I. Newton, Opticks, a. a. O., S. 376 (Query 31).

149 Ebenda, S. 400 (Query 31), vgl. das Zitat unter Anm. 124.

150 Mit der Einsicht, daß die Gravitation ein aktives Prinzip ist, eine Bestimmung von der Art eines Gegeneinander-Verhaltens, also keine Bestimmung, die einem Atom als Einzelnem und als Eigenschaft zugeschrieben werden kann, modifizierte Newton den Begriff des Atomismus. (Vgl. hierzu: R. Wahsner, Das Aktive und das Passive, a. a. O., S. 21-65; H.-H. v. Borzeszkowski und R. Wahsner, Physikalischer Dualismus und dialektischer Widerspruch, a. a. O., S. 24-30.)

heit für, daß man sich auch nur in die Gedanken kommen lassen dürfe, zu errathen, durch welche Gesetze die himmlischen Cörper sich bewegen und wie das Licht würke."[151]

Newton hat sich nicht nur diese Fragen in die Gedanken kommen lassen, sondern auch eine Antwort auf sie gefunden. Er löste viele Probleme, die die Menschen damals bewegten: Was ist die Ursache für den Lauf der Planeten und Kometen, und was hält sie auf ihrer Bahn? Warum fallen alle Körper auf die Erde? Wie entstehen Ebbe und Flut? Newton beantwortete diese und viele andere Fragen, und er tat dies nach Voltaire mit einem einzigen Prinzip: "*Sehet also ist die Attraction die große Triebfeder, welche alles in der Natur beweget.*"[152] "Sein einziges Principium von den Gesetzen der Gravitation giebt von allen scheinbaren Ungleichheiten in dem Lauf der Himmelskugeln einen Grund an."[153] Newton "*hat ein neues Prinzip entdeckt und bewiesen, das alle Bewegungen in der Natur bestimmt.*"[154]

Voltaire sah also in Newtons Gravitationsgesetz (einem spezifischen Gesetz einer spezifischen einzelwissenschaftlichen Theorie) ein die ganze Welt erklärendes Prinzip, das nicht nur die himmelsmechanischen Bewegungen, sondern alle Naturphänomene betreffen sollte. Das hieß für ihn insbesondere, auch die optischen Erscheinungen dadurch zu erklären, daß die beugenden, brechenden und reflektierenden Stoffe durch irgendwelche Attraktionskräfte auf das Licht wirken.

Damit versucht Voltaire, weiter zu gehen als Newton. Zwar sprach Newton in seiner "Opticks" auch von der Möglichkeit, daß die Körper auf das Licht wirken,[155] daß die Reflexion, die Brechung und die Beugung durch ein und dieselbe Kraft erfolgen[156] und daß die Körper und das Licht gegenseitig aufeinander einwirken.[157] Aber er erwog das eben nur als Möglichkeit und behandelte es nicht als Nachweis einer in der Optik auftretenden Attraktion, die der Gravitation ähnlich ist. Für Voltaire hingegen ist es – vor allem in den "Elementen der Philosophie Newtons" – wichtig, Newtons Fragen zur Optik mit einem Ja zu beantworten. Er geht sogar so weit, selbst Experimente durchzuführen, die dieses Ja rechtfertigen sollen.

So berichtet er in den "Elementen" davon, daß er die Wirkung der Leere auf das Licht getestet habe, um damit den Einfluß der Stoffe auf das Licht zu erklären. Voltaire ging davon aus, daß die Lichtteilchen von einem Kristall oder einer Flüssigkeit so wie die Planeten von der Sonne angezogen werden, daß sie aber fein genug sind, um in die Poren der Körper einzudringen, wo sie dann der Einwirkung der Leere unterliegen. Dabei meinte er, daß die Anziehung des Lichtes zwar absolut anderer Art sei als die gravitative zwischen den Himmelskörpern, daß sie dieser aber insofern ähnelt, als sie ebenfalls die Folge einer Attraktionskraft ist.[158]

151 Voltaire, Sammlung verschiedener Briefe die Engelländer und andere Sachen betreffend, a. a. O., S. 252 (XVI. Brief. Von der Optik des Herrn Newton).
152 Ebenda, S. 246 (XV. Brief. Von der anziehenden Kraft) (Hervorhebung - d. V.).
153 Ebenda, S. 242 (XV. Brief. Von der anziehenden Kraft).
154 Voltaire, Stichwort "Newton und Descartes", in: Voltaire, Abbé - Beichtkind - Cartesianer. Philosophisches Wörterbuch, a. a. O., S. 180 (Hervorhebung - d. V.).
155 Vgl. I. Newton, Opticks, a. a. O.,S. 339 (Query 1).
156 Vgl. ebenda, S. 339 (Query 4).
157 Vgl. ebenda, S. 339 (Query 5).
158 Vgl. Voltaire, Élémens de philosophie de Newton, a. a. O., S. 157-159 [168 f.] (Kapitel XI).

Gerade die Behauptung über die Wechselwirkung von Licht und Körpern hat Voltaire viel Kritik eingetragen.[159] Diese Kritik war – aus heutiger Sicht gesehen – zwar prinzipiell berechtigt, nicht aber waren es alle Argumente, die in diesem Zusammenhang vorgetragen wurden. Das objektive Problem bestand darin, daß nicht alle optischen Phänomene im Rahmen einer Korpuskeltheorie des Lichtes zu erklären sind, sondern daß es dazu der Wellentheorie des Lichtes bedarf, und zwar derjenigen, die später durch die Elektrodynamik begründet wurde.

Newton, der auch die Möglichkeit einer mechanischen Wellentheorie des Lichtes in Erwägung gezogen hatte,[160] meinte, daß weder mit dieser noch mit der mechanischen Korpuskeltheorie alle optischen Erscheinungen zu erklären seien. Daher verwarf er die Wellentheorie und ließ die mit der Korpuskeltheorie nicht zu beantwortenden Fragen offen. Anders Voltaire: Durchdrungen von dem Gedanken der Gültigkeit eines universellen Attraktionsprinzips wollte er alles auf die Kraftwirkung zwischen großen Körpern bzw. zwischen großen Körpern und kleinsten Teilchen zurückführen.

Voltaires Anliegen, Newtons Lehre so darzustellen, als würde sie ein einziges großes Prinzip demonstrieren, zeigte sich schon in seinen frühen "Philosophischen Briefen" und mit zunehmender Entschiedenheit in seinen späten Schriften – obzwar dort mit einer stärkeren Orientierung auf den Nachweis eines intelligenten ewigen Weltschöpfers.[161] In seinen "Elementen" ist er ebenfalls bemüht, dieses Prinzip nachzuweisen. Da er sich in ihnen am gründlichsten mit der Newtonschen Physik befaßte, war er hier allerdings am vorsichtigsten mit seinen Formulierungen. Das wird zum Beispiel deutlich, wenn er im optischen Teil auch für die Lichterscheinungen das Attraktionsprinzip herauszuarbeiten versucht, dann aber diesen Teil mit der Aufforderung schließt, sich nicht vor der Annahme neuer, ja unendlich vieler neuer Prinzipien zu fürchten.[162]

Zwischen der Erfassung der Welt mittels eines einzigen Prinzips und der universellen Gültigkeit eines erkannten Prinzips unterscheidet Voltaire nicht klar. Die Gesetze sind ihm zufolge in allen Weltgegenden gleich, die Materie nur in der Anzahl ihrer grundlegenden Eigenschaften unterschieden, nicht qualitativ.[163] So ist Vielfalt in die allgemeine, unveränderliche Gültigkeit der Newtonschen Gesetze eingeschlossen. Daß allerdings die hinzukommenden Eigenschaften auch andere Gesetze bedingen könnten, da sie zu qualitativen Unterschieden führen, resp. daß unter ganz anderen Bedingungen auch andere Gesetze gelten, bedenkt er nicht. In seiner Erzählung "Mikromegas" erörtert er jedoch diese Frage, wobei er die Nichtigkeit der Erde und der menschlichen Selbstüberhebung zeigt, zugleich aber auch die Größe der menschlichen Vernunft, ihre

159 Auf diese Kritik geht Voltaire in der "Verteidigung des Newtonianismus" explizit ein. (Siehe: Voltaire, Defense du Newtonianisme, in: Oeuvres completes de Voltaire, Tome trente-unième, De l'imprimerie de la société littéraire-typographique 1784, S. 244 f. [219 f.].)

160 Vgl. I. Newton, Brief an H. Oldenburg vom 11. 7. 1672, in: The Correspondence of Isaac Newton, hrsg. von H. W. Turnbull, Cambridge 1959, Bd. I, S. 171-193; ders., Mathematische Principien der Naturlehre, a. a. O., Zweites Buch, Abschnitt VIII.

161 Vgl. zum Beispiel Voltaire, Es gilt, sich zu entscheiden, oder das wirkende Prinzip, in: Voltaire – Erzählungen. Dialoge. Streitschriften, a. a. O., Bd. 3.

162 Vgl. Voltaire, Élémens de philosophie de Newton, a. a. O., S. 158 f. [169].

163 Vgl. zum Beispiel Voltaire, Mikromegas, in: Sämtliche Romane und Erzählungen in zwei Bänden, übers. von I. Lehmann, eingel. von V. Klemperer, Leipzig 1960, Bd. II, insbes. S. 6 f.

Universalität, die sich in der universellen Kenntnis und Gültigkeit des Newtonschen Gravitationsgesetzes und des Lockeschen Sensualismus äußert.

Die Art von Weltgesetz, die Voltaire letztlich für erwiesen hält, impliziert zum einen die absolute Notwendigkeit allen Geschehens und erfordert zum anderen einen Gesetzgeber und einen Motor. Diese inhärente Konsequenz expliziert er in seiner Spätzeit: "Alles ist Wirkung, ... Es muß dies ein einziges Prinzip sein. Eine konstante Einheitlichkeit in den Gesetzen, die den Lauf der Himmelskörper lenken, in den Bewegungen unseres Erdballs, in jeder Art und jeder Gattung der Tiere, der Pflanzen, des Gesteins weist auf einen einzigen Motor hin. ... Ein und dieselbe Gravitation durchdringt alle Himmelskörper. ... Die Lichtstrahlen werden in der gesamten Ausdehnung des Weltalls reflektiert und gebrochen. Alle mathematischen Wahrheiten müssen auf dem Stern Sirius die gleiche Geltung haben wie in unserer kleinen Behausung. ... In jeder Art vermehrt und ernährt sich jede Gattung auf gleiche Weise. Jede Pflanzenart hat den gleichen Schatz an Eigenschaften. ... Es gibt daher eine einzige, universale und mächtige Intelligenz, welche immer durch unveränderliche Gesetze wirkt."[164] In seinem "Philosophischen Wörterbuch" schreibt Voltaire unter dem Stichwort "Willensfreiheit" daß *alles ewigen Gesetzen unterliegt.* Denn "soll vielleicht alles vor sich gehen, wie es der blinden Laune beliebt? Entweder ergibt sich alles aus dem notwendigen Wesen der Dinge oder aus der ewigen Ordnung, die ein absoluter Geist gestiftet hat. In dem einen und dem anderen Falle *sind wir nur Räder in der Weltmaschine.*"[165] Voltaire bezieht also das alles erklärende Prinzip nicht nur auf die Natur, sondern auch auf den Menschen. Er findet in dem vermeintlichen universellen Naturgesetz geradezu die Rechtfertigung dafür, daß es keine Freiheit des Willens gibt. "*Jedes Wesen, jede Art des Seins hängt notwendigerweise von dem Weltgesetz ab.* Es ist lächerlich, sagt man, und unmöglich, daß der Mensch sich etwas geben kann, wenn die Menge der Gestirne sich nichts gibt. Wie sollen wir absolute Herren unserer Handlungen und unseres Willens sein, wenn das Universum Sklave ist? Alle unsere Verluste, alle unsere Gefühle, alle unsere Gedanken sind absolut notwendige Dinge."[166] Wenn Voltaire erklärt, alles sei Feder, Hebel und Rolle, hydraulische Maschine, chemisches Laboratorium "vom Grashalm bis zur Eiche, vom Floh bis zum Menschen, vom Sandkorn bis zu unseren Wolken",[167] so ist dies nicht schlechthin der Voltaireschen Spottlust zuzuschreiben, sondern Ausdruck dafür, daß er das Weltgesetz als universellen Mechanismus verstand, dem alles Geschehen unterworfen ist. Auch in seinen Darlegungen der Newtonschen Lehre, in denen er sich seine Lieblingsbeschäftigung, das Spotten, verbot, spricht er von den "Rädern, die den Mechanismus des Universums drehen" und

164 Voltaire, Es gilt, sich zu entscheiden, oder das wirkende Prinzip, in: Voltaire – Erzählungen. Dialoge. Streitschriften, hrsg. von Martin Fontius, Berlin 1981, Bd. 3, S. 357-359.

165 Voltaire, Stichwort "Willensfreiheit", in: Voltaire, Abbé - Beichtkind - Cartesianer. Philosophisches Wörterbuch, a. a. O., S. 212 (Hervorhebung - d. V.).

166 Voltaire, Brief an die Marquise du Deffand vom 22. 5. 1764, in: Correspondence and Related Documents, a. a. O., Bd. 111, S. 386-388 (D 11883) (deutsch in: Briefe des alten Frankreich, übertragen und hrsg. von W. Langer, Leipzig 1941, S. 248 (Hervorhebung - d. V.); vgl. auch ders., Es gilt, sich zu entscheiden, oder das wirkende Prinzip, a. a. O., S. 364-366.

167 Voltaire, Die Ohren des Grafen von Chesterfield, in: Voltaire, Sämtliche Romane und Erzählungen in zwei Bänden, a. a. O., Bd. II, S. 428.

"immer die gleichen sind."[168] Er sieht, die Welt als Maschine, die nach einem vorgeschriebenen Gesetz funktioniert, von dem es keine Ausnahme gibt. Es gibt keinen Zufall, alles hat seinen Grund. Die universelle Gesetzmäßigkeit – der universeller Mechanismus – wird identisch mit der göttlichen Vorsehung.[169] Damit bedarf Voltaire aber eines Gottes, der das Weltgesetz erlassen und als Meister nach diesen Regeln gebaut hat.[170]

In diesen universellen Mechanismus integriert Voltaire die Freiheit des Menschen. "Denn frei sein heißt handeln." Auf die Frage, was er unter Freiheit verstehe, antwortet er daher: "Die Kraft zu denken und dementsprechende Bewegungen auszuführen; eine höchst begrenzte Kraft, wie alle meine Fähigkeiten."[171] "Freiheit ist also nur das Vermögen, etwas zu tun, was man will."[172] "Wille ist Wollen und Freiheit ist Können"[173] Freiheit besteht nach Voltaire in der Möglichkeit des Menschen zu handeln, "nicht in jenem eingebildeten Vermögen, *wollen zu wollen*".[174] Denn: "Alles hat seine Ursache. Auch dein Wille hat also eine."[175] Bezüglich der Determination des Willens hatte Voltaire zunächst eine etwas andere Auffassung, dergestalt, daß er den Willen als seinen eigenen Grund ansah. "Was tue ich also?" – fragt er in den "Elementen" und antwortet: "Ich übe das Recht aus, das mir der Schöpfer gegeben hat, in bestimmten Fällen ohne einen anderen Grund als meinen eigenen Willen zu wollen und zu han-

168 Voltaire, Élémens de philosophie de Newton, a. a. O., S. 50 [106].

169 Vgl. zum Beispiel die Erzählung "Zadig": " ... und alles, was du auf dem winzigen Stäubchen, auf dem du geboren bist, wahrnimmst, hat seinen bestimmten Platz und seine bestimmte Zeit nach dem unwandelbaren Gesetz dessen, der alles umfaßt. ... *aber es gibt keinen Zufall*, alles ist Prüfung, Strafe, Belohnung oder Vorsehung." [Voltaire, Zadig, in: Sämtliche Romane und Erzählungen, a. a. O., Bd. I, S. 92 (Hervorhebung - d. V.); siehe unter anderem auch ders., Der unwissende Philosoph, in: Voltaire – Erzählungen. Dialoge. Streitschriften, a. a. O., Bd. 3, S. 289-293.]

170 In seinem "Philosophischen Wörterbuch" unter dem Stichwort "Atheist" schreibt Voltaire: "So offenbart der Bau des besser erkannten Weltalls einen Baumeister, und die vielen immer gleich bleibenden Gesetze lassen auf einen Gesetzgeber schließen. Die vernünftige Philosophie hat also den Atheismus überwunden, dem die finstre Theologie Waffen in die Hand gab." (Voltaire, Abbé - Beichtkind - Cartesianer. Philosophisches Wörterbuch, a. a. O., S. 65 f.) Und in einem seiner kleinen Romane liest man: "Eine bewundernswerte Kunst läßt alle Planeten regelmäßig um die Sonne kreisen, während die Sonne sich selbst dreht. Es muß unbedingt jemand, der ebenso gelehrt ist wie die Royal Society in London, alles so wunderbar eingerichtet haben, und man müßte ein Hexenmeister sein, um den Schlüssel zu finden." (Voltaire, Die Ohren des Grafen von Chesterfield, a. a. O., S. 427 f.; vgl. außerdem Voltaire, Élémens de philosophie de Newton, a. a. O., S. 25-28, 76 [91 f., 121].)

171 Voltaire, Brief an Friedrich II. vom 23. 1. 1738, in: Correspondence and Related Documents, a. a. O., Bd. 88, S. 473-478 (D1432) (deutsch in: Aus dem Briefwechsel Voltaire – Friedrich der Große,.hrsg. von H. Pleschinski, Darmstadt 1992, S.91.)

172 Voltaire, Stichwort "Willensfreiheit", in: Abbé - Beichtkind - Cartesianer. Philosophisches Wörterbuch, a. a. O., S. 213.

173 Voltaire, Stichwort "Willensfreiheit", in: Abbé - Beichtkind - Cartesianer. Philosophisches Wörterbuch, a. a. O., S. 209.

174 Voltaire, Der unwissende Philosoph, a. a. O., S. 336; siehe auch ders., Es gilt, sich zu entscheiden, oder das wirkende Prinzip, a. a. O.

175 Voltaire, Élémens de philosophie de Newton, a. a. O., S. 45 [103].

deln."[176] Nach den Einwänden Kahles[177] und anderer ließ er jedoch den Willen ebenfalls durch einen Grund bestimmt sein, aber eben als Willen – ein Vorzug, der in der göttlichen Schöpfung nur dem Menschen zuteil wird. Und er fragt daher : "Sind wir nicht Automaten, die dazu geboren sind, immer zu wollen, manchmal das zu tun, was wir wollen und manchmal das Gegenteil davon?"[178]

Die Konsequenz, eine ein unausweichliches Weltgesetz erlassende höchste Intelligenz zu benötigen, ergibt sich – wie sich zeigen wird – aus Voltaires Physikverständnis, und es liegt in seinem, den Atheismus um jeden Preis vermeiden wollenden, Interesse. Aus diesem Interesse heraus rügt er Descartes, dessen Maschine ihm "zu gesetzmäßig" abläuft. Denn sobald man zu sagen wagt – schreibt Voltaire in den "Elementen der Philosophie Newtons" –, "gebt mir Bewegung und Materie, und ich mache eine Welt, scheinen die Ideen, daß die Welt unendlich ist und die Bewegung immer die gleiche Größe hat, durch zu gesetzmäßige Folgen die Idee von einem einzigen unendlichen Wesen, dem einzigen Schöpfer der Bewegung, dem einzigen Schöpfer der Ordnung der Substanzen, auszuschließen."[179] Damit Voltaires Weltmaschine funktioniert, benötigt sie einen Motor – Gott. Ohne ihn könnte die Materie nicht geordnet und belebt sein.[180] Denn "*wie könnte die Materie die Bewegung aus sich selbst heraus haben?* Ebenso wie sie nach der Ansicht der Alten Ausdehnung und Undurchdringlichkeit aus sich heraus selbst hat."[181] "*Eine unkörperliche Ursache muß also die Bewegung erzeugen.*"[182]

Dies alles glaubte Voltaire aus Newtons Mechanik herauslesen zu können. Diesem Mißverständnis konnte er unterliegen, da ihm der Grund verschlossen blieb, aus dem heraus, Newton zeitlebens um das Verständnis der Gravitation, der tätigen Kraft, und des Charakters physikalischer Gesetze gerungen hat. Obwohl er die "Prinzipien" Newtons und die "Optik" kannte – in der "Philosophie Newtons" bezieht er sich ausdrücklich auf diese Werke –, ist es ihm offenbar so ergangen, wie es Newton für Leser befürchtet hatte, die "die vorausgesetzten Prinzipien nicht hinreichend eingesehen haben".

Die Bemerkungen Voltaires zeigen, daß er die Bedeutung der drei Newtonschen Bewegungsaxiome und damit auch der Newtonschen Bewegungsgleichungen[183]

$$m_1\ddot{\vec{r}}_1 = -f\frac{m_1 m_2}{r^3}\vec{r}_0 \quad \text{und} \quad m_2\ddot{\vec{r}}_2 = f\frac{m_1 m_2}{r^3}\vec{r}_0, \qquad (*)$$

176 Voltaire, Élémens de philosophie de Newton, a. a. O., S. 42 [101].

177 L. M. Kahle, Vergleichung der Leibnitzschen und Neutonischen Metaphysik, a. a. O., S. 66-78. (Siehe auch die gekennzeichneten Änderungen in den "Elementen" im Vergleich zur "Metaphysik des Neuton".

178 Voltaire, Élémens de philosophie de Newton, a. a. O., S. 50 [106].

179 Ebenda, S 27 [92].

180 Vgl. ebenda, S. 36 [97].

181 Voltaire, Stichwort "Materie", in: Voltaire, Abbé - Beichtkind - Cartesianer. Philosophisches Wörterbuch, a. a. O., S. 177 (Hervorhebung - d. V.).

182 Vgl. Voltaire, Élémens de philosophie de Newton, a. a. O., S. 75 [121] (Hervorhebung - d. V.).

183 Die Newtonschen Bewegungsgleichungen sind hier für den Fall aufgeschrieben, daß sich zwei Körper 1 und 2 unter dem Einfluß ihrer gegenseitigen gravitativen Wirkung bewegen. Dabei bezeichnet f die Gravitationskonstante, r den Abstand der Körper, $\vec{r}_0$ den in Richtung vom Körper 1 zum Körper 2 zeigenden Einheitsvektor und m_1 bzw. m_2 die Massem und $\vec{r}_1$ bzw. $\vec{r}_2$ die Orte des Körpers 1 bzw. 2.

über die der mechanische Kraftbegriff im wesentlichen bestimmt ist, nicht berücksichtigt. Für ihn hat der Begriff *Kraft* vor allem eine unmittelbar sinnliche Bedeutung. Kraft ist für ihn alles, was eine (bestimmte) Bewegung hervorbringt.[184] Von ihrer physikalischen Definition im Rahmen einer mathematisch formulierten Theorie wie der Mechanik sieht er ab. Da, wo Voltaire die Kraft zu definieren versucht, kommt er nicht auf den Kraftbegriff $m\ddot{\vec{r}} = \vec{F}$ der Newtonschen Theorie, sondern läßt sich vom Wortgebrauch Leibnizens und Descartes' irreleiten und hält daher den Leibnizschen Ausdruck $m\dot{\vec{r}}^2$ oder den Descartesschen $m\dot{\vec{r}}$ für den grundlegenden Kraftbegriff der Mechanik.[185] Anstelle einer Diskussion der die gravitative Wechselwirkung bestimmenden Gleichungen (*) findet man dementsprechend Beschreibungen der Tatsache, daß die Gravitationskraft durch die Massen und deren Abstand bestimmt wird, also eine Erläuterung des Terms $-f\frac{m_1 m_2}{r^3}\vec{r}_0$; es werden also im wesentlichen die das Gravitationsgesetz fixierenden Gleichungen (*) auf deren rechte Seite reduziert. Anders gesagt: Voltaire setzt das Gravitationsgesetz mit dem Kraftterm für die Gravitation gleich.

Daß Voltaire von den Gravitationsgleichungen (*), mithin auch von den Grundgesetzen der Mechanik, abstrahiert, zeigt sich vor allem da, wo er versucht, die Bewegung der Planeten abzuleiten. Er geht dabei so vor, daß er zunächst an die Newtonsche Erkenntnis erinnert, daß der freie Fall und die Planetenbewegung dieselbe Ursache haben. Ausgehend vom Fallgesetz $s = \frac{g}{2}t^2$ (die durchfallene Wegstrecke s ist dem Quadrat der Fallzeit t proportional) als – wie er meint – empirischer Erfahrung und vom Newtonschen Kraftterm für die Gravitation $\vec{F} = -f\frac{m_1 m_2}{r^3}\vec{r}_0$ (den Voltaire ebenfalls aus reiner Erfahrung gewonnen glaubt), versucht er, durch Kombination beider die Bahn der Planeten zu erhalten.[186] Dabei berücksichtigt Voltaire nicht, daß das Fallgesetz eine spezielle Lösung der Gleichungen (*) für den Fall einer geradlinigen Bewegung konstanter Beschleunigung ist, während die Planetenbewegung sich gerade als ein anderer Spezialfall dieser Gleichungen ergibt, man den Zusammenhang zwischen Fallgesetz und Plantenbewegung nur über die Newtonschen Bewegungsgleichungen (*) erhält. Sachgemäßer argumentiert Voltaire dann später im dritten Teil der "Elemente". Insbesondere im dritten und vierten Kapitel dieses Teils findet man Überlegungen, welche die elliptische Planetenbewegung als die durch eine Zentralkraft bewirkte Abweichung von der geradlinig gleichförmigen Bewegung erklären. Hier kommt Voltaire in seiner physikalischen Einsicht wohl so weit, wie er ohne größere Kenntnisse der Mathematik kommen konnte.

Da Voltaire die Bedeutung der mechanischen Grundgesetze vernachlässigt, ist es für ihn schwer, obwohl er sich darum bemüht,[187] einen Platz für andere Kräfte als die

[184] Der folgende Text illustriert diese Kraftauffassung Voltaires: Gott "hat den Planeten die Kraft gegeben, mit der sie sich von Westen nach Osten bewegen. Er hat bewirkt, daß sich diese Planeten und die Sonne um ihre Achsen drehen. Er hat allen Körpern ein Gesetz aufgegeben, nach dem sie alle gleicherweise nach ihrem Mittelpunkt streben. Schließlich hat er Tiere geformt, denen er eine tätige Kraft gegeben hat, mit der sie Bewegung hervorbringen." (Voltaire, Élémens de philosophie de Newton, a. a. O., S. 76 [121]).

[185] Vgl. ebenda, S. 75-78 [121 f.].

[186] Vgl. Voltaire, Sammlung verschiedener Briefe die Engelländer und andere Sachen betreffend, a. a. O., S. 235-243 (XV. Brief. Von der anziehenden Kraft)

[187] Siehe zum Beispiel den optischen Teil der "Elemente" und den Schluß des dritten Teils.

gravitativen zu finden. Jede weitere Kraft wäre ja nicht wie für Newton nur auf der rechten Seite der Gleichungen $m\ddot{\vec{r}} = \vec{F}$ einzusetzen gewesen, sondern hätte die Einführung eines neuen Prinzips erfordert und damit die Absicht, die Welt aus einem Prinzip heraus zu erklären, zunichte gemacht.

Wenn Voltaire "Kraft" bzw. "Attraktion" als das Grundprinzip der Newtonschen Physik angibt, so könnte dies verbal mit Newtons Sicht übereinstimmen, von der Sache her aber besteht eine große Differenz. Die Natur wird in der Newtonschen Theorie zwar tatsächlich durch die Wirkung und das Zusammenspiel verschiedenartiger Kräfte erklärt. Da diese jedoch durch die genannten Kraftgleichungen definiert sind, ergibt sich, daß im Grunde genommen das zweite Newtonsche Bewegungsaxiom die gesamte Dynamik der klassischen Mechanik enthält - nicht aber eine sinnlich-anschaulich oder lebensweltlich vorgestellten Kraft.

Obwohl Newton hinsichtlich des Verhältnisses von Physik und Mathematik selbst viele Fragen hatte, wußte er, insofern er die mathematische Sprache der Mechanik geschaffen hatte, im Unterschied zu Voltaire, daß es für sie keine adäquate nicht-mathematische Übersetzung gibt. Aufgrund dieser Differenz ergibt sich, daß selbst dann, wenn Voltaire Äußerungen Newtons fast wörtlich wiederholt, sie bei ihm nicht unbedingt dasselbe bedeuten. Und es mußte Voltaire unverständlich bleiben, daß der Grund, der Newton immer wieder bewog, über das Wesen der Gravitation nachzudenken, das Problem war, inwiefern eine mathematische Größengleichung Ausdruck eines physikalischen Naturgesetzes sein kann. Für Voltaire konnte das gravitative Verhalten der Körper nicht über die Bewegungsgleichungen definiert, mithin der physikalische Dynamismus der klassischen Mechanik nicht zugänglich sein. Die Gravitation war ihm nur als inhärente, wesentliche Eigenschaft der Körper verständlich, eine Meinung, gegen die Newton sich aus der Kenntnis seiner Physik heraus auch sträuben mußte, bevor er die Gravitation als aktives Prinzip auffaßte.

Voltaire waren dic Bedenken Newtons wohlbekannt, und er zitierte sie auch in seinen Schriften, jedoch in einer Weise, daß damit im Gegensatz zu Newton gerade die Inhärenz der Gravitation behauptet wird. So meinte Voltaire, Newton hätte zum Beispiel gesagt: Ich bediene "mich des Worts der Attraction nur um die Würkung auszudrucken, welche ich in der Natur entdecket habe, eine Würkung, welche eine gewisse und unstreitige Würkung einer unbekandten Ursache, *eine der Materie anklebende Eigenschaft (qualitas inhaerens)* ist, deren Grund geschicktere Leute als ich finden werden, wenn sie können."[188]

Newtons Ringen um das Begreifen eines neuartigen Typs von Theorie reflektierte Voltaire mit einer Mischung aus Agnostizismus und der Überzeugung, die Welt als ganze geistig im Griff zu haben. Newton habe wohl - hebt er hervor - vorhergesehen, daß man sich "wider die Benennung" seines großen Grundprinzips der Attraktion auflehnen würde: "Er giebt seinen Lesern mehr als an einem Ort seines Buches eine Erinnerung wegen dieses Namens. Er warnet sie, daß sie solchen nicht mit den verborgenen Beschaffenheiten (qualitatibus occultis) der Alten vermengen und *sich begnügen lassen sollten*, daß sie wüßten, *wie in einem jeden Cörper eine Centralkraft befindlich*, welche nach den unveränderlichen Gesetzen der Mechanik von dem einen Ende des

[188] Voltaire, Sammlung verschiedener Briefe die Engelländer und andere Sachen betreffend, a. a. O., S. 248 (XV. Brief. Von der anziehenden Kraft) (Hervorhebung - d. V.).

Weltgebäudes bis zu dem andern gegen die nächsten und gegen die entferntesten Cörper würke."[189]

Auf diese Weise den einzelnen Atomen oder Körpern Eigenschaften zuschreibend, die sie doch nur in Beziehung aufeinander, genauer: im Verhalten zueinander, haben können, gerät die Bewegung Voltaire zu etwas Mystischem; er kann nicht angeben, woher sie kommt. Zugleich wird es unwichtig, die Gravitation (oder andere aktive Prinzipien) mathematisch zu erfassen; der im mathematisch formulierten Gesetz fixierte *Zusammenhang* wird als den einzelnen Körpern an sich eigen, eben als inhärent, angesehen. Die Begriffe der Mechanik werden aus ihrer mathematischen Struktur, in der allein sie eine bestimmte Bedeutung haben, losgelöst und so behandelt, als hätten sie diese unabhängig davon.

Indem Voltaire die Gravitation als eine in einem jeden Körper befindliche Zentralkraft auffaßt, schließt er das Vermögen der Körper zu wechselwirken aus, er hält es für unwesentlich, daß die Körper nur gegeneinander schwer sind. Die in einer physikalischen Theorie "Kraft" genannte dynamische Wechselwirkung wird als Stoß gedacht,[190] das Gegeneinander-Verhalten als Streben nach einem Mittelpunkt rezipiert. Für Voltaire gehört aufgrund der unterstellten Inhärenz der Kraft im Einzelnen zu jedem gravitierenden Körper ein Mittelpunkt, zu dem dieser hinstrebt. Da geometrische Punkte aber keine physikalische Wirkung ausüben können, muß Voltaire Gott als bewegende Ursache einführen.: "Wenn die Materie nach einem Punkte hinstrebt, wie das bewiesen ist, scheint sie doch nicht von sich aus zu gravitieren, so wie sie von Natur aus ausgedehnt ist. Sie hat also die Schwerkraft von Gott, erhalten."[191] "Er hat allen Körpern ein Gesetz aufgegeben, nach dem sie alle gleichermaßen zu ihrem Mittelpunkt streben."[192] Voltaire trennt also Materie und Bewegung, die Materie erhält ihre Bewegung von außen.

Sofern Voltaire sein Konzept konsequent durchführte, mußte Gott oder ein anderes außerweltliches Prinzip quasi als Motor die Welt in Bewegung halten, also das vollbringen, was die Newtonsche Physik als Leistung der Natur selbst nachweist.[193] Was die Newtonsche Mechanik wirklich nicht leistet, weshalb Newton Gott als in der Welt wirkend braucht, das übersah Voltaire. Er glaubte, sich mit seiner Bewegungskonzeption auf Newton berufen zu können und folglich auch mit der Rolle, die er Gott zuordnet. In den "Elementen der Philosophie Newtons" behauptet er: "Die gesamte Philosophie Newtons führt notwendigerweise zu der Erkenntnis von einem höchsten Wesen,

189 Voltaire, Sammlung verschiedener Briefe die Engelländer und andere Sachen betreffend, a. a. O., S. 246 f. (XV. Brief. Von der anziehenden Kraft) (Hervorhebung - d. V.)

190 Schon in den "Philosophischen Briefen" hatte er geschrieben: "Nun aber kann man sich keine Bewegung vorstellen als vermittelst eines Stoßes." (Voltaire, Sammlung verschiedener Briefe die Engelländer und andere Sachen betreffend, a. a. O., S. 231 (XV. Brief. Von der anziehenden Kraft).

191 Voltaire, Élémens de philosophie de Newton, a. a. O., S. 26 [91].

192 Ebenda, S. 76 [121].

193 David Friedrich Strauß erkennt als Grund für diese Gott zugeschriebene Motorfunktion Voltaires Trennung von Kraft und Stoff: "Begreiflich, wenn die Materie tot, für sich ohne Kraft und Leben ist, so bedarf sie eines Wesens außer sich, das Bewegung, Zweck und Ordnung in sie bringt; wenn sie das Prinzip der Gestaltung nicht in sich selbst hat, muß diese ihr freilich von außen kommen." (Vgl. D. F. Strauß, Voltaire, S. 187.)

das alles geschaffen, alles frei geordnet hat. Denn wenn die Welt endlich ist, wenn es leeren Raum gibt, ist die Materie also nicht notwendigerweise vorhanden. Sie verdankt ihre Existenz also einer freien Ursache ... Sie hat ... die Schwerkraft von Gott erhalten. Wenn sich die Planeten in einer bestimmten Richtung und nicht in einer anderen in einem keine Widerstände entgegenstellenden Raum drehen, hat also die Hand ihres Schöpfers ihren Lauf mit absoluter Freiheit in diese Richtung gelenkt."[194] Voltaire berücksichtigt dabei nicht, daß Newtons Gründe, Gott einzuführen, in erster Linie den Grenzen seiner physikalischen Theorie und der Physik überhaupt entsprangen. (Die Rede ist hier nur von der Physik bzw. dem, was Newton "Naturphilosophie" nannte.)

Bei Newton entwirft Gott den Weltplan, setzt die Anfangsbedingungen des Universums und greift immer wieder korrigierend in den Lauf der Welt ein. Der Newtonsche Gott muß die Himmelskörper in ihre Bahnen lenken, weil die physikalischen Gesetze nicht auch die Anfangsbedingungen der physikalischen Prozesse jeweils schon mit angeben. Er muß die Weltuhr hin und wieder aufziehen, weil die Theorie Gültigkeitsgrenzen und damit Mängel aufweist, die zu katastrophalen Folgen führen können (zum Beispiel zum Gravitationskollaps). Gott muß bei Newton schließlich als vermittelndes Agens auftreten, weil das physikalische Gesetz nur angibt, wie die in ihm enthaltenen Größen funktional zusammenhängen, nicht aber ein Ursache-Wirkungs-Verhältnis repräsentiert. Gott gleicht also bei Newton tatsächlich vorhandene Mängel der physikalischen Theorie aus.[195]

Voltaire suchte nach einer vollständigen Erklärung der Welt und glaubte, sie in der Newtonschen Physik gefunden zu haben. Er identifizierte Klassische Mechanik und Wirklichkeit, und daher war für ihn das Problem von Gültigkeitsgrenzen einer Theorie gegenstandslos. Er war zu wenig Physiker, um beim Lösen physikalischer Aufgaben auf diese Grenzen zu stoßen, zu wenig analysierender Philosoph, um sie aus erkenntnistheoretischer Sicht für unabdingbar zu halten.

Wenn Gott bei Newton in der genannten Weise eine Grenze der physikalischen Theorie kompensiert, so bei Voltaire eine Grenze seiner philosophischen Konzeption.

Voltaire erkennt diesen grundsätzlichen Unterschied nicht, verteidigt daher von seinem Standpunkt aus Thesen, die auf anderem Boden, nämlich dem der Newtonschen Physik, gewachsen sind, verteidigt zum Beispiel ein katastrophales Ende der Welt, das im Rahmen seines eigenen Konzepts gar nicht entstehen müßte. In Kapitel VI der "Elemente der Philosophie Newtons" setzt er sich mit Leibnizens Einwand auseinander, daß Newtons Physik zu Instabilitäten und schließlich zum Zusammenbruch des Universums führt. Voltaire gibt zu, daß die Weltmaschine nicht ewig bestehen könne, wehrt sich aber dagegen, dies durch äußere Eingriffe verhindern zu lassen, da es keine Ausnahme vom Weltgesetz geben dürfe. Er tut die Newton bekannten Schwierigkeiten mit der Clarkeschen Bemerkung ab: "Aber wenn Gott sie nur geformt hat, damit sie

194 Voltaire, Élémens de philosophie de Newton, a. a. O., S. 26 [91].

195 Es ist gewiß ein Ausdruck des mangelnden philosophischen Bewußtseins seiner eigenen Tat, wenn Newton die Grenzen einer physikalischen Theorie, die im wesentlichen durch den Status dieser Theorie als einer messenden und rechnenden Wissenschaft und, im geringerem Maße, durch den seinerzeitigen Entwicklungsstand dieser Wissenschaft bedingt sind, "Gott" nennt. Aber es bleibt bestehen, daß er mit den Gott zugeordneten Aufgaben genau und ausschließlich die Stellen markiert, die auch aus heutiger Sicht Grenzen der physikalischen Theorie Klassische Mechanik sind.

eine gewisse Zeit bestehe, besteht ihre Vollkommenheit also darin, nur bis zu dem für ihre Auflösung festgelegten Zeitpunkt zu bestehen."[196]

*

Da Voltaire aus seinem Physikverständnis heraus – im Gegensatz zu Newton – zu keinem aktiven Gott kommt (d. h. zu keinem, der regulierend in die Welt eingreift), einen solchen geradezu ausschließt, ihn aber zur Aufrechterhaltung der Moral, als Zuchtrute, braucht, ordnet er Gott auch Aufgaben zu, die mit seiner mechanistischen Konzeption nicht in Einklang stehen. Gott muß strafen und verzeihen.[197] Denn: "Es ist nichts Gutes im Atheismus. Dieses System ist schlecht in der Physik (damit war die alte Naturphilosophie gemeint – d. V.) und in der Moral ... es leistet dem Menschengeschlecht einen Dienst, wenn es die humanen Grundsätze der Toleranz verbreitet. Aber welchen Dienst kann es ihm leisten, wenn es den Atheismus verbreitet? Werden die Menschen tugendhafter, wenn sie einen Gott, der die Tugend befiehlt, nicht mehr anerkennen? Zweifellos nicht. Ich will, daß die Fürsten und die Minister einen solchen anerkennen und sogar einen Gott, der straft und der verzeiht. Ohne diese Zügel werde ich sie als wilde Tiere ansehen."[198]

Es zeigt sich hier, daß es nicht möglich ist, vom mechanizistischen Standpunkt aus eine völlig konsistente Weltanschauung zu konstruieren, so sehr sich Voltaire auch darum bemüht. Es muß für ihn außer der Naturphilosophie, die er mit der Physik identifiziert, noch eine Lebens- und Moralphilosophie geben, die mit der Physik, mit der Naturphilosophie, nichts zu tun haben soll. "Die Physik ist für die Lebensführung so bedeutungslos, daß die Philosophen ihrer gar nicht bedurften."[199] Gott sei - so schreibt er in seinem "Philosophischen Wörterbuch" - in jedem Fall der Menschen unumschränkter Herr, sie müßten in jedem Fall tugendhaft sein, ob sie nun daran glaubten, daß die Welt ein Chaos und die Bewegung der Materie immanent sei, oder an die Ordnung des Alls, entstanden durch geregelte Bewegung, die der Herr der Welt allen Körpern mitgeteilt hat. Fast keine solcher Fragen habe Einfluß auf das Verhalten der Menschen im Leben.[200]

Voltaire befindet sich hier deutlich im Gegensatz zu Newton, für den es sehr wohl einen Zusammenhang zwischen Physik und Moralphilosophie gibt. Zum Ausklang der Frage 31 schreibt er, nachdem er geschildert hat, wie der analytische Weg von den Wirkungen zu den Ursachen bis hin zur allgemeinsten Ursache führt: "Und wenn die Naturphilosophie in all ihren Teilen, indem sie diese Methode verfolgt, im Laufe der Zeit vervollkommnet wird, werden sich auch die Grenzen der Moralphilosophie erweitern, denn soweit wir durch die Naturphilosophie wissen können, was die erste Ursa-

[196] Voltaire, Élémens de philosophie de Newton, a. a. O, S. 51 [107].

[197] Zu Voltaires Gottesbegriff vgl.: D. F. Strauß, Voltaire, a. a. O., S. 184-188.

[198] Voltaire, Brief an den Marquis de Villevielle vom 26. 8. 1768, in: Correspondence and Related Documents, a. a. O., Bd. 118, S. 33-36 (D 15189) (deutsch in: Briefe des alten Frankreich, a. a. O., S. 249 f.).

[199] Voltaire, Stichwort "Philosoph", in: Abbé - Beichtkind - Cartesianer. Philosophisches Wörterbuch, a. a. O., S. 183.

[200] Vgl. Voltaire, Stichwort "Materie", in: Abbé - Beichtkind - Cartesianer. Philosophisches Wörterbuch, a. a. O., S. 177-179.

che ist, welche Macht sie über uns hat und welche Wohltaten wir von ihr empfangen, soweit wird uns unsere Pflicht ihr gegenüber sowie auch uns gegenüber durch das Licht der Natur erscheinen."[201] Für beide, für Voltaire wie für Newton, ist ihre Auffassung jeweils konsequent. Newton zeigt den Weg der Erkenntnis bis zur ersten Ursache, die der Mensch zwar nie voll erfassen kann, der er aber durch seine Physik immer näher kommt. Und Newton braucht – wie gezeigt – Gott als Kompensation der Grenzen seiner Physik. Es ist dann nur die andere, die theologische Seite der Sache, daß durch das Studium der Natur mit Hilfe der (Newtonschen) Physik offenbar wird, welche Rolle Gott für die Welt spielt. Die Mechanik zeigt – in der Auffassung ihres Begründers – die Notwendigkeit göttlicher Eingriffe in den Weltenlauf. Warum sollte er dann nicht auch in das menschliche Leben eingreifen können?

Voltaire konnte einen solchen Gott nicht gebrauchen. Er wollte ja gerade im Kampf gegen Klerus und Absolutismus den berechtigten Anspruch der Vernunft ins Feld führen. Es mußte also nachgewiesen werden, daß jeder Mensch (jeder, denn jeder ist mit Vernunft begabt) die Welt rational erfassen kann, da alles unausweichlichen Gesetzen unterworfen ist. Nun wäre aber eine fatalistische Weltsicht mit der notwendigen Aktivität des Bürgers, der die politische Macht erobern wollte, nicht vereinbar gewesen. Freiheit war ja eine der drei großen Parolen des aufstrebenden Bürgertums. Daher behauptet Voltaire, daß die Freiheit des Menschen mit der universellen Herrschaft unausweichlicher Gesetze durchaus vereinbar sei,[202] daß der Mensch zwar tun kann, was er will, aber nicht wollen kann, was er will, daß seine Handlungen strikt durch seine Gedanken determiniert sind, es aber nicht in seiner Hand liege, daß ihm in jenem Moment und jener Situation gerade dieser Gedanke in den Kopf kommt, sondern dies durch die Vorsehung, die für den Menschen unergründlich ist, bestimmt sei. Daher erklärt er: "Alle unsere Ideen nun erleiden wir, also erleiden wir auch unser Wollen, also wollen wir notwendigerweise. *Freiheit* hat mit dem Willen nichts zu tun."[203] Der Glaube an einen strafenden und verzeihenden Gott sollte die Menschen bewegen, stets ihrer Vernunft gemäß zu handeln. In dieser Weise vereint Voltaire Gott als Zuchtrute mit seinem mechanistischen Determinismus. Seine Konzeption von Gott und der Physik bot somit die Möglichkeit, den Ausschließlichkeitsanspruch der Vernunft zu begründen, ohne Gott aus der Welt zu entfernen.

*

Die genannte Grenze des Voltaireschen Konzepts findet einen charakteristischen Ausdruck in der Erklärung: "Die Metaphysik hat mit der Mathematik nichts zu tun."[204]

201 I. Newton. Opticks, a. a. O., S. 405 (Query 31).

202 Vgl. Voltaire, Stichwort "Willensfreiheit", in: Abbé - Beichtkind - Cartesianer. Philosophisches Wörterbuch, a. a. O., S. 209, 213; ders., Élémens de philosophie de Newton, a. a. O., S. 38-51 [99-106].

203 Voltaire, Stichwort "Willensfreiheit", in: Abbé - Beichtkind - Cartesianer. Philosophisches Wörterbuch, a. a. O., S. 210.

204 Voltaire, Stichwort "Metaphysik", in: Abbé - Beichtkind - Cartesianer. Philosophisches Wörterbuch, a. a. O., S. 216 .

Hierbei steht "Metaphysik" für "Philosophie" und "Mathematik" für "Physik".[205] Für Voltaire waren naturphilosophische physikalische Fragen und diese hinwiederum dasselbe wie mathematische resp. geometrische.[206] Diese Identifizierung ist aber nur möglich, wenn die jeweilige Spezifik von Mathematik, Physik und Naturphilosophie nicht erkannt wird. Voltaires Fehlinterpretation der Newtonschen Bemühungen darum, das Wesen der Gravitation zu fassen, verwies schon auf jene so verursachte Identifizierung.

Nun entsprach es dem Zeitgeist, Mathematik und Mechanik gleichzusetzen sowie Physik und Naturphilosophie. Aber Newton hatte eben mit der Begründung der klassischen Mechanik de facto den drei Disziplinen eine differente Bestimmung gegeben. Diese galt es nun in der Folgezeit zu begreifen, wofür es vor allem erforderlich war, den Status der experimentellen Methode, durch die die gesamte physikalische Begrifflichkeit geprägt ist, philosophisch zu erfassen.

Im Unverständnis der experimentellen Methode gründet im wesentlichen Voltaires Auffassung vom Verhältnis Mathematik – Physik – Naturphilosophie. Zunächst erkennt man Voltaires außerordentliche Hochschätzung des experimentellen Vorgehens. Er schreibt: "Wahre Physik besteht also in der richtigen Bestimmung aller Wirkungen. Die letzten Ursachen werden wir erkennen, wenn wir Götter sind. Uns ist gegeben zu rechnen, zu wägen, zu messen und zu beobachten. Das ist Naturphilosophie, fast alles übrige ist Spekulation."[207] Oder an anderer Stelle: "Die Geometrie hat uns sehr viele Wahrheiten gelehrt, die Metaphysik sehr wenige. Wir wiegen die Materie, wir messen sie, wir analysieren sie, und wenn wir einen Schritt über diese einfachen Experimente hinaus machen wollen, fühlen wir nur unsere Ohnmacht und stürzen in den Abgrund."[208] Oder: "Sehr viele Leute hielten Newtons kurze metaphysische Schlußfolgerungen zu seinen *Principia mathematica* für ebenso dunkel wie die Apokalypse. Die Metaphysiker und Theologen erinnern sehr an Gladiatoren, die man mit verbundenen Augen gegeneinander kämpfen ließ; aber wenn Newton mit offenen Augen an seiner

205 Philosophie im eigentlichen Sinne bezeichnet Voltaire als Metaphysik bzw. Spekulation, die er für ziemlich überflüssig hält. Wenn er dagegen "Philosophie" sagt, so ist ganz allgemein Weltanschauung gemeint. Dieser Terminus umfaßt auch seine Moralphilosophie. Naturphilosophie lehnt Voltaire nicht ab, aber er reduziert sie auf Physik und nimmt ihre damit ihre erkenntnistheoretische Fragestellung, d. h. ihren philosophischen Charakter. Soweit er also Philosophie bejaht, hat sie mit Physik nichts zu tun.

206 Die Gleichsetzung von Mathematik und Physik zeigt sich u. a. in Formulierungen wie: "Die ersten Mathematiker, die die Gesetze vom Stoß der Körper fanden ..." "Die Bewegung eines Körpers wird gemessen durch Multiplikation seiner Masse mit seiner Geschwindigkeit." Den Streit zwischen Cartesianern und Leibnizianern um das Maß der physikalischen Bewegung bezeichnet er als "Skandal der Geometrie". (Voltaire, Élémens de philosophie de Newton, a. a. O., S. 76 [121]. Oder er spricht von "Newton, der an seiner Mathematik arbeitete", wenn er dessen Gesamtleistung würdigen will. (Voltaire, Stichwort "Newton und Descartes", in: Abbé - Beichtkind - Cartesianer. Philosophisches Wörterbuch, a. a. O., S. 180.)

207 Voltaire, Stichwort "Cartesianismus", in: Abbé - Beichtkind - Cartesianer. Philosophisches Wörterbuch, a. a. O., S. 158. Einen sehr ähnlichen Standpunkt vertritt d'Alembert in dem von ihm verfaßten Stichwort "Cartesianismus" der "Enzyklopädie".

208 Voltaire, Stichwort "Materie", in: Abbé - Beichtkind - Cartesianer. Philosophisches Wörterbuch, a. a. O., S. 176.

Mathematik arbeitete, reichte sein Blick bis ans Ende der Welt."[209] Man könnte nun meinen, Voltaire habe die experimentelle Methode in ihrem Wesen erfaßt und habe in dieser Hinsicht den gleichen Standpunkt wie Newton bezogen, zumal er namentlich in seiner Polemik gegen Descartes dessen Vernachlässigung neuerer Experimente und ihrer Ergebnisse ins Feld führt.[210] Das trifft aber nicht zu. Er glaubte, Messen sei theoriefreie Beobachtung, es sei möglich, da die Natur an sich schon mit Größen und Zahlen ausgestattet ist. "Tiere, Pflanzen, Mineralien, alles scheint mit Maß, Gewicht, Zahl und Bewegung ausgestattet zu sein. Alles ist Feder, Hebel, und Rolle ... ."[211] Gewiß liegt hierin auch die relativ berechtigte Überzeugung, daß man die Natur mittels der Mechanik auf empirischem Wege begreifen kann, doch muß man eben über die Theorie der Klassischen Mechanik verfügen, durch bloße Anschauung ist kein "experimentelles" Ergebnis zu bekommen. Es bedarf einer komplizierten begrifflichen und auch gegenständlichen Arbeit, damit es uns gegeben ist zu rechnen, zu messen und zu beobachten bzw. um zu einer Geometrie zu gelangen, die uns viele Wahrheiten zu lehren vermag. Voltaire aber fragt nicht danach, auf welchen Voraussetzungen unsere Fähigkeiten bzw. die Beschaffenheit der Mechanik beruhen. Nun hat gewiß auch Newton nicht untersucht, wie sich das Experimentieren in die allgemeine menschliche Arbeitstätigkeit einordnet, aber er hat physikalische Versuche mit dem Ziel durchgeführt, eine Theorie der Mechanik zu erzeugen und konnte daher nicht in die vereinfachende Vorstellung Voltaires verfallen,[212] verfing sich nicht in dem Gedanken, durch bloße Erfahrung seien physikalische Gesetze zu gewinnen.

Setzt man nun aber wie Voltaire die Theorie als Gegebenes voraus, dann können Messen und Rechnen nur noch den Zweck haben, Werte zu finden. Es besteht insofern dann kein Unterschied zwischen (angewandter) Mathematik und Physik. Geht man davon aus, daß die mathematisch formulierte Physik (Mechanik) fertig vorliegt, so kann man durchaus einen rationalistischen Standpunkt einnehmen, ebensogut aber auch einen empiristischen. In jedem Falle mißachtet man die notwendigen erkenntnistheoretischen Grundlagen der Physik. Daraus ergibt sich zwangsläufig, Spekulation und Metaphysik für überflüssig zu halten, was ja stets neben der Polemik gegen hypostasierte Begriffe und Dogmatismus die Ablehnung von Erkenntnistheorie und Kategorielehre impliziert. All die "metaphysischen Schlußfolgerungen" Newtons über die Natur der Gravitation, die Notwendigkeit aktiver Prinzipien, über die atomistische Grundlage der Einheit und Gesetzmäßigkeit der Natur sind Voltaire daher auch etwas fürchterlich Dunkles, das man lieber vergessen sollte.

Daß Voltaire den organischen Zusammenhang der sogenannten metaphysischen Schlußfolgerungen mit der "rein empirischen" Physik nicht sieht, beweist – neben all

209 Voltaire, Stichwort "Newton und Descartes", in: Abbé - Beichtkind - Cartesianer. Philosophisches Wörterbuch, a. a. O., S. 180.

210 Vgl. Voltaire, Stichwort "Cartesianismus", in: Abbé - Beichtkind - Cartesianer. Philosophisches Wörterbuch, a. a. O., S. 159.

211 Voltaire, Die Ohren des Grafen von Chesterfield, a. a. O., S. 428.

212 Die Vermutung, Voltaire habe möglicherweise später, als er selber physikalische Versuche (zum Beispiel über die Natur des Feuers) durchzuführen begann, eine tiefere Einsicht in das Verhältnis von Mathematik und Physik sowie in die Bedeutung der experimentellen Methode gewonnen, kann nicht bestätigt werden. Die Ausübung einer Tätigkeit führt eben nicht automatisch dazu, sich der Voraussetzungen und Folgen dieses Tuns bewußt zu sein.

dem, was bisher dazu gesagt worden ist – seine Polemik gegen Newtons atomistische Auffassung. Zwar lobt Voltaire, daß sich Newton auf die Ansichten Demokrits und Epikurs sowie die Gassendis beruft,[213] doch kritisiert er ihn für die Annahme nur quantitativ unterschiedener kleinster Partikel. Er wirft ihm vor, er habe behauptet, die unteilbaren, unveränderlichen Atome könnten sich ineinander verwandeln. Wortreich argumentiert er, daß die Transmutation von Salzatomen in Goldatome noch niemals gezeigt werden konnte. Das läßt darauf schließen – so meint er –, daß jeder Stoff, jedes Wesen seine eigenen letzten Teilchen hat. Wäre es anders – so wie Newton behauptet –, so müßten sich die einzelnen Stoffe ineinander verwandeln können, was nicht der Fall ist. "Jede Art von Wesen ist eine Welt für sich. Weit davon entfernt, daß eine blinde Materie alles durch einfache Bewegung erzeugt, ist es sehr wahrscheinlich, daß Gott eine Unendlichkeit von Wesen mit unendlichen Mitteln geschaffen hat, weil er selber unendlich ist."[214] Jedoch bemerkten schon die alten Atomisten, daß die Annahme kleinster Teilchen für einen jeden Stoff kein Prinzip für die rationale Erklärung der Welt liefert, da sie die Probleme nur vom Makrokosmos in den Mikrokosmos verschiebt, daß diese Annahme nicht leistet, die Mannigfaltigkeit der Welt aus einem Prinzip zu erklären.[215] Die Atomistik wurde gerade darum für die nachfolgende wissenschaftliche Entwicklung so bedeutsam, weil sie ein physikalisches Herangehen an die Welt, ermöglichte, indem sie Atome nicht für jeden Stoff extra, sondern kleinste Teilchen ohne qualitative Unterschiede annahm. Zudem mußte Newton ja gerade den antiken Atomismusbegriff maßgeblich modifizieren, um den Erfordernissen der Mechanik gerecht zu werden.[216]

Voltaire lehnt die Metaphysik letztlich ab, weil sie sich erkühnt, das Wesen Gottes zu ergründen, des Gottes, dessen ungeheure Macht wir zwar spüren, von dem wir aber durch den Abgrund des Unendlichen getrennt sind.[217] Genau das ist jedoch die Frage, ob und inwiefern der Mensch vom Unendlichen getrennt ist, und eine Analyse der epistemologischen Position Voltaires könnte hier ansetzen.[218] Bis in unsere Zeit hinein geht eine Befürwortung der Naturwissenschaft häufig mit einer Ablehnung der sogenannten Metaphysik einher und impliziert diesen janushaften Voltaire-Effekt, den Effekt, die ganze Welt rein wissenschaftlich erklären und damit von mystischer Metaphysik befreien zu wollen, durch die Physikalisierung (oder Vernaturwissenschaftlichung) auch der erkenntnistheoretischen und kategorialen Grundlagen der Physik (Naturwissenschaft) aber neue Mystizismen zu erzeugen.[219]

213 Vgl. Voltaire, Élémens de philosophie de Newton, a. a. O., S. 37 [98].

214 Ebenda, S. 68 [117].

215 Vgl. K. Marx, Hefte zur epikureischen, stoischen und skeptischen Philosophie, in: K. Marx und F. Engels, Werke, Ergänzungsband. Erster Teil, Berlin 1968, S. 157.

216 Vgl. Anm. 150.

217 Voltaire, Stichwort "Metaphysik", in: Abbé - Beichtkind - Cartesianer. Philosophisches Wörterbuch, a. a. O., S. 215f.

218 Gedacht ist beispielsweise an eine Kritik und Analyse des Voltaireschen Standpunkts, "daß ich keine positive Idee des Unendlichen haben kann, da ich selbst endlich bin". (Vgl. Voltaire, Der unwissende Philosoph, a. a. O., S. 313.) Siehe auch Anm. 23 zum Text.

219 Siehe auch Hegel über die Metaphysik, zum Beispiel in: G. W. F. Hegel, Enzyklopädie der philosophischen Wissenschaften. Erster Teil. Die Wissenschaft der Logik, in: Werke, a. a. O., Bd. 8, S. 49-51, 93 (§§ 7, 26).

Seine Unliebe zur Metaphysik gestand Voltaire selbst ein. So schrieb er im Jahre 1737 an Friedrich II.: "Ich sage Ihnen über diese etwas lange, ein wenig von Allgemeinheiten erfüllte, im übrigen bewunderungswürdige, logisch geknüpfte und höchst tiefsinnige *Metaphysik*, ich sage Ihnen dazu, Monseigneur, daß ich von Wolffs *einfachem Ding* kein Gran begreife. Ich fühle mich unversehens in ein Klima versetzt, in dem ich nicht atmen kann, auf einen Boden, auf dem ich keinen Schritt tun kann, zu Menschen, deren Sprache ich nicht verstehe. Wenn ich mir schmeicheln dürfte, diese Sprache zu beherrschen, wäre ich womöglich kühn genug, gegen Monsieur Wolff anzutreten, selbstredend mit allem Respekt."[220] Nach Voltaire befaßt sich alle Metaphysik mit zweierlei: "Erstens mit allem, was Leute von gesundem Menschenverstand wissen; zweitens mit dem, was sie nie wissen werden."[221]

Aus der umgekehrten Richtung gesehen: Ist das menschliche Denken kein eigener Untersuchungsgegenstand der Wissenschaft, so folgt zwangsläufig, daß die erkenntnistheoretischen Grundlagen der Physik übersehen werden. Nun ist es gewiß seltsam, daß Voltaire den Anspruch der Vernunft unter Ausschluß der Philosophie, dem Denken der Gedanken - wie Hegel es nannte - begründete. Doch innerhalb des Voltaireschen Konzepts ist es konsequent. Es folgt dieser Ausschluß aus der Identifizierung von mathematischer und physikalischer Methode. Und Newton auf den Mathematiker zu reduzieren ist wiederum die Voraussetzung, um die Bedeutung der Philosophie für die Physik zu leugnen.[222]

Eben mit jenem Grund behauptet Voltaire, daß Mathematik und Metaphysik, also Physik und Philosophie, nicht vereinbar seien. Unter dem Stichwort "Metaphysik" schreibt Voltaire in seinem Wörterbuch: "Metaphysik. *Trans naturam*, jenseits der Natur. Aber gibt es überhaupt etwas, was jenseits der Natur sein kann? Unter Natur verstehen wir doch Materie: das Metaphysische ist dann das, was nicht Materie ist: Unser Denken zum Beispiel", die Geister, ihre Art und Weise, in der diese Geister empfinden und denken (ohne Sinne und ohne Kopf), und schließlich Gott. "Dies alles sind Gegenstände der Metaphysik. Hinzufügen könnte man noch die Grundbegriffe der Mathematik." Doch die erwogene Einordnung der mathematischen Begriffe in den Gegenstand der Metaphysik verneint Voltaire, da sie unmittelbar durch Erfahrung gewonnen werden würden, und folgert: "die Metaphysik hat mit der Mathematik nichts zu tun". Und deshalb – so fährt er fort – "kann man Metaphysiker sein, ohne Mathe-

220 Voltaire, Brief an Friedrich II. vom 12. 10. 1737, in: Correspondence and Related Documents, a. a. O., Bd. 88, S. 379-381 (D1375) (deutsch in: Aus dem Briefwechsel Voltaire – Friedrich der Große, a. a. O., S. 74, vgl. auch S. 90); siehe auch: ders., Brief an Friedrich II. vom 1. 9. 1736, in: Correspondence and Related Documents, a. a. O., Bd. 88, S. 45 f. (D1139) (deutsch unter dem Datum 26. 8. 1736 in: J. G. Leithäuser, Voltaire. Leben & Briefe. Bericht eines großen Lebens, Briefe ausgewählt und übersetzt von Th. Sauvageot, Essen nach 1961, S. 398).

221 Voltaire, Brief an Friedrich II. vom 25. 4. 1737, in: Correspondence and Related Documents, a. a. O., Bd. 88, S. 290-297 (D1320) (deutsch in: Aus dem Briefwechsel Voltaire – Friedrich der Große, a. a. O., S. 51).

222 Vgl. hierzu: H.-H. v. Borzeszkowski und R. Wahsner, Über die Notwendigkeit der Philosophie für die Naturwissenschaft, a. a. O.; dies., Noch einmal über das Bedürfnis der Naturwissenschaften nach Philosophie, a. a. O.

matiker zu sein."[223] Das heißt: Die Philosophie hat mit der Physik nichts zu tun. Wie gezeigt, produziert eben gerade diese Ansicht Mechanizismus.

*

So sehr Voltaire nun aber auch die Physik in ihrer Spezifik gegenüber der Mathematik einerseits und der Philosophie andererseits verkannte, so hat er doch seinen Mitbürgern die Entdeckungen des großen Newton erstaunlich gut erklärt und so – eingebettet in die Aufgaben seiner Zeit – historisch Bedeutsames geleistet. Doch hätte niemand mit der Voltaireschen Philosophie- und Physikauffassung die klassische Mechanik begründen können. Die Identifizierung von Mathematik und Physik, der Ausschluß der Philosophie aus dem wissenschaftlichen Naturverständnis, setzt – wie gesagt – die physikalische Theorie als gegeben voraus. Und nur wenn sie das ist, kann es geschehen, daß die Theorie – hier also die Mechanik – nicht als Theorie erkannt, daß sie letztlich oder im Prinzip mit der Wirklichkeit gleichgesetzt wird.

Die Mechanik zu mechanisieren ging nur, *nachdem* Newton sie geschaffen hatte. Newton konnte einen solchen Standpunkt nicht einnehmen, da er als Begründer der Mechanik natürlich nicht von der erkenntnistheoretischen Problematik der Physik abstrahieren konnte. Damit ist allerdings nicht behauptet, Newton habe den erkenntnistheoretischen Status der Physik vollkommen durchschaut. Doch wer produziert, kann nicht seine Produkte als an sich vorhanden ansehen – selbst dann nicht, wenn er das Prinzip ihrer Produktion nicht (voll und ganz) erkennt. Der Mechanizismus beruht auf der Abstraktion vom tätigen Subjekt, vom (geistig und gegenständlich) produzierenden Menschen, auf der Verabsolutierung des fertigen Resultats, also auf dem Denken des Ergebnisses ohne den es erzeugt habenden Prozeß. Produkte werden wie an sich vorhandene Dinge betrachtet, Ergebnisse menschlicher Tätigkeit wie etwas an sich Gegebenes.[224]

Diese Verabsolutierung erweist sich auch als Grund für Voltaires unvermittelte Verknüpfung des rationalistischen mit den empiristischen Standpunkt. Besonders in den Blick gerät diese unproblematisierte Verknüpfung in seinem Verhalten einerseits zu Descartes, andererseits zu Locke. Dieses Verhalten war dadurch motiviert, daß es darum ging, die klassische Mechanik in Frankreich, wo der cartesische Rationalismus herrschte, annehmbar zu machen, diesen Rationalismus aber, der hervorragend geeignet war, den Ausschließlichkeitsanspruch der Vernunft zu begründen, nicht völlig aufzugeben.

Voltaires Verhältnis zu Descartes war von diesem Zweck geprägt. Er würdigte Descartes, weil dieser die Blinden sehend machte, daher auch in seinen Irrtümern bewunderungswürdig sei. "Er fehlte" – schrieb er in seinen "Philosophischen Briefen" –, "allein dieß geschahe doch zum wenigsten mit einer Ordnung und durch Schluß auf Schluß. Er stürzte die abgeschmackten Grillen zu Boden, welche man seit 2000. Jah-

223 Voltaire, Stichwort "Metaphysik", in: Abbé - Beichtkind - Cartesianer. Philosophisches Wörterbuch, a. a. O., S. 215 f.

224 Vgl. Hegels Charakterisierung des Empirismus in: G. W. F. Hegel, Enzyklopädie der philosophischen Wissenschaften im Grundrisse. Erster Teil. Die Wissenschaft der Logik, a. a. O., S. 49-51, 106-112 (§§ 7, 37-39).

ren der Jugend in den Kopf gesetzt hatte. Er lernte den Leuten seiner Zeit, vernünftig zu reden und sich seiner Waffen wider ihn selbst zu bedienen. Und wenn er ja nicht mit ächter Münze bezahlet hat, so ist dieß doch schon ein großes, daß er die falsche Münze in üblen Ruf gebracht. – Ich glaube nicht, daß man seine Philosophie mit des Newtons seiner mit Grund der Wahrheit auch nur im geringsten in Vergleichung setzen könne. Die erste ist ein Versuch, die andere ein Meisterstück. Derjenige aber, welcher uns auf den Weg der Wahrheit gebracht, ist vielleicht eben so hoch zu schätzen, als derjenige, welcher nach der Zeit das Ziel in diesen Laufschranken erreichet."[225]

Mit Descartes (und Bacon) hatte die klassische neuzeitliche Philosophie begonnen, deren Grundproblem es war, die Frage zu beantworten: Wie kann der Mensch Natur und Gesellschaft rational beherrschen? Descartes und Bacon wollten dieses Grundproblem durch die Erfindung einer neuen Denkmethode lösen. Descartes betrachtete ebenso wie Bacon eine veränderte Gestalt der Produktion und die praktische Beherrschung der Natur durch den Menschen als Resultat einer solchen veränderten Denkmethode. Im "Discours de la Méthode" heißt es: "Es ist möglich, zu Kenntnissen zu kommen, die von Nutzen für das Leben sind, und statt jener spekulativen Philosophie, die in den Schulen gelehrt wird, eine praktische zu finden, die uns die Kraft und die Wirkungsweise des Feuers, des Wassers, der Luft, der Sterne, der Himmelsmaterie und aller anderen Körper, die uns umgeben, ebenso genau zu kennen lehrt, wie wir die verschiedenen Techniken unserer Handwerker kennen, so daß wir sie auf dieselbe Weise zu all den Zwecken, für die sie geeignet sind, verwenden und uns so zu Herren und Eigentümern der Natur machen könnten."[226] Die Welt, die Wirklichkeit sollte nicht mehr als gottgegeben, sondern als vom Menschen beherrschbar und gestaltbar betrachtet werden. Zu diesem Zweck entwickelte Descartes seine deduktive, für die Mathematik späterhin sehr fruchtbare, Methode, seine "Regeln zur Ausrichtung der Erkenntniskraft".

Aber die cartesische Konzeption erwies sich als ungeeignet für die Konstruktion einer empirischen mathematisierten Naturwissenschaft (was maßgeblich in Descartes' Identifizierung von Materie und Ausdehnung gründete). Auf eine solche Wissenschaft konnte aber nicht verzichtet werden. Die Möglichkeit rationaler Herrschaft des Menschen über Natur und Gesellschaft mußte durch die Existenz einer Wissenschaft bewiesen sein, einer Theorie, mit der man die Welt wissenschaftlich erfassen konnte. Die Mechanik war die erste und seinerzeit eben auch die einzige wirkliche Wissenschaft (wirkliche Wissenschaft im Sinne einer Theorie, die nicht nur empirisch begründet ist, sondern der selbst ein Konzept der Verknüpfung von Gesetz und Erscheinung inhärent ist). Zudem benötigte das aufstrebende Bürgertum die Naturwissenschaft als theoretische Basis einer aus ökonomischen Gründen zu entwickelnden Technik. Es bedurfte also der Rechtfertigung der Mechanik.

Der Lockesche Sensualismus kam diesem Bedürfnis sehr entgegen. Voltaire ist des Lobes voll ob der Philosophie des John Locke: "Als nun sich viele Klüglinge einen

225 Voltaire, Sammlung verschiedener Briefe die Engelländer und andere Sachen betreffend, a. a. O., S. 228 f. (XIV. Brief. Über Descartes und Newton).

226 R. Descartes, Von der Methode des richtigen Vernunftgebrauchs und der wissenschaftlichen Forschung, in: René Descartes, Philosophische Schriften in einem Band, mit einer Einführung von R. Specht und "Descartes' Wahrheitsbegriff" von E. Cassirer, Hamburg 1996.

Roman von der Seele verfertigt hatten, kam endlich ein Weiser, welcher mit Bescheidenheit die Geschichte derselben erzählte. Herr Locke war es, welcher dem Menschen die menschliche Vernunft entblößt darstellte, wie ein erfahrner Zergliederer die Triebfedern des menschlichen Körpers aufdecket, er bediente sich überall des Lichts der Naturlehre, er nahm sich die Freiheit, einiges mit Gewisheit zu behaupten, er nahm sich aber auch die Freiheit, einiges in Zweifel zu ziehen. Anstatt alles auf einmal zu entscheiden, welches wir doch nicht verstehen, so prüfte er dasjenige, was wir erkennen wollen, stufenweise."[227] Voltaires Hohelied auf Locke eröffnet den Blick auf den Hintergrund, vor dem sich die Begründung und die Uminterpretation der Mechanik vollzogen.

In seinem berühmten Werk "Über den menschlichen Verstand" schreibt Locke: "Durch die Sinne erhält der Geist täglich Kunde von der Veränderung jener einfachen Ideen, die er in den Dingen der Außenwelt beobachtet ... endlich zieht er aus der Beobachtung bisheriger regelmäßiger Vorgänge den Schluß, daß auch in Zukunft bei den gleichen Dingen durch dieselben Ursachen dasselbe zustande kommen werde ... Auf diese Weise gelangt er [der Geist] zu der Idee, die wir *Kraft* nennen."[228] Locke versteht also *Kraft als verallgemeinerte Ursache*, zu deren Begriff wir durch mehrfache sinnliche Wahrnehmung gelangen. Eine Ursache muß eine Kraft sein, das heißt, nur die Dinge können etwas verursachen, die eine Kraft haben, die tätig sein können. Locke betrachtet die Kraft als zweifach. Sie ist sowohl das Vermögen, eine Veränderung zu erleiden, als auch das Vermögen, eine Veränderung herbeizuführen. Kraft ist kein selbständiges reales Wesen, sondern eine Art von Beziehung, eine Beziehung als Tätigkeit oder Veränderung.[229] Er betont mehrfach, daß "sich alle Kraft auf eine Tätigkeit bezieht".[230] Kraft ist also nach Locke Ausdruck des Aufeinanderwirkens der Dinge, ihrer Fähigkeit dazu. Er polemisiert daher auch gegen die cartesische Identifizierung von Ausdehnung und Körper. Die Ausdehnung schließt nicht wie der Körper Festigkeit und Widerstand gegen die Bewegung ein.[231]

Locke hatte gezeigt, daß wir die Begriffe, daß wir das Allgemeine aus der Erfahrung haben, und rechtfertigte so – gegen die metaphysischen Momente des französischen Rationalismus, namentlich die These von den angeborenen Ideen polemisierend – das Vorgehen der Mechanik. Doch meinte er, das Allgemeine, das Universale, gehöre nicht zur realen Existenz der Dinge, denn die Dinge seien in ihrer Existenz sämtlich einzeln.[232] Indem der englische Empirismus die Realität des Allgemeinen bestritt,

227 Voltaire, Sammlung verschiedener Briefe die Engelländer und andere Sachen betreffend, a. a. O., S. 201 f. (XIII. Brief. Von dem Herrn Locke).

228 J. Locke, Über den menschlichen Verstand, Berlin 1962, Bd. II, S. 277.

229 Vgl. J. Locke, Über den menschlichen Verstand, a. a. O., S. 288.

230 J. Locke, Über den menschlichen Verstand, a. a. O., S. 279.

231 Vgl. J. Locke, Über den menschlichen Verstand, a. a. O., S. 197.

232 Explizit schreibt Locke: "Universalität kommt jedoch nicht den Dingen selbst zu, denn die Dinge sind in ihrer Existenz sämtlich einzeln; selbst diejenigen Wörter und Ideen sind es, die ihrer Bedeutung nach allgemein sind. Wenn wir somit die Einzeldinge beiseite lassen, so sind die Generalia, die übrigbleiben, nur Schöpfungen, die von uns selbst stammen. Ihr allgemeiner Charakter besteht in nichts anderem als in der ihnen vom Verstande verliehenen Fähigkeit, viele Einzelheiten zu bezeichnen oder zu vertreten. Denn ihre Bedeutung ist nichts weiter als eine Beziehung, die

behauptete er, alles, was als Gesetz oder Vernunft ausgegeben werde, sei nur Gewohnheit, Übung oder Sitte. Nur Einzeldinge oder einzelne Tatsachen seien wirklich.

Es bleibt so natürlich offen – und Locke selbst zweifelte hier –, wieso man denn dann zu allgemeinen Begriffen kommen, wieso man sich mit ihrer Hilfe und mittels erkannter Gesetze oder des Gebrauchs der Vernunft in der Wirklichkeit zurechtfinden kann. Es bleibt dunkel, wieso das, was der Empirismus behauptet, funktioniert. Hegel sprach daher vom *metaphysizierenden Empirismus*.[233]

Voltaire hat den empiristischen Standpunkt übernommen, ohne seine Problematik zu sehen, und hielt ihn deshalb ohne weiteres für vereinbar mit der cartesischen Methode. Und auch Newton fand wohl – wie die expliziten Äußerungen über seine Methode nahelegen – nichts Kritikwürdiges an diesem Standpunkt. Nur: Newton hat – wie schon mehrfach bemerkt – seine Ansicht produktiv gemacht, das Gebäude der klassischen Mechanik errichtet. Dabei mußte er zwangsläufig – ob er sich dessen nun bewußt war oder nicht – diesen Standpunkt verlassen.[234] Denn de facto ist Locke nicht die Metaphysik der Newtonschen Theorie –[235] wie gegen Hegels Behauptung gezeigt werden kann.[236]

Von der empiristischen Position aus den berechtigten Anspruch der Vernunft, ausschließliches Kriterium zu sein, zu beweisen, war natürlich nicht möglich. Es wäre schließlich ein schwaches Argument gewesen, diesen Anspruch mit Gewohnheit, Übung oder Sitte zu begründen. Zudem sollte ja gerade gegen die herkömmliche Gewohnheit vorgegangen werden, vernünftige Verhältnisse, so wie sie in England "gegeben" waren, erst geschaffen werden. Es mußte daher ein Weg gefunden werden, den englischen Empirismus mit dem französischen Rationalismus oder Locke mit Descartes zu verbinden bzw. die Newtonsche Mechanik für Frankreich annehmbar und dem angegebenen Ziel entsprechend nutzbar zu machen. Hierbei durften selbstredend keine Gültigkeitsgrenzen der Mechanik gedacht werden. Denn diese Grenzen wären ein Synonym für Lücken, für Mängel der Vernunft gewesen.

Voltaire war es, der diesen Weg fand.[237] Er trug so entscheidend auch dazu bei, daß Frankreich in der Folgezeit zum Zentrum der Weiterentwicklung der Mechanik werden konnte. Wie Emil du Bois-Reymond mit Berufung auf Condorcet urteilt,

der menschliche Geist ihnen beigelegt hat." (J. Locke, Über den menschlichen Verstand, a. a. O., S. 16 f.).

233 Vgl. G. W. F. Hegel, Vorlesungen über die Geschichte der Philosophie III, a. a. O., S. 209, 223.

234 Zum Beispiel konnte er nicht von bloßer Erfahrung ausgehen, sondern mußte auch theoretische Voraussetzungen machen bzw. die Haupterfahrungen, auf denen er seine Mechanik errichtete, lagen ihm in Gestalt der Galileischen Theorie des Fallgesetzes und der Keplerschen Planetentheorie vor. Newtons mit Locke übereinstimmende Auffassung, daß wir nur die Eigenschaften der Dinge erforschen und von diesen auf ihr Wesen schließen können, letzteres aber nie erkennen werden, hinderte ihn nicht am Ausbau der Mechanik.

235 G. W. F. Hegel, Vorlesungen über die Geschichte der Philosophie III, a. a. O., S. 233.

236 Vgl. R. Wahsner, Bemerkungen zum Verhältnis von Newton und Locke, in: Locke-Kolloquium. Halle 1985, Kongreß und Tagungsberichte der Martin-Luther-Universität Halle-Wittenberg, Halle 1988; H.-H. v. Borzeszkowski, Zum Raum-Zeit-Begriff bei Locke und Newton, in: ebenda; R. Wahsner und H.-H. v. Borzeszkowski, Die Wirklichkeit der Physika, a. a. O., S. 40-47.

237 Voltaire hat hierbei den cartesischen Dualismus nicht überwunden, aber er bemühte sich, die Grenzen zwischen der res extensa und der res cogitans anders zu ziehen, wobei zugleich die res cogitans schrumpfte und es scheinen konnte, als habe sich das Dualitätsproblem verkleinert.

mußte sich Newtons System, damit es in Frankreich zur Herrschaft gelangen konnte, an einem glänzenden Beispiel bewähren, und es mußte ein Franzose sein, der den Ruhm der Bestätigung davontrug. Die beiden Expeditionen, die die Newtonsche Form der Erde bestätigten und deren eine von Maupertuis geleitet wurde, hatten den harten Widerstand gegen die englische Physik schon aufgeweicht, als Voltaire mit den "Elementen der Philosophie Newtons" ein breites Publikum für sich einnahm. Dies aber war keineswegs belanglos. Denn: "Bei der Allmacht des Hofes und Adels, dem Einfluß der Frauen und der Abbés, war es durchaus nicht gleichgültig, welcher Theorie diese huldigten; und erst als Voltaires *Élémens* Fontenelles *Mondes* von den Toiletten der Damen verdrängt hatten, konnte Newtons Sieg über Descartes in Frankreich für vollständig gelten."[238]

Voltaire benutzte die Mechanik, einen Gesetzgeber und einen Weltmotor vorausgesetzt, als Spitze gegen Klerus und Absolutismus, als Argument dafür, daß die ganze Welt gesetzmäßig erfaßt werden kann.[239] Seine Leistung zusammenfassend kann man konstatieren: Er "hat sich aus der einseitig theologischen Denkart gewaltsam befreit, den Cartesianismus überwunden, die Geschichte vom Aberglauben gereinigt, die Kulturgeschichte geschaffen, England für Frankreich geistig entdeckt, der naturwissenschaftlichen Anschauung zum Siege verholfen ... Wie jedem Reformator hat sich ihm etwas von dem besiegten Irrthum angehängt".[240] Diesen ihm schon zu Lebzeiten vorgeworfenen Irrtum rechtfertigte er, indem er leugnete, "dass nur angenommen werden dürfe was man beweisen könne", denn man müsse vieles annehmen und dürfe es annehmen, wenn es nur nicht Unmöglichkeiten in sich enthalte.[241] In diesem Sinne rezipierte Voltaire die Mechanik. Er wußte freilich nicht, daß er dabei Newton uminterpretierte und ihn gerade dadurch für Frankreich annehmbar machte. Anknüpfend an englische Zeitgenossen wie Bentley, Cotes und Clarke, die den Newtonschen Standpunkt aus anderen Gründen schon modifiziert hatten, wurde Voltaire zum Begründer des französischen Newtonianismus. Vorwiegend in dieser Form wurde das Newtonsche Gedankengut in der Folgezeit aufgenommen und verbreitet. So entstand das Vorurteil, die Mechanik sei mechanistisch. Dieses Vorurteil bestimmte den Mechanikbegriff der Folgezeit, bestimmt ihn bis heute. Namentlich die deutsche Klassik übernahm ihn ohne Bedenken, so daß ihre Kritik des Mechanizismus als Kritik der Mechanik erschien.[242]

Der französische Newtonianismus seinerseits prägte grundlegend die französische Aufklärung. Diese war – was Voltaires Werk exemplarisch belegt – ein Versuch oder

238 E. du Bois-Reymond, Voltaire als Naturforscher, a. a. O., S. 8 f.

239 Unter diesem Aspekt gesehen kann man dem Urteil zustimmen, daß Voltaires Philosophie eigentlich nur in einem, immer wieder hervortretendem Streben bestand, "in dem, die positive christliche Lehre zu vernichten". (J. E. Erdmann, Versuch einer wissenschaftlichen Darstellung der Geschichte der neuern Philosophie, a. a. O., Bd. III, S. 261.)

240 E. du Bois-Reymond, Zu Diderots Gedächtnis, in: Reden von Emil du Bois-Reymond, Erste Folge, a. a. O., S. 527.

241 J. E. Erdmann, Versuch einer wissenschaftlichen Darstellung der Geschichte der neuern Philosophie, a. a. O., Bd. III, S. 261.

242 Vgl. hierzu R. Wahsner, Zur Kritik der Hegelschen Naturphilophie Über ihren Sinn im Lichte der heutigen Naturerkenntnis, Hegeliana. Studien und Quellen zu Hegel und zum Hegelianismus, hrsg. von H. Schneider, Bd. 7, Frankfurt a. M. 1996.

der erste Schritt, den neuzeitlichen Empirismus und die neuzeitliche Metaphysik zu vereinen, und somit eben auch eine maßgebliche Vorstufe der klassischen deutschen Philosophie von Kant bis Hegel. Die aufklärerische Ablehnung der Metaphysik ist daher nicht von derselben Art wie die des Empirismus, der Vernunftbegriff der Aufklärung eine notwendige Voraussetzung der von der klassischen deutschen Philosophie erkannten Unterscheidung von Verstand und Vernunft. Diese Unterscheidung blieb der Aufklärung und natürlich auch Voltaire verschlossen, ist aber erforderlich, um Physik und Philosophie, mithin Mechanik und Mechanizismus unterscheiden zu können.[243]

Voltaires naturwissenschaftliche und metaphysische Fehler bzw. Verfälschungen der jeweils von ihm propagierten oder bekämpften Konzepte sind trotz ihres Ausmaßes marginal, gemessen an seinem Beitrag zum Aufschluß der Philosophie (wirklich der Philosophie, nicht einer philosophielosen Metatheorie) für "nicht-metaphysische" Probleme, also für Probleme und Lösungen, die von den seinerzeitigen – rationalistisch ausgerichteten – metaphysischen Systemen nicht gesehen wurden.[244] Diese Blindheit erzeugte Voltaires Aversion gegen das Systemdenken – eine Aversion, der objektiv eine Wandlung der Philosophie in ihrer Verfaßtheit inhärent ist, eine Verwandlung von ihrem Verständnis als ein System von metaphysischen Sätzen als Resultaten zu ihrem Vertsändnis als ein geistiges Tun, als ein Kompendium von Aufforderungen.

Als die Philosophie für derart "nicht-metaphysische" Fragen aufgeschlossen worden war, sie gezeigt hatte, daß es *im Prinzip* möglich ist, Metaphysik und Empirismus zu synthetisieren, war auch die Systemabwehr überholt. Doch wenn auch Voltaires Systemaversion durch die nachfolgende philosophische Entwicklung obsolet wurde, so war sie doch eine notwendige Stufe, um die Erkenntnis der Methode und begrifflichen Grundlage der neuzeitlichen Naturwissenschaft als ein *philosophisches* Problem zu begreifen. Nicht zufällig wurden deshalb Voltaires naturwissenschaftliche Arbeiten in der zweiten Hälfte des vorigen Jahrhunderts wiederentdeckt,[245] als die naturwissenschaftliche Entwicklung danach drängte, den erkenntnistheoretischen Status der Naturwissenschaft zu erkennen, den Unterschied zwischen physikalischer Mechanik und mechanistischem Weltbild zu bestimmen und das mechanistische Weltbild abzulegen.

Epilog

Es sollte gezeigt werden, daß *Voltaire* Initiator des mechanistischen Verständnisses der klassischen Mechanik war, Newton sie jedoch in dieser Form nicht begründet hat. Da Newton mit der klassischen Mechanik nicht irgendeine physikalische Disziplin, sondern die Physik überhaupt begründete, ist der Vergleich von Newtonscher Physik und

243 Mit du Bois-Reymond kann man allerdings treffend sagen, daß sich der klassischen deutschen Philosophie etwas von dem besiegten Irrtum angehängt hat, eben jene Identifizierung von Mechanik und mechanistischem Weltbild.

244 Vgl. E. Cassirer, Die Philosophie der Aufklärung, a. a. O., S. VII-XIV.

245 Genannt seien die Aktivitäten von E. du Bois-Reymond, D. F. Strauß und P. Sakmann.

Voltaireschem Weltbild nicht nur von historischem Interesse, sondern bietet auch die Möglichkeit, prinzipiell zu diskutieren, was Physik ist und wie man philosophisch an sie herangeht, wenn man Mechanizismus produziert.

Die klassische Mechanik ist nicht mechanistisch. Sie wurde mechanistisch interpretiert, weil und soweit man sie nicht als physikalische Theorie verstand.

Auf der Grundlage dieser Interpretation entwickelte sich der sogenannte mechanische Materialismus (wobei man schon in der Bezeichnung die Schuld für den Metaphysizismus dieses Materialismus der Mechanik zuweist), der den Standpunkt der empirischen Naturwissenschaft unreflektiert übernimmt und auf den Gegenstandsbereich der Philosophie extrapoliert. Dieses philosophische System ist durch das charakterisiert, was Hegel den "metaphysizierenden Empirismus" nannte und fundiert kritisierte (sieht man einmal von seiner eigenen Identifizierung von Mechanik und Mechanizismus ab).

Dieser Standpunkt ist durch die Entwicklung von Philosophie und Physik keineswegs längst überwunden. Denn die charakterisierte metaphysisch-mechanizistische Haltung ist durchaus auch bezüglich der modernen Physik möglich – und nachweislich auch verwirklicht worden.[246] Denn sowenig die Mechanik den Mechanizismus hervorbrachte, sowenig beseitigt ihn die moderne Physik. Sie verhindert nicht per se die Möglichkeit, daß ihre Aussagen unabhängig von den vorausgesetzten Axiomen und unabhängig von der experimentellen Grundlage gedacht und "philosophisch interpretiert" werden. Und auch heute gibt es sehr wohl Versuche, die moderne Physik losgelöst von ihrer mathematischen Sprache und infolgedessen von ihrer spezifischen Begrifflichkeit zu verstehen. Ersetzt man lediglich die Newtonsche Mechanik durch die relativistische oder Quantenmechanik, so erhält man statt des klassischen Mechanizismus eben relativistischen oder Quantenmechanizismus. *EineVoltaireisierung der Naturwissenschaft gibt es auch gegenwärtig - allerdings ohne Voltaires Esprit.*

Der Mechanizismus oder metaphysizierende Empirismus ist auch heute noch ein ernst zu nehmender Kontrahent eines philosophischen Naturbegriffs und eines philosophischen Begriffs von Naturwissenschaft, wenn diese Begriffe nicht hinter die Erkenntnisse der klassischen deutschen Philosophie zurückfallen und die in der nachfolgenden Zeit gewonnenen naturwissenschaftlichen und philosophischen Resultate integrieren sollen.

Nebenbei und um Mißverständnisse zu vermeiden, sei bemerkt, daß der hier kritisierte Mechanizismus von der noch bis zum Ende des vorigen Jahrhunderts vorherrschenden Tendenz, alle Physik auf Mechanik zu reduzieren, wohl unterschieden werden muß. Namhafte Wissenschaftler wie Hermann v. Helmholtz, Emil Du Bois-Reymond oder Heinrich Hertz sahen seinerzeit das Endziel der Naturwissenschaft darin, sich in Mechanik aufzulösen,[247] "die Welt mechanisch zu begreifen und sofern das

246 Vgl. zum Beispiel: H.-H. v. Borzeszkowski und R. Wahsner, Did the Nonlinear Irreversible Thermodynamics Revolutionize the Classical Time Conception of Physics?, a. a. O.; dies., Evolutionism as a Modern Form of Mechanicism, a. a. O.; R. Wahsner, Ist die Naturphilosophie eine abgelegte Gestalt des modernen Geistes?, Man and World. An International Philosophical Review *24* (1991), S. 199-218.

247 Vgl. H. v. Helmholtz, Über das Ziel und die Fortschritte der Naturwissenschaft. Eröffnungsrede für die Naturforscherversammlung zu Innsbruck im Jahre 1869, in: Vorträge und Reden von Hermann von Helmholtz, Erster Band, Braunschweig 1896, S. 379.

nicht gelingt, den unlösbaren Rest des Exempels klar und bestimmt auszusprechen",[248] bzw. sie bemühten sich, ein vollständig in sich zusammenhängendes System der Mechanik konsequent durchzuführen und alle speziellen Gesetze dieser Wissenschaft aus einem einzigen Grundgesetz abzuleiten.[249]

Solange sich dieses Bemühen im Rahmen der Physik abspielt, hat es nichts mit Mechanizismus zu tun. Nach einer möglichst einheitlichen physikalischen Theorie zu streben muß ein Grundanliegen dieser Wissenschaft sein, wenn sie sich nicht selbst auflösen will. Natürlich kann sich herausstellen, daß eine bestimmte Theorie – damals eben die Klassische Mechanik – nicht diese einheitliche Theorie ist. Mechanizismus ist stets philosophische Ausdeutung einer schon vorliegenden einzelwissenschaftlichen Theorie.

Viele Physiker des vorigen Jahrhunderts wurden allerdings vom mechanizistischen philosophischen Weltbild beeinflußt, was ihr Verhältnis zur Weiterentwicklung der Physik bestimmte. Das führte auch dazu, daß Newtons Erkenntnis, worin das Wesen physikalischer Gesetze besteht, bei der Begründung der Elektrodynamik erst wiederentdeckt werden mußte. So wurde noch, als man bereits über die Maxwellschen Gleichungen verfügte, nach sie physikalisch erklärende Äthermodellen gesucht. Die Diskussion hierzu wurde dann mit der Hertzschen Einsicht beendet: Maxwells Theorie ist Maxwells Gleichungssystem.[250]

Seit Begründung der theoretischen Basis der Relativitäts- und Quantentheorie ist deutlich, daß die Mechanik zwar nicht über ihre Grenzen hinaus ausgedehnt werden darf, doch als Protophysik, mithin als ein Fundament der modernen Physik, angesehen werden muß.[251] Zugleich ist sie in gewissem Sinne auch eine Grundlage der modernen Philosophie – erkennt man die Gründe für die Mechanisierung der Mechanik und den Unterschied von Mechanik und Mechanizismus.

Editorische Anmerkung

Die in eckige Klammern gesetzen Fußnotenzeichen markieren Anmerkungen der Herausgeber der hier zugrunde gelegten Fassung der Schrift "Élémens de la philosophie de Newton" in Band 31 der französischen Gesamtausgabe der Werke Voltaires von 1782-1789, der sogenannten Kehl-Ausgabe. Die anderen Fußnoten sind Fußnoten der Herausgeber der vorliegenden Ausgabe. Verweise in der Einleitung auf bestimmte

[248] E. du Bois-Reymond, Brief an Eugen Dreher, zitiert nach E. Dreher, Die Grundlagen der exakten Naturwissenschaft im Lichte der Kritik, Dresden 1900, S. 114.

[249] Vgl. H. Hertz, Die Prinzipien der Mechanik in neuem Zusammenhange dargestellt, in: Gesammelte Werke von Heinrich Hertz, hrsg. von Ph. Lenard, Leipzig 1894, Bd. III, S. 1-49.

[250] Hertz kam zu dem Schluß: "Auf die Frage, 'Was ist die Maxwell'sche Theorie?' wüßte ich also keine kürzere und bestimmtere Antwort als diese: Die Maxwell'sche Theorie ist das System der Maxwell'schen Gleichungen. Jede Theorie, welche auf diese Gleichungen führt, und damit dieselben möglichen Erscheinungen umfaßt, würde ich als eine Form oder einen Specialfall der Maxwell'schen Theorie bezeichnen; jede Theorie, welche auf andere Gleichungen und damit auf andere mögliche Erscheinungenführt, ist eine andere Theorie." (H. Hertz, Einleitende Übersicht, in: Gesammelte Werke von Heinrich Hertz, hrsg. von Ph. Lenard, Leipzig 1894, Bd. II, S. 23.)

[251] Vgl. Anm. 141.

Passagen der hier publizierten Schriften Voltaires werden bezüglich des französischen Originals angegeben, wobei die Seitenziffern in der vorliegenden Ausgabe in eckigen Klammern angefügt werden.

Im Ersten Teil der "Elemente" kennzeichnet in eckige Klammern gesetzter Text Passagen, die in der Schrift "Metaphysik des Neuton" von 1741 nicht enthalten sind, während das Zeichen [] darauf verweist, daß an dieser Stelle die "Metaphysik des Neuton" einen Text enthält, der in der hier gewählten Fassung der "Élémens de la philosophie de Newton" nicht vorkommt.

Der französische Text der Voltaireschen Schriften "Élémens de philosophie de la Newton" und "Defense du Newtonianisme" wurde von Christa Poser ins Deutsche übertragen und von den Herausgebern überarbeitet.

Elemente der Philosophie Newtons

Vorwort der Herausgeber der Ausgabe von 1784[1]

Dieser Band[2] enthält die wichtigsten Werke des M. de *Voltaire* über die Physik. Hier befinden sich:

1. Seine Elemente der Philosophie Newtons.
2. Eine Antwort auf Kritiken an diesem Werk.
3. Eine Abhandlung über das Feuer, die 1738 für den von der Akademie der Wissenschaften von Paris vorgeschlagenen Preis eingerichtet wurde.
4. Eine Denkschrift über die lebendigen Kräfte, die an der gleichen Akademie vorgelegt wurde.
5. Überlegungen zu zwei Werken der Mme la Marquise du *Châtelet.* Ihre "Institutionen der Physik" und eine Abhandlung über das Feuer, die zusammen mit derjenigen von M. de *Voltaire* eingereicht wurde.

Diesen Werken folgen mehrere naturgeschichtliche Arbeiten: Eine "Beschreibung eines weißen Negers", eine "Abhandlung über die auf dem Erdball stattgefunden habenden Veränderungen", eine Sammlung verschiedener Beobachtungen mit dem Titel "Besonderheiten der Natur" und "Briefe eines Kapuzinermönchs und eines Karmelitermönchs" anläßlich der Experimente des M. *Spallanzani* an Schnecken.

Als M. de *Voltaire* seine Elemente der Newtonschen Philosophie zusammenstellte, waren fast alle französischen Gelehrten Cartesianer. *Maupertuis* und *Clairaut*, die beide Mathematiker an der Akademie der Wissenschaften, jedoch noch sehr jung waren, waren fast die einzigen, der Öffentlichkeit bekannten Newtonianer.

Die Voreingenommenheit für den Cartesianismus war derart, daß der Kanzler *d'Aguesseau* M. de *Voltaire* eine Druckgenehmigung verweigerte.[3] Vierzig Jahre zuvor war in den Schulen von Paris die Philosophie von *Descartes* verboten gewesen, doch das gehabte Beispiel hatte keineswegs genügt, um zu begreifen, daß Widerstand gegen die Fortschritte der Vernunft vergeblich ist und daß es zur Beurteilung von *Newton* wie auch von *Descartes* zumindest erforderlich gewesen wäre, sich in den Stand zu setzen, diese zu verstehen.

Das Werk des M. de *Voltaire* war nützlich. Es hat dazu beigetragen, die Philosophie *Newtons* so verständlich zu machen, wie sie für Leute, die keine Geometer sind, sein kann.

Er hat sich vor dem Versuch gehütet, diese Elemente mit fremden Verzierungen aufzuwerten. Er legte hier nur Überlegungen einer richtigen und gemäßigten Philosophie dar, die er geistreich, wie das für alle seine Werke charakteristisch ist, vortrug.

Er hat sich immer dagegen gewandt, in physikalischen Abhandlungen Späße zu treiben.[4] Der findige *Fontenelle* hatte dafür ein Beispiel geliefert; *Pluche* und *Castel* machten den Mißbrauch noch fühlbarer:[5] Einige Zeit später war M. de *Voltaire* gezwungen, sich ebenfalls gegen einen anderen, vielleicht noch größeren Fehler zu wenden, gegen die Manie, über Wissenschaften in poetischer Beredsamkeit zu schreiben. Dieser Mißbrauch ist gefährlicher. Die schlechten Scherze von *Castel* oder *Pluche* können in den Schulen nur zum Lachen führen und hier einige Vorurteile verewigen. Der Mißbrauch der Prosa dagegen kann die Fortschritte der Philosophie aufhalten.

Drei Philosophen teilten sich in Europa in die Ehre, Licht ins Dunkel gebracht zu haben: *Descartes*, *Newton* und *Leibniz*. Leute, die in die Wissenschaften nicht tiefer eingedrungen waren, reihten *Malebranche* noch fast in die gleiche Reihe ein.

Descartes war ein sehr großer Geometer. Die so glückliche und so umfassende Idee, mathematische Fragen mit Hilfe der allgemeinen Analyse der Größen zu lösen, veränderte das Gesicht der Mathematik. Diesen Ruhm hat er mit keinem Geometer seiner Zeit geteilt, obwohl diese so fruchtbar an Menschen war, die über eine große mathematische Begabung verfügten, wie *Cavalieri, Pascal, Fermat* und *Wallis*.

Die Kenntnis des Grundgesetzes der Dioptrik verdankte *Descartes* jedoch *Snellius*. Es ist aber auch bewiesen, daß diese Entdeckung in den Händen von *Snellius* vollständig steril blieb. *Descartes* leitete daraus die Theorie der Fernrohre ab. Ihm ist die Theorie der Spiegel und der Gläser zu verdanken, deren Oberflächen aus Kreisbögen mit konischen Querschnitten bestehen. Er entdeckte unabhängig von *Galilei* die allgemeinen Gesetze der Bewegung und entwickelte sie besser als dieser. Er irrte bei den Stoßgesetzen der Körper. Er war jedoch der erste, der an ihre Untersuchung gedacht und gezeigt hat, welche Prinzipien bei ihrer Untersuchung angewendet werden müssen. Ihm ist vor allem zu verdanken, daß er aus der Physik alles verbannt hat, was nicht auf mechanische oder berechenbare Ursachen zurückzuführen ist, sowie aus der Philosophie den Gebrauch der Autorität.

Newton hat die bisher einzigartige Ehre, eines der allgemeinen Gesetze der Natur entdeckt zu haben. Und obwohl ihm die Forschungen von *Galilei* über die gleichförmig beschleunigte Bewegung, die Forschungen von *Huygens* über die Zentralkräfte des Kreises und vor allem die Theorie der Entwicklung, mit der es möglich war, die Elemente von Kurven als Kreisbögen anzusehen, ihm den Weg geebnet haben, muß durch diese Entdeckung sein Ruhm über den der Philosophen oder Geometer, die vielleicht sogar genauso genial wie er waren, gestellt werden. *Kepler* hat nur die Gesetze der Bewegung und der Himmelskörper gefunden, *Newton* aber hat das allgemeine Gesetz der Natur gefunden, von dem diese Regeln abhängen. Die Entdeckung des Differentialkalküls reiht ihn unter die ersten Geometer seines Jahrhunderts ein, seine Entdeckungen über das Licht setzen ihn an die Spitze derjenigen, die im Experiment das Mittel gesucht haben, die Gesetze der Erscheinungen zu erkennen.

Leibniz hat *Newton* den Ruhm der Entdeckung des Differentialkalküls streitig gemacht. Wenn man die Akten dieses großen Prozesses untersucht, kann man, wenn man nicht ungerecht sein will, *Leibniz* nicht mindestens völlige Gleichheit verweigern. Es sei bemerkt, daß sich diese beiden großen Männer mit der Gleichheit zufriedengaben, daß sie sich Gerechtigkeit widerfahren ließen und daß der Streit , der sich unter ihnen erhob, das Werk des Eifers ihrer Anhänger war. Der Kalkül exponentieller Größen, die Methode der Zeichenunterscheidung und mehrere andere in den Briefen von *Leibniz* gemachte Entdeckungen, denen er wenig Bedeutung beizumessen schien, beweisen, daß er als mathematisches Genie hinter *Newton* nicht zurückstand. Die Ideen über die Positionsgeometrie, seine Abhandlungen über das Grillenspiel sind die ersten Züge einer neuen Wissenschaft, die sehr nützlich sein kann, die jedoch erst geringe Fortschritte gemacht hat, obwohl sich gelehrte Geometer damit beschäftigt haben. Auf dem Gebiet der Physik hat er wenig getan, obwohl er alle zu seiner Zeit bekannte Tatsachen und sogar alle Meinungen der Physiker kannte, da er keineswegs beabsichtigte, neue Experimente anzustellen. Er hat als Erster eine allgemeine Theorie der Erdentstehung nach beobachteten Tatsachen und nicht nach theologischen Dogmen erdacht. Dieser Versuch steht weit über allem, was seither in dieser Richtung getan wurde.

Sein Genie umfaßte das gesamte menschliche Wissen. Die Metaphysik hatte ihn für sich eingenommen. Er glaubte, die Prinzipien der Harmonie bestimmen zu können, die die Schaffung des Universums geleitet hatten. Nach seiner Ansicht ist GOTT allein durch sein Sein genötigt, nicht ohne ausreichenden Grund zu handeln, in der Natur das Gesetz der Kontinuität zu erhalten sowie keine zwei genau gleiche Wesen zu erzeugen, da es keinerlei Grund für ihre Existenz gäbe. Da er allgütig ist, muß das Universum das beste der möglichen Universen sein. Allweise ordnet er dieses Universum mit den einfachsten Gesetzen. Wenn sich alle Erscheinungen ausgehend von einfachen Substanzen verstehen lassen, brauchen keine zusammengesetzten und demzufolge auch keine ausgedehnten, die einer unendlichen Teilung fähig wären, angenommen zu werden. Nun können aber einfache Wesen, sofern man ihnen eine tätige Kraft unterstellt, alle Erscheinungen der Ausdehnung, nämlich alle diejenigen, die Körper in Bewegung aufweisen, erzeugen.

Einige einfache Wesen haben Ideen, so die menschlichen Seelen. Alle können diese also haben, ihre Ideen sind jedoch deutlich oder verworren, entsprechend der Stufenfolge, die diese Wesen im Universum einnehmen. Die Seele *Newtons* und das Element eines Marmorblocks sind Substanzen der gleichen Art, die eine hat sublime Vorstellungen, die andere hat nur verworrene.

Dieses Element kann an einem anderen Ort, zu anderen Zeiten eine vernunftbegabte Seele werden. Nicht durch ihre Art wirkt die Seele auf die Monaden ein, aus denen der Körper besteht, und diese nicht auf die Seele, sondern kraft ewiger Gesetze. Die Seele muß bestimmte Ideen haben, die Monaden des Körpers bestimmte Bewegungen. Diese beiden Erscheinungsfolgen können voneinander unabhängig sein. Sie sind es auch, da eine wirkliche Abhängigkeit im Bereich des Universums unnütz ist.

Diese Ideen sind groß und umfassend. Das Genie, das Ordnung und Gesamtheit erdacht hat, ist nur zu bewundern. Es muß jedoch zugegeben werden, daß sie nicht bewiesen sind, daß wir von der Natur nur das kennen, was sie uns als Folge von Tatsachen vorweist, und diese Tatsachen sind zahlenmäßig zu klein, als daß wir das allgemeine System des Universums erraten könnten. In dem Augenblick, in dem wir unsere abstrakten Ideen und die aufgestellten Wahrheiten verlassen, um das Bild zu prüfen, das die Folge unserer Vorstellungen – für uns das Universum – darstellt, können wir mit mehr oder minder großer Wahrscheinlichkeit in jedem Teil eine konstante Ordnung antreffen, aber nicht die Gesamtheit erfassen. Und welche Fortschritte wir auch machen mögen, wir werden es niemals ganz erkennen.

Leibniz war auch ein großer Publizist, ein bewanderter Jurist, ein hervorragender Gelehrter. Er hatte universale Kenntnisse in der Geschichtswissenschaft, den politischen Wissenschaften wie in der Metaphysik und in den Naturwissenschaften. Überall leitet ihn der gleiche Geist, versucht er, allgemeine Wahrheiten zu finden, um die von der Meinung am stärksten abhängigen Dinge, die sich dem am meisten zu widersetzen scheinen, in eine systematische Ordnung zu bringen.

Malebranche war nur ein Anhänger von *Descartes*, der seinem Lehrmeister überlegen ist, wenn er die Irrtümer der Sinne und der Einbildung an einem vollkommeneren Modell in vornehmem, einfachem Stil erklärt, allein von der Liebe nach Wahrheit beseelt ohne anderen Schmuck als die Größe oder den Scharfsinn der Ideen. Dieser Stil, die einzige Prosaform, die für die Wissenschaften, für Werke, die dazu gemacht sind, die Menschen aufzuklären, und nicht dazu, die Menge zu unterhalten, geeignet ist, ist der Stil von *Bacon, Descartes* und *Leibniz. Malebranche,* der in seiner Muttersprache und zu einer Zeit schrieb, als sich Sprache und Geschmack vervollkommnet hatten, kann jedoch als einziger unter den Schriftstellern des letzten Jahrhunderts als Vorbild angesehen werden. Das ist heute fast sein ganzes Verdienst. Das aufgeklärtere Frankreich stellt ihn nicht mehr an die Seite von *Descartes, Leibniz* und *Newton*.

Nach diesen großen Männern bewunderte man *Kepler*, der die Gesetze der Bewegung der Planeten entdeckte. *Galilei*, der die Fallgesetze der Körper und die Gesetze ihrer Bewegung entlang der Parabel berechnete, vervollkommnete die Fernrohre, entdeckte die *Jupiter*monde und die *Venus*phasen, stellte das wirkliche System der Himmelskörper nach unerschütterlichen Grundlagen auf und wurde von unwissenden Theologen und von den Jesuiten, die ihm nicht verziehen, daß er ein besserer Astronom als die Lehrer ihres Ordens war, verfolgt. Schließlich *Huygens*, dem die Theorie der Zentralkräfte, die zur Berechnungsmethode der Bewegung in Kurven führte, die Entdeckung der Schwingungsmittelpunkte, die Theorie der Kunst der Zeitmessung, die Entdeckung des *Saturn*rings und die der Stoßgesetze der Körper zu verdanken ist. Er war der Mann seines Jahrhunderts, der durch die Kraft und die Art seines Genies *Newton*, dessen Vorläufer er war, am nächsten kam.

M. de *Voltaire* läßt hier allen diesen berühmten Männern Gerechtigkeit widerfahren. Er respektiert das Genie von *Descartes* und *Leibniz*, das Gute, das *Descartes* den Menschen getan hat, den Dienst, den er geleistet hat, als er den menschlichen Geist vom Joch der Autorität befreit hat, so wie *Newton* und *Locke* ihn von der Manie der Systeme geheilt haben. Er gestattete sich aber auch, *Descartes* und *Leibniz* anzugreifen, und dazu gehörte Mut zu einer Zeit, als Frankreich cartesisch war, als in Deutschland und im Norden die Ideen von *Leibniz* herrschten.

Man muß dieses Werk als eine sehr klare und für diejenigen, die keine Demonstrationen und Einzelheiten von Experimenten wünschen, durchaus ausreichende Darlegung der wichtigsten Entdeckungen *Newtons* ansehen.

Als es erschien, war es selbst für Gelehrte nützlich. Noch nirgends existierte eine so genaue Übersicht dieser wichtigen Entdeckungen. Die meisten Physiker bekämpften sie, ohne sie zu kennen. M. de *Voltaire* hat vielleicht mehr als irgend jemand sonst zum Sturz des Cartesianismus in den Schulen beigetragen, indem er die neuen Wahrheiten, die die Fehler von *Descartes* zerstört hatten, zum Gemeingut machte. Als der Autor von "Alzire" geruhte, ein Lehrbuch der Physik zu schreiben, hatte er ein Anrecht auf die Anerkennung seines Landes, das er erleuchtete, auf die der Gelehrten, die in diesem Werk nur eine Huldigung an die Wissenschaften und ihren Nutzen durch den größten Literaten sehen sollten.

Die Beantwortung einiger Einwände, die gegen das obige Werk erhoben wurden, zeigt, wie wenig die Philosophie *Newtons* bekannt und wie nützlich demzufolge das Unternehmen des M. de *Voltaire* war. Wir werden bemerken, daß die gleichen Einwände im Alter des M. de *Voltaire* und nach seinem Tod wiederholt wurden. Wie wahr ist es doch, daß er nur noch Menschen zu Feinden hatte, die weit unter ihrem Jahrhundert standen.

Die Abhandlung über die Art und die Ausbreitung des Feuers wurde 1738 für den Preis der Akademie der Wissenschaften eingereicht.

Drei Arbeiten wurden ausgezeichnet: Eine war von M. *Leonhard Euler*, der damals schon als einer der größten Geometer Europas bekannt war. Er stellte fest, daß das Feuer ein sehr elastisches Fluidum ist, das in den Körpern enthalten ist. Durch die Bewegung oder die Wirkung dieses Fluidums werden die Hindernisse überwunden, die sich in den Körpern seinem Ausbruch entgegenstellen, so daß sie verbrennen. Wenn durch diese Bewegung die Teile dieser Körper nur bewegt werden, ohne daß sich das in ihnen enthaltene Feuer entwickelt, erhitzen sich diese Körper, verbrennen jedoch nicht.

M. *Euler* fügte seiner Arbeit die Formel der Schallgeschwindigkeit bei, die *Newton* vergeblich gesucht hatte. Dieser nicht dazugehörige Zusatz, der jedoch weit über dem eigentlichen Werk stand, scheint die Preisrichter zu ihrer Entscheidung veranlaßt zu haben.

Die beiden anderen Arbeiten, die eine von dem Jesuiten *Lozérande de Fiesc* und die andere von M. Graf *Créqui-Canaples*, sind anderer Art. Die eine erklärt alles durch die kleinen *Malebranche*schen Wirbel, die andere durch zwei entgegengesetzte Ströme eines ätherischen Fluidums. Die Ehre, die diesen Arbeiten widerfuhr, beweist, wie wenig die wirkliche Physik, die sich mit Tatsachen und nicht mit Hypothesen beschäftigt, die Wahrheiten und keine Systeme sucht, selbst in der Akademie der Wissenschaften bekannt war. Ein in einem Werk enthaltener Rest von Cartesianismus schien fast ein Verdienst zu sein, das ermutigt werden mußte. Die Klugheit, mit der *Newton* sich damit begnügt hatte, ein allgemeines Gesetz aufzustellen, das er entdeckt hatte, ohne die erste Ursache dieses Gesetzes zu suchen, die er weder durch Untersuchung der Erscheinungen noch durch Berechnung finden konnte, diese Klugheit führte, wie gesagt wurde, in der Physik zurück zu den okkulten Eigenschaften der Alten, als ob es nicht philosophischer wäre, die Ursache einer Tatsache nicht zu kennen als zu deren Erklärung Wirbel, Ströme und Fluida zu schaffen.

Die Arbeiten der Madame du *Châtelet* und des M. de *Voltaire* sind die einzigen, in denen physikalische Forschungen sowie präzise und wohldiskutierte Tatsachen enthalten sind. Die Preisrichter, die ihnen dieses Lob machten, erklärten, daß sie nicht die Idee billigen könnten, die hier von der Natur des Feuers gegeben wird. Diese Erklärung hätten sie mit noch größerer Berechtigung für mindestens zwei der ausgezeichneten Werke abgeben können. Die Akademie ließ auf Wunsch der beiden Verfasser diese Arbeiten in der Sammlung der preisgekrönten Arbeiten hinter denjenigen abdrucken, die ihre Stimmen erhalten hatten.

Im Werk der Mme du *Châtelet* ist besonders die Idee bemerkenswert, daß Licht und Wärme das gleiche Element zur Ursache haben, ein Element, das leuchtet, wenn es sich geradlinig bewegt, und wärmt, wenn seine Partikel eine unregelmäßige Bewegung haben. Es wärmt ohne zu leuchten, wenn von jedem Punkt geradlinig eine zu kleine Anzahl seiner Strahlen ausgeht, als daß der Eindruck von Licht entstehen könnte. Es leuchtet, ohne zu wärmen, wenn die geradlinigen Strahlen in ausreichend großer Anzahl vorhanden sind, so daß der Eindruck von Licht entsteht, sie aber nicht zahlreich genug sind, um den Eindruck von Wärme zu erzeugen. Ebenso erzeugt die Luft entsprechend der Art der Bewegung, die ihr aufgegeben ist, Schall oder Wind.

In der gleichen Arbeit findet sich auch die Meinung, daß unterschiedlich gefärbte Strahlen nicht den gleichen Wärmegrad ergeben. Die Mme du *Châtelet* kündigt hier eine Erscheinung an, die seither von M. Abbé *Rochon* durch eine Folge von Experimenten bewiesen wurde.

Mme du *Châtelet* nahm schließlich das Vorhandensein eines zentralen Feuers an. Diese Meinung hätte durch Beobachtungen und Experimente bewiesen werden können, eine ziemlich große Anzahl von Physikern hat es jedoch in der letzten Zeit vorgezogen anzunehmen statt zu untersuchen, da es bei der Aufstellung eines Systems sehr bequem ist, eine so große Masse an Wärme zur Verfügung zu haben.

Die Arbeit des M. de *Voltaire* ist die einzige, die einige neue Experimente enthält. Hier herrscht die bescheidene Philosophie vor, die fürchtet etwas zu bestätigen, was jenseits dessen liegt, was Sinne und Berechnung bestätigen. Die Irrtümer sind diejenigen der Physik der Zeit, in der diese geschrieben wurde. Wenn es uns erlaubt wäre, eine Meinung zu haben, würden wir sagen, daß abgesehen von der Formel der Schallgeschwindigkeit, die das Hauptverdienst der Abhandlung des M. *Euler* war, das Werk des M. de *Voltaire* den Sieg hätte davontragen müssen und daß der größte Fehler der Arbeit darin bestand, daß der Cartesianismus und die Explikationsmethode, die unter seinen Richtern noch in Mode war, nicht genügend respektiert wurden.[6]

Die Abhandlung über die lebendigen Kräfte wurde 1742 an der Akademie der Wissenschaften eingereicht. Diese Einrichtung lobte sie in ihren Annalen. Es war jedoch nicht Brauch, Werke, die nicht von Mitgliedern eingereicht wurden, drucken zu lassen.

M. de *Voltaire* unterstützt hier die allgemeine Meinung der Franzosen und der Engländer gegen die der Gelehrten aus Deutschland und aus dem Norden. Man begann somit bereits zu akzeptieren, daß dieses Kräftemessen, das alle Gelehrten Europas spaltete, keine Frage der Geometrie oder der Mechanik ist, sondern ein Streit um Metaphysik und fast ein Streit um Worte.

M. *d'Alembert* ist der erste, der das laut gesagt hat. Philosophen hatten es vermutet, aber um von den Streitern gehört zu werden, brauchte es einen Philosophen, der gleichzeitig ein großer Geometer war.[7]

Mme du *Châtelet* stand in Frankreich an der Spitze der Leibniz-Anhänger. Die Freundschaft hinderte M. de *Voltaire* keineswegs daran, ihre Meinung öffentlich zu bekämpfen. Diese Opposition hat ihrer Freundschaft in keiner Weise geschadet.

Das folgende Werk ist ein Auszug oder mehr eine Kritik an den "Institutionen der Physik" dieser berühmten Frau. Das ist ein Muster dafür, wie die Werke derjenigen bekämpft werden müssen, die man schätzt. Die Ansichten werden hier schonungslos angegriffen, der Verfasser, der sie vertritt, wird jedoch respektiert. Es wäre schwierig, eine noch so delikate Eigenliebe mit einer solchen Kritik zu verletzen.[8]

Der Auszug der Arbeit über das Feuer ist eher ein Lob als eine Kritik. Die Ansichten der Mme du *Châtelet* wichen weniger von den Ansichten des M. de *Voltaire* ab.

Die Abhandlung über die Veränderungen, die auf dem Erdball stattgefunden haben, erschien ohne Namen des Verfassers. Lange Zeit war unbekannt, daß sie von M. de *Voltaire* war. M. *de Buffon* wußte es nicht, als er davon ziemlich schonungslos im ersten Band der Naturgeschichte sprach. M. de *Voltaire,* den die Beleidigungen der Naturalisten nicht wanken machten, beharrte bei seiner Meinung. Im übrigen darf man nicht glauben, daß die naturgeschichtlichen Wahrheiten, die M. de *Voltaire* in diesem Werk bekämpft hat, zu der Zeit, als er sich mit diesen Dingen beschäftigte, genauso bewiesen waren wie heutzutage.

Fossile Muscheln wurden allen Ernstes als Beweise für die Sintflut ausgegeben. Diejenigen, die weniger theologisch dachten, verwendeten sie als Grundlage für unwahrscheinliche Systeme, die von den Tatsachen in Frage gestellt wurden oder den Gesetzen der Mechanik zuwiderliefen. Seit und vor *Thales* war die Entstehung eines Universums, von dem kaum ein kleiner Teil bekannt war, auf tausend verschiedene Arten erklärt worden.

Bacon, Newton, Galilei und *Boyle*, die uns von der Leidenschaft für Systeme in der Physik geheilt haben, haben diese in der Naturgeschichte nicht vermindert. Die Menschen werden nur schwer auf das Vergnügen verzichten, eine Welt zu schaffen. Dazu genügen Einbildung und eine vage Kenntnis der Erscheinungen, die erklärt werden sollen. Genaue und schwierige Arbeiten, wie sie bei Beobachtungen erforderlich sind, lange Berechnungen und tiefgreifende Überlegungen, wie sie die mathematischen Forschungen erfordern, sind überflüssig. Einschränkungen, kleine störende Zweifel, die die Abrundung der wohlgeordneten Sätze verderben, werden verbannt. Und wenn das System Erfolg hat, wenn es sich bei der Menge durchsetzt, wenn man das Glück hat, nur von den wirklich aufgeklärten Menschen vergessen zu werden, hat man viel für seinen Ruhm getan. *Newton* überlebte die Veröffentlichung seines Buches über die Prinzipien der Naturwissenschaft um vierzig Jahre. Als *Newton* starb hatte er außerhalb Englands keine zwanzig Anhänger. Für das restliche Europa war er nur ein großer Geometer. Ein absurdes, aber imposantes System hat fast ebenso viele Anhänger wie Leser. Müßiggänger glauben gern und schätzen wohlformulierte Ergebnisse. Zweifel, Vorbehalte ermüden sie, Gelehrsamkeit erfüllt sie mit Widerwillen. Was! Mehrere Jahre fleißiger Arbeit sind erforderlich, um in der Lage zu sein, zweihundert Seiten Algebra zu verstehen, die nur darüber Auskunft geben, wie sich die Erdachse im Himmel bewegt, während man auf fünfzig bequem zu lesenden Seiten mühelos in Erfahrung bringen kann, wann und wie Erde, Planeten, Kometen usw. usw. entstanden sind.

M. de *Voltaire* hat die Manie der Systeme angegriffen und damit den Wissenschaften einen großen Dienst erwiesen. Dieser Systemgeist schadet ihrem Fortschritt, indem er der Jugend falsche Wege weist, auf denen sie sich verirrt, indem er den wirklichen Gelehrten einen Teil ihres Ruhms nimmt, der nützlichen und soliden Arbeiten vorbehalten bleiben muß. Behaupten zu wollen, daß er den Sinn für die Wissenschaften entwickelt habe, hieße zu sagen, daß "Die Prinzessin von Kleve"[9] und die Anekdoten vom Hofe *Philipp-Augusts* das Studium der Geschichte ermutigt hätten, hieße Kenntnisse in den Wissenschaften mit der Gewohnheit zu verwechseln, wissenschaftliche Worte auszusprechen, Liebe zur Wahrheit mit Hang für Fabeln und Sinn für Bildung mit der Eitelkeit, gebildet zu erscheinen. Diese Manie der Systeme schadet dem Fortschritt der Vernunft ganz allgemein, die sie korrumpiert, indem sie die Menschen lehrt, sich mit Worten zufrieden zu geben, Hypothesen für Entdeckungen zu nehmen, Phrasen für Beweise und Träume für Wahrheiten.

Die Werke, in denen sich M. de *Voltaire* gegen diese Philosophie wendet, sind also, trotz einiger Irrtümer, nützlich. Denn einzelne Fehler sind wenig gefährlich, unheilvoll sind nur die falschen Methoden.

Zueignungsschrift Voltaires an Madame Marquise du Châtelet aus der Ausgabe von 1745

Madame!
Als ich zum ersten Mal Ihren achtbaren Namen diesen Elementen der Philosophie voransetzte, bildete ich mich mit Ihnen. Seitdem haben Sie jedoch einen solchen Höhenflug genommen, daß ich Ihnen nicht mehr folgen kann. Ich befinde mich gegenwärtig im Fall eines Sprachlehrers, der *Demosthenes* oder *Cicero* einen Aufsatz über Rhetorik vorlegt. Ich biete einfache Elemente derjenigen an, die alle Tiefen der transzendentalen Geometrie durchdrungen hat und die als einzige von uns den großen *Newton* übersetzt und kommentiert hat.

Dieser Philosoph empfing zu seinen Lebzeiten den gesamten Ruhm den er verdiente. Er erregte keinen Neid, denn er konnte keinen Rivalen haben. Die gelehrte Welt hing ihm an. Der Rest bewunderte ihn, ohne den Anspruch zu erheben, ihn zu verstehen. Die Ehre, die Sie ihm heute angedeihen lassen, ist jedoch ohne Zweifel die größte, die ihm jemals zuteil wurde. Ich weiß nicht, wen von Ihnen beiden ich mehr bewundern soll, *Newton*, den Erfinder des Infinitesimalkalküls, der neue Gesetze der Natur entdeckte und der das Licht zerlegte, oder Sie, Madame, die inmitten der mit Ihrem Stand verbundenen Zerstreuungen alles das, was er erfunden hat, so gut besitzen. Diejenigen, die Sie am Hofe sehen, werden Sie gewiß nicht für eine Kommentatorin von Philosophie halten. Und die Gelehrten, die gelehrt genug sind, Sie zu lesen, werden noch weniger vermuten, daß Sie sich zu den Unterhaltungen dieser Welt mit der gleichen Leichtigkeit herablassen, wie Sie sich zu den sublimsten Wahrheiten erheben. Diese Natürlichkeit und diese Einfachheit, die so schätzenswert, aber so selten sind, bewirken zusammen mit Talenten und mit der Wissenschaft, daß man Ihnen Ihr Verdienst zumindest verzeiht. Das ist im allgemeinen alles, was man von den Menschen, mit denen man zusammenlebt, erhoffen kann. Die kleine Anzahl größerer Geister, die sich den gleichen Studien wie Sie gewidmet haben, haben für Sie jedoch die größte Verehrung, und die Nachwelt wird Sie mit Erstaunen betrachten. Ich bin nicht überrascht, daß Persönlichkeiten Ihres Geschlechts ruhmvoll über große Reiche geherrscht haben. Eine Frau mit guten Ratgebern kann wie August regieren. Durch unermüdliche Arbeit in Wahrheiten einzudringen, deren Bewältigung die meisten Männer abschreckt, in seinen Mußestunden das zu vertiefen, was die gebildetsten Philosophen ohne Unterlaß studieren, das war jedoch nur Ihnen, Madame, gegeben und das ist ein Beispiel, das nur sehr wenige Nachahmer finden wird.

Erster Teil

KAPITEL I Über Gott

Gründe, die nicht alle Geister billigen. Gründe der Materialisten.

Newton war zutiefst von der Existenz eines GOTTes überzeugt, und er verstand unter diesem Wort nicht nur ein unendliches, allmächtiges, ewiges und schöpferisches Wesen, sondern einen Meister, der zwischen sich und seine Kreaturen eine Beziehung gesetzt hatte. Denn ohne diese Beziehung ist das Wissen um GOTT nur eine unfruchtbare Vorstellung, die durch Hoffnung auf Straflosigkeit zum Verbrechen auffordert, da jeder Verstandesmensch von Geburt aus böse ist.

Deshalb macht dieser große Philosoph am Schluß seiner Prinzipien eine besondere Bemerkung, nämlich daß nicht gesagt wird: *mein Ewiger*, *mein Unendlicher*, da diese Eigenschaften nichts auf unsere Natur Bezügliches enthalten. Dagegen sagt man und kann man sagen: mein GOTT. Darunter ist dann der Meister und Erhalter unseres Lebens, der Gegenstand unserer Gedanken zu verstehen.[10] Ich erinnere mich, daß in mehreren Gesprächen, die ich 1726 mit Doktor *Clarke* hatte, dieser Philosoph den Namen GOTT immer nur mit einer andächtigen Miene und mit sehr bemerkenswertem Respekt aussprach. Ich gestand ihm den Eindruck, den das auf mich machte, und er sagte mir, daß er diese Angewohnheit, die sich alle Menschen zu eigen machen sollten, unbewußt von *Newton* übernommen habe.

Die gesamte Philosophie *Newtons* führt notwendigerweise zu der Erkenntnis von einem höchsten Wesen, das alles geschaffen, alles frei geordnet hat. Denn wenn die Welt endlich ist, wenn es leeren Raum gibt, ist die Materie also nicht notwendigerweise vorhanden. Sie verdankt ihre Existenz also einer freien Ursache. Wenn die Materie nach einem Punkte hinstrebt, wie das bewiesen ist, scheint sie doch nicht von sich aus zu gravitieren, so wie sie von Natur aus ausgedehnt ist. Sie hat also die Schwerkraft von GOTT erhalten.[1] Wenn sich die Planeten in einer bestimmten Richtung und nicht in einer anderen in einem keine Widerstände entgegenstellenden Raum drehen, hat also die Hand ihres Schöpfers ihren Lauf mit absoluter Freiheit in diese Richtung gelenkt.

Es braucht noch einiges, bis die sogenannten physikalischen Prinzipien *Descartes'* den Geist so zur Erkenntnis seines Schöpfers führen. Verhüte GOTT, daß ich diesen großen Mann mit einer schrecklichen Verleumdung anklage, das höchste geistige Wesen, dem er soviel verdankte und das ihn über fast alle Menschen seines Jahrhunderts erhoben hatte, verkannt zu haben. Ich sage nur, daß der Mißbrauch, den

[1] Diese Beweisführung ist nicht unumstößlich. Es ist möglich, daß die Schwerkraft der Materie innewohnt, wie die Undurchdringlichkeit, obwohl uns diese allgemeine Eigenschaft weniger auffällt und später beobachtet wurde. Die Gleichheit, die zwischen der Ordinate einer Parabel und ihrer Fläche gilt, ist dieser Kurve ebenso wesenhaft wie ihre Beziehung mit der Subtangente, obwohl die Parabel und diese zweite Eigenschaft lange bekannt waren, bevor die erste bekannt wurde.

er manchmal mit seinem Geist getrieben hat, seine Anhänger zu Abgründen geführt hat, von denen der Meister weit entfernt war. Ich sage, daß das cartesianische System das des *Spinoza* hervorgebracht hat. Ich sage, daß ich viele Menschen gekannt habe, die der Cartesianismus dazu gebracht hat, keinen anderen GOTT als die Unermeßlichkeit der Dinge anzunehmen und daß ich dagegen keinen Newtonianer gesehen habe, der nicht im strengsten Sinne Theist gewesen wäre.

Sobald man mit *Descartes* davon überzeugt ist, daß die Welt unmöglich endlich sein kann und daß die Bewegung immer die gleiche Größe hat, sobald man zu sagen wagt: "Gebt mir Bewegung und Materie und ich mache eine Welt", scheinen diese Ideen eingestandenermaßen durch zu gesetzmäßige Folgen die Idee von einem einzigen unendlichen Wesen, dem einzigen Schöpfer der Bewegung, dem einzigen Schöpfer der Ordnung der Substanzen, auszuschließen.

Mehrere Leute werden sich hier vielleicht wundern, daß von allen Beweisen für die Existenz eines GOTTes derjenige des Endzwecks in den Augen *Newtons* der stärkste war. Die Absicht oder besser die ins Unendliche variierten Absichten, die sich in den größten und kleinsten Teilen des Universums äußern, sind ein Beweis, der, sofern er sinnlich wahrnehmbar ist, von einigen Philosophen fast geringschätzig behandelt wird. *Newton* dachte jedoch, daß diese unendlichen Beziehungen, die er mehr als ein anderer wahrnahm, das Werk eines unendlich geschickten Meisters sind.[2]

Den großen Beweis, der sich aus der Aufeinanderfolge der Wesen ergibt, mochte er nicht sehr. Gemeinhin wird gesagt, daß man eine zwecklose Generationenfolge annehmen müßte, wenn Menschen, Tiere, Pflanzen und alles, woraus die Erde besteht, ewig wären. Diese Wesen, wird gesagt, hätten keinerlei existentiellen Ursprung, weder einen äußeren, da sie ohne Anfang von Generation auf Generation folgend angenommen werden, noch einen inneren, da keines von ihnen an sich existiert. So wäre alles Wirkung und nichts wäre Ursache.

Er fand, daß dieses Argument nur auf der Doppeldeutigkeit von *Generationen und Wesen beruht, die durcheinander gebildet worden waren.* Denn die Atheisten, die vom vollen Raum ausgehen, antworten, daß es eigentlich keine Generationen gibt, daß es keine erzeugten Wesen gibt, daß es nicht mehrere Substanzen gibt. Das Universum ist ein Ganzes, das notwendigerweise existiert und das sich unaufhörlich entwickelt. Das ist ein und dasselbe Wesen, dessen Eigenart darin besteht, daß es in der Substanz unveränderlich und in seinen Modifikationen ewig verändert ist. So würde das lediglich aus aufeinanderfolgenden Wesen bezogene Argument sicher wenig gegen den Atheisten, der die Pluralität der Wesen verneint, beweisen. []

[2] Dieser Beweis wird von vielen aufgeklärten Theisten als der einzige angesehen, der den menschlichen Verstand nicht übersteigt. Die Schwierigkeit zwischen ihnen und den Atheisten reduziert sich darauf zu erfahren, bis zu welchem Wahrscheinlichkeitsgrad der Beweis erbracht werden kann, daß im Universum eine Ordnung existiert, die darauf hinweist, daß es ein intelligentes Wesen zum Schöpfer hat. M. de *Voltaire* glaubte mit *Fénélon* und *Nicole*, daß diese Wahrscheinlichkeit gleichbedeutend mit Gewißheit ist. Andere finden sie so gering, daß sie glauben, im Zweifel bleiben zu müssen. Wieder andere schließlich haben geglaubt, daß diese Wahrscheinlichkeit für eine blinde Ursache spricht. Diejenigen, die sich von diesen Widersprüchen betrüben lassen, sollten sich damit trösten, daß alle diese Philosophen in der gleichen Moral übereinstimmen und gleicherweise bezeugen, daß der Mensch sein Glück nur in der strengen Ausübung seiner Pflichten finden kann.

[Die Atheisten berufen sich auf solche alten Axiome, wie: Aus Nichts wird nichts, eine Substanz kann keine andere erzeugen, alles ist ewig und notwendig.

Die Materie ist notwendig, sagen sie, da sie existiert. Die Bewegung ist notwendig und nichts ist in Ruhe. Und die Bewegung ist so notwendig, daß lebendige Kräfte in der Natur nie verlorengehen.

Das was heute ist, war gestern, also auch vorgestern und so unaufhörlich zurück. Es gibt niemanden, der mutig genug ist zu sagen, daß die Dinge zu nichts zurückführen. Wie kann man mutig genug sein zu sagen, daß sie von nichts kommen?

Das ganze Buch von *Clarke* wäre erforderlich,[11] um auf diese Einwände zu antworten.]

Mit einem Wort, ich weiß nicht, ob es einen schlagenderen metaphysischen Beweis gibt, der deutlicher zum Menschen spricht als diese in der Welt herrschende wunderbare Ordnung und ob es jemals ein schöneres Argument gegeben hat als diesen Vers: *Coeli enarrant gloriam Dei.* Sie sehen also, daß *Newton* nach seiner Optik und seinen Prinzipien zu keinem anderen Ergebnis kommt. [] Er fand keine überzeugendere und schönere Beweisführung zugunsten GOTTes als die *Platons*, der einen seiner Gesprächspartner sagen läßt: Sie sind der Meinung, daß ich eine intelligente Seele habe, da sie in meinen Worten und Handlungen Ordnung wahrnehmen; nehmen Sie, wenn Sie die Ordnung dieser Welt sehen, also auch an, daß es eine allintelligente Seele gibt.

[Wenn bewiesen ist, daß es ein ewiges, unendliches, allmächtiges Wesen gibt, ist damit nicht gleichzeitig bewiesen, daß dieses Wesen in dem Sinn, den wir diesem Begriff geben, unendlich wohltätig ist.

Das ist die große Zuflucht des Atheisten. Wenn ich einen GOTT annehme, sagt er, muß dieser GOTT die Güte selbst sein. Der, der mich geschaffen hat, schuldet mir auch Wohlbefinden. Ich sehe aber in der menschlichen Gattung nur Unordnung und Not. Die Notwendigkeit einer ewigen Materie widerstrebt mir weniger als ein Schöpfer, der seine Kreaturen so schlecht behandelt. Man kann, so fährt er weiter fort, meine berechtigten Klagen und meine schrecklichen Zweifel nicht beheben, indem man mir sagt, daß ein aus einem Körper und einer Seele gebildeter erster Mensch den Schöpfer erzürnt hat und daß die menschliche Gattung die Strafe dafür trägt. Denn erstens, wenn unsere Körper auch von diesem ersten Menschen kommen, so kommen unsere Seelen doch keineswegs daher. Und wenn sie trotzdem daher kommen könnten, so schiene die Strafe des Vaters an allen seinen Kindern die schrecklichste aller Ungerechtigkeiten zu sein. Zweitens scheint es offenbar zu sein, daß die Amerikaner und die Völker der alten Welt, die Neger und die Lappen keineswegs vom gleichen Menschen abstammen. Die innere Beschaffenheit der Neger ist dafür ein greifbarer Beweis. Keine Begründung kann also das Murren beschwichtigen, das sich in meinem Herzen bei den Übeln erhebt, mit denen diese Welt überschwemmt ist. Ich bin also gezwungen, die Idee von einem höchsten Wesen, von einem Schöpfer, den ich als unendlich gut begreifen würde und der unendliche Übel geschaffen hätte, zu verwerfen. Ich ziehe es vor, die Notwendigkeit der Materie und der Generationen und des ewigen Wechsels anzunehmen als einen GOTT, der freiwillig Unglückliche geschaffen hätte.

Diesem Atheisten wird geantwortet: Das Wort "gut" oder "Wohlbefinden" ist nicht eindeutig. Das, was bezogen auf Sie, schlecht ist, ist in der allgemeinen Ordnung gut. Die Idee von einem unendlichen, allmächtigen, allintelligenten und allgegenwärtigen

Wesen läuft Ihrer Vernunft nicht zuwider. Werden Sie einen GOTT verneinen, weil Sie einen Fieberanfall haben werden? Er schuldet Ihnen Wohlbefinden, sagen Sie. Welchen Grund haben Sie, so zu denken? Warum sollte er Ihnen dieses Wohlbefinden schulden, welchen Vertrag hätte er mit Ihnen geschlossen? Sie brauchen also nur immer im Leben glücklich zu sein, um einen GOTT anzuerkennen? Sie, der in nichts vollkommen sein kann, warum beanspruchen Sie, vollkommen glücklich zu sein? Ich nehme einmal an, daß Sie bei einem kontinuierlichen Glück von einhundert Jahren einmal Kopfschmerzen hatten. Wird Sie dieser Leidensmoment einen Schöpfer verneinen lassen? Es gibt keinen Anschein dafür. Wenn eine Viertelstunde Leiden Sie nicht aufhalten, warum dann zwei Stunden, warum ein Tag, warum lassen die Qualen von einem Jahr Sie die Idee von einem höchsten und universellen Schöpfer verwerfen?

Es ist bewiesen, daß es mehr Gutes als Böses in dieser Welt gibt, denn nur wenige Menschen wünschen den Tod. Sie haben also kein Recht, Klage im Namen der menschlichen Gattung zu führen, und noch weniger ein Recht, unter dem Vorwand, daß einige seiner Untertanen unglücklich seien, Ihrem Herrscher abtrünnig zu werden.

Es wird gerne gesagt, daß es Spaß macht zu klagen. Es macht jedoch größeren Spaß zu leben. Man gefällt sich darin, nur das Schlechte zu sehen und dieses zu übertreiben. Betrachten Sie die Geschichte, wird gesagt. Das ist nur ein Gewebe von Verbrechen und Unglücken. Einverstanden, die Geschichte ist jedoch nur das Abbild der großen Ereignisse. In der Erinnerung bleiben nur die Unwetter. Zeiten der Ruhe werden überhaupt nicht beachtet. Es wird nicht bedacht, daß es seit einhundert Jahren keinen Aufruhr in Peking, in Rom, in Venedig, in Paris, in London gegeben hat, daß es in allen großen Städten im allgemeinen mehr ruhige als stürmische Jahre gibt, daß es mehr unschuldige und heitere Tage als Tage gibt, die von großen Verbrechen und schweren Mißgeschicken geprägt sind.

Wenn Sie die Zusammenhänge untersucht haben, die in den Triebfedern eines Tieres enthalten sind, und die Zwecke, die sich allseits in der Art und Weise äußern, wie dieses Tier das Leben erhält, es fortführt und es weitergibt, erkennen Sie mühelos diesen unübertrefflichen Meister. Ändern Sie Ihre Meinung, weil Wölfe Schafe fressen und Spinnen Fliegen? Im Gegenteil, sehen Sie nicht, daß diese immer wieder aufgefressenen und immer wieder neu gezeugten fortdauernden Generationen zum Plan des Universums gehören? Ich sehe hier Geschick und Macht, antworten Sie, und ich sehe hier keinerlei Güte. Aber wie denn! Wenn Sie Tiere aufziehen, denen Sie den Hals abschneiden, wollen Sie doch auch nicht, daß man Sie als *schlecht* bezeichnet. Und Sie klagen den Meister aller Tiere, der sie gemacht hat, damit sie zu ihrer Zeit gefressen werden, der Grausamkeit an? Und schließlich sind denn, wenn Sie die ganze Ewigkeit lang glücklich sein können, einige Schmerzen in diesem vorübergehenden Moment, den man das Leben nennt, nicht der Mühe wert, daß man darüber spricht? Und wenn diese Ewigkeit nicht Ihr Teil ist, begnügen Sie sich mit dem Leben, weil Sie es lieben.

Sie finden nicht, daß der Schöpfer *gut* ist, weil es Böses auf der Erde gibt. Wäre jedoch die Notwendigkeit, die an die Stelle eines höchsten Wesens treten würde, etwas Besseres? In dem System, das einen GOTT annimmt, hat man nur Schwierigkeiten zu überwinden. In allen anderen Systemen hat man Absurditäten zu verdauen.

Die Philosophie zeigt uns, daß es einen GOTT gibt. Sie ist jedoch ohnmächtig uns zu lehren, was er ist, was er tut, wie und warum er es tut, ob er in der Zeit ist, ob er im Raum ist, ob er einmal geherrscht hat oder ob er immer tätig ist und ob er in der Materie ist oder ob er da nicht ist usw. usw. Man müßte er selbst sein, um das zu wissen.]

KAPITEL II Vom Raum und von der Zeit als Eigenschaften Gottes

Leibnizsche Ansicht. Ansicht und Gründe Newtons. Unmöglichkeit der unendlichen Materie. Epikur mußte einen schöpferischen und regierenden Gott annehmen. Eigenschaften des reinen Raums und der Zeit.

Newton betrachtet den Raum und die Zeit als zwei Wesen, deren Existenz notwendigerweise von GOTT selbst folgt. Denn das unendliche Wesen ist an jedem Ort, also existiert jeder Ort. Das ewige Wesen währt die ganze Ewigkeit, also ist eine ewige Dauer real.

Newton sagt am Schluß seiner Fragen zur Optik: "Zeigen diese Naturerscheinungen nicht, daß es ein körperloses, lebendiges, intelligentes, allgegenwärtiges Wesen gibt, das im unendlichen Raum wie in seinem Sensorium alles auf das innigste und vollkommenste sieht, unterscheidet und versteht?"[12]

Der berühmte Philosoph *Leibniz*, der zuvor mit *Newton* die Realität des reinen Raums und der Zeit erkannt hatte, aber dann seit langem nicht mehr einer Meinung mit *Newton* war und der sich in Deutschland an die Spitze einer entgegengesetzten Schule gestellt hatte, griff diese Ausdrücke des englischen Philosophen in einem Brief an, den er 1715 der hochseligen verstorbenen englischen Königin, der Gattin von *George II.*, sandte.[13] Diese für einen Umgang mit *Leibniz* und *Newton* würdige Prinzessin leitete einen brieflich geregelten Disput zwischen den beiden Parteien ein. *Newton* jedoch, der jedem Disput abhold war und mit seiner Zeit geizte, überließ es Doktor *Clarke*, seinem Anhänger in der Physik und zumindest seinesgleichen in der Metaphysik, für ihn in die Schranken zu treten. Der Disput erstreckte sich auf fast alle metaphysischen Ideen *Newtons*. Das ist vielleicht das schönste Denkmal, das wir von literarischen Gefechten haben.[14]

Clarke begann damit, den gewählten Vergleich des *Sensoriums*, dessen sich *Newton* bedient hatte, zu rechtfertigen. Er stellte auf, daß kein Wesen handeln, erkennen oder sehen kann, wo es nicht ist. Der handelnde allsehende GOTT handelt und sieht aber in allen Punkten des Raums, der – in diesem alleinigen Sinne wegen der Unmöglichkeit, sich in einer Sprache auszudrücken, wenn man von GOTT zu sprechen wagt – als sein *Sensorium* betrachtet werden kann.[15] *Leibniz* behauptet, daß der Raum nichts ist, es sei denn die Beziehung, die wir zwischen den gleichzeitig existierenden Wesen wahrnehmen, es sei denn die Ordnung der Körper, ihre Lage, ihre Entfernungen usw. *Clarke* behauptet nach *Newton*, daß sich, wenn der Raum nicht real ist, daraus eine Absurdität ergibt. Denn wenn GOTT Erde, Mond und Sonne als Fixsterne gedacht hätte, würde sich daraus, sofern sich Erde, Mond und Sonne zueinander in der gleichen Ordnung wie der tatsächlichen befinden, ergeben, daß Erde, Mond und Sonne am gleichen Ort wären an dem sie sich heute befinden. Das ist ein Widerspruch in sich.

Nach *Newton* muß von der Zeit wie vom Raum gedacht werden, daß es sich dabei um eine sehr reale Sache handelt. Denn wenn die Zeit nur eine Aufeinanderfolge von Kreaturen wäre, würde sich daraus ergeben, daß das, was heute geschieht, und das, was vor Tausenden von Jahren geschehen ist, in Wirklichkeit im gleichen Augenblick geschehen würde. Auch das ist widersprüchlich. Schließlich, Raum und Zeit sind Größen. Das ist also eine sehr positive Sache.

Es ist gut, das alte Argument zu beachten, dem niemals etwas entgegnet wurde: Daß, wenn ein Mensch an den Grenzen des Universums seinen Arm ausstreckt, dieser Arm im reinen Raum sein muß, da er nicht im Nichts ist. Darauf wird geantwortet, daß er noch in der Materie ist. Die Welt ist in diesem Fall also wirklich unendlich. Die Welt ist also GOTT in diesem Sinne.

Der reine Raum, die Leere existieren also, ebenso wie die Materie und er existiert sogar notwendigerweise, während die Materie nach *Clarke* nur durch den freien Willen des Schöpfers existiert.

Aber, wird gesagt, sie nehmen einen immens unendlichen Raum an; warum nicht auch für die Materie, wie so viele andere Philosophen? *Clarke* antwortet: Der Raum existiert notwendigerweise, weil GOTT notwendigerweise existiert. Er ist unermeßlich. Er ist wie die Zeit eine Bedingtheit, eine unendliche Eigenschaft eines unendlichen notwendigen Wesens. Die Materie ist nichts von alledem, sie existiert nicht notwendigerweise. Wenn diese Substanz unendlich wäre, wäre sie entweder eine wesentliche Eigenschaft GOTTes oder GOTT selbst. Sie ist aber weder das eine noch das andere. Sie ist also nicht unendlich und könnte es auch nicht sein. []

[Man könnte *Clarke* antworten: Die Materie existiert notwendigerweise, ohne daß sie deshalb unendlich, GOTT, sein müßte. Sie existiert, weil sie existiert. Sie ist ewig, weil sie heute existiert. Es ist nicht Aufgabe eines Philosophen, etwas anzunehmen, was er nicht begreifen kann. So können Sie die Materie weder als geschaffen, noch als vernichtet begreifen. Sie kann sehr gut an sich ewig sein und GOTT kann sehr gut an sich die unermeßliche Macht haben, sie zu verändern, aber nicht diejenige, sie aus dem Nichts hervorzubringen, denn ein Wesen aus dem Nichts hervorzubringen, ist ein Widerspruch. Es besteht jedoch keinerlei Widerspruch darin, die Materie für notwendig und ewig und GOTT für notwendig und ewig zu halten. Wenn der Raum notwendigerweise existiert, existiert die Materie ebenso notwendigerweise. Sie müßten also drei Wesen annehmen: Den Raum, dessen Existenz real wäre, selbst wenn es weder Materie, noch GOTT gäbe, die Materie, die, da sie nicht aus dem Nichts geschaffen sein kann, notwendigerweise im Raum ist, und GOTT, ohne den die Materie nicht geordnet und belebt sein könnte.

Newton selbst schien am Ende seiner Optik diesen Schwierigkeiten zuvorzukommen.[16]] Er behauptet, daß der Raum eine notwendige Folge der Existenz GOTTes ist. GOTT ist im eigentlichen Sinne weder im Raum noch an einem Ort, sondern GOTT stellt, da er notwendigerweise überall ist, dadurch den unermeßlichen Raum und den Ort dar. Ebenso ist die Zeit, die ewige Fortdauer, eine unerläßliche Folge der Existenz GOTTes. Er ist weder in der unendlichen Zeit noch in einem Zeitraum, sondern stellt, da er ewig existiert, dadurch Ewigkeit und Zeitraum dar. Das ist *Newtons* Darstellung.[17] Er hat jedoch keineswegs das Problem gelöst. Es scheint, daß er nicht gewagt hat einzuräumen, daß GOTT im Raum ist. Er hat die Streitereien gefürchtet.

Der unermeßliche, ausgedehnte, untrennbare Raum kann in mehreren Abschnitten gedacht werden. Zum Beispiel ist der Raum, in dem sich *Saturn* befindet, nicht der Raum, in dem sich *Jupiter* befindet. Diese gedachten Teile können jedoch nicht getrennt werden. Einer kann nicht an die Stelle des anderen gesetzt werden, so wie ein Körper an die Stelle eines anderen gesetzt werden kann. Ebenso kann die unendliche, untrennbare und ungeteilte Zeit in mehreren Abschnitten begriffen werden, ohne daß jemals ein Zeitabschnitt an die Stelle des anderen gesetzt begriffen werden könnte. Die Wesen existieren in einem bestimmten Abschnitt der Zeit, der als Zeitraum bezeichnet wird und können in jedem anderen Zeitraum existieren. Ein gedachter Teil der Zeit, ein beliebiger Zeitraum, kann jedoch nicht anderswo als da, wo er ist, sein. Die Vergangenheit kann nicht Zukunft sein.

Raum und Zeit sind also nach *Newton* zwei notwendige unveränderliche Eigenschaften des ewigen unermeßlichen Wesens. GOTT allein kann den ganzen Raum kennen. GOTT allein kann die ganze Zeit kennen. Mit Hilfe der ausgedehnten Körper, die wir berühren, messen wir einige uneigentliche Teile des *Raums*. Mit Hilfe der Bewegungen, die wir wahrnehmen, messen wir uneigentliche Teile der *Zeit*.

Wir wollen hier keine Einzelheiten der physikalischen Beweise behandeln, die anderen Kapiteln vorbehalten sind. Es genügt zu bemerken, daß *Newton* in allem, was Raum, Zeit und die Grenzen der Welt betrifft, den alten Ansichten von *Demokrit*, *Epikur* und einer Reihe von Philosophen folgte, die von unserem berühmten *Gassendi* berichtigt worden sind.[18] *Newton* hat mehrmals zu einigen Franzosen, die noch leben, gesagt, daß er *Gassendi* für einen sehr gerechten und sehr klugen Geist hält und daß er es sich zur Ehre anrechnet, in allen Dingen, von denen die Rede war, völlig seiner Meinung zu sein. []

KAPITEL III Von der Freiheit in Gott und dem großen Prinzip des zureichenden Grundes

Die vielleicht zu weit gehenden Prinzipien von Leibniz. Seine verführerischen Schlußfolgerungen. Antwort. Neue Einwürfe gegen das Prinzip der nicht unterscheidbaren Dinge.

Newton war der Meinung, daß GOTT, der so unendlich frei wie unendlich mächtig ist, viele Dinge getan hat, die keinen anderen Existenzgrund als seinen Willen haben. Zum Beispiel ist dafür, daß sich die Planeten von Westen nach Osten und nicht anders bewegen, daß es diese Anzahl von Tieren, Sternen, Welten und nicht eine andere gibt, daß sich das endliche Universum in diesem oder jenem Punkt des Raums befindet usw., der Wille des höchsten Wesens der einzige Grund.

Der berühmte *Leibniz* behauptete das Gegenteil und begründete das mit einem alten, früher von *Archimedes* verwendeten Axiom. *Nichts geschieht ohne Ursache oder ohne zureichenden Grund,* sagte er, und GOTT hat in allem das Beste gemacht, denn wenn er es nicht zum Besten gemacht hätte, hätte er keinen Grund gehabt, es zu machen. Es gibt bei indifferenten Dingen nichts Bestes, sagten jedoch die Newtonianer. Es gibt keine indifferenten Dinge, antworten darauf die Anhänger von *Leibniz*. Ihre Idee führt zum absoluten Fatum, sagte *Clarke*. Sie machen aus GOTT ein Wesen, das aus Notwendigkeit handelt, und demzufolge ein rein passives Wesen. Das ist nicht mehr GOTT. Ihr GOTT, antwortete *Leibniz*, ist ein launischer Arbeiter, der sich ohne zureichenden Grund entschließt. Der Wille GOTTes ist der Grund, antworteten die Engländer. *Leibniz* insistierte und führte sehr harte Angriffe in dieser Art.

Wir kennen keine zwei völlig gleichen Körper in der Natur, und das kann auch nicht sein. Denn wenn sie gleich wären, würde das erstens beim allmächtigen und allfruchtbaren GOTT einen Mangel an Fruchtbarkeit und Vermögen bedeuten. Zweitens gäbe es keinerlei Grund dafür, weshalb sich der eine und nicht der andere an diesem Ort befindet.

Die Newtonianer antworteten: Erstens ist es falsch, daß mehrere gleiche Wesen Unfruchtbarkeit im Vermögen des Schöpfers kennzeichnen. Denn wenn die Elemente der Dinge absolut gleich sein müssen, um gleiche Wirkungen zu erzeugen, wenn zum Beispiel die Elemente der ewig roten Lichtstrahlen zur Erzeugung dieser roten Strahlen gleich sein müssen, wenn die Elemente des Wassers zur Bildung von Wasser gleich sein müssen, dann ist für mich diese vollkommene Gleichheit, diese Identität, die fern davon ist, der Größe GOTTes zu schaden, eines der schönsten Zeugnisse seiner Macht und seiner Weisheit.

Wenn ich hier wagen dürfte, etwas zu den Argumenten eines *Clarke* und eines *Newton* hinzuzufügen und mir die Freiheit nehmen dürfte, gegen einen *Leibniz* zu disputieren, würde ich sagen, daß es nur ein unendlich mächtiges Wesen gibt, das vollständig gleiche Dinge machen kann. Welche Mühe sich ein Mensch auch gibt, derartige Werke zu vollbringen, es wird ihm niemals gelingen, da sein Blick niemals fein genug ist, die Ungleichheiten der beiden Körper zu unterscheiden. Es muß also bis in die unendliche Kleinheit gesehen werden, wenn alle Teile eines Körpers gleich denen eines anderen gemacht werden sollen. Das ist also einzig und allein die Eigenschaft des unendlichen Wesens.

Zweitens können die Newtonianer noch sagen: Wir bekämpfen *Leibniz* mit seinen eigenen Waffen. Wenn die Elemente der Dinge alle unterschiedlich sind, wenn die ersten Teile eines roten Strahls nicht völlig gleich sind, gibt es keinen zureichenden Grund, weshalb unterschiedliche Teile immer eine unveränderliche Wirkung haben.

Drittens könnten die Newtonianer sagen: Wenn Sie einen zureichenden Grund dafür verlangen, weshalb sich dieses Atom A an einem Ort und dieses völlig gleiche Atom B an einem anderen Ort befindet, so liegt der Grund dafür in der Bewegung, die die Atome verschiebt. Und wenn Sie fragen, welches der Grund für diese Bewegung ist, dann müssen Sie entweder sagen, daß diese Bewegung notwendig ist, oder sie müssen zugeben, daß GOTT sie erteilt hat. Wenn Sie schließlich fragen, weshalb GOTT sie erteilt hat, können Sie einen anderen zureichenden Grund finden als den, daß GOTT diese Bewegung aufgeben mußte, um die Werke auszuführen, die seine Weisheit geplant hatte? Aber warum diese Bewegung nach rechts und nicht nach links, nach Westen und nicht nach Osten, zu diesem Punkt der Zeit und nicht zu einem anderen? Muß hier nicht zum Willen des Schöpfers Zuflucht genommen werden? Oder gibt es eine Freiheit der Indifferenz? Das zu untersuchen wird dem klugen Leser überlassen, der lange Zeit prüfen wird, bevor er ein Urteil fällen kann.

Kapitel IV Von der Freiheit im Menschen

Ausgezeichnetes Werk gegen die Freiheit. So gut, daß Doktor Clarke darauf mit Beleidigungen antwortete. Freiheit der Indifferenz. Freiheit der Spontaneität. Aufhebung der Freiheit als eine durchaus gewöhnliche Sache. Starke Einwände gegen die Freiheit.

Nach *Newton* und *Clarke* hat das unendlich freie Wesen dem Menschen, seiner Kreatur, einen begrenzten Teil dieser Freiheit mitgeteilt. Hier wird unter *Freiheit* nicht das einfache Vermögen verstanden, das Denken diesem oder jenem Gegenstand zuzuwenden und Bewegung zu erteilen. Es wird darunter nicht nur die Fähigkeit zu wollen verstanden, sondern diejenige, sehr frei zu wollen, mit vollem, wirksamem Willen und manchmal sogar ohne anderen Grund als den Willen zu wollen. Es gibt keinen Menschen auf der Erde, der nicht manchmal das Gefühl zu haben glaubt, daß er diese Freiheit besitzt. Mehrere Philosophen sind der entgegengesetzten Meinung. Sie glauben, daß alle unsere Handlungen notwendig sind und daß wir keine andere Freiheit als diejenige haben, manchmal auch gern die Ketten zu tragen, an die uns das Schicksal geschmiedet hat.

Von allen Philosophen, die furchtlos gegen die Freiheit geschrieben haben, hat *Collins*, Justizbeamter in London und Verfasser des Buches "Die Freiheit zu denken" sowie mehrerer anderer ebenso gewagter wie philosophischer Werke, dies unstreitig mit der größten Methode, Kraft und Klarheit getan.

Clarke, der die Ansicht *Newtons* über die Freiheit völlig teilte und der im übrigen deren Ansprüche sowohl als Theologe einer besonderen Sekte als auch als Philosoph unterstützte, antwortete *Collins* heftig und mischte so viel Schärfe in seine Gründe, daß er glauben machte, daß er zumindest die ganze Kraft seines Feindes verspürte. Er wirft ihm vor, alle Ideen zu verwechseln, weil *Collins* den Menschen als *notwendigen wirkenden* Teil bezeichnet. *Clarke* sagt, daß der Mensch in diesem Fall keineswegs wirkender Teil ist. Aber wer könnte übersehen, daß es sich hier wirklich um reine Wortklauberei handelt? *Collins* bezeichnet als *notwendigen wirkenden* Teil alles das, was notwendige Wirkungen erzeugt. Aber kommt es denn darauf an, ob man das als *wirkend* oder *leidend* bezeichnet? Wichtig ist doch zu wissen, ob es notwendig bestimmt ist.

Es scheint, daß die Frage nur entschieden werden kann, wenn sich ein einziger Fall finden läßt, in dem der Mensch wirklich frei von einer Freiheit der Indifferenz ist. Welchen Fall sollten wir dafür nehmen, wenn nicht den, in dem unsere Freiheit erprobt wird? Zum Beispiel schlägt man mir vor, mich nach rechts oder nach links zu drehen, oder diese oder jene Handlung zu begehen, zu der mich nichts treibt oder von der mich nichts abhält. Ich wähle also und folge nicht der *Mahnung* meines Verstandes, der mir das Bessere bezeichnet; denn hier gibt es nichts Besseres und nichts Schlechteres. Was tue ich also? Ich übe das Recht aus, das mir der Schöpfer gegeben hat, in bestimmten Fällen ohne einen anderen Grund als meinen Willen zu wollen und zu handeln. Ich habe das Recht und die Macht, die Bewegung zu erteilen, und zwar von der Seite aus, von der ich es will. Wenn man in diesem Fall keine andere Ursache meines Willens feststellen kann, warum sollte man sie dann anderswo als in meinem Willen selbst suchen? Es scheint also wahrscheinlich zu sein, daß wir die Freiheit der Indifferenz in indifferenten Dingen haben. Denn wer kann sagen, daß GOTT uns nicht gemacht hat oder uns nicht diese Gegenwart machen konnte? Und wenn er konnte und wenn wir in uns diese Macht fühlen, wie sollte gesichert werden, daß wir sie nicht haben?

Man behandelt diese Freiheit der Indifferenz als Hirngespinst. Es wird gesagt, daß nur Wahnsinnige die Eigenschaft haben, sich ohne Grund zu entscheiden. Es wird jedoch nicht bedacht, daß Wahnsinnige Kranke sind, die keine Freiheit haben. Sie werden notwendigerweise durch das Gebrechen ihrer Organe bestimmt. Sie sind nicht Meister ihrer selbst, sie wählen nicht. Frei ist, wer sich selbst entscheidet. Warum entscheiden wir uns nun nicht in indifferenten Dingen allein durch unseren Willen?

In allen anderen Fällen besitzen wir die als Freiheit der *Spontaneität* bezeichnete Freiheit, das heißt daß unser Wille, wenn wir Beweggründe haben, durch diese bestimmt wird. Diese Beweggründe sind immer das letzte Ergebnis des Verstandes oder des Instinkts. Wenn mein Verstand es mir so vorstellt, daß es für mich besser ist, dem Gesetz zu gehorchen als es zu verletzen, gehorche ich dem Gesetz mit einer spontanen Freiheit. Ich tue freiwillig das, was mich die letzte Mahnung meines Verstandes zwingt zu tun. Diese Art Freiheit ist nie besser fühlbar als wenn unser Wille unsere Wünsche bekämpft. Ich habe eine heftige Leidenschaft. Mein Verstand schlußfolgert jedoch, daß ich dieser Leidenschaft widerstehen muß. Er stellt mir einen größeren Gewinn vor, wenn ich meine Neigung besiege als wenn ich mich ihr unterwerfe. Dieser letzte Beweggrund gewinnt die Oberhand, und ich bekämpfe meinen Wunsch durch meinen Willen. Ich gehorche notwendigerweise, aber aus freiem Antrieb, diesem Befehl meines Verstandes. Ich tue nicht das, was ich wünsche, sondern das, was ich will. In diesem Fall bin ich frei von jeder Freiheit, für die mich ein solcher Umstand empfänglich machen kann.

Schließlich bin ich in keinem Sinne frei, wenn meine Leidenschaft zu stark und mein Verstand zu schwach ist oder wenn meine Organe gestört sind, wie das leider bei den Menschen sehr oft der Fall ist. So scheint es mir, daß die spontane Freiheit für die Seele das ist, was die Gesundheit für den Körper. Manche Menschen haben sie ganz und auf Dauer, mehrere verlieren sie oft, andere sind ihr ganzes Leben lang krank. Ich sehe, daß alle anderen Gaben des Menschen den nämlichen Ungleichheiten unterliegen. Die Fähigkeit zu sehen, zu hören, die Kraft, die Gabe zu denken sind manchmal stärker, manchmal schwächer ausgeprägt. Unsere Freiheit ist wie der Rest begrenzt, veränderlich, mit einem Wort keine große Angelegenheit, weil auch der Mensch keine große Angelegenheit ist.

Die Schwierigkeit, die Freiheit unserer Handlungen mit dem ewigen Vorherwissen GOTTes in Übereinstimmung zu bringen, war für *Newton* kein Hemmnis, weil er dieses Labyrinth nicht betrat. Nachdem die Freiheit einmal festgestellt ist, ist es nicht unsere Sache zu bestimmen, wie GOTT vorhersieht, was wir frei tun werden. Wir wissen nicht, wie GOTT augenblicklich sieht was geschieht. Wir haben keinerlei Vorstellung, von seiner Art zu sehen. Weshalb sollten wir wissen, wie er vorhersieht? Alle seine Eigenschaften müssen uns ebenfalls unverständlich sein.

[Es muß eingeräumt werden, daß sich gegen diese Idee der Freiheit Einwände erheben, die erschrecken. Zunächst zeigt sich, daß diese Freiheit der Indifferenz ein wertloses Geschenk wäre, wenn sie sich nur darauf beschränken würde, nach rechts oder nach links zu spucken oder gerade oder ungerade zu wählen. Wichtig ist, daß *Cartouche* und *Schah Nadir* die Freiheit haben, kein menschliches Blut zu vergießen. Es ist wenig wichtig, ob *Cartouche* und *Schah Nadir* die Freiheit haben, den linken Fuß oder den rechten Fuß voranzusetzen. Schließlich ergibt sich, daß diese Freiheit der Indifferenz unmöglich ist, denn wie soll man sich ohne Grund entscheiden? Du willst, aber warum willst Du? Man schlägt Dir gerade oder nicht vor, Du wählst gerade und siehst keinen Beweggrund dafür. Dein Beweggrund ist jedoch, daß Dir "gerade" in dem Augenblick, in dem Du wählen mußt, in den Sinn kommt.

Alles hat seine Ursache. Auch Dein Wille hat also eine. Man kann also nur entsprechend der letzten Idee, die man erhalten hat, wollen. Niemand kann wissen, welche Idee er in einem Augenblick haben wird. Niemand ist also Herr seiner Ideen. Niemand ist also Herr seines Wollens und seines Nichtwollens. Wenn man der Herr wäre, könnte man das Gegenteil dessen tun, was GOTT in der Verkettung der Dinge dieser Welt angeordnet hat. So könnte und würde jeder Mensch in jedem Augenblick die ewige Ordnung verändern.

Das ist also der Grund, weshalb der weise *Locke* den Namen *Freiheit* nicht auszusprechen gewagt hat. Ein freier Wille scheint ihm nur eine Wahnidee zu sein. Er kennt keine andere Freiheit als das Vermögen, das zu tun, was man will. Der Gichtkranke hat nicht die Freiheit zu laufen. Der Gefangene hat nicht die Freiheit, nach draußen zu gehen. Der eine ist frei, wenn er geheilt ist, der andere, wenn ihm die Tür geöffnet wird.

Um diese ungeheuren Schwierigkeiten in einen größeren Rahmen zu stellen, nehme ich an, daß *Cicero Catilina* beweisen will, daß er nicht gegen sein Vaterland konspirieren darf. *Catilina* sagt ihm, daß er der Sache nicht mächtig ist, daß sich bei seinen letzten Unterredungen mit *Cethegus* in seinem Kopf die Idee von der Konspiration festgesetzt hat, daß ihm diese Idee mehr als irgendeine andere gefällt und daß man nur entsprechend seiner letzten Meinung wollen kann. Sie könnten aber, sagt *Cicero*, mit mir zu anderen Ideen gelangen. Benutzen Sie Ihren Verstand, mir zuzuhören und festzustellen, daß Sie ein guter Bürger sein müssen. Da hilft nichts, antwortet *Catilina*, Ihre Ideen reizen mich zur Empörung, und das Verlangen, Sie zu ermorden, gewinnt die Oberhand. Ich beklage Ihren Wahnsinn, sagt ihm *Cicero*, versuchen Sie, von meinen Heilmitteln zu nehmen. Wenn ich wahnsinnig bin, sagt *Catilina*, steht es nicht in meiner Macht, eine Heilung zu versuchen. Aber, antwortet ihm der Konsul, die Menschen haben einen Grundbestand an Vernunft, den sie konsultieren können und der bei dieser Krankheit der Organe, die aus Ihnen einen Gottlosen macht, Abhilfe leisten kann, vor allem wenn diese Krankheit nicht zu schwer ist. Geben Sie mir, antwortet *Catilina*, den Punkt an, an dem diese Krankheit dem Heilmittel nachgibt. Ich für meinen Teil gestehe, daß mich vom ersten Moment an, an dem ich konspiriert habe, alle meine Überlegungen zur Verschwörung getrieben haben. Wann haben Sie begonnen, diese unheilvolle Entscheidung zu treffen, fragte ihn der Konsul? Als ich mein Geld im Spiel verlor. Aber konnten Sie denn nicht aufhören zu spielen? Nein, denn diese Idee zu spielen, hatte an diesem Tag in mir die Oberhand über alle anderen

Ideen. Und wenn ich nicht gespielt hätte, hätte ich die Ordnung des Universums gestört, die wollte, daß *Quartille* mir vierhunderttausend Sesterzen abgewann, daß sie davon ein Haus und einen Geliebten kaufte, daß mit diesem Geliebten ein Sohn gezeugt würde, daß *Cethegus* und *Lentulus* zu mir kommen und wir gegen die Republik konspirieren würden. Das Schicksal hat aus mir einen Wolf und aus Ihnen einen Schäferhund gemacht. Das Schicksal wird entscheiden, wer von den beiden dem anderen den Hals abschneiden wird. Darauf würde *Cicero* nur mit einer katilinarischen Rede geantwortet haben. In der Tat muß zugegeben werden, daß kaum anders als mit vager Beredsamkeit auf die Einwände gegen die Freiheit geantwortet werden kann. Welch trauriger Gegenstand, an den der Klügere zu denken zu wagen fürchten sollte.

Eine einzige Überlegung tröstet: Zu welchem System man sich auch bekennt, an welches Verhängnis man alle unsere Handlungen auch gebunden glaubt, man wird immer so handeln, als ob man frei wäre.]

KAPITEL V

Zweifel an der sogegnannten Freiheit der Indifferenz

[1. Pflanzen sind organisierte Wesen, in denen alles notwendigerweise erfolgt. Einige Pflanzen gehören zum Tierreich und sind tatsächlich an die Erde gebundene Tiere.

2. Haben diese Pflanzentiere, die Wurzeln, Blätter und Gefühl haben, eine Freiheit? Es gibt keine große Wahrscheinlichkeit dafür.

3. Haben die Tiere nicht Gefühl, Instinkt, einen Anfang von Vernunft, ein Maß von Ideen und Gedächtnis? Was ist das, der Instinkt? Ist er nicht eine der heimlichen Triebfedern, die wir niemals kennenlernen werden? Es ist nichts in Erfahrung zu bringen denn durch Analyse oder eine Verfolgung dessen, was man die ersten Prinzipien nennt. Durch welche Analyse oder welche Synthese können wir nun die Besonderheit des Instinkts erfahren? Wir sehen nur, daß dieser Instinkt immer von Ideen begleitet ist. Eine Seidenraupe nimmt das Blatt wahr, das sie ernährt, das Rebhuhn die Raupe, die es sucht und verschluckt, der Fuchs das Rebhuhn, das er frißt, der Wolf den Fuchs, den er verschlingt. Es ist nicht wahrscheinlich, daß diese Wesen das besitzen, was als *Freiheit* bezeichnet wird. Man kann also Ideen haben, ohne frei zu sein.

4. Die Menschen empfangen und verbinden Ideen im Schlaf. Man kann nicht sagen, daß sie dabei frei sind. Ist das nicht ein neuer Beweis dafür, daß man Ideen haben kann, ohne frei zu sein?

5. Der Mensch hat gegenüber den Tieren die Gabe eines umfassenderen Gedächtnisses. Dieses Gedächtnis ist die einzige Quelle aller Gedanken. Könnte diese den Tieren und den Menschen gemeinsame Quelle die Freiheit erzeugen? Sind überlegte Ideen in einem Gehirn absolut anderer Natur als unüberlegte Ideen in einem anderen Gehirn?

6. Werden die Menschen nicht immer durch ihren Instinkt bestimmt? Und liegt es nicht am Verstand, daß sie niemals den Charakter ändern? Ist der Instinkt nicht das, was als *Naturell* bezeichnet wird?

7. Welcher Mensch würde, wenn er frei wäre, sein Naturell nicht ändern? Aber hat es je auf der Erde einen Menschen gegeben, der auch nur eine Neigung dazu entwickelt hätte? Gab es je einen Menschen, der mit einer Abneigung gegen das Tanzen geboren wurde und der eine Neigung für das Tanzen entwickelt hätte, einen häuslichen, faulen Menschen, der die Bewegung gesucht hätte? Und verringern Alter und Speisen nicht die Leidenschaften, die der Verstand beherrscht zu haben glaubt?

8. Ist der Wille nicht immer die Folge der letzten Ideen, die man erhalten hat? Wenn diese Ideen notwendig sind, ist es dann der Wille nicht auch?

9. Ist die Freiheit eine andere Sache als die Fähigkeit zu handeln oder nicht zu handeln? Hat *Locke* nicht recht, wenn er Freiheit als *Vermögen* bezeichnet?

10. Der Wolf nimmt einige auf einem Feld weidende Schafe wahr. Sein Instinkt veranlaßt ihn, sie zu verschlingen. Die Hunde hindern ihn daran. Ein Eroberer nimmt eine Provinz wahr, die ihn sein Instinkt veranlaßt zu erobern. Er findet Festungen und Armeen vor, die ihm den Vormarsch verwehren. Gibt es einen großen Unterschied zwischen diesem Wolf und diesem Fürsten?

11. Scheint dieses Universum nicht in allen seinen Teilen nicht unveränderlichen Gesetzen zu unterliegen? Ist es nicht klar, daß ein Mensch, der seinen Willen nach seinem Wunsch lenken könnte, diese unveränderlichen Gesetze stören könnte?

12. Durch welches Privileg wäre der Mensch nicht der gleichen Notwendigkeit wie die Gestirne, die Tiere, die Pflanzen und der gesamte Rest der Natur unterworfen?

13. Ist es richtig zu sagen, daß im System dieses universellen Verhängnisses Strafen und Belohnungen unnütz und absurd wären? Ergibt sich der unnütze und absurde Charakter der Strafen nicht viel deutlicher im System der Freiheit? Wenn ein Straßenräuber einen freien Willen hat, der sich ausschließlich aus sich selbst bestimmt, kann ihn die Furcht vor peinlicher Strafe sehr wohl nicht bestimmen, auf die Räuberei zu verzichten. Wenn jedoch nur die physischen Ursachen wirken, wenn die Vorstellung von Galgen und Rad den notwendigen starken Eindruck macht, bessert er notwendigerweise den Bösewicht, den Zeugen der peinlichen Bestrafung eines anderen Bösewichts.

14. Müßte man, um zu wissen, ob die Seele frei ist, nicht wissen, was die Seele ist? Gibt es einen Menschen, der sich rühmen kann, daß ihm nur sein Verstand die Geistigkeit und die Unsterblichkeit dieser Seele beweist? Fast alle Physiker stimmen darin überein, daß sich der Ursprung des Bewußtseins an der Stelle befindet, an der sich die Nerven im Gehirn vereinigen. Diese Stelle ist jedoch kein mathematischer Punkt. Der Ursprung jedes Nervs ist ausgedehnt. Dort befindet sich eine Hammerglocke, an der die fünf Organe unserer Sinne anschlagen. Welcher Mensch könnte begreifen, daß diese Glocke völlig bedeutungslos wäre? Sind wir nicht Automaten, die dazu geboren sind, immer zu wollen, manchmal das zu tun, was wir wollen und manchmal das Gegenteil davon? Von den Sternen bis zum Mittelpunkt der Erde ist uns außerhalb und innerhalb unserer selbst jede Substanz unbekannt. Wir sehen nur äußere Erscheinungen. Wir leben in einem Traum.

15. Ob man in diesem Traum den Willen als frei oder gefangen, oder den organisierten Schlamm, aus dem wir gebildet wurden, mit einer unsterblichen oder vergänglichen Eigenschaft versehen glaubt, ob man wie *Epikur* oder *Sokrates* denkt, die Räder, die den Mechanismus des Universums drehen, sind immer die gleichen.[3]]

[3] Unabhängig von der Partei, die man in dieser dornigen Frage ergreift, kann man nicht umhin zuzugeben, daß dem Menschen bei den Handlungen, die man als frei bezeichnet, die Gründe, die ihn zur Handlung veranlassen, bewußt sind. Er kann also erkennen, welche Handlungen der Gerechtigkeit und dem allgemeinen Interesse der Menschen entsprechen sowie die Beweggründe, die er haben kann, diese Handlungen zu begehen und jene, die dem entgegengesetzt sind, zu vermeiden. Diese Beweggründe beeinflussen ihn: Es gibt also eine Moral. Die Hoffnung auf Belohnung, die Furcht vor Strafe zählen zu diesen Gründen. Diese Gefühle können also nützlich sein. Strafen und Belohnungen können also gerecht sein. Wenn er einem unrechten Beweggrund nachgegeben hat, wird er sich ärgern, wenn dieser Beweggrund nicht mehr mit der gleichen Kraft weiterwirkt. Er wird also bereuen, er wird Gewissensbisse haben. Durch seine Erfahrung gewarnt, wird er glauben, daß dieser Beweggrund nicht die Kraft haben wird, ihn ein weiteres Mal zu beeinflussen. Er wird sich also versprechen, nicht wieder zu fallen. Welches System, einschließlich des absolutesten Fatalismus, man für die Freiheit auch wählen mag, die moralischen Konsequenzen sind also die gleichen. Nach dem Fatalismus wäre es also jedem Menschen vorherbestimmt, alle die Handlungen zu begehen, die er begangen hat. Wenn er sich entscheidet, weiß er jedoch nicht, für welche der beiden Handlungen, die er sich vorstellt, er sich entscheiden muß. Er weiß nur, daß es diejenige ist, für die er stärkere Beweggründe zu sehen glaubt.

KAPITEL VI Von der Naturreligion

Wenig begründeter Leibnizscher Vorwurf gegen Newton. Widerlegung einer Meinung Lockes. Das Wohl der Gesellschaft. Naturreligion. Menschheit.

Leibniz wirft in seinem Streit mit *Newton* diesem vor, von GOTT eine sehr niedrige Vorstellung zu geben und die Naturreligion zu verneinen. Er gab vor, daß *Newton* GOTT personifiziere. Diese Beschuldigung gründete sich, wie wir gesehen haben, auf das Wort für das Organ *Sensorium*. Er fügte hinzu, daß der GOTT *Newtons* aus dieser Welt eine sehr schlechte Maschine gemacht habe, die vom Schmutz gesäubert werden müßte (das ist das Wort, dessen sich *Leibniz* bedient). *Newton* hatte gesagt: *manum emendatricem desideraret.* Dieser Vorwurf beruht darauf, daß *Newton* sagt, daß mit der Zeit die Bewegungen nachlassen, die Unregelmäßigkeiten der Planeten zunehmen und das Universum zu Grunde gehen oder von seinem Schöpfer wieder in Ordnung gebracht werden wird.

Erfahrungsgemäß ist es mehr als klar, daß GOTT Maschinen gemacht hat, die zerstört werden. Wir sind das Werk seiner Weisheit und wir werden vergehen. Warum nicht ebenso die Welt? *Leibniz* will, daß diese Welt vollkommen sei. Aber wenn GOTT sie nur geformt hat, damit sie eine gewisse Zeit bestehe, besteht ihre Vollkommenheit also darin, nur bis zu dem für ihre Auflösung festgelegten Zeitpunkt zu bestehen.

Es hat nie einen Menschen gegeben, der ein größerer Anhänger der Naturreligion gewesen wäre als *Newton*, mit Ausnahme von *Leibniz* selbst, seinem Rivalen in Gelehrsamkeit und Tugend. Ich verstehe unter Naturreligion die der menschlichen Gattung gemeinsamen Moralprinzipien. Zwar nahm *Newton* keine uns angeborenen Begriffe, Ideen, Gefühle oder Prinzipien an. Er war mit *Locke* überzeugt, daß uns alle Ideen über die Sinne, in dem Maße, wie diese sich entwickeln, zukommen. Da GOTT allen Menschen die gleichen Sinne gegeben hat, glaubte er jedoch, daß sich daraus bei diesen die gleichen Bedürfnisse, die gleichen Gefühle, demzufolge die gleichen allgemeinen Begriffe, die überall die Grundlage der Gesellschaft sind, ergeben. Es steht fest, daß GOTT den Bienen und den Ameisen etwas gegeben hat, das er weder den Wölfen noch den Falken gegeben hat, damit sie in Gemeinschaft leben. Da alle Menschen in Gesellschaft leben, ist es sicher, daß es in ihrem Wesen ein geheimes Band gibt, durch das GOTT sie aneinander binden wollte. Wenn nun in einem bestimmten Alter die den in gleicher Weise organisierten Menschen über die gleichen Sinne zugekommenen Ideen diesen nicht nach und nach die gleichen für jede Gesellschaft notwendigen Prinzipien verliehen hätten, ist es auch sehr sicher, daß diese Gesellschaften nicht weiterbestanden hätten. Deshalb werden von Siam bis Mexiko Wahrheit, Dankbarkeit, Freundschaft usw. respektiert.

Ich war immer sehr erstaunt, daß der weise *Locke* am Anfang seiner Abhandlung "Über den menschlichen Verstand" *angeborenen Ideen* ablehnend behauptete, daß es keinen Begriff von Gut und Böse gäbe, der allen Menschen gemeinsam sei. Ich glaube, daß er hier in einen Fehler verfallen ist. Er beruft sich auf Berichte von Reisenden, die besagten, daß es in bestimmten Ländern Brauch ist, seine Kinder zu essen und auch die Mütter zu essen, wenn diese keine Kinder mehr zur Welt bringen können, daß in anderen Ländern als *Heilige* gewisse Schwärmer verehrt werden, die sich anstelle von Frauen der Eselinnen bedienen. Mußte ein Mensch, wie der weise *Locke*, diese Reisenden jedoch nicht für suspekt halten? Nichts ist so verbreitet unter ihnen, wie schlecht zu sehen, das Gesehene schlecht zu berichten, besonders in einer Nation, deren Sprache man nicht kennt, den Mißbrauch eines Gesetzes für das Gesetz selbst zu nehmen und schließlich die Sitten eines ganzen Volkes nach einer einzigen Tatsache zu beurteilen, von der zudem noch die Umstände unbekannt sind.

Wenn ein Perser am Tag einer Ketzerverbrennung nach Lissabon, Madrid oder Goa kommt, wird er nicht ohne vermeintlichen Grund glauben, daß die Christen GOTT Menschen opfern. Wenn er die Almanache liest, die in ganz Europa an das gemeine Volk verteilt werden, wird er denken, daß wir alle an die Kräfte des Mondes glauben und dabei lachen wir eher darüber. So wird mir jeder Reisende, der mir zum Beispiel sagt, daß Wilde aus Pietät ihren Vater und ihre Mutter fressen, gestatten ihm zu antworten daß erstens die Tatsache stark zweifelhaft ist, daß sie zweitens, wenn sie wahr ist, durchaus nicht die Vorstellung vom Respekt, den man seinen Eltern schuldet, stört, da das wahrscheinlich eine barbarische Art und Weise ist, seine Liebe auszudrücken, ein schrecklicher Mißbrauch des Naturgesetzes, denn offensichtlich werden Vater und Mutter nur aus Pflicht getötet, um sie von den Unannehmlichkeiten des Alters oder den Schrecken des Feindes zu erlösen. Wenn man ihnen also ein Grab im kindlichen Schoß gibt, statt sie von den Siegern fressen zu lassen, so kommt dieser Brauch, so schrecklich er der Vorstellung auch ist, notwendigerweise doch von der Güte des Herzens. Das Naturgesetz ist nichts anderes als dieses im ganzen Universum bekannte Gesetz: *Was Du willst, das man Dir tu, das füg auch den anderen zu.* Der Barbar, der seinen Vater tötet, um ihn vor seinem Feind zu retten und der ihn aus Furcht davor, daß er seinen Feind zum Grab haben könnte, in seinem Schoß beerdigt, wünscht, daß ihn sein Sohn in einem ähnlichen Fall ebenso behandelt. Dieses Gesetz, seinen Nächsten wie sich selbst zu behandeln, ergibt sich natürlicherweise aus den allgemeinsten Begriffen und wird früher oder später im Herzen aller Menschen hörbar. Denn da alle den gleichen Verstand haben, müssen sich früher oder später die Früchte dieses Baumes gleichen, und sie gleichen sich in der Tat, indem in der ganzen Gesellschaft mit der Bezeichnung "Tugend" das benannt wird, was für die Gesellschaft für nützlich gehalten wird.

Man finde mir auf der Erde ein Land, eine Gesellschaft von zehn Menschen, unter denen nicht das für das Gemeinwohl Nützliche in Ansehen steht, und ich werde zugeben, daß es keinerlei Naturgesetz gibt. Dieses Gesetz verändert sich zweifellos ohne Ende. Aber was könnte daraus anderes geschlossen werden, als daß es existiert? Die Materie hat überall unterschiedliche Formen, behält jedoch überall ihren Charakter bei. Man kann uns viel erzählen, zum Beispiel, daß in Lakedaimon Geschicklichkeitsdiebstähle vorgeschrieben waren. Hier handelt es sich um einen Wortmißbrauch.[19] Das, was wir als Geschicklichkeitsdiebstähle bezeichnen, war in Lakedaimon keineswegs angeordnet. In einer Stadt, in der alles gemeinsam war, war die erteilte Erlaubnis, das geschickt abzunehmen, was sich Einzelne gegen das Gesetz angeeignet hatten, eine Art, den bei diesen Völkern verbotenen Eigentumssinn zu bestrafen. *Das Dein* und *das Mein* waren ein Verbrechen, für das der von uns so bezeichnete Geschicklichkeitsdiebstahl die Strafe war. Und bei ihnen wie auch bei uns gab es eine Ordnung, für die uns GOTT geschaffen hat, wie er die Ameisen dazu geschaffen hat, zusammenzuleben.

Newton dachte also, daß diese unsere Anlage, in der Gesellschaft zu leben, die Grundlage des natürlichen Gesetzes ist, die durch das Christentum vervollkommnet wurde.

Der Mensch hat vor allen Dingen eine Anlage zum Mitleid, die genauso allgemein verbreitet ist wie unsere anderen Instinkte. *Newton* hatte dieses Menschlichkeitsgefühl gepflegt und bis auf die Tiere ausgedehnt. Er war mit *Locke* sehr davon überzeugt, daß GOTT den Tieren (die nur Materie zu sein scheinen) ein Maß von Vorstellungen und die gleichen Gefühle wie uns gegeben hat. Er konnte sich nicht vorstellen, daß GOTT, der nichts vergebens tut, den Tieren Organe für das Gefühl gegeben hätte, wenn sie keine Gefühle haben sollten.

Er fand eine entsetzliche Unvereinbarkeit in dem Gedanken, daß Tiere fühlen und daß sie Leiden ausgesetzt werden. Seine Moral stimmte in diesem Punkt mit seiner Philosophie überein. Er gab nur widerstrebend dem barbarischen Brauch nach, daß wir uns vom Blut und vom Fleisch der uns ähnlichen Wesen, die wir täglich streicheln, ernähren. Er erlaubte in seinem Haus niemals, daß man sie langsame und ausgesuchte Tode sterben ließ, um die Nahrung köstlicher zu machen.

Dieses Mitleid, das er für Tiere hatte, äußerte sich in wahrer Nächstenliebe bei den Menschen. Ohne Menschlichkeit, die Tugend, die alle Tugenden umfaßt, würde man kaum die Bezeichnung Philosoph verdienen.

KAPITEL VII Von der Seele und von der Art, wie sie mit dem Körper verbunden ist und wie sie ihre Ideen hat

Vier Meinungen über die Entstehung der Ideen: die Meinung der alten Materialisten, die Malebranches und die Leibnizsche. Bekämpfte Leibnizsche Meinung.

Newton war wie fast alle guten Philosophen davon überzeugt, daß die Seele eine unbegreifliche Substanz ist. Mehrere Leute, die viel mit *Locke* zusammen gewesen sind, haben mir versichert, daß *Newton Locke* gestanden habe: "wir haben nicht genügend Kenntnis von der Natur, um auszusprechen zu wagen, daß es unmöglich ist, daß GOTT die Gabe zu denken einem beliebigen ausgedehnten Wesen gegeben hat". Die große Schwierigkeit besteht eher darin zu erfahren, wie ein beliebiges Wesen denken kann als zu erfahren, wie die Materie Denkvermögen erhalten kann. Freilich scheint das Denken nichts mit den Eigenschaften gemein zu haben, die wir von dem als Körper bezeichneten ausgedehnten Wesen kennen. Kennen wir jedoch alle Eigenschaften der Körper? Es scheint ziemlich gewagt zu sein, GOTT sagen zu wollen: Sie konnten Bewegung verleihen, Schwerkraft, Wachstum und Leben, aber Sie konnten dem Wesen nicht das Vermögen zu denken geben?

Argumentieren diejenigen konsequent, die sagen, daß die Seele nicht unsterblich wäre, wenn die Materie die Gabe zu denken erhalten könnte? Ist es für GOTT schwieriger zu erhalten als zu schaffen? Wenn außerdem ein unteilbares Atom ewig dauert, warum sollte die Gabe zu denken in ihm nicht genauso lange dauern? Wenn ich mich nicht irre, müssen diejenigen, die GOTT das Vermögen verweigern, der Materie Ideen zu verleihen, sagen, daß das, was als *Geist* bezeichnet wird, mit Ausnahme jedes ausgedehnten Wesens ein Wesen ist, dessen Besonderheit darin besteht zu denken. Wenn der Charakter des Geistes nun aber darin besteht, im wesentlichen zu denken, denkt er also notwendigerweise und er denkt immer, so wie jedes Dreieck notwendigerweise immer unabhängig von GOTT drei Winkel hat. [Wie! Sobald GOTT etwas schafft, das keine Materie ist, muß dieses Etwas unbedingt denken? Wissen wir, schwach und dreist wie wir sind, ob GOTT nicht Millionen von Wesen geformt hat, die weder die uns bekannten Eigenschaften des Geistes noch die der Materie haben? Wir sind wie der Hirte, der außer Rindern nichts gesehen hat und sagen würde: "Wenn GOTT andere Tiere machen will, müssen sie Hörner haben und wiederkäuen." Möge man also entscheiden, was für die Gottheit ehrerbietiger ist: zu bejahen, daß es Wesen gibt, die ohne ihn die göttliche Eigenschaft des Denkens haben, oder GOTT zu verdächtigen, daß er diese Eigenschaft dem Wesen verleihen kann, das er geruht zu erwählen.] [] Schon daraus ist ersichtlich, wie ungerecht diejenigen sind, die *Locke* aus diesem Gefühl ein Verbrechen machen und mit grausamer Bösartigkeit und den Waffen der Religion eine rein philosophische Idee bekämpfen wollen.

Im übrigen war *Newton* weit davon entfernt, eine Definition der Seele zu wagen, wie es viele andere zu tun gewagt haben. Er glaubte, daß es Millionen andere denkende Substanzen geben kann, deren Charakter absolut verschieden vom Charakter unserer Seele sein könnte. So scheint die Trennung der gesamten Natur in Körper und

Geist, wie sie von einigen vorgenommen wurde, die Definition eines Stummen und eines Blinden zu sein, die bei der Definition der Sinne weder ein Seh- noch ein Hörvermögen vermuten. Mit welchem Recht könnte man also sagen, daß GOTT den unermeßlichen Raum nicht mit einer Unendlichkeit von Substanzen, die mit uns nichts gemein haben, erfüllt habe?

Newton hatte sich kein System über die Art gebildet, wie die Seele mit dem Körper vereinigt ist, und über die Entstehung der Ideen. Als Feind von Systemen beurteilte er alles nur durch die Analyse. Wenn ihm diese Fackel nicht leuchtete, wußte er sich zurückzuhalten.

Es gab bisher in der Welt vier Meinungen über die Entstehung der Ideen: Die erste ist die fast aller alten Nationen, die jenseits der Materie nichts annahmen und unsere Ideen in unserem Begriffsvermögen als den Abdruck des Siegels im Wachs betrachteten. Diese verworrene Meinung war eher ein allgemeiner Instinkt als ein Vernunftschluß. Die Philosophen, die dann beweisen wollten, daß die Materie aus sich selbst heraus denkt, irrten noch mehr, denn das gemeine Volk irrte sich, ohne vernünftig zu urteilen, während diese aus Prinzip irrten. Keiner von ihnen konnte jemals irgend etwas in der Materie finden, das beweisen konnte, daß sie Intelligenz in sich hat. *Locke* scheint der einzige zu sein, der den Widerspruch zwischen Materie und Denken beseitigt hat, indem er gleichzeitig zum Schöpfer allen Denkens und aller Materie Zuflucht nahm und bescheiden sagte: "Er, der alles kann, kann er nicht ein materielles Wesen, ein Atom, ein Element der Materie denken lassen?" Er hat sich zu dieser Möglichkeit als kluger Mensch verhalten. Zu versichern, daß die Materie wirklich denkt, weil GOTT ihr diese Gabe verleihen konnte, wäre der Gipfel der Vermessenheit. Wäre es jedoch weniger vermessen, das Gegenteil zu versichern?

Die zweite und am häufigsten angenommene Meinung ist die, die Seele und Körper als zwei Wesen aufstellt, die nichts gemein haben, jedoch bestätigt, daß GOTT sie geschaffen hat, um aufeinander einzuwirken. Der einzige Beweis, den es für diesen Vorgang gibt, ist die Erfahrung, die jeder davon zu haben glaubt. Wir empfinden, daß unser Körper einmal unserem Willen gehorcht und einmal diesen beherrscht. Wir bilden uns ein, daß sie wirklich aufeinander einwirken, weil wir es fühlen und es uns unmöglich ist, die Untersuchung weiter zu treiben. Gegen dieses System wird ein Einwand erhoben, der widerlegbar zu sein scheint. Er besagt, wenn zum Beispiel ein äußerer Gegenstand unseren Nerven eine Erschütterung mitteilt, gelangt diese Bewegung zu unserer Seele oder auch nicht. Wenn sie dorthin gelangt, teilt sie ihr Bewegung mit, was eine körperliche Seele voraussetzen würde. Wenn sie nicht dorthin gelangt, findet keine Handlung mehr statt. Alles, was man darauf antworten kann, ist, daß dieser Vorgang zu den zahlreichen Dingen gehört, deren Mechanismus immer unbekannt sein wird – eine traurige Schlußfolgerung, aber fast die einzige, die sich für den Menschen neben einem metaphysischen Standpunkt ergibt.

Das dritte System ist das der okkasionellen Ursachen [von *Descartes*], das von *Malebranche* weiterentwickelt wurde. Er beginnt mit der Annahme, daß die Seele keinerlei Einfluß auf den Körper haben kann, wagt sich dann aber zu weit vor. Denn daraus, daß der Einfluß der Seele auf den Körper nicht wahrgenommen werden kann, ergibt sich keineswegs, daß er unmöglich ist. Er nimmt dann an, daß die Materie als okkasionelle Ursache auf unseren Körper einwirkt und daß GOTT dann in unserer

Seele eine Idee erzeugt, der Mensch in Reaktion hierauf einen Willensakt begeht und GOTT unmittelbar im Ergebnis dieses Willens auf den Körper einwirkt. So handelt und denkt der Mensch nur in GOTT, was, wie mir scheint, nur einen klaren Sinn erhalten kann, wenn gesagt wird, daß nur GOTT für uns handelt und denkt. Die Schwierigkeiten, die sich aus dieser Hypothese ergeben, sind niederdrückend; denn wie kann der Mensch in diesem System selbst wollen und kann er nicht selbst denken? Wenn GOTT uns nicht die Fähigkeit gegeben hat, Bewegung und Ideen zu erzeugen, wenn nur er handelt und denkt, ist auch er der einzige, der will. Wir sind nicht nur nicht mehr frei, sondern wir sind nichts oder wir sind Modifikationen GOTTes. In diesem Fall hat der Mensch keine Seele und keine Intelligenz mehr, und es ist nicht der Mühe wert, die Vereinigung von Körper und Seele zu erklären, da sie nicht existiert und allein GOTT existiert.

Die vierte Meinung ist die der prästabilierten Harmonie von *Leibniz*. In seiner Hypothese hat die Seele keinerlei Verbindung mit dem Körper. Das sind zwei Uhren, die GOTT geschaffen hat, die jeweils eine Feder haben und die eine bestimmte Zeit lang in völliger Übereinstimmung laufen. Die eine Uhr zeigt die Stunden an, die andere schlägt. Die Uhr, die die Zeit anzeigt, tut das nicht, weil die andere schlägt. GOTT hat ihre Bewegung jedoch so eingestellt, daß Zeiger und Schlagwerk ständig miteinander in Übereinstimmung stehen. So hat die Seele von *Vergil* die Aeneis erzeugt und seine Hand die Aeneis niedergeschrieben, ohne daß diese Hand in irgendeiner Weise dem Willen des Autors gehorchte. GOTT hat es jedoch jederzeit so geregelt, daß die Seele *Vergils* Verse machte und eine zum Körper *Vergils* gehörende Hand sie schriftlich festhielt. Ohne von der außerordentlichen Schwierigkeit zu reden, die noch darin besteht, die Freiheit mit dieser prästabilierten Harmonie in Übereinstimmung zu bringen, ist ein starker Einwand zu machen, nämlich der, welchen Grund GOTT hatte – wenn nach *Leibniz* nichts ohne einen zureichenden, aus dem Kern der Dinge gewählten Grund geschieht –, zwei nicht mit gleichem Maß meßbare Wesen, zwei so heterogene, so unendlich unterschiedliche Wesen, wie die Seele und den Körper, von denen das eine in nichts das andere beeinflußt, miteinander zu verbinden. Genauso gut hätte meine Seele statt in meinem Körper in *Saturn* einen Platz finden können. Die Verbindung von Seele und Körper ist hier eine sehr überflüssige Sache. Das übrige *Leibniz*sche System ist jedoch weitaus ungewöhnlicher. Die Grundlagen finden sich in "Supplément aux actes de Leipsick", Band VII.[20] Außerdem können die ausführlichen Kommentare herangezogen werden, die mehrere Deutsche dazu mit geometrischer Genauigkeit angefertigt haben.

Nach *Leibniz* gibt es vier Arten einfacher Wesen, die er als *Monaden* bezeichnet, wie in Kapitel IX gezeigt werden wird. Es wird hier nur von der Art von *Monaden* gesprochen, die als *unsere Seele* bezeichnet wird. Die Seele, sagt er, ist die Konzentration, ein lebendiger *Spiegel des gesamten Universums*, der in sich alle verworrenen Ideen aller gegenwärtigen, vergangenen und künftigen Veränderungen dieser Welt enthält. *Newton*, *Locke* und *Clarke* bezeugten, als sie von einer solchen Meinung reden hörten, eine so große Geringschätzung, als ob *Leibniz* nicht der Verfasser gewesen wäre. Da jedoch sehr große deutsche Philosophen sich damit rühmten, das zu erklären, was kein Engländer jemals hören wollte, muß ich in aller Klarheit diese

Hypothese des berühmten *Leibniz*, die für mich, seit sie Gegenstand ihrer Forschungen ist, achtbarer geworden ist, darlegen. [][21]

Jedes geschaffene einfache Wesen, sagt er, unterliegt der Veränderung, sonst wäre es GOTT. Die Seele ist ein geschaffenes einfaches Wesen, sie kann also nicht im gleichen Zustand bleiben. Da die Körper jedoch zusammengesetzt sind, können sie keine Veränderung in einem einfachen Wesen erzeugen. Diese Veränderungen müssen ihren Ursprung also in ihrer eigenen Natur haben. Ihre Veränderungen sind also aufeinanderfolgende Ideen von den Dingen dieses Universums. Sie hat einige, die klar sind. Alle Dinge dieses Universums, sagt *Leibniz*, sind jedoch derart voneinander abhängig, derart miteinander verbunden, daß die Seele, wenn sie eine klare Idee von einem dieser Dinge hat, notwendigerweise verworrene und dunkle Ideen vom gesamten Rest hat. Um diese Meinung zu erhellen, könnte man das Beispiel eines Menschen anführen, der eine klare Idee von einem Spiel hat. Gleichzeitig hat er mehrere verworrene Ideen von mehreren Kombinationen dieses Spiels. Ein Mensch, der gegenwärtig eine klare Idee von einem Dreieck hat, hat eine Idee von mehreren Eigenschaften des Dreiecks, die ihrerseits in seinem Geiste größere Klarheit annehmen können. In diesem Sinne ist die *Monade* des Menschen *ein lebendiger Spiegel dieses Universums*.

Es ist leicht, auf eine solche Hypothese zu antworten, daß, wenn GOTT aus der Seele einen Spiegel gemacht hat, das ein trüber Spiegel ist, und daß, wenn es keine anderen Gründe für so seltsame Annahmen wie diese sogenannte unerläßliche Verbindung aller Dinge dieser Welt gibt, dieses gewagte Gebäude auf Fundamenten errichtet wird, die kaum wahrnehmbar sind. Denn, wenn wir eine klare Idee vom Dreieck haben, dann deshalb, weil wir die wesentlichen Eigenschaften des Dreiecks kennen, und wenn die Ideen von allen diesen Eigenschaften sich nicht sofort lichtvoll unserem Geiste darbieten, sind sie doch in dieser klaren Idee enthalten, da sie zueinander eine notwendige Beziehung haben. Aber was ist in diesem Fall mit dem gesamten Gefüge des Universums? Wenn Sie dem Dreieck eine Eigenschaft nehmen, nehmen Sie ihm alles. Wenn Sie jedoch dem Universum ein Sandkorn nehmen, ist der Rest dann völlig verändert? Wenn von hundertmillionen Wesen, die paarweise aufeinanderfolgen, die beiden ersten untereinander den Platz wechseln, wechseln dann auch die anderen notwendigerweise den Platz? Behalten sie nicht dieselben Beziehungen zueinander bei? Sind die Ideen eines Menschen außerdem miteinander in der gleichen Weise verkettet, wie man das von den Dingen dieser Welt annimmt? Welche Verbindung, welches notwendige Milieu besteht zwischen der Idee der Nacht und den unbekannten Gegenständen, die ich beim Erwachen sehe? Welche Verkettung gibt es zwischen dem vorübergehenden Tod der Seele während eines tiefen Schlafs oder bei einer Ohnmacht und den Ideen, die sich bei wiederkehrenden Sinnen ergeben?

[Jedes Wesen in diesem Universum hängt zweifelsohne vom Universum ab. Aber nicht jede Handlung jedes Wesens ist Ursache der Ereignisse der Welt. Die Mutter von *Brutus* war, als sie ihn gebar, eine der Ursachen für den Tod *Caesars*. Ob sie nach rechts oder nach links gespuckt hat, hatte jedoch in Rom keinerlei Auswirkung. Es gibt Ereignisse, die Wirkung und Ursache zugleich sind. Es gibt Tausende von Handlungen, die nur folgenlose Wirkungen sind. Die Flügel einer Mühle drehen sich und mahlen das Korn, das den Menschen ernährt. Das ist eine Wirkung, die zugleich Ursache ist. Etwas Staub trennt sich ab, eine Wirkung, aus der sich nichts ereignet.

Ein in die Ostsee geworfener Stein zeitigt im Indischen Ozean keinerlei Ereignisse. Es gibt Tausende von Wirkungen, die wie die Bewegung in flüssigen Körpern vergehen.]

Trotzdem wäre es möglich, daß GOTT alles das getan hätte, was *Leibniz* erdacht hat. Müßte man das auf eine einfache Möglichkeit hin glauben? Was hat er mit allen diesen neuen Anstrengungen bewiesen? Daß er ein sehr großes Genie war. Hat er jedoch sich selbst und die anderen erhellt? [Es ist ein seltsam Ding, wir wissen nicht, wie die Erde einen Grashalm erzeugt, wie in der Frau ein Kind entsteht und man glaubt zu wissen, wie wir Ideen hervorbringen?]

Wenn man wissen will, was *Newton* von der Seele und von der Art ihrer Wirkung dachte und welche dieser Meinungen er vertrat, würde ich antworten, daß er keiner davon folgte. Was wußte also derjenige von diesem Gegenstand, der in unendlichen Größen rechnete und der das Gesetz der Schwerkraft entdeckt hatte? Er wußte zu zweifeln.

KAPITEL VIII Von den ersten Prinzipien der Materie

Untersuchung der Urmaterie. Irrtum Newtons. Es gibt keine echten Transmutationen. Newton nimmt Atome an.

Es handelt sich hier nicht darum zu untersuchen, welches System lächerlicher war, jenes, das das Wasser zum Ursprung aller Dinge machte, oder jenes, das alles dem Feuer zuordnete, oder jenes, das Würfel annimmt, die ohne Zwischenraum nebeneinandergesetzt sind und sich, ich weiß nicht wie, um sich selbst drehen.

Am plausibelsten war immer jenes System von einer, allem gegenüber indifferenten, einheitlichen und aller Formen fähigen Materie, die unterschiedlich kombiniert dieses Universum darstellt. Die Elemente dieser Materie sind die gleichen. Sie verändert sich entsprechend den verschiedenen Formen, die sie durchläuft, so wie ein geschmolzenes Metall einmal zu einer Urne, einmal zu einer Statue wird. Das war die Meinung von *Descartes*, die sehr gut mit der Idee von seinen drei Elementen übereinstimmt. *Newton* dachte in diesem Punkt über die Materie wie *Descartes*.[22] Er war zu dieser Schlußfolgerung jedoch auf einem anderen Weg gelangt. Da er fast niemals ein Urteil fällte, das nicht entweder mathematisch oder experimentell begründet war, glaubte er bei dieser Untersuchung das Experiment auf seiner Seite zu haben. Der berühmte *Robert Boyle*, der Begründer der Physik in England, hatte lange Zeit Wasser in einem Destillierkolben über gleichmäßiger Flamme gehalten. Der Chemiker, der mit ihm zusammenarbeitete, glaubte, daß sich das Wasser schließlich in Erde verwandelt hätte. Das war falsch, wie seitdem *Boerhaave*, ein ebenso exakter Physiker wie geschickter Arzt, bewiesen hat. Das Wasser war verdampft und die Erde, die an seiner Stelle erschienen war, stammte von anderswoher.[4]

In welchem Grade muß dem Experiment mißtraut werden, da es *Boyle* und *Newton* getäuscht hat? Diese großen Philosophen haben ohne weiteres geglaubt, daß die Elemente der Dinge, wenn sich die uranfänglichen Teile des Wassers in uranfängliche Teile von Erde verwandeln, nur gleiche, verschieden angeordnete Materie sind. Wenn ein falsches Experiment *Newton* nicht zu dieser Schlußfolgerung geführt hatte, ist anzunehmen, daß er ganz anders gedacht hat. Ich bitte, das Nachstehende aufmerksam zu lesen.

Die einzige, dem Menschen mögliche Art, über Gegenstände zu urteilen, ist die Analyse. Es ist nur GOTT möglich, unmittelbar von den Ursprüngen auszugehen. Welcher Wanderer würde es wagen, wenn man, ohne lästern zu wollen, GOTT mit einem Architekten vergleicht und das Universum mit einem Gebäude, wenn er einen Teil eines Gebäudes von außen sieht, sich das gesamte Bauwerk von innen vorzustellen? Das ist aber gerade das, was fast alle Philosophen mit tausendmal mehr Vermessenheit zu tun gewagt haben. Untersuchen wir also dieses Gebäude, soweit wir es können.

[4] Diese Umwandlung des Wassers in Erde ist noch nicht geklärt, obwohl die Meinung *Boerhaavens* am wahrscheinlichsten ist. Im übrigen wäre das keine echte Transmutation. Wasser ist eine Art Erde, die bei sehr niedrigem Wärmegrad schmilzt. Diese Erde könnte diese Eigenschaft durch Auflösung in geschlossenen Gefäßen verlieren, entweder indem sie sich mit dem freien Feuer, das durch die Gefäße strömt, verbindet, oder durch eine neue Verbindung ihrer eigenen Elemente.

Was finden wir um uns herum? Tiere, Vegetabilien, Mineralien, unter denen ich alle Salze verstehe, Schwefel usw., Lehm, Sand, Wasser, Feuer, Luft und, zumindest bis jetzt, nichts anderes.

Bevor wir untersuchen, ob diese Körper gemischt sind oder nicht, frage ich mich, ob es möglich ist, daß eine sogenannte gleichförmige Materie, die an sich nichts von all dem ist, was ist, trotzdem all das erzeugt, was ist.

1. Was ist ein Urstoff, der nichts von den Dingen dieser Welt ist und sie alle erzeugt? Das ist eine Sache, von der ich keinerlei Idee haben kann und die ich demzufolge keineswegs annehmen darf. Es stimmt, daß ich mir im allgemeinen keine Idee von einer ausgedehnten, undurchdringlichen und gestaltungsfähigen Substanz machen kann, ohne mein Denken auf Sand oder Lehm oder Gold usw. zu richten. Aber trotzdem ist diese Materie wirklich irgendeins von diesen Dingen oder sie ist gar nichts. Ebenso kann ich an ein Dreieck im allgemeinen denken, ohne mich bei einem gleichseitigen, ungleichseitigen, gleichschenkligen Dreieck usw. aufzuhalten. Trotzdem muß ein Dreieck, das existiert, eines von diesen sein. Allein diese wohl erwogene Idee genügt vielleicht, um die Meinung von einem Urstoff zu zerstören.

2. Wenn irgendeine in Bewegung gesetzte Materie genügen würde, um das zu erzeugen, was wir auf der Erde sehen, gäbe es keinen Grund, weshalb gut durchgerührter Staub in einer Tonne nicht Menschen und Bäume erzeugen, noch weshalb ein mit Getreide bestelltes Feld nicht Wale und Krebse statt Weizen erzeugen könnte. Man würde vergeblich darauf antworten, daß dem die Form- und Aufnahmeorgane des Samens entgegenstehen. Denn es müßte dann die Frage gestellt werden, warum diese Form- und Aufnahmeorgane so unveränderlich bestimmt sind? Wenn keine Bewegung, keine Kunst bewirken kann, daß Fische statt Getreide in ein Feld kommen, keine Mispeln statt Lämmer in den Bauch eines Schafs, keine Rosen auf eine Eiche, keine Seezungen in einen Bienenstock usw., wenn alle Arten unveränderlich gleich sind, muß ich dann nicht zunächst mit einigem Grund glauben, daß alle Arten vom Herrn der Welt bestimmt wurden, daß es ebenso viele verschiedene Absichten wie es verschiedene Arten gibt und daß ohne diese Absichten aus Materie und Bewegung nur ein ewiges Chaos entstehen würde?

Alle Erfahrungen bestätigen mich in dieser Meinung. Wenn ich einerseits einen Menschen und eine Seidenraupe und andererseits einen Vogel und einen Fisch aufmerksam betrachte, sehe ich sie alle von Beginn der Dinge an gebildet. Ich sehe in ihnen nur eine Entfaltung. Die des Menschen und die des Insekts haben einige Übereinstimmungen und einige Unterschiede. Die des Fischs und die des Vogels haben andere. Wir sind Würmer, bevor wir in der Gebärmutter unserer Mutter aufgenommen werden. Wir werden Puppen im Uterus, wenn wir die als "Schafhaut" bezeichnete Umhüllung tragen.[5] Wir gehen daraus mit Armen, Beinen hervor, so wie die zur Fliege gewordene Made ihr Grab mit Flügeln und Füßen verläßt. Wir leben einige Tage wie sie und unser Körper löst sich dann wie der ihre auf. Bei den Reptilien sind einige eierlegend und andere lebendgebärend. Bei den Fischen ist das Weibchen ohne Annäherung des Männchens fruchtbar, das nur über die abgelegten Eier wegschwimmt, um sie auszubringen. Blattläuse, Austern usw. erzeugen ihresgleichen al-

[5] M. de *Voltaire* folgt hier dem System der Samenwürmer. Siehe Anmerkung zum Artikel "Zeugung" im "Dictionnaire philosophique".

lein, ohne die Vermischung von zwei Geschlechtern. Polypen haben in sich etwas, durch das sie ihre Köpfe erneuern können, wenn sie ihnen abgeschnitten wurden. Den Krebsen wachsen Füße nach. Pflanzen, Mineralien entstehen ganz anders. Jede Art von Wesen ist eine Welt für sich. Weit davon entfernt, daß eine blinde Materie alles durch einfache Bewegung erzeugt, ist es sehr wahrscheinlich, daß GOTT eine Unendlichkeit von Wesen mit unendlichen Mitteln geschaffen hat, weil er selbst unendlich ist.

Das vermute ich zunächst, wenn ich die Natur betrachte. Wenn ich jedoch ins Detail gehe, wenn ich Experimente mit jeder Sache mache, ergibt sich dieses: Ich sehe Vermischungen, wie Pflanzen und Tiere, die ich zerlege und aus denen ich einige Grundelemente erhalte, Geist, Phlegma, Schwefel, Salz, Totenkopf. Ich sehe andere Körper, wie Metalle, Mineralien, aus denen ich nie etwas anderes als ihre eigenen verminderten Teile erhalten kann. Niemals konnte reines Gold etwas anderes als Gold ergeben, reines Quecksilber etwas anderes als Quecksilber. Sand, einfacher Schmutz, einfaches Wasser konnten in keine andere Art von Wesen verändert werden. Was kann ich daraus anderes schließen, als daß Pflanzen und Tiere aus diesen anderen ursprünglichen Wesen zusammengesetzt sind, die sich niemals zersetzen? Diese ursprünglichen, unveränderlichen Wesen sind die Elemente der Körper. Der Mensch und die Fliege sind also eine Zusammensetzung der mineralischen Teile von Schlamm, Sand, Feuer, Luft, Wasser, Schwefel, Salz.[6] Alle diese ursprünglichen, nie zerlegbaren Teile sind Elemente, die jeweils ihren eigenen, unveränderlichen Charakter haben.

Damit man es wagen kann, das Gegenteil zu behaupten, müßte man Transmutationen gesehen haben. Aber wurden sie mit Hilfe der Chemie jemals entdeckt? Wird der Stein der Weisen nicht von allen klugen Geistern für unmöglich gehalten? Ist es beim gegenwärtigen Stand dieser Welt eher möglich, daß Salz in Schwefel verändert wird, Wasser in Erde, Luft in Feuer als mit Schießpulver Gold zu machen?

Wurden die Menschen, wenn sie an sogenannte Transmutationen glaubten, dabei nicht durch den Anschein getäuscht, so wie diejenigen, die daran glaubten, daß sich die Sonne bewegt? Wer hätte nicht an Transmutationen geglaubt, wenn er Getreide und Wasser sich in den menschlichen Körpern in Blut und Fleisch verwandeln sieht? Aber ist all das denn etwas anderes als Salze, Schwefel, Schlamm usw., die im Getreide und in unserem Körper unterschiedlich angeordnet sind? Je mehr ich darüber nachdenke, umso mehr scheint mir eine Metamorphose streng genommen nichts anderes zu sein als ein Widerspruch in den Begriffen. Wenn sich die ursprünglichen Teile von Salz in ursprüngliche Teile von Gold verwandeln sollen, sind, glaube ich, zwei Dinge erforderlich: Die Salzelemente müssen zerstört und Goldelemente geschaffen werden. Nichts anderes sind im Grunde diese vorgeblichen Metamorphosen einer homogenen und gleichförmigen Materie, wie sie bisher von so vielen Philosophen angenommen wird. Hier mein Beweis.

Es ist unmöglich, die Unveränderlichkeit der Arten zu begreifen, ohne daß sie aus unveränderlichen Urstoffen zusammengesetzt sind. Damit sich diese Urstoffe, diese ersten Bestandteile, nicht verändern, müssen sie völlig fest sein und demzufolge immer die gleiche Form haben. Wenn sie so beschaffen sind, können sie keine anderen

[6] M. de *Voltaire* verwendet hier die Sprache der Chemiker aus der Zeit, als er geschrieben hat.

Elemente werden, denn sie müßten andere Formen erhalten. Es ist also unmöglich, daß bei der gegenwärtigen Zusammensetzung dieses Universums das Element, das zur Schaffung von Salz dient, in das Element des Quecksilbers verändert wird. Ich weiß nicht, wieso *Newton*, der Atome angenommen hat, nicht diesen so natürlichen Schluß gezogen hat. Er nahm wie *Gassendi* wirkliche Atome, unteilbare Körper als richtig an. Er war zu der Behauptung jedoch durch die Mathematik gelangt. Gleichzeitig glaubte er, daß sich diese Atome, diese ungeteilten Elemente ständig ineinander verwandelten. *Newton* war ein Mensch. Er konnte sich wie wir irren.

Man wird hier zweifellos fragen, wie die Keime der Dinge, die hart und ungeteilt sind, wachsen und sich ausdehnen können. Sie wachsen wahrscheinlich nur durch Vereinigung, durch Anlagerung. Mehrere Wasseratome bilden einen Tropfen und so weiter.

Es bleibt in Erfahrung zu bringen, wie diese Anlagerung erfolgt, wie die Teile der Körper miteinander verbunden sind. Vielleicht ist das eines der Geheimnisse des Schöpfers, das den Menschen immer unbekannt bleiben wird. Um zu wissen, wie die Teile, aus denen das Gold besteht, ein Stück Gold bilden, müßten diese Teile gesehen werden können.

Die wahrscheinlichste Version, die vorgebracht werden könnte, wäre, wenn das erlaubt ist zu sagen, daß wahrscheinlich die Anziehungskraft die Ursache dieser Adhäsion und dieser Anlagerung der Materie ist. Denn, wenn bewiesen ist, wie wir sehen, daß alle Teile der Materie unabhängig von der Ursache vermittels der eigenen Schwere zueinanderstreben, was wäre natürlicher als anzunehmen, als daß die Körper, die sich in mehreren Punkten berühren, am stärksten durch die Kraft dieser Gravitation verbunden werden? Aber das ist hier nicht der Ort, um auf dieses physikalische Detail einzugehen.[7]

[7] Wenn diese Frage einer Urmaterie für die menschliche Gattung nicht unlöslich ist, ist sie es doch sicher für die Philosophen unseres Jahrhunderts. Die Chemiker sind gezwungen, in den Körpern eine sehr große Anzahl von Elementen zu erkennen, die in unseren Experimenten zum Teil einfach und unveränderlich und zum anderen Teil zusammengesetzt und zerstörbar sind, deren Grundstoffe jedoch wenig bekannt sind. Die einfachen Grundstoffe zu erkennen, zusammengesetzte Grundstoffe zu analysieren, die ersten auf eine kleinere Anzahl zu reduzieren und das Geheimnis der Verbindung der anderen, für das sich die Natur bisher die Mittel vorbehalten hat, zu erraten, ist vor allem Aufgabe der theoretischen Chemie, seitdem sich diese Wissenschaft wie die anderen auf den analytischen Weg begeben hat. Es ist jedoch weit von unseren Kenntnissen bis zur Erkenntnis einer Urmaterie oder auch nur einer kleinen Anzahl von einfachen und unveränderlichen ursprünglichen Grundstoffen.

KAPITEL IX Von der Natur der Elemente der Materie oder der Monaden

Newtons Meinung. Leibnizens Meinung.

Wenn man jemals sagen mußte *audax Japeti genus*, dann bei der von den Menschen gewagten Erforschung dieser ersten Elemente, die in einer unendlichen Entfernung vom Bereich unserer Erkenntnisse zu liegen scheinen. Vielleicht gibt es nichts Bescheideneres als die Meinung von *Newton*, der sich darauf beschränkt hat zu glauben, daß die Elemente der Materie Materie sind, das heißt ein ausgedehntes und undurchdringliches Wesen, dessen innerste Natur dem Fassungsvermögen unzugänglich ist, daß GOTT dieses unendlich teilen kann, so wie er es auch vernichten kann, was er trotzdem nicht tut, und daß er der Materie ausgedehnten und unteilbaren Teile für die Grundlage aller Werke des Universums hält.

Vielleicht gibt es andererseits nichts Gewagteres als den Gedankenflug von *Leibniz*, der ausgehend von seinem Prinzip des *zureichenden Grundes*, wenn möglich, bis in das Innere der Ursachen und in die unerklärliche Natur dieser Elemente vorzudringen versucht hat. Jeder Körper, sagt er, setzt sich aus ausgedehnten Teilen zusammen. Woraus setzen sich jedoch diese ausgedehnten Teile zusammen? Sie sind gegenwärtig, fährt er fort, teilbar und unendlich geteilt. Sie finden also immer nur Ausdehnung. Es hieße nun aber einen Zirkelschluß bilden, das heißt nichts zu sagen, wollte man sagen, daß die Ausdehnung der zureichende Grund der Ausdehnung ist. Der Grund, die Ursache der ausgedehnten Wesen muß also in einfachen Wesen, in *Monaden*, gefunden werden. Die Materie ist also nichts anderes als eine Ansammlung von einfachen Wesen. Im Kapitel über die *Seele* wurde gezeigt, daß nach *Leibniz* jedes einfache Wesen der Veränderung unterliegt. Seine Veränderungen, seine aufeinanderfolgenden Bestimmungen, die es erhält, können jedoch aus dem Grund nicht von außen kommen, weil dieses Wesen einfach, unberührbar ist und keinerlei Raum einnimmt. Die Quelle aller seiner Veränderungen infolge äußerer Gegenstände liegt also in ihm selbst. Es hat also Ideen, aber es hat eine notwendige Beziehung mit allen Teilen des Universums. Es hat also Ideen zum gesamten Universum. Die Elemente der übelsten Exkremente haben also eine unendliche Anzahl von Ideen. Ihre Ideen sind zwar nicht sehr klar. Sie haben keine klare *Wahrnehmung*, wie *Leibniz* sagt, sie tragen in sich nicht das innerste Zeugnis ihrer Gedanken, sie haben jedoch verworrene unbewußte *Wahrnehmungen* der Gegenwart, der Vergangenheit und der Zukunft. Er nimmt vier Arten von *Monaden* an: 1. Die Elemente der Materie, die keinen klaren Gedanken haben. 2. Die *Monaden* der Tiere, die einige klare und keinerlei unterscheidbare Ideen haben. 3. Die *Monaden* der endlichen Geister, die verworrene, klare, unterscheidbare Ideen haben. 4. Schließlich die *Monade* GOTTes, die nur adäquate Ideen hat.

Die englischen Philosophen, denen, ich sagte es schon, kein Name heilig ist, haben zu all dem gelacht. Ich kann *Leibniz* jedoch nur widerlegen, indem ich Vernunftsgründe anführe. Allen denen, die sich solche Meinungen zu eigen gemacht haben, würde ich mir die Freiheit nehmen, folgendes zu sagen: Jedermann stimmt mit ihnen hinsichtlich des Prinzips des zureichenden Grundes überein. Ziehen Sie hier jedoch daraus eine richtige Schlußfolgerung?

1. Sie nehmen die Materie als gegenwärtig unendlich teilbar an. Das kleinste Teilchen kann also nicht gefunden werden. Es gibt nichts, das keine Seiten hätte, keinen Raum einnehme, keine Form hätte. Wie soll sie dann also Ihrer Meinung nach nur aus Wesen ohne Form, ohne Raum und ohne Seiten bestehen? Stoßen Sie nicht auf das große Prinzip des *Widerspruchs*, wenn Sie das des *zureichenden Grundes* befolgen wollen?

2. Ist es sehr vernünftig, daß eine Zusammensetzung in nichts dem ähnelt, aus dem sie besteht? Was sage ich, in nichts ähnelt? Es liegt eine Unendlichkeit zwischen einem einfachen Wesen und einem ausgedehnten Wesen.[23] Und Sie wollen, daß eines aus dem anderen gemacht sei? Würde jemand, der sagt, daß mehrere Eisenelemente Gold bilden, daß die Bestandteile des Zuckers Koloquinte schaffen, etwas Umstürzlerischeres sagen?

3. Können Sie behaupten, daß ein Urintropfen eine Unendlichkeit von *Monaden* ist und daß jede von ihnen die, wenn auch dunklen, Vorstellungen vom gesamten Universum hat, und das, weil nach Ihrer Meinung alles voll ist, weil im Vollen alles gebunden ist, weil, da alles miteinander verbunden ist und eine *Monade* notwendigerweise Ideen hat, diese keine unbewußte Wahrnehmung haben kann, die nicht all das berührt, was in der Welt ist? []

[Genau das sind aber die Dinge, die man mit Lehn-, Lehr- und Folgesätzen zu erklären geglaubt hat. Was wurde damit bewiesen? Das, was *Cicero* gesagt hat, nämlich daß nichts seltsam genug ist, um nicht von den Philosophen behauptet zu werden. Oh Metaphysik! Wir sind genauso weit fortgeschritten, wie zu Zeiten der ersten Druiden.]

KAPITEL X Von der tätigen Kraft, die im Universum alles in Bewegung versetzt

Ob es immer die gleiche Menge von Kräften in der Welt gibt. Untersuchung der Kraft, Berechnung der Kraft. Schlußfolgerung der beiden Parteien.

Ich nehme zunächst an, daß Übereinstimmung darin besteht, daß die Materie die Bewegung nicht von sich heraus haben kann. Sie muß sie also anderswoher erhalten. Sie kann sie jedoch nicht von einer anderen Materie erhalten, da das ein Widerspruch wäre. Eine unkörperliche Ursache muß also die Bewegung erzeugen. GOTT ist diese unkörperliche Ursache. Hier muß beachtet werden, daß das landläufige Axiom, daß GOTT nicht als Philosoph in Anspruch genommen werden sollte, nur in den Dingen gut ist, die durch naheliegende physikalische Ursachen erklärt werden müssen. Ich will zum Beispiel erklären, warum ein Gewicht von vier Pfund durch ein Gewicht von einem Pfund aufgewogen wird. Wenn ich sage, daß GOTT das so geregelt hat, bin ich ein Ignorant. Ich beantworte jedoch die Frage, wenn ich sage, daß das darauf zurückzuführen ist, daß das Gewicht eines Pfundes viermal weiter vom Auflagepunkt als das Gewicht von vier Pfund entfernt ist. Das ist nicht so bei den ersten Urstoffen der Materie. Hier ist ein Ignorant, wer nicht auf GOTT zurückgreift. Denn entweder gibt es keinen GOTT oder es gibt erste Urstoffe nur in GOTT.

Er hat den Planeten die Kraft gegeben, mit der sie sich von Westen nach Osten bewegen. Er hat bewirkt, daß sich diese Planeten und die Sonne um ihre Achsen drehen. Er hat allen Körpern ein Gesetz aufgegeben, nach dem sie alle gleicherweise nach ihrem Mittelpunkt streben. Schließlich hat er Tiere geformt, denen er eine tätige Kraft gegeben hat, mit der sie Bewegung hervorbringen.

Die große Frage ist, ob diese von GOTT gegebene Kraft in der Natur immer gleich ist.

Descartes behauptete, ohne einen Beweis zu erbringen und ohne die Kraft zu erwähnen, daß es sich immer um die gleiche Bewegungsmenge handelt.[24] [] [Die ersten Geometer, die die Gesetze vom Stoß der Körper fanden, fanden jedoch, daß diese Meinung irrig ist.

Bernoulli, ein Anhänger von *Leibniz* in der Metaphysik, fand, daß, wenn die Bewegungsmenge nicht immer gleich ist, die Summe der Kräfte eine konstante Menge ist. Dazu mußte jedoch die Kraft anders als gewöhnlich bewertet werden.] Anders als *Mersenne*, *Descartes*, *Newton*, *Mariotte*, *Varignon* usw., die nach *Archimedes* die Bewegung eines Körpers durch Multiplikation seiner Masse mit einer Geschwindigkeit gemessen haben, haben *Leibniz*, *Bernoulli*, *Hermann*, *Poleni*, *Gravesande*, *Wolff* usw. die Masse mit dem Quadrat der Geschwindigkeit multipliziert.

Dieser Streit, der der Skandal der Geometrie ist, hat Europa gespalten. Es scheint mir jedoch, daß man endlich erkennt, daß es sich im Grunde um Wortklauberei handelt. Es ist unmöglich, daß sich diese großen Philosophen, wenn ihre Meinungen auch diametral entgegengesetzt sind, in ihren Berechnungen irren. Sie haben gleicherweise recht. Die mechanischen Kräfte entsprechen sowohl der einen als auch der anderen Berechnungsart. Es gibt also unzweifelhaft einen Sinn, in dem sie alle recht haben. Dieser Punkt, in dem sie recht haben, ist auch derjenige, der sie vereinen muß, und er wird hier so, wie ihn Doktor *Clarke* als erster, wenn auch etwas schroff, genannt hat, angegeben.

Wenn Sie die Zeit betrachten, in der ein beweglicher Körper gegen Hindernisse, die seine Bewegung verlangsamen, wirkt, verhält sich die Kraft, die er ausgegeben hat, bevor er im Ruhepunkt ankommt, wie das Quadrat seiner Geschwindigkeit mal seiner Masse. Warum? [] [Weil die Zeit, während der er in Wirkung war, proportional dieser Anfangsgeschwindigkeit ist. Diese Zeit der Wirkung des Körpers ist jedoch die Wirkung der Kraft, sie muß also in die Messung dieser Kraft eingehen.] In diesem Fall haben die Leibnizianer nicht unrecht. Aber auch die Cartesianer und Newtonianer zusammengenommen haben recht, wenn sie die Sache in einem anderen Sinne betrachten. Denn sie sagen: In gleicher Zeit wirkt ein Körper von vier Pfund mit einem Geschwindigkeitsgrad genauso wie ein Gewicht von einem Pfund mit vier Geschwindigkeitsgraden. Man darf nicht das betrachten, was mit beweglichen Körpern in ungleichen Zeiten, sondern in gleichen Zeiten geschieht. Da liegt die Quelle des Mißverständnisses. Die neue Art und Weise, die Kräfte zu betrachten, ist also in einem Sinne richtig und im anderen falsch. Sie dient also nur dazu, eine einfache Idee zu komplizieren und zu verwirren. Man muß sich also an die alte Regel halten. [] [*Newton* nahm diese von *Leibniz* vorgeschlagene neue Messung der Kräfte nicht an. Als *Bernoulli* die Prinzipien von der Erhaltung der lebendigen Kräfte bekannt machte, lebte er noch. Es blieb jedoch nur das von ihm, was er mit den anderen Menschen gemein hat. Er konnte also keine Meinung zu diesem Gegenstand haben.]

Das ist das, was *Newton* über die meisten der Fragen, die die Metaphysik berühren, dachte. Ihre Sache ist es, zwischen ihm und *Leibniz* zu entscheiden.

[Ich gehe zu seinen Entdeckungen in der Physik über.[8]]

[8] Das Prinzip der Erhaltung der lebendigen Kräfte gilt im allgemeinen in der Natur immer dann, wenn angenommen wird, daß die Veränderungen in unmerklichen Schritten erfolgen, das heißt, solange das Gesetz der Kontinuität erhalten ist. Ebenso ist es mit dem Prinzip der Erhaltung der Wirkung. Das der kleinsten Wirkung gilt im allgemeinen auch in dem Sinn, daß die Bewegung durch die gleichen allgemeinen Gleichungen bestimmt wird, die sich ergeben, wenn die Wirkung als Minimum angenommen wird. Das genügt jedoch nicht, damit die Wirkung wirklich ein Minimum ist. Sie kann auch ein Maximum oder weder das eine noch das andere sein, obwohl diese Gleichungen gelten. Die Übereinstimmung dieser Gleichungen mit der Natur beweist nur, daß bei den unendlich kleinen Veränderungen, die in einer unendlich kleinen Zeit stattfinden, die Wirkungsmenge gleich bleibt.

Im übrigen würde man vergebens Endzwecke in diesen verschiedenen Gesetzen zu sehen glauben. Sie sind nur, wie M. *d'Alembert* bewiesen hat, die notwendige Folge der wesentlichen mathematischen Prinzipien der Bewegung. Die Entdeckung dieser Prinzipien, die er auf die festen, flexiblen und flüssigen Körper ausgedehnt hat, wobei er gleichzeitig die neue Berechnung gefunden hat, die zur Anwendung der mathematischen Analyse erforderlich ist, muß als die größte Anstrengung betrachtet werden, die der menschliche Geist in diesem Jahrhundert gemacht hat.

Zweiter Teil

KAPITEL I Erste Forschungen über das Licht und wie es zu uns gelangt. Diesbezügliche Irrtümer Descartes'

Sonderbare Definition durch die Peripatetiker. Der Systemgeist hat Descartes irregeführt. Sein System. Fehlerhaftes. Von der fortschreitenden Bewegung des Lichts. Irrtum in "Spectacle de la nature". Beweis der Bewegung des Lichts durch Römer. Angefochtenes und schlecht bekämpftes Römersches Experiment. Beweise der Römerschen Entdeckung durch die Entdeckungen Bradleys. Geschichte dieser Entdeckungen. Erläuterung und Schluß.

Die Griechen und nach ihnen alle Barbarenvölker, die von ihnen zu denken und sich zu irren gelernt haben, haben Jahrhunderte lang gesagt: "Das Licht ist ein Akzidens und als solches das Werk des Transparenten als Transparentes; durch die Farben werden die transparenten Körper bewegt. Die Eigenschaften der leuchtenden und farbigen Körper gleichen denen, die sie in uns hervorrufen, aus dem einfachen Grunde, weil aus Nichts nichts kommen kann. Schließlich sind das Licht und die Farben eine Mischung aus Wärme, Kälte, Trockenem und Nassen, denn da das Nasse, das Trockene, die Kälte und die Wärme die Grundursachen des Ganzen sind, müssen die Farben davon eine Zusammensetzung sein."

Diesem absurden Gallimathias haben von der Öffentlichkeit bezahlte Lehrer der Unwissenheit über viele Jahre bei der menschlichen Leichtgläubigkeit Achtung verschafft. In dieser Weise wurde bis zur Zeit *Galileis* und *Descartes'* über fast alles räsonniert. Noch lange Zeit nach ihnen bestand dieses Geschwätz, das den menschlichen Verstand entehrt, in mehreren Schulen fort. Ich wage zu sagen, daß das so verdunkelte Denken des Menschen weit hinter den begrenzten, aber sicheren Kenntnissen, die wir bei den Wilden als Instinkt bezeichnen, zurückbleibt. So können wir uns nicht genug dazu beglückwünschen, daß wir zu einer Zeit und in einem Volk geboren sind, das beginnt die Augen zu öffnen und sich des schönsten Erbteils der Menschheit, des Gebrauchs des Verstandes, zu erfreuen.

Nachdem alle sogenannten Philosophen also aufs Geratewohl durch den Schleier hindurch, der die Natur bedeckte, herumgeraten hatten, erschien *Descartes*, der ein Ende dieses großen Schleiers lüftete und sagte: "Das Licht ist eine feine dünne Materie, die überall verbreitet ist und in unsere Augen fällt. Die Farben sind die Empfindungen, die GOTT in uns entsprechend den verschiedenen Bewegungen, durch die diese Materie zu unseren Organen gelangt, hervorruft." Bis hier hatte *Descartes* recht. Er hätte es entweder dabei bewenden lassen oder, wenn er weitergehen wollte, sich vom Experiment leiten lassen müssen. Er war jedoch von dem Verlangen besessen, ein System aufzustellen. Diese Leidenschaft bewirkte bei diesem großen Menschen das gleiche, was Leidenschaften bei allen Menschen bewirken. Sie führen sie über ihre Prinzipien hinaus.

Er hatte als wichtigste Grundlage der Philosophie aufgestellt, daß ohne Augenschein nichts geglaubt werden dürfe. Und trotzdem erdachte er unter Mißachtung seiner eigenen Regel drei aus den sogenannten Würfeln gebildete Elemente, von denen er vorgab, daß sie vom Schöpfer geschaffen und unter Drehung um sich selbst zerbrochen seien, als sie die Hände GOTTes verließen.

Aus diesen sogenannten zerbrochenen Würfeln, die auf allen Seiten gleichermaßen abnahmen und schließlich rund wie Kugeln wurden, gefiel es ihm, das Licht zu machen, das er frei im Universum verteilte.

So kunstvoll dieses System auch ausgedacht sein mag, so spüren Sie doch deutlich, daß es eines Philosophen unwürdig ist. Und da nichts von alldem bewiesen ist, war es umso wichtiger, auf die Kälte, die Wärme, das Trockene und das Nasse zurückzugreifen, Fehler um Fehler, unwichtig, welcher größer ist.

Nach *Descartes* gelangt das Licht keineswegs von der Sonne zu unseren Augen, sondern wird als überall verbreitete kugelförmige Materie von der Sonne gestoßen und auf unsere Augen gedrückt, wie ein an einem Ende gestoßener Stab, der im nächsten Augenblick am anderen Ende Druck ausübt. Er war so von diesem System überzeugt, daß er in seinem siebzehnten Brief des dritten Bandes sagt und ausdrücklich wiederholt: "Ich gestehe, daß ich von Philosophie nichts weiß, wenn das Licht der Sonne nicht augenblicklich zu unseren Augen gelangt."[25]

Tatsächlich muß man zugeben, daß er, ein welch großes Genie er auch war, in der wirklichen Philosophie noch wenig wußte. Es fehlte ihm die Erfahrung des Jahrhunderts, das nach ihm kam. Dieses Jahrhundert ist *Descartes* so sehr überlegen, wie *Descartes* dem Altertum überlegen war.

1. Wenn das Licht ein Fluidum wäre, das immer in der Luft verbreitet ist, würden wir nachts sehen können, da die Sonne unter der Hemisphäre immer noch dieses Fluidum Licht in alle Richtungen stoßen und der Eindruck davon zu unseren Augen gelangen würde. Das Licht würde wie der Schall fließen, wir würden einen Gegenstand jenseits eines Berges sehen. Schließlich würden wir keinen schöneren Tag als bei einer totalen Sonnenfinsternis haben, denn der Mond, der sich zwischen uns und diesem Gestirn bewegt, würde (zumindest nach *Descartes*) auf die Lichtkügelchen drücken und deren Wirkung nur erhöhen.

2. Die Strahlen, die mit einem Prisma abgelenkt und gezwungen werden, einen neuen Weg einzuschlagen, beweisen, daß sich das Licht tatsächlich bewegt und keine Ansammlung von einfach gedrückten Kügelchen ist. Beim Eintritt in ein Prisma verfolgt das Licht drei verschiedene Wege. Seine drei Wege in der Luft, im Prisma und bei Verlassen des Prismas sind unterschiedlich, ja es beschleunigt sogar seine Bewegung innerhalb des Prismenkörpers. Ist es also nicht ein wenig seltsam zu sagen, daß sich ein Körper, der sichtlich dreimal seine Lage ändert und seine Bewegung vergrößert, nicht bewegt? Und dennoch erschien soeben ein Buch, in dem zu sagen gewagt wird, daß die Ausbreitung des Lichts eine Absurdität sei.

3. Wenn das Licht eine Ansammlung von Kügelchen wäre, müßte bei einem in der Luft und an jedem Ort existierenden Fluidum ein kleines Loch, das in einer Dunkelkammer angebracht wird, diese ganz erleuchten, denn das Licht, das dann in allen

Richtungen in dieses kleine Loch gedrückt wird, würde in allen Richtungen wirken, so wie sich Elfenbeinkugeln, die im Kreis oder in einem Viereck angeordnet sind, alle auseinanderbewegen, wenn eine einzige von ihnen kräftig angestoßen wird. Das genaue Gegenteil tritt jedoch ein. Das Licht, das auf eine kleine Öffnung fällt, die nur einen kleinen Strahlenkegel durchläßt, erleuchtet nur einen kleinen Raum der Stelle, auf die es auftrifft.

4. Bekanntlich legt das von der Sonne zu uns gelangende Licht diesen immensen Weg, den eine Kanonenkugel bei Beibehaltung ihrer Geschwindigkeit nicht in fünfundzwanzig Jahren schaffen würde, in etwa acht Minuten zurück.

Der Verfasser von "Spectacle de la nature",[26] einem sehr schätzenswerten Werk, ist hier einem Irrtum verfallen, der Anfänger, für die sein Buch gemacht ist, irreleiten kann. Er sagt, daß das Licht *nach Newton sieben Minuten von den Sternen* benötigt. Er hat die Sterne für die Sonne genommen. Nach einer auf sehr unsicheren Hypothesen beruhenden Berechnung benötigt das Licht von den am nächsten gelegenen Sternen sechs Monate. Nicht *Newton*, sondern *Huygens* und *Hartsoeker* haben diese Vermutung aufgestellt. Er sagt weiter, um zu beweisen, daß GOTT das Licht vor der Sonne geschaffen hat, "daß das Licht in der gesamten Natur verbreitet ist und daß es spürbar wird, wenn die Lichtgestirne es vorwärtsstoßen". Es ist jedoch bewiesen, daß es von den Fixsternen eine sehr lange Zeit benötigt. Wenn es diesen Weg zurücklegt, war es also keineswegs vorher vorhanden. Es ist gut, vor diesen Fehlern zu warnen, die täglich in vielen Büchern, von denen jeweils eines das Echo des anderen ist, wiederholt werden.

Hier in wenigen Worten das Wesentliche der anschaulichen Beweisführung von *Römer*, daß das Licht auf seinem Weg von der Sonne bis zur Erde sieben bis acht Minuten benötigt.

Von der Erde aus wird der *Jupiter*mond *(Fig. 1)*[*] beobachtet, der sich regelmäßig einmal in zweiundvierzigeinhalb Stunden verfinstert, wenn die Erde unbeweglich wäre, würde der Beobachter in C in dreißigmal zweiundvierzigeinhalb Stunden dreißig Austritte dieses Mondes aus dem Schatten sehen. Nach dieser Zeit befindet sich die Erde jedoch in D, so daß der Beobachter den Austritt aus dem Schatten nach genau dreißigmal zweiundvierzigeinhalb Stunden nicht mehr sieht. Dazu kommt jedoch noch die Zeit, die das Licht benötigt, um von C nach D zu gelangen, und diese Zeit ist lang genug, um mit Genauigkeit beobachtet werden zu können. Dieser Raum CD ist jedoch noch kleiner als der Raum GH in diesem Kreis, der die große Bahn darstellt, die die Erde beschreibt. Die Sonne befindet sich in der Mitte, das Licht, das vom *Jupiter*mond kommt, durchläuft CD in zehn Minuten und GH in fünfzehn oder sechzehn Minuten. Die Sonne befindet sich zwischen G und H, das Licht kommt also von der Sonne in sieben oder acht Minuten.

Diese schöne Beobachtung wurde lange Zeit bestritten. Schließlich war man gezwungen, das Experiment selbst anzuerkennen, versuchte nun aber unter Beibehaltung des Vorurteils, das Experiment zu umgehen. Es beweist höchstens, so wird gesagt, daß die Materie des im Raum zwischen der Sonne und unseren Augen vorhandenen Lichts sieben bis acht Minuten benötigt, um uns den Eindruck der Sonne zu vermit-

[*] Siehe die Tafeln am Schluß dieses Bandes. Die Bilder sind entsprechend dem Text numeriert. [S. 229-242.]

teln. Müßte man jedoch nicht sehen, daß eine solche, aufs Geratewohl gegebene Antwort deutlich allen mechanischen Prinzipien widerspricht? *Descartes* wußte genau und hatte gesagt, daß sich, wenn auf die Lichtmaterie wie auf einen langen Stab an einem Ende von der Sonne Druck ausgeübt würde, dieser Eindruck sofort dem anderen Ende mitteilen würde. Wenn also ein *Jupiter*mond auf eine sogenannte Lichtmaterie, die als ein starrer, sich bis zu unseren Augen erstreckender Faden von Kügelchen betrachtet wird, Druck ausüben würde, würden wir keineswegs nach mehreren Minuten, sondern unmittelbar darauf den Austritt dieses Mondes aus dem Schatten sehen. Wenn man sich in letzter Ausflucht dahinter verschanzt zu sagen, daß die Lichtmaterie nicht als ein starrer Körper, sondern als ein Fluidum angesehen werden muß, verfällt man in den eines jeden Physikers unwürdigen Fehler, der die Unkenntnis von der Wirkung der Fluide voraussetzt. Denn dieses Fluidum würde in allen Richtungen wirken, und es würde, wie bereits gesagt, weder eine Nacht, noch eine Verfinsterung geben. Die Bewegung in diesem Fluidum wäre dagegen langsam, und es wären anstelle von sieben Minuten Jahrhunderte nötig, um uns das Licht der Sonne wahrnehmen zu lassen.

Die Entdeckung von *Römer* bewies also unbestreitbar die Fortpflanzung und die Ausbreitung des Lichts. Wenn sich das alte Vorurteil auch noch gegen eine solche Wahrheit sträubt, so möge es doch wenigstens den neuen Entdeckungen von *Bradley* nachgeben, die diese in einer so bewundernswerten Weise bestätigen. Das Experiment von *Bradley* ist vielleicht die schönste Leistung, die in der Astronomie vollbracht wurde.

Bekanntlich sind einhundertneunzig Millionen unserer Meilen, die die Erde mindestens während eines Jahres zurücklegt, nur ein Punkt im Vergleich zur Entfernung der Fixsterne von der Erde. Das Auge könnte nicht wahrnehmen, wenn ein Stern am Durchmesserende dieser immensen Umlaufbahn seine Stellung im Vergleich zu uns verändert hätte. Es ist jedoch sicher, daß die Differenz zwischen uns und einem in der Nähe des Pols gelegenen Stern nach sechs Monaten etwa siebzigmillionen Meilen beträgt. Und dieser Weg, den eine Kanonenkugel bei Beibehaltung ihrer Geschwindigkeit in fünfzig Jahren nicht zurücklegen würde, ist nichts im Vergleich zu der ungeheuren Entfernung unseres Erdballs zum nächsten Stern. Denn wenn der Gesichtswinkel eine bestimmte Kleinheit erreicht, ist er nicht mehr meßbar, er wird Null.

Das Geheimnis zu finden, wie man diesen Winkel messen und seinen unterschiedlichen Wert, wenn die Erde im *Krebs* steht und wenn sie im *Steinbock* steht, in Erfahrung bringen kann, um auf diese Weise die sogenannte *Parallaxe* zu erhalten, ist ein unlösbares Problem, wenn nur die bislang bekannten Instrumente verwendet werden. Der berühmte *Hooke*, der durch seine Mikroskopie so bekannt geworden ist, versuchte es zu lösen. Ihm folgte der Astronom *Flamsteed*, der die Stellung von dreitausend Sternen angegeben hat. Dann erfand Chevalier *Molyneux* mit der Hilfe des berühmten Mechanikers *Graham* [27]eine Maschine, die diesem Ziel diente. Er sparte weder Mühe, noch Zeit, noch Kosten. Schließlich legte Doktor *Bradley* letzte Hand an dieses große Werk.

Die Maschine, die verwendet wurde, wurde als *parallaktisches Teleskop* bezeichnet. Ihre Beschreibung ist in der ausgezeichneten Optikabhandlung von *Smith* enthalten. Ein langes, senkrecht zum Horizont aufgehängtes Fernrohr war so angeordnet, daß die Sehachse leicht in die Ebene des Mittagskreises entweder etwas weiter nach Norden oder etwas weiter nach Süden gebracht und mit Hilfe eines Rades und einer Maßzahl mit der größten Genauigkeit ermittelt werden konnte, um wieviel das Instrument nach Süden oder nach Norden verstellt wurde. Mit diesem Teleskop wurden mehrere Sterne beobachtet, unter anderem wurde damit auch über ein ganzes Jahr ein Stern aus dem *Drachen* verfolgt.

Welches Ergebnis war von dieser beharrlichen Forschungsarbeit zu erwarten? Mit Sicherheit mußte, wenn die Erde seit Beginn des Sommers bis zum Beginn des Winters ihre Stellung verändert hätte, wenn sie sich auf die siebzigmillionen Meilen begeben hätte, der Lichtstrahl, der sechs Monate zuvor in der Sehachse dieses Teleskops aufgefangen worden war, dadurch abgelenkt worden sein. Die Richtung des Fernrohrs mußte also verändert werden, um den Strahl aufzufangen. Dank des Rades und der Maßzahl wußte man, welche Bewegungsmenge man ihm verliehen hatte und inwieweit der Stern demzufolge im Vergleich zum Zeitpunkt vor sechs Monaten seine Stellung nach Norden oder nach Süden verändert hatte.

Diese bewundernswerten Arbeiten begannen am 3. Dezember 1725. Die Erde näherte sich also dem Wintersolstitium. Es erschien wahrscheinlich, daß der Stern, wenn er schon im Monat Dezember irgendein Anzeichen von Aberration ergeben könnte, sein Licht scheinbar mehr nach Norden senden würde, da die Erde im Bereich des Wintersolstitiums nach Süden wandert. Aber schon am siebzehnten Dezember schien der beobachtete Stern auf dem Mittagskreis nach Süden zu wandern. Man war sehr erstaunt.[9] Das war genau das Gegenteil dessen, was man erhofft hatte. Durch die beständige Fortsetzung der Beobachtungen ergab sich jedoch mehr als man jemals zu hoffen gewagt hatte. Es ergab sich ein neuer Beweis der Jahresbewegung der Erde und der Ausbreitung des Lichts, es ergab sich die Nutation der Erdachse (siehe Kapitel IV).

Wenn sich die Erde auf ihrer Umlaufbahn um die Sonne dreht und das Licht instantanen Charakter hat, dann ist klar, daß der beobachtete Stern scheinbar immer ein wenig nach Norden wandern muß, wenn die Erde nach der entgegengesetzten Seite wandert, wenn das Licht jedoch von diesem Stern kommt, wenn es bis zu seiner Ankunft eine bestimmte Zeit braucht, muß diese Zeit mit der Geschwindigkeit verglichen werden, mit der sich die Erde bewegt. Es braucht dann nur noch gerechnet zu werden. Daraus ist ersichtlich, daß die Geschwindigkeit des Lichts von diesem Stern zehntausendzweihundertmal größer war als die mittlere Bewegung der Erde. Aus Beobachtungen von anderen Sternen ist ersichtlich, daß sich das Licht nicht nur mit einer enormen Geschwindigkeit, sondern immer gleichförmig bewegt, unabhängig davon, ob es von Fixsternen kommt, die sich in sehr unterschiedlichen Entfernungen befinden. Es ist ersichtlich, daß das Licht jedes Sterns den von *Römer* bestimmten Raum in

[9] Lange Zeit zuvor fand *Picard*, der ebenfalls die Parallaxe der großen Umlaufbahn gesucht hatte, auch im Polarstern eine scheinbare Bewegung, die entgegengesetzt zu denjenigen verlief, die die Parallaxe hätte verursachen müssen. *Römer*, der beim Suchen der gleichen Parallaxe auch diese Bewegungen der Sterne beobachtete, kam nicht auf die Idee, diese mit der Fortbewegung des Lichts zu erklären, die er entdeckt hatte. Es handelte sich jedoch nur um diese ganz einfache Beobachtung. Wenn die Zeit, die das Licht braucht, um die Erdumlaufbahn zu durchlaufen, das Auftreten eines Phänomens verzögert, muß es ebenfalls den scheinbaren Ort der Sterne beeinflussen.

der gleichen Zeit, das heißt, etwa dreiunddreißigmillionen Meilen in etwa acht Minuten, durchläuft.

Jetzt bitte ich den aufmerksamen und wahrheitsliebenden Leser zu berücksichtigen, daß das Licht, wenn es zu uns von der Sonne einheitlich in etwa acht Minuten gelangt, von besagtem Stern aus dem *Drachen* mehr als sechs Jahre und einen Monat benötigt, denn es muß angenommen werden, daß dieser Stern mindestens vierhunderttausendmal weiter als die Sonne von uns entfernt ist, anderenfalls wäre die Parallaxe beträchtlich, und daß uns die Strahlen von Sternen, die sechsmal kleiner und sechsmal weiter von uns entfernt sind, in mehr als sechsunddreißigeinhalb Jahren erreichen. Nun ist der Verlauf dieser Strahlen aber immer einheitlich. Möge man jetzt beurteilen, ob dieser einheitliche Verlauf mit einer sogenannten überall verbreiteten Materie vereinbar ist. Möge man sich selbst fragen, ob diese Materie nicht diese gleichförmige Ausbreitung der Strahlen etwas stören würde, und schließlich möge man sich beim Lesen des Kapitels über die *Wirbel* an die enorme Ausdehnung erinnern, die das Licht in so vielen Jahren zurücklegt. Möge man nach bestem Wissen und Gewissen beurteilen, ob sich ein absolut voller Raum seiner Ausbreitung nicht widersetzen würde. Möge man schließlich sehen, in wieviele Fehler dieses System *Descartes* führen mußte. Er hatte kein einziges Experiment gemacht. Er erdachte sich diese Welt. Er untersuchte sie nicht, er schuf sie. *Newton* dagegen, *Römer*, *Bradley* usw. haben nur Experimente gemacht und erst nach den Tatsachen geurteilt.

Diese Wahrheiten werden heute anerkannt. Sie wurden 1738, als der Autor diese "Elemente der Philosophie Newtons" in Frankreich veröffentlichte, alle bekämpft. So wird des Wahre immer von denjenigen aufgenommen, die im Irrtum erzogen sind.

KAPITEL II Malebranchesches System, das ebenso irrig wie das Descartessche ist; Natur des Lichts; seine Wege; seine Geschwindigkeit

Fehler von Pater Malebranche. Definition der Materie des Lichts. Feuer und Licht sind ein und dasselbe. Geschwindigkeit des Lichts. Kleinheit seiner Atome. Ausbreitung des Lichts. Beweis von der Unmöglichkeit des vollen Raums. Eigensinnige Ablehnung dieser Wahrheiten. Mißbrauch der Heiligen Schrift gegen diese Wahrheiten.

Pater *Malebranche*, der bei der Untersuchung der Fehler der Sinne nicht frei von denjenigen war, die die Subtilität des Genies verursachen kann, nahm ohne Beweis die drei Elemente des *Descartes* an, veränderte jedoch vieles an diesem entzückenden Gebäude, und da er noch weniger Experimente als *Descartes* machte, konstruierte er wie dieser ein System.

Nach seiner Meinung verleihen Schwingungen des leuchtenden Körpers kleinen weichen Wirbeln, die zusammengedrückt werden können und alle aus feiner Materie bestehen, Stöße. Wenn man *Malebranche* jedoch gefragt hätte, wie diese kleinen weichen Wirbel das Licht auf unsere Augen übertragen, wie die Sonne ihre Wirkung augenblicklich über so viele kleine Körper, die sich gegenseitig zusammendrücken und von denen eine sehr kleine Anzahl ausreichen würde, diese Wirkung aufzuheben, ausüben kann, wieso sich diese weichen Wirbel, wenn sie sich umeinander drehen, nicht vermengen, warum diese weichen Wirbel elastisch sind und schließlich, weshalb er Wirbel angenommen hat, was hätte Pater *Malebranche* dann geantwortet? Auf welches Fundament hätte er dieses imaginäre Gebäude gestellt? Müssen denn Menschen, die nur von der Wahrheit sprechen, immer nur Romane schreiben?

Woraus besteht also dann die Materie des Lichts? *Aus dem Feuer selbst*, das in einer geringen Entfernung brennt, wenn seine Teilchen weniger fein oder schneller oder stärker verschmolzen sind, und das unsere Augen mild beleuchtet, wenn es von weiter her wirkt, wenn seine Teilchen feiner, langsamer und weniger verschmolzen sind. So würde eine angezündete Kerze das Auge verbrennen, das nur einige Pariser Linien[28] von ihr entfernt ist, und das Auge beleuchten, das einige Zoll entfernt ist. So beleuchten die im Raum der Luft zerstreuten Strahlen der Sonne die Gegenstände und schmelzen Blei und Gold, wenn sie in einem Brennglas zusammengefaßt werden.

Wenn gefragt würde, was Feuer ist, würde ich antworten, daß das ein Element ist, das ich nur durch seine Wirkungen kenne, und ich sage hier, wie im übrigen überall, daß der Mensch keineswegs dazu gemacht ist, die innerste Natur der Dinge zu erkennen, daß er nur berechnen, messen, wiegen und experimentieren kann.

Das Feuer leuchtet nicht immer, und das Licht erhellt nicht immer. Nur das Element Feuer kann jedoch leuchten und brennen. Das Feuer, das weder in einem Eisenstab noch in Holz entwickelt ist, kann weder von der Oberfläche dieses Holzes noch des Eisens Strahlen aussenden. Demzufolge kann es nicht leuchten. Es wird nur leuchten, wenn diese Oberfläche erhitzt wird.

Die Strahlen des Vollmondes ergeben im Brennpunkt eines Brennglases keinerlei fühlbare Wärme, obwohl sie ziemlich viel Licht ergeben. Der Grund dafür ist offensichtlich. Die Wärmegrade stehen immer im Verhältnis zur Dichte der Strahlen. Nun ist aber bewiesen, daß die Sonne bei gleicher Höhe neunzigtausendmal mehr Strahlen aussendet, als der Vollmond am Horizont zu uns reflektiert. Damit die Strahlen des Mondes im Brennpunkt eines Brennglases nur ebenso viel Wärme ergeben wie die Strahlen der Sonne auf gleichem Raum, müßte dieser Brennpunkt neunzigtausendmal mehr Strahlen erhalten als es der Fall ist.

Diejenigen, die aus dem Licht und dem Feuer zwei Wesen machen wollten, haben sich also geirrt, als sie sich darauf beriefen, daß Feuer nicht leuchtet und Licht nicht wärmt. Als ob man aus jeder Sache, die zwei Zwecken dienen kann, auch zwei Wesen machen könnte.

Das Licht wird von der strahlenden Quelle aus in alle Richtungen ausgesandt. Dadurch wird es von allen Seiten wahrgenommen. Es muß also immer – wie es der Geometer tut in Form von Linien betrachtet werden, die vom Mittelpunkt zum Kreisumfang verlaufen. So muß jedes Bündel, jede Anhäufung, jeder Zug von Strahlen, die von der Sonne oder einer beliebigen Lichtquelle ausgehen, als ein Kegel angesehen werden, dessen Grundfläche sich auf unserer Pupille befindet und dessen Spitze im strahlenden Licht liegt.

Diese Lichtmaterie entfernt sich von der Sonne zu uns und zum *Saturn* usw. mit einer Geschwindigkeit, die die Vorstellungskraft in Schrecken versetzt. Aus der Berechnung wissen wir, daß, wenn die Sonne vierundzwanzigtausend Halbmesser von der Erde entfernt ist, das Licht von diesem Gestirn zu uns rund gerechnet tausendmillionen Fuß pro Sekunde zurücklegt. Nun schafft aber eine Kanonenkugel von einem Pfund, die mit einem halben Pfund Pulver abgeschossen wird, in einer Sekunde nur sechshundert Fuß. So ist also die Geschwindigkeit eines Sonnenstrahls rund gerechnet einemillionsechshundertsechzigtausendsechshundertmal größer als die einer Kanonenkugel. Es steht also fest, daß wenn ein Lichtatom nur etwa der einemillionsechshunderttausendste Teil eines Pfundes wäre, daraus notwendigerweise folgen würde, daß die Lichtstrahlen die Wirkung der Kanone haben würden. Und wären sie noch tausendmilliardenmal kleiner, würde ein einziger Moment der Lichtemanation doch alles zerstören, was auf der Oberfläche der Erde lebt. Von welch unfaßbarer Kleinheit müssen also diese Strahlen sein, damit sie in unsere Augen gelangen können, ohne uns zu verletzen?

Die Sonne, die uns die Lichtmaterie in sieben oder acht Minuten zustrahlt, und die Sterne, diese anderen Sonnen, von denen sie in mehreren Jahren zu uns gelangt, geben diese ständig ab, ohne daß sie sich zu erschöpfen scheinen, fast wie das Moschustier, das unaufhörlich um sich herum Duftstoffe ausströmt, ohne wesentlich an Gewicht zu verlieren.

Schließlich steht die Geschwindigkeit, mit der die Sonne ihre Strahlen aussendet, wahrscheinlich im Verhältnis zu ihrer Größe, die diejenige der Erde um etwa eine Million Mal übersteigt, und zu der Geschwindigkeit, mit der sich dieser immense Feuerkörper in fünfundzwanzigeinhalb Tagen um sich selbst dreht.

Wir können bei dieser Gelegenheit aus der Schnelligkeit, mit der die Substanz der Sonne geradlinig zu uns gelangt, schlußfolgern, wie unannehmbar der volle Raum von

Descartes ist. Denn wie könnte erstens eine gerade Linie zu uns durch so viele Millionen in gekrümmter Linie bewegter Materieschichten und durch so viele unterschiedliche Bewegungen gelangen? Wie könnte zweitens ein so feiner Körper den Raum von vierhunderttausendmal dreiunddreißigmillionen Meilen zwischen einem Stern und uns durchlaufen, wenn er in diesem Raum eine widerstandsfähige Materie zu durchdringen hätte? Jeder Strahl müßte in einigen Minuten dreiunddreißigmillionen Meilen feiner Materie vierhunderttausendmal stören.

Beachten Sie auch, daß diese sogenannte feine Materie im absoluten vollen Raum ebenso widerstandsfähig wäre wie die kompakteste Materie. So hätte ein Strahl von einem Stern eine größere Anstrengung zu leisten, als wenn er einen Goldkegel zu durchbohren hätte, dessen Achse Unsummen von Meilen betragen würde.

Zum anderen lehrt uns das Experiment, dieser wahre Meister der Philosophie, daß das Licht, wenn es von einem Element, von einem Milieu in ein anderes gelangt, dahin nicht vollständig gelangt. Ein großer Teil wird, wie wir sagen würden, reflektiert. Die Luft strahlt mehr zurück als sie durchläßt. So wäre es unmöglich, daß irgendwelches Licht von den Sternen zu uns gelangt, es wäre vollständig absorbiert, vollständig zurückgestrahlt, bevor nur ein einziger Strahl bis zur Hälfte unserer Atmosphäre gelangen konnte. Und was wäre, wenn dieser Strahl noch so und so viele andere Atmosphären zu durchlaufen hätte? In den Kapiteln, in denen wir die Grundursachen der Gravitation erklären, werden wir jedoch eine Vielzahl von Argumenten sehen, die beweisen, daß dieser sogenannte volle Raum ein Roman war.

Halten wir hier einen Augenblick inne, um zu sehen, wie langsam sich die Wahrheit bei den Menschen durchsetzt. Vor nahezu fünfzig Jahren hatte *Römer* durch die Beobachtungen der Verfinsterungen der *Jupiter*monde bewiesen, daß das Licht von der Sonne zur Erde in etwa siebeneinhalb Minuten ausgestrahlt wird. In mehreren Physikbüchern wird jedoch nicht nur immer noch das Gegenteil unterstützt, sondern da heißt es zum Beispiel in einer dreibändigen, aus den Untersuchungen aller Akademien Europas zusammengestellten Sammlung, die 1730 gedruckt wurde, Seite 35, Band I: "Es wurde behauptet, daß von einem Lichtkörper wie der Sonne ein kontinuierliches Fließen einer Unendlichkeit kleiner merklicher Teilchen ausginge, die das Licht bis zu unseren Augen trügen. Diese Meinung, die noch ein wenig den Charakter der alten Philosophie hat, ist jedoch nicht haltbar."[29] Diese Meinung wurde jedoch auf mehr als eine Weise bewiesen und sie hat durchaus nicht den Charakter der alten Philosophie, sondern sie ist dieser direkt entgegengesetzt. Denn was könnte bedeutungslosen Worten stärker entgegengesetzt sein als Messungen, Berechnungen und Experimente?

Es erhoben sich weitere Gegner, die diese Wahrheit von der Ausstrahlung und Ausbreitung des Lichts mit den gleichen Waffen angriffen, mit denen Menschen früher eher aufgrund ihres Ansehens als infolge ihrer Aufgeklärtheit gebieterisch und so vergebens die Ansicht *Galileis* über die Bewegung der Erde anzugreifen wagten.

Diejenigen, die Vernunft durch Autorität bekämpfen, benutzen die Heilige Schrift, die uns lehren soll, ein tugendhaftes Leben zu führen, dazu, aus ihr Lehren für die Philosophie zu ziehen. *Pluche* hat wahrhaftig aus *Moses* einen Physiker gemacht. Wenn das Einfalt ist, ist er zu beklagen. Wenn er glaubt, mit diesem groben Trick Abscheu gegenüber denjenigen erregen zu können, die nicht seiner Meinung sind, ist er noch mehr zu beklagen.

Ignoranten sollten sich daran erinnern, daß diejenigen, die *Galilei* unter einem ähnlichen Vorwand verurteilt haben, ihr Vaterland mit einer Schande bedeckt haben, die nur der Name *Galilei* tilgen kann. Sie sagen, daß man glauben müsse, daß das Tageslicht nicht von der Sonne kommt, denn nach der Entstehungsgeschichte schuf GOTT das Licht vor der Sonne.

Diese Herren bedenken jedoch nicht, daß GOTT nach der Entstehungsgeschichte sofort Licht und Finsternis voneinander schied und das Licht *Tag* und die Finsternis *Nacht* nannte und einen Tag aus Abend und Morgen zusammensetzte usw. usf., und alles das, bevor er die Sonne schuf. Nach Meinung dieser Physiker könnte also die Sonne keinen Tag und die untergegangene Sonne keine Nacht bewirken.

Sie fügen noch hinzu, daß GOTT die Wasser voneinander schied, und sie meinen damit Meer und Wolken. Nach ihrer Ansicht dürften jedoch die Dämpfe, die die Wolken bilden, nicht, wie es der Fall ist, von der Sonne angezogen werden. Denn nach der Entstehungsgeschichte wurde die Sonne erst geschaffen, nachdem die unteren und oberen Wasser voneinander geschieden waren. Nun geben sie aber zu, daß diese oberen Wasser von der Sonne angezogen werden. Damit befinden sie sich also in Widerspruch mit sich selbst. Veneinen sie die Bewegung der Erde, weil *Josua* der Sonne befahl, stillzustehen? Werden sie die Entwicklung der Keime in der Erde veneinen, weil gesagt ist, daß das Korn verfaulen soll, bevor es zu keimen beginnt? Mit allen verständigen Menschen müssen sie also anerkennen, daß keine physikalischen Wahrheiten in der Bibel zu suchen sind und daß wir daraus lernen müssen, besser zu werden, und nicht, die Natur zu erkennen.

Kapitel III Die Eigenschaft des Lichts zurückzustrahlen war nicht wirklich bekannt; es wird keineswegs, wie man glaubte, von den festen Teilen der Körper reflektiert

Kein ebener Körper. Licht wird nicht von den festen Teilchen reflektiert. Entscheidende Experimente. Wie und in welcher Richtung das Licht selbst aus dem leeren Raum zurückstrahlt. Wie damit experimentiert wird. Schlußfolgerung dieses Experiments. Je kleiner die Poren sind, umso mehr Licht wird durchgelassen. Mangelhafte Einwände gegen diese Wahrheiten.

Nachdem wir wissen, was Licht ist, woher es zu uns kommt, wie und in welcher Zeit es zu uns gelangt, betrachten wir seine Eigenschaften und seine bis heute unbekannten Wirkungen. Die erste dieser Wirkungen besteht darin, daß es von der festen Oberfläche aller Gegenstände zurückgeworfen zu werden scheint, um deren Abbild an unsere Augen zu übertragen.

Alle Menschen, alle Philosophen, sowohl *Descartes* als auch *Malebranche*, und diejenigen, die sich am weitesten von den allgemein verbreiteten Gedanken entfernt haben, haben gleicherweise geglaubt, daß die Strahlen von den festen Oberflächen der Körper an uns zurückgestrahlt werden. Je ebener und fester eine Fläche ist, umso besser, wird gesagt, wirft sie das Licht zurück. Je mehr weite und gerade Poren ein Körper hat, umso mehr Strahlen überträgt er durch dessen Substanz. So wirft der polierte Spiegel, dessen Hintergrund mit einer Quecksilberschicht bedeckt ist, alle Strahlen an uns zurück. So läßt dieser gleiche Spiegel ohne Quecksilber, der gerade und weite Poren in großer Zahl hat, einen Teil der Strahlen durch. Je mehr weite und gerade Poren ein Körper hat, umso durchlässiger ist er. So der Diamant und so auch das Wasser, wurde gesagt. Das sind die allgemein angenommenen Vorstellungen, die von niemanden in Zweifel gezogen wurden. Alle diese Vorstellungen sind jedoch völlig falsch, so wie das Wahrscheinliche oft am weitesten von der Wahrheit entfernt ist. Die Philosophen haben hier den gleichen Fehler begangen, wie der gemeine Mann aus dem Volke, wenn er denkt, daß die Sonne nicht größer ist als er sie mit eigenen Augen zu sehen scheint. Darin bestand der Irrtum der Philosophen.

Es gibt keinerlei Körper, dessen Oberfläche wir wirklich ebnen könnten. Viele Flächen scheinen uns jedoch eben und vollkommen glatt zu sein. Weshalb sehen wir etwas als glatt und eben an, das es nicht ist? Die glatteste Fläche ist im Vergleich zu den kleinen Körpern, aus denen das Licht besteht, nur eine Anhäufung von Bergen, Vertiefungen, und Zwischenräumen, so wie die feinste Nadelspitze in Wirklichkeit von Erhebungen und Unebenheiten, die durch das Mikroskop entdeckt werden, strotzt. Alle Lichtstrahlenbündel, die auf diese Unebenheiten fallen, würden so reflektiert werden, wie sie eingefallen sind. Wenn sie also ungleich eingefallen sind, würden sie niemals regelmäßig reflektiert werden. Man könnte sich also nie in einem Spiegel sehen. Außerdem hat das Glas wahrscheinlich tausendmal mehr Poren als Materie. Jeder Punkt der Oberfläche wirft jedoch Strahlen zurück. Sie werden also gar nicht vom Glas zurückgeworfen.

Das Licht, das uns unser Bild von der Vorderseite eines Spiegels übermittelt, stammt also mit Sicherheit nicht von den festen Teilchen der Oberfläche dieses Spiegels. Es stammt auch nicht von den hinter diesem Spiegel befindlichen festen Quecksilber- und Zinnteilchen. Diese Teilchen sind nicht ebener und nicht glatter als der Spiegel selbst. Die festen Zinn- und Quecksilberteilchen sind unvergleichlich größer, breiter als die festen Teilchen, aus denen das Licht besteht, wenn die kleinen Lichtteilchen also auf diese großen Quecksilberteilchen auftreffen, werden sie nach allen Seiten zerstreut, wie Schrotkorn, das auf Mauerwerk trifft. Welche unbekannte Kraft bewirkt also, daß das Licht regelmäßig an uns zurückgestrahlt wird? Es ist bereits klar, daß es nicht von den Körpern zurückgestrahlt wird. So wird eine Sache, die den Menschen völlig bekannt und unumstößlich zu sein schien, zu einem größeren Mysterium als einst die Schwere der Luft. Untersuchen wir dieses Problem der Natur. Unser Erstaunen wird sich verdoppeln. Man ist hier, will man sich bilden, vor Überraschungen nicht sicher.

Setzen Sie in einem dunklen Zimmer das Prisma AB *(Fig. 2)* den Sonnenstrahlen aus, so daß die zu der Fläche B gelangten Lichtstrahlen mit der Senkrechten P einen Winkel von mehr als vierzig Grad bilden. Die meisten dieser Strahlen gelangen dann jenseits von B nicht mehr in die Luft. Sie kehren alle im Augenblick ihres Austritts in den Kristall zurück. Sie kehren, wie Sie sehen, zurück und beschreiben dabei eine unmerkliche Krümmung. Mit Sicherheit wurden sie nicht von der festen Fläche der Luft in das Glas zurückgedrängt. Zuvor, als die Strahlen nicht so schräg einfielen, gelangten mehrere in die Luft. Warum wird also bei einer Neigung von vierzig Grad und neunzehn Minuten der größte Teil dieser Strahlen nicht durchgelassen? Finden sie bei diesem Grad einen größeren Widerstand, mehr Materie in der Luft als in dem Kristall, durch den sie hindurchgetreten sind? Finden sie in der Luft bei vierzigeindrittel Grad mehr feste Teilchen in der Luft als bei vierzig Grad? Die Luft ist etwa zweitausendvierhundertmal dünner, leichter, weniger fest als der Kristall. Diese Strahlen hätten sich also in der Luft zweitausendvierhundertmal leichter bewegen müssen als in der Dicke des Kristalls. Trotz dieser erstaunlichen scheinbaren Leichtigkeit, wurden sie zurückgedrängt und das also durch eine Kraft, die hier zweitausendvierhundertmal stärker als die Luft ist. Sie wurden also nicht durch die Luft zurückgedrängt. Die Strahlen werden also nicht, um es zu wiederholen, von den festen Teilchen der Körper reflektiert. Das Licht wird so wenig von den festen Teilchen der Körper zurückgestrahlt, daß es tatsächlich bisweilen aus dem leeren Raum zurückstrahlt. Diese Tatsache verdient große Aufmerksamkeit.

Sie haben gesehen, daß das Licht, das in einem Winkel von vierzig Grad und neunzehn Minuten auf einen Kristall fällt, fast vollständig von der Fläche der Luft, auf die es an der jenseitigen Fläche dieses Kristalls trifft, zurückgestrahlt wird, daß wenn das Licht in einem Winkel einfällt, der auch nur um eine einzige Minute kleiner ist, noch weniger aus dieser Fläche in die Luft gelangt.

Newton hat versichert, daß dann, wenn man das Geheimnis finden würde, die Luft unterhalb dieses Kristalls zu beseitigen, keine Strahlen mehr hindurchgelangen würden und daß das gesamte Lieht reflektiert würde. Ich habe das Experiment gemacht. Ich ließ ein ausgezeichnetes Prisma in die Mitte einer Kupferplatte einsetzen. Ich brachte diese Platte oben in einen offenen Behälter, der sich auf der Luftpumpe befand. Ich ließ die Pumpe in mein dunkles Zimmer bringen. Dort fiel das Licht durch ein Loch in dem gewünschten Winkel auf das Prisma. Ich pumpte die Luft sehr lange ab. Die Anwesenden sahen, daß in dem Maße, wie die Luft abgepumpt wurde, immer weniger Licht und schließlich fast gar keins mehr in den Behälter gelangte. Mit großer Genugtuung wurde festgestellt, wie das Licht vollständig vom Prisma am Boden reflektiert wurde.

Das Experiment beweist also, daß das Licht in diesem Falle aus dem leeren Raum zurückstrahlt. Es ist jedoch bekannt, daß dieser leere Raum keine Wirkung haben kann. Was kann also aus diesem Experiment geschlußfolgert werden? Zwei sehr greifbare Dinge. Erstens, daß die Oberfläche der festen Körper kein Licht zurückstrahlt. Zweitens, daß in den festen Körpern eine unbekannte Kraft enthalten ist, die auf das Licht einwirkt. Und diese zweite Eigenschaft werden wir untersuchen.

Es geht hier nur darum zu beweisen, daß das Licht nicht von den festen Teilchen reflektiert wird. Hier noch ein Beweis dieser Wahrheit. Jeder undurchsichtige Körper, der auf ein dünnes Plättchen reduziert wurde, läßt durch seine Substanz Strahlen einer bestimmten Art hindurchtreten und reflektiert andere. Wenn das Licht von den Körpern zurückgestrahlt würde, würden nun aber alle Strahlen, die gleicherweise auf diese Plättchen fallen, von diesen Plättchen reflektiert. Schließlich werden wir sehen, daß ein so erstaunliches Paradoxon nie in unterschiedlicherer Art bewiesen wurde. Beginnen wir also, uns mit diesen Wahrheiten vertraut zu machen.

1. Dieses Licht, von dem man glaubte, daß es von der festen Oberfläche der Körper reflektiert würde, strahlt tatsächlich zurück, ohne daß es diese Oberfläche berührt hat.

2. Das Licht wird nicht von der Rückseite eines Spiegels durch die feste Oberfläche des Quecksilbers zurückgestrahlt, sondern es wird von innerhalb der Poren des Spiegels und auch der Poren des Quecksilbers zurückgestrahlt.

3. Die Poren dieses Quecksilbers müssen nicht, wie bisher angenommen wurde, sehr klein sein, um das Licht zu reflektieren. Ganz im Gegenteil, sie müssen weit sein.

Leute, die sich mit dieser Philosophie nicht eingehend beschäftigt haben, werden erneut überrascht sein, wenn sie hören, daß das Geheimnis, einen Körper undurchsichtig zu machen, oft darin besteht, seine Poren zu erweitern und daß er durchsichtig gemacht werden kann, wenn diese verengt werden. Es hat den Anschein, als ob die Ordnung der Natur vollständig verkehrt wäre. Das, was die Undurchsichtigkeit zu bewirken schien, bewirkt gerade die Durchsichtigkeit, und das, was die Körper durchsichtig zu machen schien, macht sie undurchsichtig. Nichts ist jedoch so wahr, und das einfachste Experiment beweist das. Ein trockenes Papier, dessen Poren sehr weit sind, ist undurchsichtig. Kein Lichtstrahl dringt hindurch. Verengen Sie diese Poren, indem Sie es mit Wasser oder Öl tränken, und es wird durchsichtig. Dasselbe geschieht bei Leinwand sowie bei Salz.

Man sollte der Öffentlichkeit sagen, daß ein Mann, der jüngst eher mit Arroganz und Geringschätzung als in Kenntnis der Dinge gegen diese Wahrheiten geschrieben hat, *Newton* aufgrund dieser Entdeckungen lächerlich machen wollte.[30] "Wenn das Geheimnis", so sagt er, "einen Körper durchsichtig zu machen, darin besteht, seine Poren zu verengen, sollte man, um mehr Licht in seinem Zimmer zu haben, die Fenster verkleinern usw." Ich antworte darauf, daß es unanständig ist, den Scherzbold zu spielen und sich gleichzeitig als Philosoph auszugeben, und daß es ein schwieriges

Unterfangen ist, *Newton* lächerlich machen zu wollen. Ich antworte vor allem darauf, dieser üble Scherzbold sollte bedenken, daß allerdings weite Öffnungen, in die kein Licht mehr einfallen würde, kein Licht zurückgeben würden und daß uns ein dünner Körper mit einer Unendlichkeit kleiner Löcher, die der Sonne ausgesetzt sind, stark beleuchtet. Geöltes Papier, feuchtes Leinen sind zum Beispiel dünne Körper, deren Öl oder Wasser die Poren verengt und begradigt haben, so daß das Licht durch diese geraderen Poren durchtritt. Es tritt jedoch keineswegs durch die größten Siebe hindurch, die sich kreuzen und die Strahlen auffangen. Bevor man sich lustig macht, sollte man erst einmal sicher sein, daß man recht hat.

Die mangelhaften Einwände und die schlechten Späße, die in Frankreich mit den bewundernswerten Entdeckungen *Newtons* gemacht wurden, wären die Schande der Nation, wenn diejenigen, die sie gemacht haben, nicht die Schande der Philosophie wären.

Kehren wir zu unserem Gegenstand zurück und fassen wir zusammen, daß es also unbekannte Ursachen gibt, die diese Wunder bewirken, die bewirken, daß das Licht zurückstrahlt, bevor es eine Fläche berührt hat, die es von den Poren des transparenten Körpers zurückwerfen, die es selbst aus der Mitte des leeren Raums zurückführen. Wir sind unweigerlich gezwungen, diese Tatsachen, unabhängig von ihrer Ursache, anzunehmen.

KAPITEL IV Über die Spiegel, über die Teleskope: Ursachen, die von den Mathematikern für die Geheimnisse des Sehens angegeben werden; daß diese Ursachen nicht ausreichend sind

Planspiegel. Konvexer Spiegel. Konkaver Spiegel. Geometrische Erklärungen für das Sehen. Keine unmittelbare Beziehung zwischen den Gesetzen der Optik und unseren Empfindungen. Beispiel zum Beweis.

Die Strahlen, die eine bis heute unbekannte Kraft von der Oberfläche eines Spiegels, ohne daß sie dabei diese Oberfläche berühren, und von den Poren dieses Spiegels, ohne daß sie dabei die festen Teilchen berühren, zurückstrahlen läßt, kehren zu unseren Augen in der gleichen Richtung zurück, in der sie zu diesem Spiegel gelangt sind. Wenn Sie Ihr Gesicht betrachten, kehren die von Ihrem Gesicht parallel und senkrecht zum Spiegel ausgegangenen Strahlen dorthin wie ein Ball zurück, der senkrecht zum Boden zurückprallt.

Wenn Sie in diesem Spiegel *m (Fig. 3)* einen Gegenstand betrachten, der sich neben Ihnen wie A befindet, dann passiert mit den von diesem Gegenstand ausgegangenen Strahlen das gleiche wie mit einem Ball, der in B, wo sich Ihr Auge befindet, zurückprallt. Das ist der Einfallswinkel, der gleich dem Reflexionswinkel ist. Die Linie AC ist die Einfallslinie. Die Linie CB ist die Reflexionslinie. Es ist hinreichend bekannt und durch einfache Darlegung zu beweisen, daß diese Linien gleiche Winkel auf der Oberfläche des Spiegels bilden. Weshalb sehe ich dann den Gegenstand weder in A, wo er sich befindet, noch in C, von wo die Strahlen zu meinen Augen ausgehen, sondern in D, hinter dem Spiegel?

Die Geometrie sagt Ihnen *(Fig. 4)*: Weil der Einfallswinkel gleich dem Reflexionswinkel ist. Weil Ihr Auge in B den Gegenstand nach D versetzt. Weil die Gegenstände auf Sie nur in gerader Linie einwirken können und weil die in Ihrem Auge B bis hinter den Spiegel in O fortgeführte gerade Linie ebenso lang ist wie die Linie AC und die Linie CB zusammengenommen. Schließlich sagt sie Ihnen noch: Sie sehen die Gegenstände immer nur von dem Punkt an, an dem die Strahlen zu divergieren beginnen. Dieser Spiegel sei *mi*. Die Strahlenbündel, die von dem Punkt des Gegenstands A ausgehen, beginnen zu divergieren, sobald sie vom Gegenstand ausgehen. Sie kommen auf der Oberfläche des Spiegels an. Hier fällt jeder dieser Strahlen ein, wird abgelenkt und auf das Auge reflektiert. Das Auge überträgt sie auf die Punkte DD am Ende der geraden Linien, wo sich die gleichen Strahlen treffen würden. Wenn sie sich in den Punkten DD treffen, würden diese Strahlen jedoch das gleiche tun wie in den Punkten AA. Sie würden zu divergieren beginnen. Sie sehen also den Gegenstand AA in den Punkten DD.

Diese Winkel und Linien dienen zweifelsohne dazu, Ihnen eine Einsicht in dieses Phänomen der Natur zu geben. Sie können Ihnen jedoch keineswegs den wirksamen physikalischen Grund nennen, weshalb Ihre Seele ohne Zaudern diesseits und jenseits des Spiegels den gleichen Abstand des Objekts beachtet. Diese Linien stellen dar, was passiert, sie lehren Sie jedoch nicht, weshalb es passiert.[10]

Wenn Sie wissen wollen, wie ein konvexer Spiegel die Gegenstände verkleinert und wie ein konkaver Spiegel diese vergrößert: Die Einfalls- und Reflexionslinien liefern Ihnen dafür den gleichen Grund.

Es wird gesagt, daß der Strahlenkegel, der von den Punkten AA an divergiert *(Fig. 5)* und der auf den konvexen Spiegel auffällt, hier Einfallswinkel gleich den Reflexionswinkeln bildet, deren Linien in Ihr Auge gelangen. Diese Winkel sind nun aber kleiner, als wenn sie auf eine ebene Fläche aufgetroffen wären. Wenn also angenommen wird, daß sie durch B verlaufen, konvergieren sie hier früher. Der Gegenstand, der sich in BB befindet, wäre also kleiner. Nun überträgt Ihr Auge den Gegenstand in BB, an die Stellen, an denen die Strahlen beginnen würden zu divergieren. Der Gegenstand muß Ihnen also kleiner erscheinen, als er es tatsächlich in dieser Abbildung ist. Aus dem gleichen Grund, aus dem er Ihnen kleiner erscheint, erscheint er Ihnen näher, da die Punkte, zu denen die Strahlen BB gelangen würden, näher als die Strahlen AA am Spiegel liegen.

Wegen der Umkehr ins Gegenteil müssen Sie Gegenstände in einem konkaven Spiegel größer und weiter entfernt sehen, wenn Sie den Gegenstand sehr nahe an den Spiegel bringen *(Fig. 6)*. Denn da die Kegel der Strahlen AA am Spiegel an den Punkten divergieren, an denen diese Strahlen auftreffen, während sie, wenn sie durch diesen Spiegel reflektiert würden, erst in BB vereinigt werden. Sie sehen sie also in BB. Nun ist BB aber größer und weiter vom Spiegel entfernt als AA. Also sehen Sie den Gegenstand größer und weiter entfernt.

Das ist eine ganz allgemeine Darstellung dessen, was in den an Ihre Augen zurückgestrahlten Strahlen geschieht. Der einfache Grundsatz, daß der Einfallswinkel immer gleich dem Reflexionswinkel ist, ist die Hauptgrundlage aller Geheimnisse der Katoptrik.

Jetzt soll in Erfahrung gebracht werden, wie Fernrohre Gegenstände vergrößern und Abstände verkleinern können und warum Sie die sich in Ihren Augen umgekehrt darstellenden Gegenstände trotzdem so sehen, wie sie sind.

Über Größen und Entfernungen lehrt Sie die Mathematik folgendes: je größer der Winkel ist, den ein Gegenstand in Ihrem Auge bildet, umso größer scheint Ihnen der Gegenstand zu sein. Nichts ist einfacher. Diese Linie HK, die Sie in einer Entfernung von einhundert Schritt sehen, bildet im Auge A einen Winkel *(Fig. 7)*. Auf zweihundert Schritt Entfernung bildet sie im Auge B einen Winkel, der um die Hälfte kleiner ist. Der Winkel, der auf Ihrer Netzhaut gebildet wird und für den Ihre Netzhaut die Basis bildet, ist gleich dem Winkel, für den der Gegenstand die Basis bildet. Das sind Scheitelwinkel. Nach den Grundbegriffen der Elemente der Geometrie sind sie also gleich. Wenn der im Auge A gebildete Winkel doppelt so groß wie der im Auge B

[10] Diese Erklärung zeigt, daß wir den Gegenstand AA genau so sehen, wie wir einen ähnlichen in DD befindlichen Gegenstand sehen würden, wenn es keinen Spiegel gäbe. Wir übertragen ihn also an diesen Punkt, weil der Eindruck der gleiche ist, als wenn wir ihn wirklich sehen würden. Dieses geheime Urteil der Seele, das uns den Ort der Gegenstände aus dem Eindruck folgen läßt, den sie auf unsere Sinne machen, wurde aufgrund des direkten Sehvermögens gebildet, und demzufolge müssen wir urteilen, als ob dieses immer noch fortbestehen würde.

gebildete Winkel ist, muß dieser Gegenstand dem Auge A einmal größer als dem Auge B erscheinen.

Damit nun das Auge in B den Gegenstand ebenso groß sieht wie das Auge in A, muß so verfahren werden, daß dieses Auge B einen ebenso großen Winkel wie das Auge A empfängt, dessen Winkel doppelt so nah ist. Diese Wirkung wird durch die optischen Gläser eines Teleskops erzeugt *(Fig. 8)*. Der Einfachheit halber verwenden wir hier nur ein optisches Glas I und nehmen an, daß es die Wirkung mehrerer kombinierter Gläser erzeugt. Der Gegenstand HK gibt seine Strahlen an dieses Glas ab. Sie vereinigen sich in einiger Entfernung vom Glas. Stellen wir uns ein so geschliffenes Glas vor, daß sich diese Strahlen kreuzen und im Auge in C einen Winkel bilden, der ebenso groß ist wie der des Auges in A *(Fig. 7)*, wobei das Auge, wie man uns sagt, nach diesem Winkel urteilt. Es sieht also den Gegenstand in der gleichen Größe wie ihn das Auge in A sieht. In A sieht es ihn jedoch in einhundert Schritt Entfernung. In C, wo es den gleichen Winkel empfängt, sieht es ihn also immer noch wie auf einhundert Schritt Entfernung, jedoch nur weniger hell, weil die gleiche Menge Licht im Auge über einen größeren Raum wirkt. Die Punktlinien geben hier den Winkel an, in dem der Gegenstand gesehen worden wäre, wenn kein Glas zwischengeschaltet worden wäre. Die Wirkung von Brillengläsern, der Mikroskope und der diversen Teleskope, die die Gegenstände vergrößern, besteht also ausschließlich darin, daß die Dinge in einem kleineren Winkel gesehen werden.

Der Gegenstand AB *(Fig. 9)* wird mit Hilfe dieses Glases im Winkel DCD gesehen, der größer ist als der Winkel ACB.

Sie möchten von den Gesetzmäßigkeiten der Optik noch wissen, warum Sie die Gegenstände in ihrer Lage sehen, obwohl sie umgekehrt auf unserer Netzhaut dargestellt werden? Der Strahl, der vom Kopf dieses Mannes A *(Fig. 10)* ausgeht, gelangt zum untersten Punkt Ihrer Netzhaut A, seine Füße B werden durch die Strahlen BB im obersten Punkt Ihrer Netzhaut B gesehen. So wird dieser Mann auf dem Hintergrund Ihrer Augen wirklich mit dem Kopf nach unten und den Beinen nach oben wiedergegeben. Warum sehen Sie also diesen Mann nicht umgekehrt, sondern aufrecht stehend und so, wie er ist?

Um diese Frage zu lösen, bedient man sich des Vergleichs mit dem Blinden, der Stöcke über Kreuz hält, mit denen er sehr gut die Lage der Gegenstände errät. Denn da der sich links befindende Punkt mit Hilfe des Stockes mit der rechten Hand gefühlt wird, erkennt er ihn sehr schnell links und den Punkt, den seine linke Hand mittels des anderen Stockes gefühlt hat, erkennt er ohne sich zu irren rechts. Alle Lehrer der Optik sagen uns also, daß der untere Teil des Auges sofort seine Empfindung auf den oberen Teil des Gegenstands überträgt und daß der obere Teil der Netzhaut ebenso natürlich die Empfindung auf den unteren Teil überträgt. So ist der Gegenstand in seiner wirklichen Lage zu sehen.[11]

[11] M. Abbé *Rochon* hat mittels des Experiments exakt nachgewiesen, daß wir nach der scharfsinnigen Mutmaßung von M. *d'Alembert* die Gegenstände in Richtung der vom Gegenstand zum Hintergrund des Auges geführten Senkrechten sehen. Daraus ergibt sich, daß wir nach oben den Gegenstand übertragen müssen, dessen Abbildung unten im Auge gebildet wird, und nach unten denjenigen, dessen Abbildung oben im Auge gebildet wird. Ein Urteil der Seele ist also nicht erfor-

Aber auch wenn Sie genau über alle diese Winkel und alle diese mathematischen Linien, über die der Weg des Lichts bis zum Hintergrund des Auges verfolgt wird, Bescheid wissen, dann glauben Sie deshalb nur nicht, daß Sie wüßten, wie Sie die Größen, die Entfernungen, die Lage der Dinge wahrnehmen. Die geometrischen Proportionen dieser Winkel und dieser Linien stimmen zwar, der Zusammenhang zwischen ihnen und unseren Empfindungen ist jedoch genau so groß wie zwischen dem Schall, den wir hören, und der Größe, der Entfernung und der Lage seiner Quelle. Der Schall trifft auf mein Ohr, ich höre Töne und nicht mehr. Durch das Sehen wird mein Auge in Bewegung versetzt. Ich sehe Farben und nicht mehr. Die Proportionen dieser Winkel und dieser Linien können jedoch keinesfalls die unmittelbare Ursache des Urteils sein, das ich mir von den Gegenständen mache, ja in mehreren Fällen stimmen diese Proportionen nicht einmal mit der Art und Weise überein, in der wir die Gegenstände sehen. Zum Beispiel wird ein auf vier Schritt und auf acht Schritt gesehener Mann in der gleichen Größe gesehen. Die Abbildung dieses Menschen auf Ihrem Auge ist jedoch bei vier Schritt, von sehr wenigen Einzelheiten abgesehen, doppelt so groß wie bei acht Schritt. Die Winkel sind unterschiedlich, und Sie sehen den Gegenstand immer gleich groß. Dieses eine Beispiel, das unter mehreren ausgewählt wurde, zeigt also deutlich, daß diese Winkel und diese Linien keineswegs die unmittelbare Ursache für die Art und Weise sind, in der wir sehen.

Bevor ich also die Forschungen fortsetze, die wir über das Licht und über die mechanischen Gesetze der Natur begonnen haben, lassen Sie mich hier sagen, wie die Vorstellungen von den Entfernungen, den Größen und der Lage der Gegenstände in unserer Seele aufgenommen werden. Diese Untersuchung wird uns einiges Neues und Wahres bringen, die einzige Entschuldigung für ein Buch.

derlich, um die Abbildungen der Gegenstände aufzurichten, obwohl es notwendig sein kann, um uns zu lehren, sie ganz allgemein an einen bestimmten Ort des Raumes zu bringen.

KAPITEL V Wie wir Entfernungen, Größen, Figuren, Lagen erkennen

Weder mit Hilfe von Winkeln noch von optischen Linien können wir Entfernungen erkennen. Beispiel zum Beweis. Optische Linien teilen uns weder die Größe noch die Figuren mit. Beispiel zum Beweis. Experimenteller Beweis des von Cheselden geheilten Blindgeborenen. Wie wir Entfernungen und Größen erkennen. Beispiel. Wir lernen zu sehen, wie wir zu lesen lernen. Der Gesichtssinn kann keine Informationen über die Ausdehnung geben.

Beginnen wir mit der Entfernung. Es ist klar, daß sie nicht direkt durch sich selbst wahrgenommen werden kann, denn die Entfernung ist nur eine Linie vom Gegenstand bis zu uns. Diese Linie endet in einem Punkt, und unabhängig davon, ob sich der Gegenstand in einer Entfernung von eintausend Meilen oder von einem Fuß befindet, ist dieser Punkt immer derselbe. Wir haben also kein direktes Mittel, um die Entfernung sofort wahrzunehmen, so wie wir zum Beispiel durch Fühlen feststellen können, ob ein Körper hart oder weich ist, durch den Geschmack, ob er süß oder bitter ist, durch Hören, ob von zwei Tönen einer tief und der andere hoch ist. Denn, und das möge man beachten, die Teile eines Körpers, die unter meinem Finger nachgeben, sind die nächste Ursache für meine Empfindung von Weichheit, und die vom Schallkörper angeregten Schwingungen der Luft sind die nächste Ursache für meine Schallempfindung. Wenn ich so nun aber direkt keine Vorstellung von der Entfernung haben kann, muß ich also diese Entfernung über eine andere Zwischenvorstellung erkennen. Es ist jedoch zumindest erforderlich, daß ich diese Zwischenvorstellung wahrnehme, denn eine Vorstellung, die ich nicht habe, kann sicher nicht dazu dienen, daß ich mir davon eine weitere machen kann. Man sagt, daß sich jenes Haus in einer Entfernung von einer Meile von jenem Fluß befindet. Wenn ich jedoch nicht weiß, wo dieser Fluß ist, dann weiß ich sicher auch nicht, wo dieses Haus ist. Ein Körper gibt leicht dem Eindruck meiner Hand nach. Ich schließe sofort auf seine Weichheit. Ein anderer leistet Widerstand. Ich empfinde sofort seine Härte. Ich müßte also die in meinem Auge gebildeten Winkel empfinden, um sofort auf die Entfernungen der Gegenstände schließen zu können. Die meisten Menschen wissen jedoch nicht einmal, daß es diese Winkel gibt. Es ist also eindeutig, daß diese Winkel nicht die unmittelbare Ursache dafür sein können, daß Sie Entfernungen erkennen.

Derjenige, der zum ersten Mal in seinem Leben den Lärm einer Kanone oder den Klang eines Konzertes hört, könnte in einer Entfernung von einer Meile oder von dreißig Schritt nicht unterscheiden, ob eine Kanone abgeschossen oder ein Konzert gespielt wird. Nur die Erfahrung könnte ihn daran gewöhnen, die Entfernung zu beurteilen, die zwischen ihm und der Stelle liegt, von der dieses Geräusch ausgeht. Die Schwingungen, die Wellenbewegungen der Luft tragen einen Ton an seine Ohren oder besser zu seiner Seele. Dieses Geräusch sagt seiner Seele nicht mehr über die Stelle, an der das Geräusch beginnt, als es über die Form der Kanone oder der Musikinstrumente aussagt. Genauso ist es mit den Lichtstrahlen, die von einem Gegenstand ausgehen. Sie sagen uns nichts darüber, wo sich dieser Gegenstand befindet.

Sie geben uns auch nicht die Größen, noch die Figuren zu erkennen. Ich sehe von weitem einen kleinen runden Turm, Ich gehe näher und nehme ein großes, viereckiges Gebäude wahr, das ich berühre. Gewiß ist das, was ich sehe und berühre, nicht das, was ich sah. Dieser kleine runde Gegenstand, den ich mit meinen Augen gesehen habe, ist nicht dieses quadratische Gebäude. Der meßbare und berührbare Gegenstand ist also, auf uns bezogen, die eine Sache und der sichtbare Gegenstand die andere. Ich höre in meinem Zimmer das Geräusch einer Karosse. Ich öffne das Fenster und ich sehe sie. Ich gehe hinunter und steige ein. Nun sind aber die Karosse, die ich gehört habe, die Karosse, die ich gesehen habe und die Karosse, die ich berührt habe, drei absolut unterschiedliche Gegenstände von dreien meiner Sinne, die keine unmittelbare Beziehung miteinander haben.

Es geht noch weiter: Es ist bewiesen, wie ich gesagt habe, das sich in meinem Auge ein doppelt so großer Winkel oder, um es genauer zu sagen, ein doppelter scheinbarer Durchmesser bildet, wenn ich einen Menschen in einer Entfernung von vier Fuß oder wenn ich den gleichen Menschen in einer Entfernung von acht Fuß sehe. Trotzdem sehe ich diesen Menschen immer in der gleichen Größe, Wieso straft meine Empfindung so den Mechanismus meiner Organe Lügen? Der Gegenstand ist wirklich in meinen Augen einmal kleiner, und ich sehe ihn einmal größer. Dieses Geheimnis durch den Weg oder durch die Form der Linse in unseren Augen erklären zu wollen ist vergebens. Unabhängig von der Annahme, von der ausgegangen wird, ist der Winkel, in dem ich einen Menschen in einer Entfernung von vier Fuß sehe, immer doppelt so groß wie der Winkel, in dem ich ihn in acht Fuß Entfernung sehe. Die Geometrie wird dieses Problem nie lösen. Die Physik ist dazu ebenfalls nicht in der Lage. Denn es ist einfach anzunehmen, daß das Auge eine neue Form annimmt, daß die Linse vortritt, daß der Winkel zunimmt. Alles das geschieht in gleicher Weise auch bei dem Gegenstand, der sich in einer Entfernung von acht Schritt, und bei dem Gegenstand, der sich in einer Entfernung von vier Schritt befindet. Die Proportion ist immer die gleiche. Wenn Sie den Gegenstand in acht Schritt Entfernung in einem um die Hälfte größeren Winkel sehen, sehen Sie auch den Gegenstand in acht Schritt Entfernung in einem um etwa die Hälfte größeren Winkel. Weder die Geometrie, noch die Physik können also diese Schwierigkeiten erklären.

Diese geometrischen Linien und Winkel sind genausowenig die wirkliche Ursache dafür, daß wir die Gegenstände an ihrer Stelle sehen, wie dafür, daß wir sie in jener Größe und in jener Entfernung sehen. Der Mensch beachtet nicht, ob sich irgendein Teil unten im Auge abzeichnet. Er überträgt nichts auf Linien, die er nicht sieht. Das Auge senkt sich nur, um zu sehen, was sich in der Nähe des Erdbodens befindet, und es hebt sich, um zu sehen, was sich über der Erde befindet. Alles das könnte nur durch einen Blindgeborenen, dem das Sehvermögen zurückgegeben worden wäre, erhellt und außer jeden Zweifel gestellt werden.[31] Denn wenn sich dieser Blinde in dem Augenblick, in dem er die Augen öffnete, Entfernungen, Größen und Lagen vorstellt, dann ist es wahr, daß die sofort auf seiner Netzhaut gebildeten optischen Winkel die unmittelbaren Ursachen seiner Empfindungen sind. Deshalb versicherte Doktor *Barclay* nach M. *Locke* (wobei er sogar noch weiter ging als *Locke*), daß von diesem

Blinden, dessen Augen plötzlich Licht empfangen würden, keine Lage, keine Größe, keine Entfernung, keine Gestalt unterschieden werden könne.

Wo aber den Blinden finden, von dem die unzweifelhafte Entscheidung dieser Frage abhing? Schließlich schlug M. *Cheselden*, einer dieser berühmten Chirurgen, die manuelle Geschicklichkeit mit den größten Geistesgaben verbinden, einem Blindgeborenen 1729 die Operation vor, nachdem er überlegt hatte, daß man ihm durch Beseitigung des sogenannten *grauen Stars*, von dem er glaubte, daß er sich etwa im Augenblick seiner Geburt an den Augen gebildet hätte, die Sehkraft verleihen könnte. Der Blinde hat dem nur mit Mühe zugestimmt. Er konnte nicht recht einsehen, das der Gesichtssinn seine Freuden viel vergrößern könne. Wenn man ihn nicht dafür interessiert hätte, lesen und schreiben zu lernen, hätte er überhaupt nicht sehen wollen. Durch diese Gleichgültigkeit hat er bestätigt, "daß es unmöglich ist, unglücklich zu sein, wenn man von Gütern getrennt ist, von denen man keine Vorstellung hat". Eine bedeutende Wahrheit. Wie dem auch sei, die Operation wurde gemacht und gelang. Dieser junge Mann von etwa vierzehn Jahren sah das Licht zum ersten Mal. Seine Erfahrung bestätigte alles, was *Locke* und *Barclay* so richtig vorausgesehen hatten. Er unterschied lange Zeit keine Größen, keine Lagen, nicht einmal Figuren. Ein Gegenstand von einem Zoll, der ihm vor das Auge gehalten wurde und der ein Haus verdeckte, schien ihm genauso groß wie das Haus zu sein. Alles, was er sah, schien sich für ihn zunächst auf seinen Augen zu befinden und ihn zu berühren, so wie Gegenstände des Tastsinns die Haut berühren. Er konnte zunächst nicht das, was er mit seinen Händen als rund beurteilt hatte, von dem unterscheiden, was er als eckig beurteilt hatte, noch konnte er mit seinen Augen ausmachen, ob das, was seine Hände als oben und unten befindlich gefühlt hatten, auch wirklich oben oder unten war. Er war so weit davon entfernt, Größen zu erkennen, daß er, nachdem er endlich mit dem Sehvermögen erfaßt hatte, daß sein Haus größer als sein Zimmer war, nicht verstand, wieso das Sehvermögen sofort diese Vorstellung vermitteln konnte. Erst nach zweimonatiger Erfahrung konnte er wahrnehmen, daß Bilder feste Körper darstellten. Und nachdem er nach diesem langen Ertasten eines neuen Sinns in ihm gefühlt hatte, daß auf den Bildern Körper und nicht nur Flächen gemalt waren, legte er die Hand darauf und war erstaunt, mit seinen Händen nicht die festen Körper vorzufinden, deren Darstellung er wahrzunehmen begonnen hatte. Er fragte, ob er vom Tastsinn oder vom Gesichtssinn getäuscht worden sei.

Es war also unwiderruflich entschieden, daß die Art, wie wir die Dinge sehen, keineswegs die unmittelbare Folge der in unseren Augen gebildeten Winkel ist. Denn diese mathematischen Winkel existierten in den Augen dieses Mannes so, wie in unseren und dienten ihm ohne die Unterstützung der Erfahrung und der anderen Sinne zu nichts.

Wie stellen wir uns also die Größen und die Entfernungen vor? In der gleichen Weise, wie wir uns die Leidenschaften der Menschen vorstellen, durch Farben, die sie ihren Gesichtern verleihen und durch die Veränderung, die sich in ihren Zügen einzeichnet. Jeder kann sofort im Gesicht eines anderen Schmerz oder Wut lesen. Das ist die Sprache, die die Natur für alle Augen spricht. Nur die Erfahrung allein lehrt jedoch diese Sprache. Deshalb lehrt uns auch nur die Erfahrung, daß wir einen Gegenstand, der zu weit weg ist, verschwommen und unscharf sehen. Daraus bilden wir Vorstellungen, die dann immer die Sehempfindung begleiten. So wird die Seele jedes Menschen, der sein Pferd in zehn Schritt Entfernung in einer Größe von fünf Fuß gesehen hat und der dieses Pferd einige Minuten danach in der Größe eines Schafes sieht, durch ein unbewußtes Urteil sofort schlußfolgern, daß dieses Pferd sehr weit entfernt ist.

Es ist wahr, daß sich, wenn ich mein Pferd in der Größe eines Schafes sehe, in meinem Auge ein kleineres Bild, ein spitzerer Winkel bildet. Das ist jedoch die Begleiterscheinung, nicht die Ursache meiner Empfindung. Ebenso erfolgt in meinem Gehirn eine andere Erregung, wenn ich einen Menschen aus Scham erröten sehe, als wenn ich ihn vor Wut rot anlaufen sehe. Diese unterschiedlichen Eindrücke würden mir jedoch nichts über das aussagen, was in der Seele dieses Menschen vor sich geht, ohne die Erfahrung, die ich allein durch das Hören der Stimme mache.

Abgesehen davon, daß dieser Winkel nicht die unmittelbare Ursache dafür ist, daß ich mir vorstelle, daß sich ein großes Pferd sehr weit weg befindet, wenn ich dieses Pferd sehr klein sehe, kommt es sogar jederzeit vor, daß ich dieses gleiche Pferd auf zehn, zwanzig, dreißig, vierzig Schritt Entfernung gleich groß sehe, obwohl der Winkel, das heißt der scheinbare Durchmesser, auf zehn Schritt Entfernung zweimal, dreimal und viermal so groß ist. Ich beobachte aus einer sehr großen Entfernung durch ein kleines Loch einen auf einem Dach postierten Menschen. Die Ferne und die wenigen Lichtstrahlen hindern mich zunächst daran zu unterscheiden, ob das ein Mensch ist. Der Gegenstand scheint mir schr klein zu sein, ich glaube, eine Statue von höchstens zwei Fuß zu sehen. Der Gegenstand bewegt sich, ich urteile, daß das ein Mensch ist. Und schon in diesem Augenblick scheint mir dieser Mensch die gewöhnliche Größe zu haben. Woher kommen diese zwei so unterschiedlichen Urteile? Als ich glaubte, eine Statue zu sehen, habe ich sie mir in einer Größe von zwei Fuß vorgestellt, weil ich sie in diesem Winkel sah. Keine Erfahrung veranlaßte meine Seele, die in meine Netzhaut eingeprägten Züge in Abrede zu stellen. Sobald ich aber urteilte, daß das ein Mensch ist, zwang mich die durch die Erfahrung in meinem Gehirn hergestellte Verbindung zwischen der Vorstellung von einem Menschen und der Vorstellung von der Größe von fünf bis sechs Fuß dazu, ohne daß ich daran dachte, mir durch ein plötzliches Urteil vorzustellen, daß ich einen Menschen von dieser Größe sehe und eine solche Größe auch tatsächlich zu sehen.[12]

Aus alldem ist unbedingt zu schließen, daß Entfernungen und Größen und Lagen an sich keine sichtbaren Dinge sind, das heißt, daß sie nicht die eigentlichen und unmittelbaren Gegenstände des Sehvermögens sind. Der eigentliche und unmittelbare Gegenstand des Sehvermögens ist nichts anderes als das farbige Licht. Alles andere empfinden wir nur im Laufe der Zeit und mit Hilfe der Erfahrung. Genaugenommen

[12] Wenn Sie einen Gegenstand mit einem Instrument untersuchen, das zwei nahezu gleiche Abbildungen ergibt, und wenn Sie diese in eine gleiche horizontale Linie bringen, werden Sie beide gleichermaßen entfernt sehen. Wenn Sie sie in eine gleiche vertikale Linie bringen, scheint der obere Gegenstand weiter weg zu sein als der andere, genau genommen verhalten sie sich wie zwei auf eine schiefe Ebene gebrachten Gegenstände, wobei sich der untere näher zu uns und der obere weiter weg von uns befindet. Wir ordnen folglich diese beiden Abbildungen räumlich so an, wie hier zwei wirkliche Gegenstände, die den gleichen Eindruck auf unsere Augen machen würden, angeordnet werden würden. Diese scharfsinnige Beobachtung verdanken wir M. Abbé *Rochon*.

lernen wir zu sehen, wie wir zu sprechen und zu lesen lernen. Der Unterschied besteht darin, daß die Kunst zu sehen leichter ist und daß die Natur dabei für uns alle in gleicher Weise unser Meister ist.

Plötzliche, fast einheitliche Urteile, die alle unsere Seelen in einem bestimmten Alter über Entfernungen, Größen und Lagen fällen, lassen uns annehmen, daß wir nur die Augen zu öffnen brauchen, um so zu sehen, wie wir es tun. Das ist ein Irrtum. Wir brauchen dazu die Unterstützung der anderen Sinne. Wenn die Menschen nur den Gesichtssinn hätten, gäbe es kein Mittel, die Längen, Breiten und Tiefen zu erkennen, und ein reiner Geist würde sie vielleicht nur dann erkennen, wenn GOTT sie ihm enthüllt. Es ist sehr schwierig, in unserem Verständnis die Ausdehnung eines Gegenstands von den Farben dieses Gegenstands zu trennen. Wir sehen immer nur Ausdehnung und sind daher alle geneigt zu glauben, daß wir die Ausdehnung sehen. Wir können in unserer Seele kaum die gelbe Farbe, die wir an einem Louisdor selbst, dessen gelbe Farbe wir sehen, unterscheiden. Das kommt daher, daß wir, wenn wir das Wort Louisdor hören, nicht umhin können, die Vorstellung von dieser Münze mit dem Klang, den wir hören, zu verbinden.[13]

Wenn alle Menschen die gleiche Sprache sprechen würden, wären wir immer bereit zu glauben, daß es eine notwendige Verbindung zwischen Worten und Vorstellungen gibt. Nun haben aber hier alle Menschen hinsichtlich der Vorstellung die gleiche Sprache. Die Natur sagt zu ihnen allen: Wenn ihr Farben eine bestimmte Zeit lang gesehen habt, wird eure Einbildungskraft euch allen die Körper, mit denen diese Farben verbunden zu sein scheinen, in der gleichen Weise darstellen. Dieses sofortige und unbewußte Urteil, das ihr trefft, wird euch im Laufe eures Lebens nützlich sein. Denn wenn ihr, um Entfernungen, Größen und die Lage von allem, was euch umgibt, einzuschätzen, warten wolltet, bis ihr Winkel und Sehstrahlen geprüft habt, wäret ihr tot, bevor ihr wißt, ob sich die Dinge, die ihr braucht, in zehn Schritt oder in einhundertmillionen Meilen Entfernung von euch befinden und ob sie die Größe einer Milbe oder eines Berges haben. Es wäre für euch viel besser gewesen, blind geboren zu sein.

Wir haben also sehr unrecht, wenn wir sagen, daß unsere Sinne uns täuschen. Jeder unserer Sinne erfüllt die Funktion, für die ihn die Natur bestimmt hat. Sie helfen sich gegenseitig, um unserer Seele über die Erfahrung das Maß der Kenntnisse zuzu-

[13] Es ist sehr wahrscheinlich, daß ein auf den Gesichtssinn beschränktes Wesen zunächst die Gegenstände als in der gleichen Ebene befindlich, jedoch mit der Ausdehnung und den Umrissen, die sie in dieser Ebene haben, sehen würde, da das das einzige Mittel ist, die aufeinanderfolgenden Empfindungen, die es hätte, untereinander zu ordnen. Dieses Bild würde ihm im ersten Augenblick nicht deutlich erscheinen, es würde jedoch durch Gewohnheit lernen, die Gegenstände zu unterscheiden und einzuordnen. Warum sollte es aus dem gleichen Grund in dem Augenblick, in dem es eine Vorstellung von dem auf diese Ebene bezogenen Raum und der Bewegung hat, sich beim Ordnen seiner aufeinanderfolgenden Empfindungen, wenn es den gleichen Gegenstand sichtbarer werden, in dieser Ebene mehr Raum einnehmen und nacheinander andere Gegenstände verdecken oder aber weniger Raum einnehmen, einen weniger starken Eindruck machen und nach und nach neue Gegenstände freigeben sieht, nicht eine Vorstellung vom Raum in jeder Richtung machen alle Gegenstände ordnen, auf die sein Blick trifft. Zweifelsohne wären seine Vorstellungen von Ausdehnung, Entfernung strenggenommen nicht die gleichen wie unsere, da der Tastsinn zu ihrer Entstehung nicht beigetragen hätte. Zweifelsohne wären seine Urteile über Ort, Form, Entfernung öfter falsch als unsere, da er sie durch Berührung nicht hätte korrigieren können. Es ist jedoch sehr wahrscheinlich, daß sich darauf der ganze Unterschied zwischen ihm und uns beschränken würde.

senden, das unser Wesen zuläßt. Wir verlangen unseren Sinnen Dinge ab, die sie uns nicht geben können, weil sie nicht dafür gemacht sind. Wir möchten, daß unsere Augen uns Haltbarkeit, Größe, Entfernung usw. zu erkennen geben. Dazu muß sich jedoch der Tastsinn mit dem Sehvermögen verbinden und von der Erfahrung unterstützt werden. Wenn Pater *Malebranche* die Natur von dieser Seite aus betrachtet hätte, hätte er vielleicht unseren Sinnen, die die Quelle aller unserer Vorstellungen sind, weniger Irrtümer zugeschrieben.

Zweifelsohne kann man diese Art von Metaphysik, die wir gesehen haben, nicht auf alle Fälle übertragen. Wir können sie nur zu Hilfe rufen, wenn uns die Mathematik nicht genügt. Und hier ist noch ein kleiner Irrtum, den man bei Pater *Malebranche* erkennen muß. Er schreibt zum Beispiel der alleinigen Einbildungskraft der Menschen Wirkungen zu, die durch die Gesetze der Optik zumindest teilweise erklärt werden. Er glaubt, daß dafür, daß uns die Gestirne am Horizont größer als im Meridian erscheinen, allein die Einbildung verantwortlich zu machen sei. Wir werden im nächsten Kapitel dieses Phänomen erklären, das seit einhundert Jahren so viele Philosophen beschäftigt hat.

KAPITEL VI

Warum die Sonne und der Mond am Horizont größer als im Meridian zu sein scheinen

Wallis glaubte als erster, daß die weiten Landstriche am Horizont und selbst die Wolken die Ursache dafür sind, daß Sonne und Mond am Horizont größer als im Meridian zu sein scheinen. *Malebranche* bekräftigte diese Meinung mit allen Beweisen, die ihm der Scharfsinn seines Genies dafür zur Verfügung stellte. *Régis* hatte mit ihm einen berühmten Disput über diese Erscheinung. Er schrieb sie den Brechungen in den Ausdünstungen der Erde zu. Er irrte sich, da die Brechungen genau die gegenteilige Auswirkung dessen sind, was *Régis* ihnen zuschrieb. Pater *Malebranche* irrte jedoch nicht weniger,. wenn er die Meinung vertrat, daß die von der weiten Ausdehnung des Landes und der Wolken an unserem Horizont beeindruckte Einbildungskraft sich das gleiche Gestirn am Horizont und unterhalb der Wolken größer vorstellt als wenn dieses, nachdem es in seinem höchsten Punkt angekommen ist, völlig frei gesehen wird.

Die einfachsten Experimente widerlegen das System von *Malebranche*. Ich wurde vor einigen Jahren neugierig und untersuchte folgerichtig diese Erscheinung. Ich ließ Kartonröhren von sieben bis acht Fuß Länge und einem halben Fuß Durchmesser anfertigen. Ich ließ die Sonne am Horizont von mehreren Kindern beobachten, deren Einbildungskraft nicht daran gewöhnt war, die Größe des Gestirns durch die Entfernung zu beurteilen, die zwischen dem Gestirn und den Augen zu liegen scheint. Sie sahen weder das Land noch die Wolken. Die Röhre erlaubte ihnen nur den Blick auf die Sonne, und alle sahen sie viel größer als mittags. Dieses Experiment und mehrere andere bestimmten mich, mir eine andere Ursache vorzustellen, und zu meinem Unglück war ich schon dabei, ein System aufzustellen, als mir die mathematische Lösung dieses Problems von M. *Smith* in die Hände geriet und mir die Irrtümer einer Hypothese ersparte. Hier die Erklärung, die es verdient, untersucht zu werden.

Zunächst muß festgestellt werden, daß uns der Himmel nach den Gesetzen der Optik als ein flaches Gewölbe erscheinen muß. Hier ein vertrauter Beweis. Wir sehen deutlich bis zu dem Punkt, an dem die Gegenstände in unserem Auge nach den Beobachtungen von *Hooke* einen Winkel von mindestens einachttausendstel Zoll bilden.

Ein Mensch OP *(Fig. 11)* mit einer Größe von fünf Fuß beobachtet den Gegenstand AB, der ebenfalls fünf Fuß groß ist und eine Entfernung von fünfundzwanzigtausend Fuß hat. Er sieht ihn in dem Winkel AOB. Da dieser Winkel AOB im Auge jedoch nicht die Größe von einachttausendstel Zoll hat, kann er ihn nicht erkennen. Wenn er jedoch den Gegenstsnd C betrachtet, ist der Winkel noch kleiner. Er sieht ihn, als ob sich dieser Gegenstand in AD befinden würde. So wird alles, was sich hinter C befindet, noch undeutlicher, Häuser und Wolken, die sich hinter C befinden, müssen am Horizont nach C hingeduckt erscheinen. Alle Wolken scheinen sich also für uns in einer Entfernung von fünfundzwanzigtausend Fuß, das heißt in einer Entfernung von ungefähr einer Meile von dreitausendzweidrittel Schritt, zum Horizont zu neigen, und zwar stufenweise. Demzufolge müssen uns alle Wolken, die sich in *g (Fig. 12)* in einer Höhe von etwa dreiviertel Meilen befinden, an unserem Horizont hingeduckt erscheinen. Anstatt die Wolken *gg* ebenso hoch wie die Wolke *n* zu sehen, sehen wir so, daß die Wolken *gg* die Erde berühren und daß sich die Wolke *n* etwa dreiviertel Meilen über unserem Kopf befindet. Wir dürfen also den Himmel nicht als eine Decke, noch als ein rundes Gewölbe, sondern müssen ihn als eine flache Wölbung sehen, deren großer Durchmesser BB etwa sechsmal größer als der kleine AD ist.

Auf diese Weise sehen wir also den Himmel BAB, und wenn sich die Sonne oder der Mond in B am Horizont befinden, scheinen sie uns (die wir uns in D befinden) um etwa ein Drittel weiter weg zu sein, als wenn sich diese Gestirne in A befinden. Nun müssen wir sie aber in den Winkeln sehen, die von B und A zu unseren Augen gelangen. Es bleibt uns also, diese Winkel zu untersuchen *(Fig. 13)*. Es müßte zunächst scheinen, daß sie kleiner sein müßten, wenn der Gegenstand weiter weg ist und größer, wenn er näher ist. Aber genau das Gegenteil ist hier der Fall. Das wirkliche, faßbare Gestirn bewegt sich in BDRE. Das scheinbare Gestirn beschreibt jedoch die Kurve BADE, und die vom wirklichen Gegenstand gebildeten Winkel beziehen sich auf den scheinbaren Gegenstand. Die in D und R befindlichen Körper sind nur als Körper zu sehen, die in A und in C im Auge lediglich den gleichen Winkel erzeugen würden. Sie sind also auch nur ebenso groß wie A und C zu sehen. Das Gestirn hat im Meridian eine Fläche von drei und am Horizont von etwa neun, denn die Durchmesser des Gestirns erscheinen wie seine scheinbaren Entfernungen. Nun beträgt aber die scheinbare Entfernung des Gestirns am Horizont etwa neun und im Meridian drei. So ist auch seine scheinbare Größe.

Diese Wahrheit läßt sich durch ein weiteres Experiment ähnlicher Art nachweisen. Betrachten Sie zwei Sterne, deren wirkliche Entfernung zueinander einzehntel Grad beträgt. Sie erscheinen Ihnen am Horizont weiter entfernt voneinander und im Meridian viel dichter beieinander liegend. Diese beiden Sterne, die immer die gleiche Entfernung haben, sind am Horizont mit der Entfernung CF zu sehen *(Fig. 14)*, die viel größer ist als die Entfernung FA im Meridian. Sie sehen, daß dieser scheinbare Unterschied genau die gleiche Ursache wie oben hat.

Entsprechend dieser Regel und den Beobachtungen, die sie bestätigen, hier die Verhältnisse der scheinbaren Größen und Entfernungen der Sonne und des Mondes.

Am Horizont werden diese Gestirne gesehen mit der Größe	100.
Fünfzehn Grad darüber mit der Größe	68.
Dreißig Grad darüber mit der Größe	50.
Neunzig Grad darüber mit der Größe	30.

Zwei beliebige Sterne, die immer die gleiche Entfernung zueinander beibehalten, erscheinen am Horizont mit einer Entfernung zueinander von einhundert und im Meridian von dreißg. Das ist, wie Sie sehen, immer das Verhältnis von etwa neun zu drei.

Diese Theorie wird noch durch eine andere Beobachtung bestätigt. Zu bestimmten Zeiten des Jahres scheint der Mond wesentlich größer als zu anderen zu sein. Auch die Sonne scheint im Winter größer als im Sommer zu sein. Und da die Unterschiede dieser scheinbaren Größe am Horizont deutlicher als im Meridian sind, werden sie hier auch leichter bemerkt. Die Ursache für diese Größenzunahme besteht darin, daß sich der Mond und die Sonne, wenn der Durchmesser dieser Gestirne größer zu sein scheint, tatsächlich näher zu uns befinden. Die Sonne befindet sich im Winter um etwa einemillionzweihunderttausend Meilen näher an der Erde als im Sommer. So erscheint sie im Winter größer. Die Größe ihrer Scheibe wird jedoch etwas durch die Brechungen der dichten Luft gemindert. Wenn der Mond im Sommer in seinem Perigäum steht, scheint er einen etwas größeren Durchmesser zu haben. Außerdem ist die Größe seiner Scheibe am Horizont im Sommer noch etwas größer als im Winter, weil die Luft im Sommer feiner und dünner ist.

Dieses Phänomen betrifft also das Gebiet der Geometrie und der Optik in einem viel stärkeren Maße als das *Malebranche* geglaubt hatte. Doktor *Smith* gebührt Ruhm, endlich die vollständige Lösung eines Problems gefunden zu haben, für das die größten Genies nutzlose Systeme aufgestellt hatten.[14]

[14] Diese Lösung von *Smith* läuft genau auf die Lösung von Pater *Malebranche* hinaus, denn bei beiden Meinungen sehen wir die Gestirne nur größer am Horizont, weil wir sie für weiter entfernt halten. Diese beiden Philosophen unterscheiden sich nur dadurch, wie sie erklären, weshalb wir die Gestirne am Horizont für weiter entfernt halten. Sie haben jedoch noch weitere Gemeinsamkeiten. *Malebranche* scheint die sich in der Ebene des Horizonts befindenden Gegenstände für die mittelbare Ursache dieses Urteils zu halten. Nach *Smith* haben wir durch diese Gegenstände an Horizont die Gewohnheit angenommen, das Gewölbe des Himmels als flach anzusehen, und dieser Anschein ist die mittelbare Ursache für das Urteil, das wir uns über die Größe der Gestirne bilden.

KAPITEL VII Von der Ursache, die zur Brechung der Lichtstrahlen beim Übergang von einer Substanz in eine andere führt; daß diese Ursache ein allgemeines Gesetz der Natur ist, das vor Newton unbekannt war; daß die Beugung des Lichts noch eine Auswirkung dieser Ursache ist usw.

Was Brechung ist. Verhältnis der von Snellius gefundenen Brechungen. Was ein Brechungssinus ist. Große Entdeckung Newtons. Licht, das vor Eintritt in die Körper gebrochen wurde. Untersuchung der Anziehung. Bevor man sich über das Wort "Anziehung" entrüstet, muß man die Anziehung untersuchen. Impuls und Anziehung gleichermaßen sicher und unbekannt. Inwiefern die Anziehung eine verborgene Eigenschaft ist. Beweise für die Anziehung. Beugung des Lichts bei Körpern, die es anziehen.

Wir haben bereits vor dem fast unverständlichen Phänomen der Reflexion des Lichts gesprochen, für das der bekannte Impuls nicht die Ursache sein kann. Das Brechungsphänomen, das wir hier erneut untersuchen wollen, ist nicht minder überraschend.

Beginnen wir damit, uns eine klare Vorstellung von der Sache zu machen, die erklärt werden soll. Erinnern wir uns daran, daß das Licht, wenn es von einer Substanz, die dünner und leichter ist als Luft, in eine Substanz fällt, die schwerer und dichter als Wasser ist und die ihm stärksten Widerstand entgegenzusetzen scheint, seinen Weg verläßt und bei Annäherung an ein Lot, das auf der Oberfläche dieses Wassers errichtet wurde, gebrochen wird.

Betrachten Sie *(Fig. 15)*, um eine deutliche Vorstellung von dieser Wahrheit zu erhalten, den Strahl, der aus der Luft in den Kristall eintritt. Sie wissen, wie er gebrochen wird. Der Strahl AE bildet beim Einfallen auf die Oberfläche dieses Kristalls mit der Senkrechten BE einen Winkei. Der gleiche Strahl, der im Kristall gebrochen wird, bildet mit der Senkrechten einen weiteren Winkel, der die Brechung bestimmt. Zu messen waren also der Einfall und die Brechung des Lichts. Das scheint eine sehr leichte Angelegenheit zu sein. Der arabische Mathematiker *Alhazen*, *Vitellio* und sogar *Kepler* scheiterten jedoch daran. *Snell Willebrod* war der erste, der nach dem Bericht des Augenzeugen *Huygens* das konstante Verhältnis herausfand, in dem das Licht in gegebenen Medien gebrochen wird. Er bediente sich der Sekanten. *Descartes* bediente sich dann des Sinus. Dabei handelte es sich um das gleiche Verhältnis, den gleichen Lehrsatz, nur mit anderem Namen. Dieses Verhältnis ist auch für diejenigen, die sich in der Geometrie überhaupt nicht auskennen, sehr leicht zu verstehen.

Je größer die Linie AB ist, die sie sehen, umso größer ist auch die Linie CD. Diese Linie AB wird als *Einfallssinus* bezeichnet, die Linie CD ist der Berechnungs*sinus*. Hier ist nicht der Ort, um ganz allgemein zu erklären, was ein *Sinus* ist. Diejenigen, die sich mit Geometrie beschäftigt haben, wissen es hinreichend. Die anderen könnten von der Definition etwas verwirrt werden. Es genügt zu wissen, daß diese beiden *Sinusfunktionen* unabhängig von ihrer Größe in einem gegebenen Medium immer im Verhältnis zueinander stehen. Nun ist dieses Verhältnis aber anders, wenn die Brechung in einem anderen Medium erfolgt. Das Licht, das schräg aus der Luft in den Kristall fällt, wird so gebrochen, daß sich der Berechnungs*sinus* CD zum Einfalls*sinus* AB wie zwei zu drei verhält, was nichts anderes besagen will, als daß in diesem Falle die Linie AB in der Luft um ein Drittel größer ist als die Linie CD im Kristall. In Wasser ist dieses Verhältnis drei zu vier. So ist eindeutig, daß sich die Brechungskraft des Kristalls in allen Fällen, bei allen möglichen Einfallsschrägen zu der des Wassers wie neun zu acht verhält. Es geht nicht nur darum, die Ursache der Brechung, sondern die Ursache aller dieser unterschiedlichen Brechungen zu kennen. Hier haben die Philosophen alle Hypothesen aufgestellt und sich geirrt.

Schließlich hat *Newton* als einziger die wirkliche Ursache gefunden, die gesucht wurde. Seine Entdeckung verdient ganz sicher die Beachtung aller Jahrhunderte. Denn es handelt sich hier nicht nur um eine dem Licht eigentümliche Eigenschaft, obwohl das schon viel gewesen wäre. Wir werden sehen, daß sich diese Eigenschaft auf alle Körper der Natur bezieht. Berücksichtigen Sie, das sich die Strahlen des Lichts in Bewegung befinden, daß ihre Ablenkung von der Richtung auf irgendein Grundgesetz zurückzuführen sein muß und daß mit dem Licht nur das geschehen kann, was mit allen Körpern von der gleichen Kleinheit wie der des Lichts unter gleichen Bedingungen geschehen würde.

Setzen wir den Fall, daß eine Bleikugel A *(Fig. 16)* schräg aus der Luft in Wasser geworfen wird, so geschieht zunächst das Gegenteil dessen, was mit dem Lichtstrahl geschehen ist, denn der feine Strahl dringt in Poren ein und die Kugel, deren Oberfläche groß ist, trifft auf die Fläche des Wassers auf, das ihr Widerstand entgegensetzt. Die Kugel entfernt sich also zunächst von der Senkrechten B. In Wirklichkeit nimmt die schräge Bewegung, die ihr aufgegeben wurde, nach und nach ab. Da sie durch die hohe Schwerkraft in der gleichen Weise angetrieben wird, nähert sie sich schließlich der senkrechten Richtung. Bekanntlich verlangsamt sie ihren Fall ins Wasser, da das Wasser ihr Widerstand entgegensetzt. Ein Lichtstrahl dagegen erhöht hier seine Geschwindigkeit, weil das Wasser eindringenden Strahlen keinen Widerstand entgegensetzt.

Es gibt also eine Kraft, welcher Art sie auch sein möge, die zwischen den Körpern und dem Licht wirkt.

Es kann nicht bezweifelt werden, daß diese Anziehung, dieses Streben in einer bestimmten Richtung, vorhanden ist, denn wir haben das vom Glas angezogene Licht in dieses ohne irgendeine Berührung eindringen sehen. Nun wirkt diese Kraft aber notwendigerweise in gerader Linie, das heißt in der von jedem Molekül zu jedem Punkt des Körpers, der die Kraft ausübt, gezogenen Linie. Denn da sie existiert, existiert sie in allen Teilen des Körpers, der sie ausübt. Die Teile der Oberfläche eines beliebigen anderen Körpers verspüren also diese Kraft, bevor sie in das Innere der Substanz des anziehenden Körpers eindringt, bevor sie an den Punkt gelangt, auf den sie gerichtet ist *(Fig. 17)*. So schlägt der Strahl, sobald er an der Oberfläche des Kristalls oder des Wassers angelangt ist, auf diese Weise bereits etwas den Weg der Senkrechten ein.

Vor dem Eintreten wird er bereits etwa in C gebrochen. Je weiter er eintritt, umso stärker wird er gebrochen, denn je näher er kommt, umso stärker wird er angezogen. Es gibt noch einen wichtigen Grund, weshalb der Strahl, bevor er in gerader Linie in den Kristall eindringt, notwendigerweise unmerklich gekrümmt wird. Weil es in der Natur keinen exakten Winkel gibt, weil eine kontinuierliche Bewegung die Richtung nur über alle möglichen Änderungsstufen ändern kann. Sie kann nicht von einer geraden Linie plötzlich in eine andere gerade Linie übergehen, ohne eine kleine Kurve, die diese beiden Linien miteinander verbindet. So vereinigen sich die von *Leibniz* aufgestellten Kontinuitätsprinzipien und die Anziehung von *Newton* in diesem Phänomen. Der Strahl fällt also nicht völlig senkrecht ein und folgt durch das Wasser oder das Glas nicht seiner ersten schrägen Geraden, sondern er folgt einer gekrümmten Linie, die umso schneller abfällt, je stärker die Anziehung des Wassers oder des Kristalls ist. Statt die Lichtstrahlen durch seinen Widerstand zu brechen, wie angenommen wurde, bricht das Wasser diese also wirklich, weil es diesen keinen Widerstand entgegensetzt, sondern sie sogar anzieht. Es muß also heißen, daß die Strahlen an der Senkrechten nicht dann gebrochen werden, wenn sie von einem Medium mit größerer Widerstandskraft ausgehen, sondern dann, wenn sie *von einem Medium mit geringerer Anziehung in ein Medium mit größerer Anziehung* übergehen. Es ist zu beachten, daß unter dem Begriff *Medium mit Anziehung* nur der Punkt zu verstehen ist, auf den eine erkannte Kraft gerichtet ist. Das ist eine unbestreitbare Eigenschaft der Materie, die zwischen dem Licht und den Körpern sehr ausgeprägt ist. Man bedenke einmal, daß sich seit dem Jahre 1672, als *Newton* diese Anziehung veranschaulichte, nicht ein einziger Philosoph einen plausiblen Grund für die Brechung des Lichts vorstellen konnte.

Die einen sagen: der Kristall bricht die Lichtstrahlen, weil er ihnen Widerstand leistet. Warum erfolgt der Eintritt der Strahlen jedoch, wenn er ihnen Widerstand leistet, leichter und schneller? Die anderen stellen sich eine Materie im Kristall vor, die überall leichtere Wege eröffnet. Wenn diese Wege jedoch überall so leicht sind, warum wird dann das Licht beim Eintritt abgelenkt? Die einen erfinden Atmosphären, die anderen Winkel. Alle ihre Systeme brechen jedoch an irgendeiner Stelle zusammen. Ich glaube, daß es also nötig ist, sich an die Entdeckungen *Newtons* zu halten, an die sichtbare Anziehung, für die weder er noch irgendein Philosoph die Begründung finden konnte.

Sie wissen, daß sich viele Leute, die so mit der Philosophie oder besser mit dem Namen *Descartes* verbunden sind, wie sie es früher mit dem Namen *Aristoteles* waren, gegen die Anziehung gewandt haben. Die einen wollten sie nicht untersuchen, die anderen haben sie geringgeschätzt und verhöhnt, nachdem sie sie kaum untersucht hatten. Ich bitte jedoch den Leser, die drei folgenden Überlegungen anzustellen:

1. Was verstehen wir unter Anziehung? Nichts anderes als eine Kraft, durch die sich ein Körper einem anderen nähert, ohne das irgendeine andere ihn treibende Kraft zu sehen ist oder bekannt ist.

2. Diese Eigenschaft der Materie ist von den besten Philosophen in England, Deutschland, Holland und selbst an mehreren Universitäten Italiens, wo ein wenig strenge Gesetze manchmal den Zugang zur Wahrheit verschließen, außer Zweifel gesetzt worden. Ist die Zustimmung so vieler Gelehrter nicht ein starker Grund, um wenigstens zu untersuchen, ob diese Kraft existiert oder nicht?

3. Man sollte bedenken, daß man die Ursache für den Impuls genausowenig kennt wie die für die Anziehung. Für keine dieser Kräfte gibt es eine bessere Idee. Niemand kann verstehen, warum ein Körper die Fähigkeit hat, einen anderen von seiner Stelle zu bewegen. Allerdings verstehen wir auch nicht, wie ein Körper einen anderen anzieht, noch wie die Teile der Materie gegenseitig gravitieren, wie bewiesen werden wird. Deshalb wird nicht gesagt, daß *Newton* sich gerühmt hat, die Ursache dieser Anziehung zu kennen. Er hat ganz einfach bewiesen, daß sie existiert. Er hat im Falle der konstanten Phänomene eine allgemeine Eigenschaft gesehen. Wenn jemand in der Erde ein neues Metall gefunden hat, dann existiert dieses Metall doch nicht minder, nur weil die Grundelemente, aus denen es entstanden ist, nicht bekannt sind.

Es wird oft gesagt, daß die Anziehung eine verborgene Eigenschaft sei. Wenn man unter diesem Begriff ein reales Prinzip versteht, das nicht erklärt werden kann, dann trifft das für das gesamte Universum zu. Wir wissen weder, wieso es Bewegung gibt, noch wie sie sich mitteilt, noch wieso die Körper elastisch sind, noch wieso wir denken, noch wieso wir leben, noch wieso und warum etwas existiert. Alles ist verborgen. Wenn man unter diesem Begriff einen Ausdruck der alten Schule, ein bedeutungsloses Wort versteht, möge man bedenken, daß *Newton* dieses Prinzip, das man sich bemüht, als Hirngespinst zu behandeln, mit den sublimaten und exaktesten mathematischen Demonstrationen veranschaulicht hat.

Wir haben gesehen, daß die von einem Spiegel reflektierten Strahlen nicht von seiner Oberfläche an uns zurückgeworfen werden können. Wir haben experimentell festgestellt, daß Strahlen, die unter einem bestimmten Winkel in das Glas gelangten, umkehren, statt in die Luft überzugehen und daß Strahlen, die zuvor durchgelassen wurden, zu uns zurückkehren, wenn sich hinter diesem Glas leerer Raum befindet. Hier handelt es sich mit Sicherheit um keinen bekannten Impuls. Es muß unbedingt eine andere Kraft angenommen werden. Es muß auch eingeräumt werden, daß in der Brechung irgend etwas enthalten ist, was bisher nicht bekannt war. Welches soll nun die Kraft sein, die den Lichtstrahl im Wasserbecken bricht? Es ist bewiesen (wie wir im folgenden Kapitel sagen werden), daß das, was wir bisher für einen einfachen Lichtstrahl gehalten haben, ein Bündel aus mehreren Strahlen ist, die alle unterschiedlich gebrochen werden. Wenn von diesen im Strahl enthaltenen Einzelstrahlen einer zum Beispiel in einer Entfernung von vier Maßeinheiten von der Senkrechten gebrochen wird, dann wird der andere bei drei Maßeinheiten gebrochen. Es ist bewiesen, daß diejenigen mit dem höchsten Brechungskoeffizienten, das heißt zum Beispiel diejenigen, die sich, wenn sie beim Austritt aus einem Glas gebrochen werden und in der Luft eine neue Richtung einschlagen, in geringerem Maße der Senkrechten zu diesem Glas annähern, auch am leichtesten und am schnellsten reflektiert werden. Es hat also bereits den Anschein, daß die Reflexion des Lichts nach dem gleichen Gesetz wie die Brechung des Lichts erfolgt.

Wenn wir noch eine neue Eigenschaft des Lichts finden, die ihren Ursprung der Anziehungskraft zu verdanken scheint, müssen wir dann nicht schlußfolgern, daß derartig viele Wirkungen die gleiche Ursache haben? Hier die neue Eigenschaft, die von dem Jesuitenpater *Grimaldi* um das Jahr 1660 entdeckt wurde und mit der *Newton* in der Weise experimentiert hat, daß er den Schatten eines Haares in unterschiedlichen Abständen gemessen hat. Diese Eigenschaft ist die Beugung des Lichts. Die Strahlen werden beim Übergang in das Medium, dessen Masse sie anzieht, nicht nur gebrochen, sondern weitere Strahlen, die an den Rändern dieses die Anziehung ausübenden Körpers in die Luft übergehen, nähern sich merklich diesem Körper und werden sichtlich von ihrem Weg abgelenkt.

Bringen Sie *(Fig. 18)* ein Plättchen aus Stahl oder dünnem Glas, das in einer Spitze endet, an eine dunkle Stelle. Setzen Sie es an einem kleinen Loch, durch das Licht hindurchtritt, so dem Licht aus, daß dieses die Spitze des Metalls streift. Sie werden sehen, daß die Strahlen dabei so gekrümmt werden, daß der am dichtesten an dieser Spitze verlaufende Strahl mehr und der am entferntesten verlaufende Strahl entsprechend weniger gekrümmt werden. Ist es nicht außerordentlich wahrscheinlich, daß die gleiche Kraft, die diese Strahlen. wenn sie sich in diesem Medium befinden, bricht, sie auch ablenkt, wenn sie sich in der Nähe dieses Mediums befinden? Das würde bedeuten, daß Brechung, Durchlässigkeit und Reflexion neuen Gesetzen unterliegen. Das würde eine Beugung des Lichts bedeuten, die offensichtlich von der Anziehung abhängt. Ein neues Universum also, das sich den Augen derjenigen darbietet, die sehen wollen.

Wir werden bald zeigen, daß es eine offensichtliche Anziehung zwischen der Sonne und den Planeten, ein gegenseitiges Streben aller Körper zueinander, gibt. Wir wollen jedoch schon hier vorweg sagen, daß diese Anziehung, durch die sich die Planeten um unsere Sonne bewegen, keinesfalls im gleichen Verhältnis wie die Anziehung der kleinen Körper, die sich berühren, wirkt. Wahrscheinlich handelt es sich dabei sogar um Anziehungen absolut anderer Art. Das sind neue und unterschiedliche Eigenschaften des Lichts und der Körper, die *Newton* entdeckt hat. Es geht hier nicht um ihre Ursache, sondern einfach um ihre bis heute unbekannten Wirkungen. Man glaube nur ja nicht, daß das Licht am Kristall und im Kristall nach dem gleichen Verhältnis gebeugt wird, nach dem zum Beispiel der Mars von der Sonne angezogen wird.[15]

[15] Bis jetzt konnten zu den Gesetzen der Anziehung über sehr kleine Entfernungen keinerlei Entdeckungen gemacht werden. Eines Tages werden diese Gesetze bei der Untersuchung der Phänomene der Kristallisation entdeckt werden können. Bis jetzt wurden diese Phänomene jedoch noch nicht einmal so ausreichend beobachtet, daß erklärt werden könnte, wie dieser Vorgang vonstatten geht. M. Abbé *Haüy* hat über die Bildung der Kristalle mehrere Aufsätze geschrieben, die viel Licht in diese wichtige Angelegenheit gebracht haben. Trotzdem ist man vielleicht noch sehr weit davon entfernt, genügend darüber zu wissen, um hier Berechnungen anstellen zu können und die Gesetze der Anziehungskraft, die die Kristallisation leitet, zu erkennen.

KAPITEL VIII Fortsetzung der Wunder der Lichtbrechung; daß ein einziger Lichtstrahl in sich alle möglichen Farben enthält. Was Brechbarkeit ist. Neue Entdeckungen

Vorstellung Descartes über die Farben. Irrtum Malebranches Experiment und Demonstration Newtons. Anatomie des Lichts. Farben in den Grundstrahlen. Vergebliche Einwände gegen diese Entdeckungen. Noch vergeblichere Kritiken. Wichtiges Experiment.

Wenn Sie Philosophen fragen, wodurch Farben entstehen, wird Ihnen *Descartes* antworten, "daß sich die Kügelchen seiner Elemente, abgesehen von ihrem Streben nach gradliniger Bewegung, um sich selbst drehen müssen und daß ihre verschiedenen Farben durch die unterschiedlichen Drehungen erzeugt werden". Brauchen seine Elemente, seine Kügelchen, seine Drehungen überhaupt den Prüfstein des Experiments, um ihre Fehlerhaftigkeit spürbar werden zu lassen? Unzählige Beweisführungen entkräften diese Hirngespinste.

Malebranche seinerseits sagt: "Es ist richtig, daß sich *Descartes* geirrt hat. Seine Drehung der Kügelchen ist nicht haltbar. Die Ursache der Farben sind keine Lichtkügelchen sondern kleine sich drehende Wirbel aus feiner Materie die zusammendrückbar sind. Farben bestehen wie der Schall aus Druckschwingungen." Und er setzt hinzu: "Es erscheint mir unmöglich, mit irgendeinem Mittel die exakten Verhältnisse dieser Schwingungen [das heißt der Farben] zu entdecken." Sie werden bemerken, daß er so 1699 in der Akademie der Wissenschaften sprach und daß diese Verhältnisse 1675 bereits entdeckt worden waren, zwar nicht die Verhältnisse der Schwingung kleiner Wirbel, die es nicht gibt, aber die Verhältnisse der Brechbarkeit der Strahlen, die die Farben enthalten, wie wir bald sagen werden. Das, was er für unmöglich gehalten hatte, war bereits vor Augen geführt und von den Sinnen als wahr erkannt worden. Das hätte Pater *Malebranche* sicher mißfallen.

Andere Philosophen, die den Schwachpunkt dieser Annahmen spüren, sagen, zumindest mit mehr Wahrscheinlichkeit: "Die Farben stammen mehr oder minder aus reflektierten Strahlen der farbigen Körper. Weiß reflektiert stärker, schwarz reflektiert am wenigsten. Die hellsten Farben sind also die strahlenreichsten. Rot zum Beispiel, das die Augen etwas ermüdet muß aus mehr Strahlen zusammengesetzt sein als Grün, das die Augen eher schont." Diese Hypothese (als solche bereits suspekt) scheint, sobald man nur einmal ein Bild bei schwachem Licht und anschließend bei hellem Licht betrachtet hat, nichts als ein großer Irrtum zu sein. Denn immer sind die gleichen Farben zu sehen. Weiß, das nur von einer Kerze beleuchtet wird, ist immer weiß, und das von tausend Kerzen beleuchtete Grün wird immer grün sein.

Wenden Sie sich nun an *Newton*. Er wird Ihnen sagen: Trauen Sie mir nicht, trauen Sie nur Ihren Augen und der Mathematik. Begeben Sie sich in ein völlig dunkles Zimmer, in das das Licht nur durch ein außerordentlich kleines Loch gelangt. Der auf Papier fallende Lichtstrahl vermittelt Ihnen die Farbe Weiß. Ordnen Sie quer zu einem Lichtstrahl ein Glasprisma *(Fig. 19)* an, diesem Prisma gegenüber legen Sie dann in einem Abstand von etwa sechzehn bis siebzehn Fuß ein Blatt Papier PP. Sie wissen, daß das Licht, wenn es aus der Luft in das Prisma eintritt, gebrochen wird. Sie wissen, daß es in entgegengesetzter Richtung gebrochen wird, wenn es aus diesem Prisma in die Luft austritt. Wenn es nicht so gebrochen würde, würde es von diesem Loch aus auf den Boden des Zimmers Z fallen. Aber da sich das Licht beim Austritt von der Linie Z entfernen muß, wird das Licht also auf das Papier fallen. Da ist dann das ganze Geheimnis des Lichts und der Farben zu sehen. Der Strahl, der in dieses Prisma eingefallen ist, ist kein einfacher Strahl, wie man geglaubt hatte, sondern ein Bündel von sieben Hauptstrahlenbündeln, von denen jedes eine Grundfarbe, die ihm eigen ist, in sich trägt. Aus den Mischungen dieser sieben Strahlen entstehen alle Farben der Natur, und alle sieben bilden, wenn sie zusammengenommen von der Oberfläche eines Gegenstandes reflektiert werden, die Farbe Weiß.

Vertiefen Sie diese wunderbare Erscheinung. Wir hatten bereits angedeutet, daß die Lichtstrahlen nicht alle gleichermaßen gebrochen werden. Das, was hier geschieht, ist dafür eine einleuchtende Beweisführung. Diese sieben Lichtstrahlen, die aus dem Körper des Strahls hervorgegangen sind, der sich bei Austritt aus dem Prisma aufgegliedert hat, ordnen sich auf dem weißen Papier jeweils in ihrer Reihenfolge an, wobei jeder Strahl einen Teil des Spektrums einnimmt. Der Strahl, der die geringste Kraft zur Fortsetzung seines Weges, die geringste Stabilität, die geringste Substanz aufweist, weicht in der Luft stärker von der Senkrechten des Prisma ab. Der stärkere *(Fig. 20)*, der am dichtesten und am kräftigsten ist, weicht am wenigsten ab. Sehen Sie die sieben Strahlen, die einer über dem anderen gebrochen werden? Jeder von ihnen trägt auf dem Papier die Grundfarbe auf, die er in sich trägt. Der erste Strahl, der am wenigsten von der Senkrechten des Prismas abweicht, ist feuerfarben, der zweite ist orange, der dritte gelb, der vierte grün, der fünfte blau, der sechste purpurfarben. Schließlich ist der Strahl, der am stärksten von der Senkrechten abweicht und der sich als letzter über den anderen befindct, violett. Ein einziges Lichtbündel, das vorher die weiße Farbe erzeugt hat, ist also eine Zusammensetzung aus sieben Bündeln, die jeweils ihre Farbe haben. Die Verbindung von sieben Grundstrahlen bewirken also Weiß.

Wenn Sie noch zweifeln, dann nehmen Sie eines der Brillengläser, die in ihrem Brennpunkt alle Strahlen vereinigen. Setzen Sie dieses Glas an das Loch, durch das das Licht eintritt. Sie werden an diesem Brennpunkt immer nur ein weißes Rund sehen. Setzen Sie das gleiche Glas an einen Punkt, an dem es alle sieben aus dem Prisma hervorgegangenen Strahlen vereinigen kann. Es vereinigt, wie Sie sehen, diese sieben Strahlen in seinem Brennpunkt *(Fig. 21)*. Die Farbe dieser sieben vereinigten Strahlen ist weiß. Es ist also bewiesen, daß die Farbe aller vereinigten Strahlen die Farbe Weiß ist. Schwarz wird demzufolge von dem Körper erzeugt, der keinerlei Strahlen reflektiert. Denn niemals wird, wenn Sie mit dem Prisma einen dieser Grundstrahlen herausgetrennt und ihn einem Spiegel, einem Brennglas oder einem anderen Prisma ausgesetzt haben, dieser Grundstrahl seine Farbe ändern, niemals wird er sich in andere Strahlen aufspalten. Sein Wesen besteht darin, eine solche Farbe in sich zu tragen. Nichts kann ihn mehr beeinflussen. Und um den allerletzten Beweis anzutreten: Nehmen Sie Seidenfäden mit verschiedenen Farben, setzen Sie einen blauen Seidenfaden zum Beispiel einem roten Strahl aus, dann wird diese Seide rot. Bringen Sie ihn mit dem gelben Strahl zusammen, dann wird er gelb, und so fort. Kurzum, weder Brechung, noch Reflexion, noch irgendein anderes vorstellbares Mittel können diesen Grundstrahl verändern, ähnlich und doch unveränderlicher als das Gold, das im Schmelztiegel nachgewiesen wurde.

Diese Eigenschaft des Lichts, diese Ungleichheit in den Brechungen seiner Strahlen, wird von *Newton* als Brechbarkeit bezeichnet. Die Tatsache wurde zunächst lange abgelehnt und lange verneint, da M. *Mariotte* in Frankreich die Experimente *Newtons* mißlungen waren. Man sagte lieber, daß *Newton* damit geprahlt habe, etwas gesehen zu haben, was er nicht gesehen hatte, als daß man bedachte, daß M. *Mariotte* beim Sehen kein rechtes Geschick bewiesen habe und in der Wahl der verwendeten Prismen nicht sehr glücklich war. Sogar als diese Experimente richtig durchgeführt wurden und wir die Wahrheit vor Augen hatten, bestand das Vorurteil noch in einer Weise fort, daß in mehreren Zeitungen und in mehreren Büchern, die seit dem Jahre 1730 hergestellt wurden, diese Experimente, die indessen in ganz Europa angestellt wurden, dreist verneint wurden. In der gleichen Weise wurden nach der Entdeckung des Blutkreislaufs noch Theorien gegen diese Wahrheit aufgestellt, und es wurde sogar versucht, diejenigen, die die neue Entdeckung erklärten, lächerlich zu machen, indem man sie als *Kreisläufer* bezeichnete. Als man schließlich gezwungen war, dem Augenschein nachzugeben, gab man aber immer noch nicht auf. Die Tatsache hatte man gesehen, und nun wurde am Ausdruck herumgestritten. Der Ausdruck "Brechbarkeit" wurde ebenso beanstandet wie der Ausdruck "Anziehung", "Gravitation". Aber was liegt schon am Ausdruck, wenn er nur eine Wahrheit ausdrückt. Konnte *Christoph Kolumbus*, als er die Insel Hispaniola entdeckte, ihr nicht den Namen geben, den er wollte? Und ist es nicht das Recht der Erfinder zu benennen, was sie schaffen oder was sie entdecken? Es wurde gegen diese Bezeichnungen, die *Newton* zur Vermeidung von Fehlern mit der klügsten Behutsamkeit anwendet, geschrien und geschrieben.

Er bezeichnet die roten, gelben Strahlen usw. als *roterzeugende, gelberzeugende* Strahlen, das heißt als Strahlen, die die Empfindung von rot, gelb hervorrufen. Er wollte so denen den Mund verschließen, die ihm aus Unkenntnis oder bösem Willen unterstellen würden, daß er wie *Aristoteles* annähme, daß die Farben in den Dingen selbst, in den gelben und roten Strahlen und nicht in unserer Seele sind. Die Befürchtung dieser Anschuldigung war berechtigt. Ich habe Menschen getroffen, übrigens achtbare Menschen, die mir versichert haben, daß *Newton* als Peripatetiker annahm, daß die Strahlen tatsächlich selbst farbig sind, so wie früher angenommen wurde, daß Feuer heiß ist. Die gleichen Kritiker haben mir jedoch auch versichert, daß *Newton* Atheist war. Zwar hatten sie sein Buch nicht gelesen, sie hatten jedoch von Leuten davon gehört, die gegen seine Experimente, ohne sie gesehen zu haben, geschrieben hatten. Das Mildeste, das zunächst gegen *Newton* geschrieben wurde, besagte, daß sein System eine Hypothese sei. Was ist jedoch eine Hypothese? Eine Annahme. Kann man jedoch als Annahme Tatsachen bezeichnen, die so oft bewiesen wurden? Schämt man sich, als Franzose die Wahrheit aus den Händen eines Engländers entgegenzunehmen? Dieses Gefühl wäre eines Philosophen recht unwürdig. Für Denker gibt es weder Franzosen noch Engländer. Jeder, der unser Lehrer ist, ist auch unser Landsmann.

Die Brechbarkeit und die Reflexion hängen offensichtlich von derselben Ursache ab. Diese soeben dargestellte und an die Brechung gebundene Brechbarkeit muß seine Quelle im gleichen Prinzip haben. Das Spiel aller dieser Triebfedern muß von der gleichen Ursache geleitet sein. Das entspricht der Ordnung der Natur. Alle Pflanzen ernähren sich nach den gleichen Gesetzen. Alle Tiere haben die gleichen Lebensprinzipien. Unabhängig davon, was mit den in Bewegung befindlichen Körpern geschieht, sind die Gesetze der Bewegung unveränderlich. Wir haben bereits gesehen, daß Reflexion, Brechung und Beugung des Lichts die Auswirkungen einer Kraft sind, die kein (zumindest bekannter) Impuls ist. Die gleiche Kraft macht sich in der Brechbarkeit bemerkbar. Diese Strahlen, die in unterschiedlichen Abständen abgelenkt werden, zeigen uns an, daß das Medium, durch das sie verlaufen, ungleichmäßig auf sie wirkt. Ein Lichtbündel wird im Glas angezogen. Dieses Lichtbündel besteht jedoch aus unterschiedlichen Substanzen. Diese Massen werden also ungleichmäßig angezogen. Wenn das so ist, müssen sie vom Prisma in der gleichen Ordnung, in der sie gebrochen werden, reflektiert werden. Der am stärksten reflektierbare Strahl muß auch am stärksten brechbar sein.

Das Prisma hat auf das Papier seine sieben Farben gegeben. Wenn Sie das Prisma in Richtung ABC *(Fig. 22)* drehen, erhalten Sie schnell den Winkel, bei dem das gesamte Licht nicht auf das Papier gelangt, sondern von innerhalb des Prismas nach außen reflektiert wird. Sobald Sie sich diesem Winkel nähern, sehen Sie plötzlich den violetten Strahl, der sich auf dem Papier abzeichnet und den Sie weiter an der Decke des Zimmers verfolgen können. Nach Violett kommt Purpur, dann Blau, schließlich verläßt Rot als letztes das Papier, auf dem es sich abzeichnet, und wird seinerseits an der Decke reflektiert. Die Reflektierbarkeit jedes Strahls wächst also mit seiner Brechbarkeit. Die gleiche Ursache bewirkt also die Reflexion und die Brechbarkeit.

Nun bewirkt aber der feste Teil des Glases weder die Brechbarkeit, noch die Reflexion. Deshalb noch einmal: Diese Eigenschaften haben ihren Ursprung in einer anderen Ursache als in dem auf der Erde bekannten Impuls. Gegen diese Experimente kann nichts gesagt werden, sie müssen angenommen werden, unabhängig davon, wie sehr man sich gegen den Augenschein auch auflehnen mag.[16]

[16] Ein noch so kleines Lichtbündel besteht aus einer Unendlichkeit unterschiedlich brechbarer Strahlen. Wenn dem nicht so wäre, würde man bei Verwendung eines Prismas mit größerem Winkel sieben getrennte Kreise und keine kontinuierliche Abbildung, deren Seiten wesentlich geradlinig sind, erhalten.

Es ist richtig, daß dieses kontinuierliche Spektrum nur sieben verschiedene Farben anzubieten scheint. Der Übergang von einer Farbe in die andere ist nur über einen sehr kleinen Raum nuanciert, während die Farbe über eine größere Ausdehnung des Spektrums rein zu sein scheint. Man könnte also vermuten, daß die Farbempfindung von einer Eigenschaft der Strahlen abhängt, die sich von ihrem Brechbarkeitsgrad unterscheidet. *Newton* scheint geglaubt zu haben, daß es wirklich nur sieben Strahlen gibt. Er schien oft in dieser Annahme zu denken. Seine ersten Schüler haben ihn in diesem Sinne gehört. Da er jedoch in dieser Meinung unüberwindliche Schwierigkeiten gespürt hatte, hat er sich nie zu diesem Gegenstand präzise erklärt.

Mehrere Autoren haben nur vier Farben angenommen. Sie ließen die drei Zwischenfarben Purpur, Grün und Orange als Produkte aus der Mischung der beiden Nachbarfarben wegfallen. Sie wurden in ihrer Meinung durch Experimente bestärkt, bei denen wirklich nur vier Farben zu sehen waren. Diese Meinung ist jedoch wenig begründet. Freilich bilden Blau und Gelb Grün. Wenn Sie jedoch durch ein Prisma auf einen Karton das durch die Vereinigung der gelben und blauen Strahlen gebildete Grün betrachten, sind die beiden Farben getrennt, jedoch nicht, wenn Sie auf dem gleichen Karton die Abbildung der grünen Strahlen des Prismas betrachten. Auch wenn Sie die Abbildung verlängern, bleibt sie grün.

Das Prisma liefert nur vier Farben, wenn das Licht schwach ist oder wenn die vom Prisma gelieferte Abbildung zu klein ist. Wenn es noch schwächer, wenn die Abbildung noch kleiner wäre, würde man nur ein Spektrum von einem schmutzigen oder rötlichen Weiß sehen. So erscheint das Licht eines Sterns durch ein Prisma. Wenn Sie das Prisma mit einem starken Fernrohr versehen, zeigt Ihnen das Spektrum des Sterns deutlich bis zu vier Farben: Rot, Gelb, Blau und Violett. Bei einem schwächeren Fernrohr verschwinden Gelb und Blau, und man sieht an deren Stelle Grün. Diese Experimente mit dem Licht der Sterne sind M. Abbé *Rochon* zu verdanken, und sie beweisen, daß dieses Licht von der gleichen Art wie das der Sonne, wie das von brennenden Körpern auf der Erde ist.

Die Brechung ist in den verschiedenen Medien nicht nur unterschiedlich, sondern die unterschiedliche Brechbarkeit der verschiedenen Strahlen ist auch in diesen Medien keineswegs proportional der Brechung. Daraus ergibt sich, daß man durch Kombination verschiedener Medien Prismen bilden kann, bei denen die Strahlen ohne Trennung gebrochen werden, und bei Verwendung von Linsen, die aus mehreren verschiedenartigen Gläsern bestehen, die Farben in Fernrohren beseitigen kann. Aus dieser *Idee*, die M. *Euler* zu verdanken ist, sind achromatische Fernrohre hervorgegangen, die von mehreren geschickten Leuten bis zu einem sehr hohen Perfektionsgrad entwickelt wurden. Durch die Anwendung von Prismenfernrohren hat M. Abbé *Rochon* Mittel gefunden, um das Verhältnis der Brechkraft der verschiedenen Medien zu ihrem Streuvermögen mit hoher Genauigkeit, die für die Theorie und den Bau von Fernrohren erforderlich ist, zu messen.

Es gibt Substanzen, die eine Doppelbrechung aufweisen, so daß Gegenstände, die durch ein aus diesen Substanzen bestehendes Prisma betrachtet werden, doppelt erscheinen. Dazu gehören der Bergkristall und der Islandspat. Diese Substanzen haben diese Eigenschaft wahrscheinlich, weil sie aus übereinander angeordneten heterogenen Plättchen bestehen. Zumindest wird die gleiche Erscheinung mit so angeordneten künstlichen Gläsern erzielt. Diese Doppelbrechung wurde mit großem Erfolg von M. Abbé *Rochon* bei der Messung kleiner Winkel angewendet. Das Instrument, das er dazu erfunden hat, ist sehr sinnreich und ergibt Messungen von höchster Genauigkeit. Es kann auch zur Messung von Entfernungen dienen, ohne daß dazu große Grundflächen erforderlich wären.

KAPITEL IX Vom Regenbogen; daß dieser Meteor eine notwendige Folge der Gesetze der Brechbarkeit ist

Der dem gesamten Altertum bekannte Mechanismus des Regenbogens. Unkenntnis bei Albertus Magnus. Erzbischof Antonio de Dominis hat als erster den Regenbogen erklärt. Sein von Descartes nachvollzogenes Experiment. Die Brechbarkeit als einzige Ursache des Regenbogens. Erklärung dieses Phänomens. Der doppelte Regenbogen. Das immer als Halbkreis gesehene Phänomen.

Der Regenbogen ist eine notwendige Folge der Eigenschaften des Lichts, die wir eben betrachtet haben.

Weder in den Schriften der Griechen noch bei den Römern oder bei den Arabern ist irgend etwas enthalten, was darauf schließen ließe, daß sie die Gründe für diese Erscheinung gekannt haben. *Lukrez* sagt nichts dazu. Aus allen Absurditäten, die er im Namen *Epikurs* über das Licht und über das Sehen von sich gibt, scheint sich zu ergeben, daß sein sonst so artiges Jahrhundert im Bereich der Physik in tiefe Unkenntnis getaucht war. Es war bekannt, daß eine dichte Regenwolke bei ihrer Auflösung in Regen den Strahlen der Sonne ausgesetzt sein müsse und daß sich unsere Augen zwischen dem Gestirn und der Wolke befinden müssen, um den sogenannten Regenbogen zu sehen: *mille trahit varios adverso sole colores.* Das ist jedoch alles, was bekannt war. Niemand hatte eine Vorstellung darüber, warum eine Regenwolke Farben ergibt, wie Art und Reihenfolge der Farben bestimmt werden, warum sich zwei Regenbogen überlagern oder weshalb diese Erscheinungen immer in der Gestalt eines Halbkreises zu sehen sind.

Albert, der den Beinamen *der Große* erhielt, weil er in einem Jahrhundert lebte, in dem die Menschen recht klein waren, stellte sich vor, daß die Farben des Regenbogens von einem Tau stammen, der sich zwischen uns und der Regenwolke befindet und der die Farben von der Wolke an uns überträgt. Sie werden noch bemerken, das dieser *Albertus Magnus* und die gesamte Schule glaubte, daß das Licht ein Akzidens sei.

Schließlich schrieb der berühmte *Antonio de Dominis*, Erzbischof von Spalatro in Dalmatien, der durch die Inquisition aus seinem Erzbistum vertrieben wurde, gegen das Jahr 1590 seine kleine Abhandlung "De radiis Lucis et de Iride", die erst zwanzig Jahre später in Venedig gedruckt wurde.[17] Er zeigte als erster, daß die selbst aus dem

[17] *Antonio de Dominis* war eines der berühmtesten Opfer der römischen Inquisition. Er verzichtete auf sein Erzbistum und zog sich um 1603 nach England zurück, wo er die Geschichte des tridentinischen Konzils seines Freundes *Fra Paolo* veröffentlichte. Er beschäftigte sich mit dem Vorhaben, die christlichen Glaubensgemeinschaften miteinander auszusöhnen, zu dem sich in einem Jahrhundert, in dem die Prinzipien der Toleranz unbekannt waren, eine große Anzahl von klugen und den Frieden liebenden Köpfen bekannten. Man fand Mittel, um ihn zu veranlassen, 1612 nach Italien zurückzukehren, indem man ihm versprach, daß man sich mit dem Widerruf einiger sogenannter ketzerischer Lehren, deren Unterstützung man ihm vorwarf, begnügen würde. Kurze Zeit nach diesem Widerruf unterstellte man ihm weitere Verbrechen. Er wurde in der Engelsburg fest-

Innern der Regentropfen reflektierten Strahlen der Sonne dieses bogenförmige und ein unerklärliches Wunder scheinende Darstellung bildeten. Er löste dieses Naturwunder, oder besser er erklärte es durch neue Wunder der Natur. Seine Entdeckung war umso bedeutsamer, als er nur sehr unrichtige Begriffe von der Art und Weise des Sehens hatte. Er versicherte in seinem Buch, daß sich die Abbildungen der Gegenstände in der Pupille befinden und daß in unseren Augen keinerlei Brechung erfolgt, eine recht eigenartige Angelegenheit für einen guten Philosophen. Er hatte die damals unbekannten Brechungen in den Tropfen des Regenbogens entdeckt, und er verneinte diejenigen, die im Augenwasser erfolgen und deren Nachweis bereits begann. Aber lassen wir seine Irrtümer und untersuchen wir die Wahrheit, die er herausgefunden hat.

Er sah mit einem damals recht ungewöhnlichen Scharfsinn, daß jede Reihe, jedes Band Regentropfen, das den Regenbogen bildet, Lichtstrahlen in unterschiedlichen Winkeln reflektieren mußte. Er sah, daß diese unterschiedlichen Winkel die unterschiedlichen Farben bewirken mußten. Er ließ die Größe dieser Winkel messen. Er nahm eine Kugel aus einem durchsichtigen Kristall und füllte sie mit Wasser. Er hängte sie in einer bestimmten Höhe in Reichweite der Sonnenstrahlen auf. *Descartes*, der *Antonio de Dominis* folgte, der ihn berichtigt und in gewisser Weise übertroffen hat und der ihn hätte zitieren müssen, machte das gleiche Experiment. Wenn diese Kugel in einer solchen Höhe aufgehängt wird, daß der Lichtstrahl, der von der Sonne auf die Kugel fällt, mit dem von der Kugel zum Auge gelangenden Strahl einen Winkel von zweiundvierzig Grad und zwei bis drei Minuten bildet, gibt diese Kugel immer eine rote Farbe ab. Wenn diese Kugel etwas tiefer aufgehängt wird und diese Winkel kleiner sind, erscheinen nacheinander die anderen Farben des Regenbogens, so daß in diesem Falle der größte Winkel Rot und der kleinste Winkel von vierzig Grad und siebzehn Minuten Violett bildet. Das ist die Grundlage der Kenntnisse über den Regenbogen, jedoch vorerst nur die Grundlage.

Dieses so gewöhnliche und so wenig bekannte Phänomen, von dem sehr wenige Anfänger eine deutliche Vorstellung haben, kann allein durch die Brechbarkeit erklärt werden. Versuchen wir, die Angelegenheit für jedermann faßbar zu machen. Wir hängen eine mit Wasser gefüllte Kristallkugel auf, die der Sonne ausgesetzt ist. Wir stellen uns selbst zwischen die Sonne und die Kugel. Warum sendet die Kugel Farben an mich aus? Und warum bestimmte Farben? Massen von Licht, Millionen von Bündeln fallen vom Himmel auf diese Kugel ein. In jedem dieser Bündel gibt es Grundstrahlen, homogene Strahlen, mehrere rote, mehrere gelbe, mehrere grüne usw. Alle werden

gesetzt, wo er 1625 im Alter von vierundsechzig Jahren starb. Die Inquisitoren besaßen die Grausamkeit, ihn exhuminieren zu lassen und seine Leiche zu verbrennen. Neben seinem Werk über die Optik hatte er ein Buch mit dem Titel "De Republica Christiana" geschrieben, das mit ihm verbrannt wurde. Dieses Buch wurde von der Sorbonne verurteilt, weil es Grundsätze der Toleranz und Maximen, die die Unabhängigkeit der weltlichen Fürsten begünstigten, enthielt. *Fra Paolo*, klüger als der Erzbischof von Spalatro, blieb sein ganzes Leben lang in Venedig, wo er wenigstens nur Mörder zu befürchten hatte. Wenig später wurde der berühmte *Galilei*, der Stolz Italiens, gezwungen, Abbitte dafür zu leisten, daß er neue Beweise für die Bewegung der Erde entdeckt hatte, und im Alter von mehr als siebzig Jahren auf Befehl der gleichen Inquisitoren ins Gefängnis geschleppt.

Seien Sie also nicht erstaunt, wenn wir unter den berühmten Menschen aller Wissensbereiche, die in den letzten Jahrhunderten Italien Ehre gemacht haben, nicht einen einzigen Römer finden.

beim Einfallen in die Kugel gebrochen. Jeder wird unterschiedlich gebrochen, entsprechend der Art, aus der er besteht, und entsprechend der Stelle, an der er eintritt. Sie wissen bereits, daß die roten Strahlen das geringste Brechungsvermögen aufweisen. Die roten Strahlen eines bestimmten Bündels vereinigen sich also an einem bestimmten Punkt auf dem Hintergrund der Kugel, während die blauen und purpurfarbenen Strahlen des gleichen Bündels anders verlaufen. Die roten Strahlen verlassen auch die Kugel an der einen Stelle und die grünen, blauen und purpurfarbenen an einer anderen Stelle. Das genügt noch nicht. Es müssen die Punkte untersucht werden, an denen diese roten Strahlen auftreffen, wenn sie in die Kugel eintreten und an denen sie sie verlassen, um in Ihr Auge zu gelangen.

Um den erforderlichen Grad an Klarheit zu schaffen, stellen wir uns diese Kugel, was sie tatsächlich ja auch ist, als eine Vereinigung einer Unendlichkeit von ebenen Flächen vor. Denn da der Kreis aus einer Unendlichkeit von unendlich kleinen Geraden besteht, ist die Kugel in ihrem Umfang nur eine Unendlichkeit von Flächen *(Fig. 23)*. Rote Strahlen ABC gelangen parallel von der Sonne auf diese drei kleinen Flächen. Wird allerdings nicht jeder entsprechend seinem Einfallsgrad gebrochen? Ist nicht allgemein bekannt, daß der rote Strahl A mit seiner stärkeren Neigung auf die kleine Fläche fällt als der rote Strahl B auf die seine? So gelangen beide zum Punkt R auf unterschiedlichen Wegen. Der rote Strahl C, der auf seine kleine Fläche mit einer noch geringeren Neigung einfällt, wird noch weniger gebrochen und gelangt so nur wenig gebrochen zum Punkt R. Ich habe also bereits drei rote Strahlen, das heißt drei rote Strahlenbündel, die zum gleichen Punkt R gelangen. In diesem Punkt R bildet jeder einen Reflexionswinkel gleich seinem Einfallswinkel. Jeder wird bei seinem Austritt aus der Kugel gebrochen, wobei er sich von der Senkrechten der neuen kleinen Fläche, auf die er auftrifft, entfernt, so wie er auch bei seinem Einfall unter Annäherung an die Senkrechte gebrochen wurde. Alle verlaufen also parallel, alle treffen also auf das Auge. Wenn eine Menge dieser homogenen roten Strahlen vorhanden ist, die ausreicht, den Sehnerv zu reizen, können Sie ohne Zweifel nur die Empfindung von Rot haben. Diese Strahlen ABC werden als *sichtbare Strahlen, als wirksame Strahlen* dieses Tropfens bezeichnet, denn jeder Tropfen hat seine für das Auge, das sich in der Richtung dieser parallelen roten Strahlen befindet, sichtbaren Strahlen. Und damit dem so ist, müssen die von der Sonne und vom Auge der Kugel gelangenden Linien einen Winkel von zweiundvierzig Grad und zwei Minuten bilden.

Unzählige weitere rote Strahlen, die auf andere, höhere und niedrigere kleine Flächen der Kugel auftreffen, gelangen nicht zu R oder treffen zwar auf die gleichen Flächen, jedoch mit einer anderen Neigung und gelangen so auch nicht zu R. Diese sind für Sie verloren. Sie gelangen in ein anderes, höher oder niedriger gelegenes Auge.

Zwar sind mit den sichtbaren roten Strahlen eine Unzahl von orangefarbenen, grünen, blauen, violetten Strahlen auf diese Flächen ABC gelangt. Sie können sie jedoch nicht sehen. Sie kennen den Grund dafür. Sie haben eine höhere Brechbarkeit als die roten Strahlen. Nachdem sie alle am gleichen Punkt eingefallen sind, nehmen sie in der Kugel jeweils einen anderen Weg. Nach stärkerer Brechung gelangen sie unter den Punkt R. Sie werden auch stärker als die roten Strahlen beim Austritt aus der Kugel gebrochen. Die gleiche Kraft, die ihre stärkere Annäherung an die Senkrechte jeder Fläche innerhalb der Kugel bewirkte, bewirkt auch ihre stärkere Ablenkung bei der

Rückkehr in die Luft. Sie kommen also alle unterhalb Ihres Auges an. Neigen Sie jedoch die Kugel, wird der Winkel kleiner. Wenn dieser Winkel einen Wert von ungefähr vierzig Grad und siebzehn Minuten hat, werden Sie nur Violett sehen.

Jedermann wird nach diesem Prinzip die Erscheinung des Regenbogens leicht verstehen. Stellen Sie sich mehrere Reihen, mehrere Bänder von Regentropfen vor, jeder Tropfen produziert genau die gleiche Wirkung wie diese Kugel. Richten Sie die Augen auf diesen Bogen und betrachten Sie, um sich nicht verwirren zu lassen, nur drei Reihen Regentropfen, drei Farbbänder. Es ist offensichtlich, daß der Winkel POL kleiner als der Winkel VOL ist und daß der Winkel ROL von allen drei Winkeln am größten ist *(Fig. 24)*. Dieser größte der drei Winkel ist also derjenige der roten Grundstrahlen. Der mittlere ist der Winkel der grünen Grundstrahlen, und der kleinste POL ist der Winkel der purpurfarbenen Grundstrahlen. Sie müssen also den Regenbogen am äußersten Rand rot, in der Mitte grün und am Innenrand purpurfarben und violett sehen. Zu beachten ist nur, daß die letzte violette Schicht immer durch die Regenwolke, in der er sich verliert, weiß getönt ist.

Sie begreifen also leicht, daß Sie diese Tropfen nur unter den wirksamen Strahlen sehen, die zu Ihren Augen nach Reflexion und Doppelbrechung sowie in bestimmten Winkeln gelangt sind. Wenn Ihr Auge seine Stellung ändert und sich statt in O in T befindet, sehen Sie nicht mehr die gleichen Strahlen. Das Band, das Ihnen Rot liefert, liefert Ihnen dann Orange und Grün usw., und bei jeder Kopfbewegung sehen Sie einen neuen Regenbogen.

Nachdem Sie diesen ersten Regenbogen verstanden haben, werden Sie leicht auch den zweiten begreifen, der gewöhnlich über dem ersten zu sehen ist und der als Nebenregenbogen bezeichnet wird, da seine Farben weniger leuchtend und in umgekehrter Reihenfolge angeordnet sind. Damit Sie zwei Regenbogen sehen können, muß die Wolke nur groß und dick genug sein. Dieser Bogen, der sich über dem ersten befindet und diesen umgibt, besteht also aus Strahlen, die von der Sonne in diese Regentropfen geschickt, hier gebrochen und so reflektiert werden, daß jede Tropfenreihe an Sie auch Grundstrahlen aussendet: Dieser Tropfen einen roten Strahl, jener Tropfen einen violetten Strahl. In diesem großen Bogen erfolgt jedoch alles entgegengesetzt zum kleinen. Warum ist das so? Weil Ihr Auge, das die wirksamen Strahlen des kleinen Bogens empfängt, nachdem sie von der Sonne in den oberen Teil der Tropfen gelangt sind, die Strahlen des großen Regenbogens erhält, nachdem sie über den unteren Teil der Tropfen eingefallen sind.

Sie sehen, daß die Wassertropfen des kleinen Bogens die Strahlen der Sonne im oberen Teil, jeweils oben am Tropfen empfangen *(Fig. 25)*. Die Tropfen des großen Regenbogens dagegen empfangen die einfallenden Strahlen über ihren unteren Teil. Ich glaube, daß Ihnen nichts leichter fallen wird als zu begreifen, wie die Strahlen zweimal in den Tropfen dieses großen Regenbogens reflektiert werden, und wieso diese zweimal gebrochenen und zweimal reflektierten Strahlen einen Regenbogen ergeben, dessen Reihenfolge der des ersten entgegensetzt ist und dessen Farben schwächer sind. Sie haben soeben gesehen, daß die Strahlen so in den kleinen unteren Teil der Wassertropfen dieses äußeren Regenbogens eintreten.

Eine Vielzahl von Strahlen findet sich an der Oberfläche des Tropfens in G ein *(Fig. 26)*. Hier wird ein Teil dieser Strahlen innen gebrochen und ein anderer Teil außen zerstreut. Somit ergibt sich bereits ein Strahlenverlust für das Auge. Der gebrochene Teil gelangt nach M. Eine Hälfte dieses Teils verläßt den Tropfen und gelangt in die Luft und ist für Sie auch verloren. Die wenigen, die im Tropfen erhalten geblieben sind, gelangen nach K. Hier tritt noch ein Teil aus, die dritte Verringerung. Die in K verbliebenen gelangen nach M, und bei diesem Austritt nach M wird noch ein Teil zerstreut – die vierte Verringerung. Der Rest gelangt schließlich auf die Linie MN. In diesem Tropfen gibt es also ebenso viele Brechungen wie in den Tropfen des kleinen Bogens. Wie Sie sehen, finden in diesem großen Bogen jedoch zwei statt einer Reflexion statt. In diesem großen Bogen, in dem das Licht zweimal gebrochen wird, geht also die doppelte Menge Licht verloren. Der innere kleine Bogen, bei dem die Tropfen nur eine Reflexion erfahren, verliert die Hälfte weniger. Es ist also klar, daß der äußere Regenbogen immer etwa um die Hälfte farbschwächer als der innere kleine Bogen sein muß. Es ist auch bewiesen, das die Strahlen durch den doppelten Weg, den sie zurücklegen, zu Ihren Augen in einer Richtung gelangen müssen, die derjenigen des ersten Bogens entgegengesetzt ist, da sich Ihr Auge in O befindet *(Fig. 27)*. An dieser Stelle O empfängt es die Strahlen mit dem niedrigsten Brechungskoeffizienten des ersten äußeren Bandes sowie die Strahlen mit dem höchsten Brechungskoeffizienten des ersten äußeren Bandes des zweiten Bogens. Diese Strahlen mit dem höchsten Brechungskoeffizienten sind violett. Das ist also die Reihenfolge, wobei wir der Einfachheit halber nur drei Farben verwenden.

Es bleibt nur noch festzustellen, weshalb wir diese Farben immer in kreisförmiger Gestalt sehen. Betrachten Sie die Linie OZ, die durch Ihr Auge und durch die Sonne verläuft. Gesetzt den Fall, daß sich diese beiden Kugeln immer in gleichem Abstand von Ihrem Auge bewegen und daß der Winkel zwischen den zur Sonne und zu Ihrem Auge führenden Linien unveränderlich ist, dann beschreiben sie Grundflächen von Kegeln *(Fig.28)*, deren Spitze sich immer in Ihrem Auge befindet. Stellen Sie sich vor, daß sich der Strahl des Wassertropfens, der in Ihr Auge O gelangt, um diese Linie OZ wie um eine Achse dreht, wobei er zum Beispiel immer einen Winkel ZOR von zweiundvierzig Grad und zwei Minuten beschreibt. Es ist klar, daß dieser Tropfen einen Kreis beschreiben wird, der Ihnen rot erscheint. Wenn der andere Tropfen V ebenfalls drehend gedacht wird, wobei er immer einen Winkel VOZ von vierzig Grad und siebzehn Minuten beschreibt, dann bildet er einen violetten Kreis. Alle Tropfen, die sich in dieser Ebene befinden, bilden also einen violetten Kreis, und die Tropfen, die sich in der Ebene des Tropfens R befinden, bilden einen roten Kreis. Sie sehen also den Regenbogen als einen Kreis. Sie sehen jedoch keinen ganzen Kreis, da er von der Erde geschnitten wird. Sie sehen nur einen Bogen, einen Teil des Kreises.

Diese Wahrheiten konnten zum größten Teil weder von *Antonio de Dominis* noch von *Descartes* wahrgenommen werden. Sie konnten nicht wissen, weshalb die verschiedenen Winkel verschiedene Farben ergaben. Es bedeutete jedoch schon viel, daß sie die Erscheinung erkannt hatten. Die Feinheiten werden selten von den ersten Entdeckern herausgefunden. Da *Descartes* also nicht ahnen konnte, daß die Farben von der Brechbarkeit der Strahlen abhängen, daß jeder Strahl in sich eine Grundfarbe enthält, daß die unterschiedliche Anziehung dieser Strahlen ihre Brechbarkeit ausmacht und die Ablenkungen bewirkt, die die verschiedenen Winkel bilden, überließ er sich seinem Erfindergeist, um die Farben des Regenbogens zu erklären. Er benutzte hier die imaginäre *Drehung* der Kügelchen und das *Streben zur Drehung* und lieferte damit ein Zeugnis für sein Genie, aber auch das Zeugnis eines Irrtums. So stellte er sich zur Erklärung der *Systole* und der *Diastole* des Herzens eine Bewegung und eine Anordnung dieses Organs vor, deren Fehlerhaftigkeit von allen Anatomen erkannt wurde. *Descartes* wäre der größte Philosoph der Erde gewesen, wenn er weniger erfunden hätte.

KAPITEL X Neue Entdeckungen über die Ursache der Farben, die die obige Meinung bestätigen. Nachweis, daß die Farben durch die Dicke der Teilchen aus denen die Körper bestehen, verursacht werden, ohne daß das Licht von den Teilchen reflektiert wird

Vertiefteres Wissen über die Bildung der Farben, aus einem gewöhnlichen Experiment abgeleitete große Wahrheiten. Experimente Newtons, die Farben hängen von der Dicke der Teilchen der Körper ab, ohne daß diese Teilchen selbst das Licht reflektieren. Alle Körper sind durchlässig. Beweis, daß die Farben von den Dicken abhängen, ohne daß die festen Teilchen wirklich Licht zurückstrahlen.

Aus dem bisher Gesagten ergibt sich also, daß alle Farben aus der Mischung der sieben Grundfarben stammen, die der Regenbogen und das Prisma getrennt zeigen. (Siehe Fußnote 15.)[32]

Die Körper, die am besten rote Strahlen reflektieren können und deren Teilchen die anderen Strahlen absorbieren oder durchlassen, sind rot usw. Das soll nicht heißen, daß die Teilchen dieser Körper tatsächlich rote Strahlen reflektieren, es gibt jedoch eine bisher unbekannte Kraft, die diese Strahlen an den Oberflächen und innerhalb der Poren der Körper reflektiert.

Die Farben sind also in den Strahlen der Sonne enthalten und werden an uns von Oberflächen und Poren und aus dem leeren Raum zurückgestrahlt, Untersuchen wir jetzt, worin das scheinbare Vermögen der Körper besteht, diese Farben zu reflektieren, so daß Scharlach rot erscheint, Wiesen grün sind und ein klarer Himmel blau ist. Denn sagen zu wollen, daß ihre unterschiedlichen Teilchen dafür die Ursache sind, würde bedeuten, eine Unbestimmtheit zu sagen, die ganz und gar nichts aussagt.

Ein kindliches Vergnügen, das an sich nur Geringschätzung zu verdienen scheint, hat M. *Newton* die erste Vorstellung von diesen neuen Wahrheiten gegeben, die wir erklären wollen. Alles muß für einen Philosophen Gegenstand des Nachdenkens sein, und nichts ist klein in seinen Augen. Er stellte fest, daß sich die Farben in den Seifenflaschen, mit denen die Kinder spielen, von einem Augenblick zum anderen von der Höhe der Kugel an entsprechend der abnehmenden Dicke dieser Kugel verändern, bis die Schwere des Wassers und der Seife, die sich immer auf dem Boden absetzt, das Gleichgewicht dieser leichten Kugel zerstört und sie vergehen läßt. Er dachte deshalb, daß die Farben von der Dicke der Teilchen, aus denen die Flächen der Körper bestehen, abhängen könnten und machte, um sich zu vergewissern, folgende Experimente.

Damit sich zwei Kristalle in einem Punkt berühren, kommt es nicht darauf an, daß sie beide konvex sind, es genügt, wenn das erste konvex ist und auf das andere aufgesetzt wird. Um das Experiment, das auch mit Luft durchgeführt wird, anschaulicher zu machen, bringe man Wasser zwischen diese beiden Gläser. Man presse diese Gläser ein wenig gegeneinander, so daß an der Kontaktstelle der beiden Gläser ein kleiner durchsichtiger schwarzer Fleck erscheint. Von diesem mit etwas Wasser umgebenen Punkt aus bilden sich in der gleichen Ordnung und in der gleichen Weise wie in der Seifenflasche farbige Ringe. Durch Messen des Durchmessers dieser Ringe und der Konvexität des Glases bestimmte Newton die verschiedenen Dicken der Wasserteilchen, die diese verschiedenen Farben ergaben. Er berechnete die Dicke, die das Wasser benötigt, um die weißen Strahlen zu reflektieren. Diese Dicke beträgt ungefähr vier Teile eines Millionstel Zolls, das heißt viermillionstel Zoll. Azurblau und die ins Violette übergehenden Farben hängen von einer viel geringeren Dicke ab. So erzeugen die geringfügigsten Dämpfe, die von der Erde aufsteigen und die die Luft wolkenlos färben, da sie von sehr geringer Ausdehnung sind, das das Auge so bezaubernde Himmelsblau.

Weitere, ebenso kluge Experimente haben die Entdeckung noch unterstützt, daß die Farben mit der Dicke der Flächen verbunden sind. Der gleiche Körper, der grün war, als er dicker war, wurde blau, als er dünn genug war, um nur die blauen Strahlen zu reflektieren und die anderen durchzulassen. Diese Wahrheiten einer so scharfsinnigen Untersuchung, die sich dem menschlichen Blick zu entziehen schienen, verdienen es, genauer betrachtet zu werden. Dieser Teil der Philosophie gleicht einem Mikroskop, mit dem unser Geist unendlich kleine Größen entdeckt.

Alle Körper sind durchlässig. Sie müssen nur so dünn sein, daß die Strahlen, die auf ein Plättchen, auf einen Film auftreffen, durch dieses Plättchen hindurchgelangen. Wenn Blattgold durch ein Loch in einer Dunkelkammer beleuchtet wird, strahlt es von seiner Fläche gelbe Strahlen zurück, die nicht durch seinen Stoff durchgelangen werden und läßt in die Dunkelkammer grüne Strahlen durch, so daß das Gold eine grüne Farbe erzeugt. Das ist eine neue Bestätigung dafür, daß die Farben von den unterschiedlichen Dicken abhängen. Ein noch stärkerer Beweis ist der, daß bei dem Experiment mit dem plankonvexen Glas, das in einem Punkt ein konvexes Glas berührt, das Wasser nicht das einzige Element ist, daß bei unterschiedlichen Dicken unterschiedliche Farben ergibt. Luft hat die gleiche Wirkung. Die farbigen Ringe, die sie zwischen den beiden Gläsern erzeugt, haben lediglich einen größeren Durchmesser als die des Wassers. Es gibt also ein von der Natur festgelegtes geheimes Verhältnis zwischen der Kraft der Bestandteile aller Körper und den Grundstrahlen, durch die die Körper gefärbt werden. Die dünnsten Plättchen ergeben die schwächsten Farben. Für Schwarz ist die gleiche Dicke oder besser die gleiche Feinheit, die gleiche Dünnheit erforderlich, wie sie der kleine Oberteil der Seifenkugel aufwies, in der ein kleiner schwarzer Punkt wahrzunehmen war, oder aber die gleiche Feinheit, wie an der Kontaktstelle des konvexen Glases und des ebenen Glases, an der ebenfalls ein schwarzer Fleck entstand.

Man möge jedoch, um es zu wiederholen, nicht glauben, daß die Körper das Licht durch ihre festen Teilchen zurückstrahlen. Sicher ist, daß die Farben von der Dicke der Teilchen abhängen. Es gibt eine mit dieser Dicke verbundene Kraft, die an der Oberfläche wirkt. Die feste Oberfläche strahlt jedoch nicht zurück und reflektiert nicht. Nun müßte der Leser an dem Punkt angelangt sein, an dem ihn nichts mehr überraschen dürfte. Das, was er bisher gesehen hat, führte jedoch noch weiter als angenommen. Wie viele Eigentümlichkeiten sind nicht sozusagen nur die Grenzen einer neuen Welt.

KAPITEL XI Fortsetzung dieser Entdeckungen. Gegenseitige Wirkung der Körper auf das Licht

Sehr sonderbares Experiment. Folgen dieses Experiments. Gegenseitige Wirkung der Körper auf das Licht. Die gesamte Theorie des Lichts steht mit der Theorie des Universums in Zusammenhang. Die Materie hat mehr Eigenschaften, als man denkt.

Die Reflexion des Lichts, seine Beugung, seine Brechung, seine Brechbarkeit sind bekannt. Der Ursprung der Farben ist entdeckt und sogar die Dicke der Körper, die erforderlich ist, um bestimmte Farben hervorzurufen, ist bestimmt.

Mit dem Verstand und mit den Augen ist nachweisbar, daß die Strahlen nicht von den festen Flächen reflektiert werden. Denn wenn feste Flächen tatsächlich reflektieren würden, würde erstens der Punkt, an dem sich zwei konvexe Gläser berühren, reflektieren und wäre nicht dunkel, müßte zweitens jeder feste Bestandteil, der eine einzige Strahlenart ergibt, gleichzeitig alle Strahlenarten zurückstrahlen, würden drittens feste Teilchen das Licht nicht an einer Stelle durchlassen und es an einer anderen Stelle reflektieren, denn da sie alle fest sind, würden sie alle reflektieren, würde es viertens wenn feste Teilchen das Licht reflektieren, unmöglich sein, wie wir gesagt haben, sich in einem Spiegel sehen zu können, denn da der Spiegel Rillen hat und rauh ist, könnte er das Licht nicht gleichmäßig zurückstrahlen.

Es ist also über jeden Zweifel erhaben, daß es eine Kraft gibt, die auf die Körper wirkt, ohne die Körper zu berühren und daß diese Kraft zwischen den Körpern und dem Licht wirkt. Schließlich ist anzunehmen, daß das Licht nicht unmittelbar an den Körpern zurückprallt und zu uns zurückgelangt, sondern daß der größte Teil der Strahlen, der auf feste Teile trifft, dort verbleibt, verlorengeht und erlischt.

Wir wollen diese Einführung in das Licht nicht weiterführen. Vielleicht haben wir schon zuviel in einfachen Worten gesagt. Die meisten dieser Wahrheiten waren jedoch für viele Leser neu, als wir dieses Werk veröffentlichten. Bevor wir zum anderen Teil der Philosophie übergehen, wollen wir uns daran erinnern, daß die Theorie des Lichts etwas mit der Theorie des Universums gemein hat, in die wir uns begeben wollen. Diese Theorie besagt, daß es eine zwischen den Körpern und dem Licht vorhandene Anziehungsart gibt, wie wir sie zwischen allen Himmelskörpern unseres Universums beobachten werden. Diese Anziehungen äußern sich durch unterschiedliche Wirkungen. Es handelt sich jedoch immer um ein Streben der Körper zueinander, das experimentell und mit Hilfe der Geometrie entdeckt wurde.

Diese Entdeckungen sollten uns wenigstens dazu dienen, daß wir in unseren Entscheidungen über die Natur und das Wesen der Dinge äußerste Vorsicht walten lassen. Bedenken wir, daß wir ohne Experiment nichts wissen. Ohne Tastsinn hätten wir keinerlei Vorstellung von der Ausdehnung der Körper. Ohne Augen wüßten wir nicht, daß es Licht gibt. Wenn wir nie Bewegung verspürt hätten, hätten wir die Materie nie für beweglich gehalten. Eine sehr kleine Anzahl von Sinnen, die uns GOTT gegeben hat, dient uns dazu, eine sehr kleine Anzahl von Eigenschaften der Materie zu entdecken. Das Denken ergänzt die Sinne, die uns fehlen und lehrt uns außerdem, daß Materie weitere Merkmale, wie die Anziehung, die Gravitation hat. Sie hat wahrscheinlich noch viele andere, die mit ihrem Wesen verbunden sind und über die die Philosophie den Menschen eines Tages vielleicht einige Vorstellungen vermitteln wird.

Ich gestehe, daß ich bei eingehenderem Nachdenken sehr überrascht darüber bin, daß die Furcht besteht, ein neues Prinzip, eine neue Eigenschaft in der Materie zu entdecken. Sie hat deren vielleicht unendlich viele. Nichts gleicht sich in der Natur. Es ist sehr wahrscheinlich, daß der Schöpfer Wasser, Feuer, Luft, Erde, Pflanzen, Gesteine, Tiere usw. nach ganz unterschiedlichen Prinzipien und Plänen geschaffen hat. Es ist seltsam, daß die neuen Reichtümer, die uns geboten werden, abgelehnt werden. Denn bedeutet Bereicherung des Menschen nicht Entdeckung neuer Eigenschaften der Materie, aus der er gemacht ist?

Brief des Autors

Der als Abschluß der Theorie des Lichts dienen kann.

Ohne die ständigen Krankheiten, durch die meine Geduld stärker auf die Probe gestellt wurde als mein Verstand durch *Newton*, hätte ich Ihnen früher geantwortet. Ich glaube, daß Ihre Zweifel auch ihm diese nicht erspart hätten. Sie sagen, daß es schade ist, daß er sich nicht klarer über die Ursache ausgedrückt hat, die bewirkt, daß die Anziehungskraft oft zum Rückstoß wird, und über die Kraft, mit der die Lichtstrahlen mit einer so erstaunlichen Geschwindigkeit ausgestrahlt werden, und ich würde hinzufügen mögen, daß es schade ist, daß er die Ursache dieser Erscheinungen nicht wissen konnte. *Newton*, der erste unter den Menschen, war nur ein Mensch, und die grundlegenden Triebkräfte, die die Natur gebraucht, sind für uns nicht faßbar, wenn sie nicht berechenbar sind. Es ist leicht, die Kraft der Muskeln zu veranschlagen, wenn die gesamte Mathematik unfähig ist, uns zu sagen, warum die Muskeln auf Befehl unseres Willens wirken. Alle Kenntnisse, die wir von den Planeten haben, werden uns niemals vermitteln können, weshalb sie sich von Westen nach Osten und nicht umgekehrt bewegen. *Newton*, der zwar das Licht genau untersucht hat, hat nicht dessen innerste Natur entdeckt. Er wußte sehr wohl, daß das elementare Licht Eigenschaften hat, die bei den anderen Elementen nicht anzutreffen sind.

Es legt siebzigmillionen Meilen in einer Viertelstunde zurück. Es scheint nicht wie die Körper, nach einem Mittelpunkt zu streben. Im Gegensatz zu den anderen Elementen breitet es sich jedoch gleichförmig und auf gleiche Art in allen Richtungen aus. Seine Anziehung in bezug auf Gegenstände, die es berührt und von deren Oberfläche es zurückstrahlt, steht in keinem Verhältnis zur allgemeinen Gravitation der Materie.

Es ist nicht einmal bewiesen, ob sich die Strahlen des elementaren Lichts nicht gegenseitig durchdringen. In Anbetracht aller dieser Besonderheiten scheint *Newton* immer daran gezweifelt zu haben, ob das Licht ein Körper ist. Meinerseits möchte ich Ihnen, wenn ich meine Zweifel wagen darf, gestehen, daß ich es nicht für unmöglich halte, daß das elementare Licht ein Wesen für sich ist, das die Natur belebt und das die Mitte zwischen den Körpern und irgendeinem anderen Wesen, das wir nicht kennen, einnimmt. So wie bestimmte organisierte Pflanzen als Übergang aus dem Pflanzenreich in das Tierreich dienen. Alles zielt darauf hin, uns glauben zu machen, daß es eine Kette von Wesen gibt, die sich stufenweise entwickeln. Von dieser immensen Kette kennen wir nur unvollständig einige Tiere. Und als kleine Menschen mit unseren kleinen Augen und unserem kleinen Gehirn scheiden wir keck die Natur in Materie und Geist und verstehen darunter GOTT, ohne im übrigen auch nur ein Wort darüber zu wissen, was Geist und Materie überhaupt sind. Ich lege Ihnen meine Zweifel mit der gleichen Offenheit dar, mit der Sie mir Ihre mitgeteilt haben. Ich beglückwünsche Sie zur Pflege der Philosophie, die uns lehren soll, alles, was nicht in den Bereich der Mathematik und des Experiments gehört, anzuzweifeln usw.

Dritter Teil

KAPITEL I Erste Ideen zur Schwerkraft und zu den Gesetzen über die Anziehung; daß die subtile Materie, die Wirbel und der volle Raum verworfen werden müssen

Anziehung. Experiment, das den leeren Raum und die Wirkungen der Gravitation beweist. Die Schwerkraft wirkt aufgrund der Massen. Woher kommt dieses Schwerkraftvermögen? Es kann nicht von einer sogenannten subtilen Materie kommen. Warum wiegt ein Körper mehr als ein anderer? Das System Descartes' kann dafür keine Begründung liefern.

Ein kluger Leser, der mit Aufmerksamkeit diese Wunder des Lichts gesehen hat und der erfahrungsgemäß davon überzeugt ist, daß sie von keinem bekannten Impuls vollbracht werden, wird zweifellos mit Ungeduld auf diese neue Macht warten, von der wir unter der Bezeichnung "Anziehung" gesprochen haben und die auf alle anderen Körper empfindlicher und anders als der Körper auf das Licht wirkt. Auch hier wollen wir uns von den Bezeichnungen nicht abschrecken lassen. Untersuchen wir einfach die Tatsachen.

Ich werde mich unterschiedslos der Begriffe *Anziehung* und *Gravitation* bedienen, wenn ich von Körpern spreche, die entweder merklich zueinander streben oder sich auf unermeßlichen Bahnen um einen gemeinsamen Mittelpunkt drehen oder auf die Erde fallen oder sich zu festen Körpern vereinigen oder Tropfenform annehmen und Flüssigkeiten bilden.[33] Kommen wir zur Sache.

Alle bekannten Körper haben ein Gewicht. Die absolute Leichtigkeit wurde vor langem bereits zu den anerkannten Fehlern von *Aristoteles* und seiner Anhänger gezählt.

Seitdem die berühmte Luftpumpe erfunden wurde, war man der Erkenntnis von der Schwerkraft der Körper nähergerückt, denn wenn diese in der Luft fallen, verzögern die Teilchen der Luft merklich den Fall derjenigen, die viel Fläche und wenig Masse haben. In dieser von Luft befreiten Pumpe jedoch fallen die Körper, die der Kraft, welche das auch sei, die sie ohne Hindernis niederstürzt, ausgesetzt werden, nach ihrem gesamten Gewicht.

Die von *Otto Guericke* erfundene Luftpumpe wurde bald von *Boyle* verbessert. Dann wurden viel längere Glasbehälter gemacht, die vollständig von Luft befreit wurden. In einem dieser langen, aus vier Röhren zusammengesetzten Behälter, wobei das Ganze eine Höhe von acht Fuß hatte, wurden oben mit einer Feder Goldstücke, Papierstückchen und Federn aufgehängt. Man wollte in Erfahrung bringen, was passiert, wenn die Feder gelöst wird. Die guten Philosophen sahen voraus, daß alles gleichzeitig fallen würde. Die Mehrheit versicherte, daß die massivsten Körper schneller als die anderen fallen würden. Diese Mehrheit, die sich fast immer irrt, war bald erstaunt, als sie sah, daß bei allen Experimenten Gold, Papier und Feder gleichmäßig schnell fielen und gleichzeitig am Boden des Behälters ankamen.

Diejenigen, die noch am vollen Raum von *Descartes*, an den sogenannten Wirkungen der subtilen Materie festhielten, konnten keinen vernünftigen Grund für diese Tatsache liefern. Denn die Tatsachen waren ihre Klippe. Wenn alles voll wäre, wenn man ihnen zugestehen würde, daß es hier Bewegung geben kann (was absolut unmöglich ist), würde diese sogenannte subtile Materie zumindest genau das gesamte Behältnis ausfüllen. Sie wäre darin in genau so großer Menge wie Wasser oder Quecksilber enthalten, wenn man diese hineingetan hätte. Sie würde sich zumindest dem so schnellen Sturz der Körper entgegenstellen. Sie würde sich diesem breiten Stück Papier entsprechend der Fläche dieses Papiers widersetzen und die Gold oder Bleikugel viel schneller fallen lassen. Dieser Fall erfolgt jedoch im gleichen Augenblick. Es ist also nichts im Behälter, das sich widersetzt. Diese sogenannte subtile Materie kann also in diesem Behälter keine merkliche Wirkung ausüben. Es gibt also eine andere Kraft, die die Schwerkraft bildet. Man würde vergebens sagen, daß es möglich ist, daß eine subtile Materie in diesem Behälter verbleibt, da ihn das Licht durchbricht. Da besteht ein Unterschied. Das Licht, das sich in diesem Glasgefäß befindet, nimmt sicher nur den einhunderttausendsten Teil ein. Nach den Cartesianern muß ihre imaginäre Materie das Gefäß genauer füllen, als wenn ich es mit Gold gefüllt annehme, denn im Gold ist sehr viel leerer Raum enthalten, den sie in ihrer subtilen Materie nicht annehmen.

Bei diesem Experiment ist das Goldstück, das einhunderttausendmal mehr wiegt als das Stück Papier, genauso schnell wie das Papier gefallen. Die Kraft, die es zum Fallen gebracht hat, hat also einhunderttausendmal mehr auf das Goldstück als auf das Papier eingewirkt. Ebenso benötigt mein Arm einhundertmal mehr Kraft, um einhundert Pfund als um ein Pfund zu bewegen. Diese Macht, die die Gravitation bewirkt, wirkt in direkter Abhängkeit von der Masse der Körper. Sie wirkt tatsächlich derart entsprechend der Masse der Körper und nicht der Flächen, daß ein zu Pulver zermahlenes Stück Gold in der Luftpumpe genauso schnell fällt wie die gleiche Menge Gold in Blattform. Die Form der Körper verändert hier in nichts ihre Schwere. Dieses Gravitationsvermögen wirkt also auf die innere Natur der Körper und nicht in Abhängigkeit von den Flächen.

Diese drängenden Wahrheiten konnten nie anders als mit einer ebenso trügerischen Annahme wie die der Wirbel beantwortet werden. Es wird angenommen, daß die sogenannte subtile Materie, die das gesamte Gefäß ausfüllt, nichts wiegt. Eine seltsame Idee, die hier absurd wird. Denn im vorliegenden Fall handelt es sich nicht um eine Materie, die kein Gewicht hat, sondern um eine Materie, die keinen Widerstand entgegensetzt. Jede Materie leistet Widerstand durch ihre Trägheitskraft. Wenn das Gefäß also voll wäre, würde jede Materie, die es füllt, unendlichen Widerstand entgegensetzen. Das scheint ganz genau bewiesen zu sein.

Dieses Vermögen ist keineswegs in der sogenannten subtilen Materie enthalten, von der wir im folgenden Kapitel sprechen werden. Danach ist diese Materie ein Fluidum. Jedes Fluidum wirkt auf Festkörper in Abhängigkeit von ihren Flächen. So spaltet das Schiff, das an seinem Bug weniger Fläche aufweist, das Meer, das an seinen Flanken Widerstand leisten würde. Wenn nun aber die Fläche eines Körpers das Quadrat seines Durchmessers ist, ist die Festigkeit dieses Körpers gleich dem Kubus eben dieses

Durchmessers. Die gleiche Kraft kann dann nicht sowohl in Abhängigkeit vom Kubus wie vom Quadrat wirken. Die Schwerkraft, die Gravitation, ist also keineswegs die Auswirkung dieses Fluidums. Außerdem ist es unmöglich, daß diese sogenannte subtile Materie einerseits genügend Kraft hat, einen Körper in einer Minute aus einer Höhe von vierundfünfzigtausend Fuß (das ist die Fallgeschwindigkeit der Körper) zu stürzen, und daß sie andererseits so wenig Kraft hat, ein Pendel aus dem leichtesten Holz in einer Luftpumpe, von der angenommen wird, daß ihr Raum insgesamt genau mit dieser imaginären Materie gefüllt ist, am Schwingen zu hindern. Ich fürchte mich also keineswegs zu behaupten, daß wenn man jemals einen Impuls entdecken sollte, der die Ursache der Schwerkraft der Körper nach einem Mittelpunkt, mit einem Wort die Ursache der Gravitation, der universellen Anziehung, ist, dieser Impuls von ganz anderer Art als derjenige wäre, der uns bekannt ist.

Das ist also eine erste, schon anderwärts angegebene und hier bewiesene Wahrheit: Es gibt eine Kraft, die bewirkt, daß alle Körper in direkter Abhängigkeit von ihrer Masse gravitieren.

Wenn man jetzt untersucht, warum ein Körper schwerer ist als ein anderer, findet man leicht den einzigen Grund. Man wird festellen, daß dieser Körper mehr Masse, mehr Materie bei gleicher Ausdehnung haben muß. So wiegt Gold mehr als Holz, weil im Gold mehr Materie und weniger leerer Raum als im Holz enthalten ist.

Descartes und seine Anhänger (sofern er noch welche hat) behaupten, daß ein Körper schwerer als ein anderer ist, ohne daß er mehr Materie hat. Unbefriedigt von dieser Idee unterstützen sie diese mit einer anderen, die ebensowenig richtig ist. Sie nehmen einen großen Wirbel aus subtiler Materie um unseren Erdball herum an. Dieser große Wirbel, sagen sie, treibt bei der Bewegung alle Körper nach dem Mittelpunkt der Erde und verleiht ihnen das, was wir als Schwerkraft bezeichnen. Natürlich haben sie für diese Behauptung keinen Beweis geliefert. Es gibt nicht die geringste Erfahrung, nicht die geringste Analogie zu Dingen, die wir etwas kennen, die eine leichte Mutmaßung zugunsten dieses Wirbels aus subtiler Materie begründen kann. So muß dieses System allein deshalb, weil es eine Hypothese ist, verworfen werden. Aber auch allein deshalb hatte es sich verbreitet. Dieser Wirbel war mühelos zu begreifen. Mit Hilfe des Begriffs von der subtilen Materie wurde eine vage Erklärung der Dinge gegeben. Als die Philosophen die mit dieser philosophischen Fabel verbundenen Widersprüche und Absurditäten wahrnahmen, dachten sie eher daran, diese zu berichtigen als sie aufzugeben.

Huygens und viele andere haben daran Tausende von Korrekturen vorgenommen, deren Unzulänglichkeit sie selbst zugaben. Aber was setzen wir an die Stelle der Wirbel und der subtilen Materie? Diese sehr gewöhnliche Schlußfolgerung ist diejenige, die die Menschen am meisten im Fehler und in der falschen Entscheidung bestärkt. Das, was man als falsch einsieht und was man nicht länger stützen kann, muß man dann, wenn man nichts an seine Stellen setzen kann, und auch dann, wenn man die euklidischen Beweise dafür zur Verfügung hätte, aufgeben. Die Fehlerhaftigkeit eines Fehlers verändert sich nicht dadurch, daß man ihn nicht durch Wahrheiten ersetzt. Muß ich den Greuel vom leeren Raum in einer Pumpe annehmen, nur weil ich noch nicht weiß, durch welchen Mechanismus das Wasser in dieser Pumpe steigt?

Beginnen wir, bevor wir weitergehen, also damit zu beweisen, daß die Wirbel aus subtiler Materie nicht existieren, daß der *volle Raum* nicht weniger trügerisch ist, daß dieses ganze auf diesen Einbildungen beruhende System so nur eine ausgeklügelt Fabel ohne Wahrscheinlichkeit ist. Betrachten wir uns diese imaginären Wirbel und untersuchen wir dann, ob der *volle Raum* möglich ist.

KAPITEL II Daß die Wirbel Descartes' und der volle Raum unmöglich sind und daß es demzufolge eine andere Ursache für die Schwerkraft gibt

Beweise für die Unmöglichkeit der Wirbel. Beweise gegen den vollen Raum.

Descartes nimmt eine immense Ansammlung winziger Teilchen an, die die Erde in einer schnellen Bewegung von Westen nach Osten führen und die sich zwischen den Polen parallel zum Äquator bewegen. Dieser Wirbel, der sich über den Mond hinaus erstreckt und der den Mond mit sich fortführt, ist seinerseits in einen anderen noch größeren Wirbel eingebettet, der, ohne mit ihm zu verschmelzen, einen weiteren Wirbel berührt usw.

I. Wenn dem so wäre, müßte der Wirbel, von dem angenommen wird, daß er sich von Westen nach Osten um die Erde bewegt, die Körper auf der Erde von Westen nach Osten treiben. Fallende Körper beschreiben nun aber alle eine Linie, deren Verlängerung nahezu durch den Mittelpunkt der Erde verläuft, also gibt es diesen Wirbel nicht.

II. Wenn sich die Kreislinien dieses angeblichen Wirbels parallel zum Äquator bewegen und wirken würden, müßten alle Körper jeweils senkrecht unter die Kreislinie der feinen Materie, zu der sie gehören, fallen. Ein Körper in A in der Nähe des Pols P müßte nach *Descartes* nach R Fallen. Er fällt jedoch ungefähr entsprechend der Linie AB *(Fig. 29)*. Das ist eine Differenz von etwa eintausendvierhundert Meilen, denn eintausendvierhundert geographische Meilen ergeben sich vom Punkt R bis zum Äquator der Erde, also gibt es diesen Wirbel nicht.

III. Wenn zur Stützung dieses Wirbelromans noch angenommen wird, daß sich ein wirbelndes Fluidum nicht einmal um seine Achse dreht, wenn die Vorstellung besteht, daß es sich in Kreislinien drehen kann, die zum Mittelpunkt alle den Mittelpunkt des Wirbels haben, dann genügt das bloße Experiment mit einem Öltropfen oder mit einer großen Luftblase, die in einer mit Wasser gefüllten Kugel eingeschlossen ist. Drehen Sie die Kugel um ihre Achse und Sie werden sehen, wie sich das Öl oder die Luft in der Mitte der Kugel zylinderförmig anordnen und zwischen den Polen eine Achse bilden. Denn jedes Experiment, jedes Nachdenken zerstört die Wirbel.

IV. Wenn dieser Materiewirbel um die Erde und die anderen angeblichen Wirbel um *Jupiter* und *Saturn* usw. existieren würden, könnten alle diese immensen Wirbel aus feiner Materie, die sich so schnell in den verschiedenen Richtungen drehen, niemals einen von einem Stern ausgestrahlten Lichtstrahl gradlinig zu uns gelangen lassen. Es ist bewiesen, daß diese Strahlen im Vergleich zu dem ungeheuren Weg, den sie zurücklegen, in sehr kurzer Zeit zu uns gelangen. Also gibt es diese Wirbel nicht.

V. Wenn diese Wirbel die Planeten von Westen nach Osten bewegen würden, könnten keine Kometen, die diese Räume in allen Richtungen von Osten nach Westen und von Norden nach Süden durchfliegen, diese je durchqueren. Und wenn wirklich kein Komet von Nord nach Süd oder von Ost nach West gelangt wäre, würde man mit dieser Ausflucht nichts gewonnen haben, denn es ist bekannt, daß ein Komet, der sich im Bereich von *Mars*, *Jupiter*, *Saturn*, befindet, sich unvergleichlich schneller als *Mars*, *Jupiter* oder *Saturn* bewegt. Er kann also nicht von der gleichen Schicht des Fluidums bewegt werden, von der angenommen wird, daß sie diese Planeten bewegt. Also gibt es diese Wirbel nicht.

VI. Wenn diese Fluida existieren würden, würde ein kleiner Zeitraum genügen, um jede Bewegung in diesen Gestirnen zu zerstören. *Newton* hat bewiesen, daß jeder Körper, der sich gleichförmig in einem Fluidum gleicher Dichte bewegt, die Hälfte seiner Bewegung verliert, nachdem er Dreiviertel seiner Durchmesser zurückgelegt hat. Dagegen läßt sich nichts sagen.

VII. Wenn weiter angenommen wird, was unmöglich ist, daß diese Planeten in diesen imaginären Wirbeln bewegt werden könnten, könnten sie sich nur kreisförmig bewegen, da diese Wirbel mit gleichen Entfernungen zum Mittelpunkt gleichermaßen dicht sind. Die Planeten bewegen sich jedoch in Ellipsen, also können sie nicht von Wirbeln bewegt werden. Also ... usw.

VIII. Die Umlaufbahn der Erde verläuft zwischen der von *Venus* und *Mars*. Alle diese Umlaufbahnen sind elliptisch und haben die Sonne zum Mittelpunkt. Wenn sich nun *Mars* und *Venus* und *Erde* dichter beieinander befinden, wäre die Materie des angeblichen Stroms, der die Erde mit sich führt, dichter. Diese feine Materie müßte ihren Lauf beschleunigen, wie ein an seinen Ufern verengter Fluß oder ein Fluß, der unter den Bogen einer Brücke hindurchfließt. Dieses Fluidum müßte dann die Erde mit einer deutlich größeren Geschwindigkeit als in jeder anderen Stellung mitreißen. Das Gegenteil ist jedoch der Fall. Gerade in dieser Zeit ist die Bewegung der Erde verlangsamt.

IX. Als eine der ausgesuchteren Beweisführungen, die die Wirbel verneinen, wollen wir folgende wählen: Nach einem der großen *Kepler*schen Gesetze beschreibt jeder Planet in gleichen Zeiten gleiche Flächen. Nach einem anderen, nicht minder sicheren Gesetz vollführt jeder Planet seinen Umlauf um die Sonne dergestalt, daß, wenn beispielsweise seine mittlere Entfernung zur Sonne zehn ist und Sie diese Zahl in die dritte Potenz erheben, also eintausend erhalten, die Umlaufzeit dieses Planeten um die Sonne proportional der Quadratwurzel aus dieser Zahl Eintausend ist. Wenn es nun aber Materieschichten gäbe, die Planeten tragen würden, könnten diese Schichten diesen Gesetzen nicht folgen. Denn die Geschwindigkeiten dieser Ströme müßten gleichzeitig umgekehrt proportional ihren Entfernungen zur Sonne und den Quadratwurzeln dieser Entfernungen sein. Das ist unvereinbar.

X. Um das Maß schließlich voll zu machen, sei gesagt, daß jedermann sieht, was mit zwei Fluida geschieht, die ineinanderfließen. Sie würden sich notwendigerweise vermischen und würden das Chaos, statt es zu entwirren, erst einmal schaffen. Das allein hätte das cartesianische System restlos lächerlich machen müssen, wenn nicht die Vorliebe für Neuheiten und der geringe Gebrauch, den man damals vom Experiment zu machen wußte, die Oberhand gehabt hätten.

Jetzt muß bewiesen werden, daß der *volle Raum*, in dem sich diese Wirbel bewegen sollen, ebenso unmöglich wie diese Wirbel selbst ist.

1. Ein einziger Lichtstrahl, der kaum den einhunderttausendsten Teil eines Korns wiegt oder besser, der nichts wiegt, müßte das gesamte Universum stören, wenn er sich bis zu uns durch einen immensen Raum, der ihm mit jedem einzelnen Punkt und

mit der gesamten Linie, über die er bedrängt würde, Widerstand entgegensetzen würde, einen Weg bahnen wollte.

2. Nehmen wir den Fall der beiden harten Körper A und B, die sich an einer Fläche berühren und die von einem Fluidum umgeben sein sollen, das von allen Seiten Druck auf sie ausübt. Es ist klar, daß die feine Materie bei ihrer Trennung schneller zum Punkt A, an dem sie getrennt werden, als zum Punkt B gelangt *(Fig. 30)*. Es gibt also einen Augenblick, an dem B leer ist. Selbst im System der feinen Materie gibt es also Leere, das heißt Raum.

3. Wenn es keine Leere und keinen Raum gäbe, würde es auch im cartesischen System keine Bewegung geben. Descartes nimmt an, daß GOTT das Universum voll und aus kleinen Würfeln bestehend geschaffen hat, das heißt also aus einer gegebenen Anzahl von Würfeln, die das Universum darstellen, zwischen denen nicht der geringste Zwischenraum besteht. Es ist offensichtlich, daß einer davon den eingenommenen Platz freimachen muß, denn wenn jeder an seiner Stelle bleibt, gibt es keine Bewegung, da die Bewegung darin besteht, seinen Platz zu verlassen, von einem Punkt des Raumes zu einem anderen Punkt des Raumes überzugehen. Wer würde aber nicht einsehen, daß keiner dieser Würfel seinen Platz verlassen kann, ohne ihn in dem Augenblick, in dem er weggeht, leer zu lassen? Denn es ist klar, daß der Würfel, der sich um sich selbst dreht, dem ihn berührenden Würfel seine Ecke zuwenden muß, bevor diese zerbrochen wird, also gibt es zwischen diesen beiden Würfeln Raum. Also kann es auch im System *Descartes'* keine Bewegung ohne leeren Raum geben. Der *volle Raum* ist also ein Hirngespinst. Also gibt es leeren Raum. Also kann nichts in der Natur ohne leeren Raum geschehen, also ist die Schwerkraft keine Auswirkung eines im *vollen Raum* vorgestellten angeblichen Wirbels.[18]

Durch das Experiment mit der Luftpumpe haben wir bemerkt, daß es eine Kraft geben muß, die bewirkt, daß die Körper zum Mittelpunkt der Erde fallen, die ihnen also Schwerkraft verleiht, und daß diese Kraft im Verhältnis zur Masse der Körper wirken muß. Jetzt müssen die Wirkungen dieser Kraft festgestellt werden, denn wenn wir Wirkungen entdecken, muß sie natürlich existieren. Stellen wir uns also zunächst keine Ursachen vor, und machen wir keine Hypothesen. Das ist ein sicheres Mittel, um nicht vom Wege abzukommen. Verfolgen wir Schritt für Schritt, was wirklich in der Natur geschieht. Wir sind Reisende, die an der Mündung eines Flusses angelangt sind, wir müssen ihn hinaufgehen, bevor wir uns vorstellen, wo sich seine Quelle befindet.

[18] Die Beweisführung von der Unmöglichkeit des vollen Raums kann nicht als absolut unumstößlich angenommen werden, da die Bewegung in einem unbegrenzten ausdehnbaren Fluidum, dessen Dichte sich nach einem bestimmten Gesetz verändern würde, sehr gut möglich wäre, weil Gewicht, Wirkung, Widerstand einer unendlichen Säule eines solchen Fluidums durch eine endliche Menge ausgedrückt werden könnten. Solange wir die Art der ausdehnbaren Fluide und die Ursache des Ausdehnungsvermögens nicht kennen, ist es also unmöglich, etwas Genaues über dieses Problem zu wissen. Es kann nur gesagt werden, daß es uns unmöglich ist zu begreifen, wieso ein und dieselbe Substanz einen Raum einnehmen kann, der doppelt so groß wie der eingenommene ist, ohne daß sich ein leerer Raum zwischen ihren Teilen bildet.

KAPITEL III Durch die Entdeckung Newtons bewiesene Gravitation. Geschichte dieser Entdeckung. Daß der Mond seine Umlaufbahn durch die Kraft dieser Gravitation durchläuft

Geschichte von der Entdeckung der Gravitation. Verfahren Newtons. Aus diesen Entdeckungen abgeleitete Theorie. Die gleiche Ursache, die bewirkt, daß die Körper auf die Erde fallen, lenkt den Mond um die Erde.

Jeder Körper fällt, unabhängig von der Stelle der Erde, an der er sich befindet, in der ersten Sekunde etwa fünfzehn Fuß tief. Wir sehen, daß sich der Fall der Körper auf unserem Erdball beschleunigt. Alle streben beim Fall eindeutig annähernd zum Mittelpunkt dieses Erdballs. Gibt es hier irgendeine Kraft, die sie zu diesem Mittelpunkt zieht? Und nimmt diese Kraft nicht in dem Maße zu, wie eine Annäherung an diesen Mittelpunkt erfolgt? Bereits *Copernicus* hatte davon eine schwache Vorstellung. *Kepler* teilte seine Meinung, hatte jedoch keine Methode, Kanzler *Bacon* sagte deutlich, daß wahrscheinlich von den Körpern zum Mittelpunkt der Erde und von diesem Mittelpunkt zu den Körpern eine Anziehung besteht. Er schlug in seinem ausgezeichneten Buch "Novum Organon Scientiarum" vor, auf den höchsten Türmen und in den größten Tiefen Experimente mit Pendeln zu machen. Denn wenn ein und dieselben Pendel, sagte er, auf dem Grund des Brunnens schnellere Schwingungen vollführen als auf einem Turm, muß gefolgert werden, daß die Schwerkraft, die die Ursache dieser Schwingungen ist, im Erdmittelpunkt, dem der Brunnen näher ist, viel stärker ist. Er versuchte auch, bewegliche Körper von unterschiedlichen Erhebungen aus fallenzulassen und beobachtete, ob sie in der ersten Sekunde langsamer fielen als fünfzehn Fuß. Bei den Experimenten ergab sich jedoch nie eine Veränderung, da die Höhen und Tiefen, in denen sie angestellt wurden, zu gering waren. Die Ungewißheit dauerte also an, und die Vorstellung von dieser aus dem Erdmittelpunkt wirkenden Kraft blieb eine unbestimmte Vermutung.

Descartes wußte darum. Er spricht davon bei der Behandlung der Schwerkraft. Experimente, die dieses große Problem erhellen sollten, fehlten jedoch noch. Das System der Wirbel riß dieses sublime und große Genie mit sich fort. Durch Schaffung seines Universums wollte er die Lenkung des Ganzen der feinen Materie übertragen. Er machte sie zum Verteiler jeder Bewegung und jeder Schwerkraft. Nach und nach nahm Europa trotz der Einwände von *Gassendi*, der weniger beachtet wurde, weil er weniger beherzt war, sein System an.

An einem Tag im Jahre 1666 verfiel *Newton*, der sich auf das Land zurückgezogen hatte und Früchte von einem Baum fallen sah, den Mitteilungen seiner Nichte (Mme *Conduitt*) zufolge, in tiefes Nachdenken über die Ursache, die alle Körper in eine Linie zwingt, die, wenn sie verlängert würde, annähernd durch den Erdmittelpunkt verliefe.[19] Was ist das, fragte er sich, für eine Kraft, die nicht von diesen schlecht bewiesenen imaginären Wirbeln stammen kann? Sie wirkt auf alle Körper im Verhältnis ihrer Massen und nicht ihrer Oberflächen. Sie würde auf die Frucht, die soeben von diesem Baum gefallen ist, wirken, wenn sich diese dreitausend und auch wenn sie sich zehntausend Klafter hoch befände. Wenn dem so ist, muß diese Kraft von der Stelle, an der sich der Körper des Mondes befindet, bis zum Mittelpunkt der Erde wirken. Wenn dem so ist, kann diese Kraft also, was sie auch sein möge, die gleiche sein, die die Planeten nach der Sonne streben und die *Jupiter*monde um *Jupiter* kreisen läßt. Durch alle aus den *Kepler*schen Gesetzen gezogenen Schlußfolgerungen ist nun aber bewiesen, daß alle diese Nebenplaneten nach dem Zentralplaneten ihrer Planetenbahnen streben, und zwar umso stärker, je näher sie sich zu diesem befinden, und umso schwächer, je weiter sie von ihm entfernt sind. Ein an der Stelle, an der sich der Mond um die Erde bewegt, befindlicher Körper und ein in der Nähe der Erde befindlicher Körper müssen also alle beide genau nach einem bestimmten Gesetz, das durch eine von ihren Entfernungen abhängende Größe ausgedrückt wird, nach der Erde streben.

Um also festzustellen, ob die Planeten von der gleichen Kraft auf ihren Umlaufbahnen gehalten werden, die hier bewirkt, daß schwere Körper fallen, sind nur noch Messungen erforderlich. Es braucht nur noch untersucht zu werden, welche Strecke ein schwerer Körper, wenn er auf die Erde fällt, in einer gegebenen Zeit zurücklegt und welche Strecke ein im Bereich des Mondes befindlicher Körper in einer gegebenen Zeit zurücklegen würde. Der Mond selbst ist dieser Körper, den man sich aus dem Raum, der ihn in jedem Augenblick von der Tangente seiner Umlaufbahn entfernt, nach der Erde fallend vorstellen kann. Hierbei handelt es sich jedoch um keine Hypothese, die nach bestem Vermögen einem System angepaßt wird. Es handelt sich auch um keine Berechnung, bei der man sich mit der annähernden Richtigkeit zufriedengeben darf. Begonnen werden muß damit, genau die Entfernung des Mondes zur Erde zu ermitteln, und um diese festzustellen, ist es erforderlich, die Größe unseres Erdballs zu kennen.

So schlußfolgerte *Newton*. Bei der Messung der Erde ließ er es jedoch bei der unzuverlässigen ungefähren Berechnung der Seekarten bewenden, die einem Breitengrad statt siebzig Meilen sechzig englische Meilen, das heißt zwanzig geographische Meilen, zugrunde legten. Zwar gab es ein genaueres Maß von der Erde. *Snellius* hatte dieses Maß zu Beginn des siebzehnten Jahrhunderts angegeben, und der englische Mathematiker *Norwood* hatte 1636 einen Meridiangrad ziemlich genau vermessen und ihn, wie zu erwarten war, mit etwa siebzig Meilen ermittelt. Diese dreißig Jahre zuvor durchgeführte Arbeit war *Newton* jedoch unbekannt, ebenso wie die von *Snellius*. Die Bürgerkriege, die England heimgesucht hatten und die für die Wissenschaften ebenso unheilvoll wie für den Staat waren, hatten das einzige genaue Maß, das es von der Erde gab, in Vergessenheit geraten lassen, so daß man es bei dieser ungenauen Bewertung der Seekarten bewenden ließ. Durch diese Berechnung war die Entfernung

[19] Ein Fremder fragte *Newton* eines Tages, wie er die Gesetze des Weltsystems entdeckt habe. Durch unaufhörliches Nachdenken, antwortete er. Das ist das Geheimnis aller großen Entdeckungen. In den Wissenschaften ist das Genie nur von der Intensität und der Dauer des Aufmerkens abhängig, zu denen der Kopf eines Menschen in der Lage ist.

zwischen Mond und Erde zu klein, und die von *Newton* gefundenen Beziehungen ergaben keinerlei Zusammenhang, weder mit dem umgekehrten Verhältnis der Entfernungen noch mit demjenigen ihrer Quadrate. Er glaubte nicht, daß es ihm erlaubt sei, irgendetwas hinzuzudenken und die Natur seinen Vorstellungen anzupassen. Er wollte seine Vorstellungen der Natur anpassen. Er gab also diese schöne Entdeckung auf, die die Ähnlichkeit mit den anderen Gestirnen wahrscheinlich machte und deren Beweis er nur um so wenig verfehlte. Eine seltene Aufrichtigkeit, die allein schon seinen Ansichten großes Gewicht verleihen muß.

Nach genaueren Messungen, die in Frankreich mehrere Male vorgenommen wurden und über die wir noch sprechen werden, fand er schließlich den Beweis für seine Theorie. Der Breitengrad der Erde wurde mit fünfundzwanzig geographischen Meilen bestimmt, die Entfernung des Mondes von der Erde betrug sechzig Halbmesser, so daß *Newton* den Faden seiner Beweisführung wieder aufnahm.

Die Schwerkraft auf unserem Erdball steht in umgekehrtem Verhältnis zu den Quadraten der Entfernungen schwerer Körper zum Erdmittelpunkt, das heißt, daß der Körper, der in einer Entfernung von einem Durchmesser zur Erde einhundert Pfund wiegt, nur ein einziges Pfund wiegt, wenn er zehn Durchmesser von ihr entfernt ist.

Die Kraft, die die Schwere bewirkt, hängt keineswegs von Wirbeln feiner Materie ab, deren Vorhandensein als falsch nachgewiesen wurde. Unabhängig davon, was sie auch sei, wirkt diese Kraft auf alle Körper entsprechend ihren Massen und nicht entsprechend ihren Flächen. Wenn sie in einer Entfernung wirkt, muß sie auch in allen Entfernungen wirken, wenn sie in umgekehrtem Verhältnis zum Quadrat dieser Entfernungen wirkt, muß sie auf die bekannten Körper auch dann immer entsprechend diesem Verhältnis wirken, wenn diese keine Berührung miteinander haben, ich meine damit, wenn sie einander so nahe wie möglich sind ohne vereinigt zu sein. Wenn diese Kraft entsprechend diesem Verhältnis bewirkt, daß auf unserem Erdball vierundfünfzigtausend Fuß in sechzig Sekunden zurückgelegt werden, dann kann ein Körper, der etwa sechzig Radien vom Erdmittelpunkt entfernt ist, in sechzig Sekunden nur etwa fünfzehn Pariser Fuß tief fallen.

Der Mond ist in seiner mittleren Bewegung etwa sechzig Erdballradien vom Erdmittelpunkt entfernt. Durch die in Frankreich vorgenommenen Messungen ist nun aber bekannt, wieviele Fuß die Umlaufbahn, die der Mond beschreibt, umfaßt. Dadurch ist bekannt, daß er in seiner mittleren Bewegung in einer Minute einhundertsiebenundachtzigtausendneunhunderteinundsechzig Pariser Fuß zurücklegt *(Fig.31)*. Der Mond ist in einer mittleren Bewegung von A nach B gefallen. Er hat also der Flugkraft gehorcht, die ihn auf die Tangente AC drängt, und der Kraft, die ihn entsprechend der Linie AD, die gleich BC ist, zum Fallen bewegen würde. Beseitigen Sie die Kraft, die ihn von A nach C lenkt, so verbleibt eine Kraft, die mit der Linie CB bewertet werden kann. Diese Linie CB ist gleich der Linie AD. Es ist jedoch bewiesen, daß, während die Kurve AB einhundertsiebenundachtzigtausendneunhunderteinundsechzig Fuß entspricht, die Linie AD oder CB nur fünfzehn Fuß entspricht. Ob der Mond nun nach A oder nach D gefallen wäre, läuft hier auf das Gleiche hinaus, er hätte in einer Minute von C nach B fünfzehn Fuß zurückgelegt. Er hätte also auch von A nach D in einer Minute fünfzehn Fuß zurückgelegt. Wenn er diesen Raum in einer Minute zurücklegt, legt er jedoch genau einen dreitausendsechshundertmal kleineren Weg zurück, als ein beweglicher Körper hier auf der Erde zurücklegen würde. Dreitausendsechshundert ist das Quadrat seiner Entfernung. Also wirkt die Gravitation, die auf alle Körper wirkt, auch zwischen Erde und Mond exakt entsprechend dem umgekehrten Verhältnis des Quadrats der Entfernungen.

Wenn diese Kraft, die die Körper bewegt, den Mond auf seiner Umlaufbahn lenkt, muß sie auch die Erde auf der ihren lenken, und sie muß die Wirkung, die sie auf den Planeten Mond ausübt, auch auf den Planeten Erde ausüben. Denn diese Kraft ist überall gleich. Auch alle anderen Planeten müssen ihr unterliegen. Auch die Sonne muß ihrer Gesetzmäßigkeit ausgesetzt sein. Und wenn es keine Bewegung der Planeten untereinander gibt, die nicht die notwendige Wirkung dieser Kraft ist, dann muß eingeräumt werden, daß diese durch die gesamte Natur bewiesen ist. Das wollen wir eingehender betrachten.

KAPITEL IV Daß die Gravitation und die Anziehung den Lauf aller Planeten lenken

Wie die Theorie von der Schwerkraft bei Descartes zu verstehen ist. Was Zentrifugalkraft und Zentripetalkraft sind. Diese Beweisführung zeigt, daß die Sonne und nicht die Erde der Mittelpunkt des Universums ist. Obige Gründe sind die Ursache dafür, daß bei uns der Sommer länger ist als der Winter.

Fast die gesamte Theorie der Schwerkraft beruht bei *Descartes* auf dem Naturgesetz, daß jeder Körper, der sich in einer gekrümmten Linie bewegt, von seinem Mittelpunkt weg auf eine gerade Linie strebt, die die Kurve in einem Punkt berührt, so wie die Bandschleuder, die aus der Hand fliegt usw. Alle Körper, die sich mit der Erde drehen, trachten also danach, sich vom Mittelpunkt zu entfernen. Die feine Materie, deren Kraft größer ist, drängt jedoch, wie gesagt wurde, alle anderen Körper zurück.

Es ist leicht einzusehen, daß die feine Materie keineswegs diese größere Kraft ausüben und sich mehr als die anderen Körper vom Mittelpunkt des sogenannten Wirbels entfernen könnte, sondern naturgemäß (sofern überhaupt vorhanden) im Mittelpunkt ihrer Bewegung verbleiben und alle Körper, die mehr Masse haben, an den Umfang gelangen lassen müßte, so wie es auf einem sich drehenden Tisch geschieht, wenn in einem Rohr, das in diesem Tisch angebracht wurde, mehrere Pulver und Flüssigkeiten mit unterschiedlicher Wichte vermischt wurden. Alles, was mehr Masse hat, entfernt sich vom Mittelpunkt, alles, was weniger Masse hat, nähert sich diesem. Das ist das Gesetz der Natur. Und wenn *Descartes* seine sogenannte feine Materie am Kreisumfang umlaufen ließe, dann hätte er damit begonnen, dieses Gesetz der Zentrifugalkräfte, das er zu seinem ersten Prinzip aufgestellt hatte, zu verletzen. Er hatte sich umsonst ausgedacht, daß GOTT Würfel geschaffen habe, die sich übereinander drehen, daß der Schabsel dieser Würfel, das die feine Materie darstellt und auf allen Seiten abgegeben wurde, dadurch eine größere Geschwindigkeit erhalten würde, daß sich der Mittelpunkt eines Wirbels verkrusten würde usw. Durch diese Einbildungen konnte er seinen Fehler nicht korrigieren.

Wir sollen mit der Bekämpfung dieser ideellen, nur in der Vorstellung bestehenden Dinge keine Zeit mehr verlieren und die Gesetze der Mechanik verfolgen, die in der Natur wirken. Ein Körper, der sich kreisförmig bewegt, nimmt an jedem Punkt der Kurve, die er beschreibt, eine Richtung ein, die ihn vom Kreis wegführt und ihn eine gerade Linie verfolgen lassen würde.

Allerdings muß beachtet werden, daß sich der Körper vom Mittelpunkt so nur aufgrund des anderen großen Prinzips entfernen würde, daß jeder bei Ruhe und bei Bewegung indifferente Körper, der mit der Trägheit, einer Eigenschaft der Materie, ausgestattet ist, notwendigerweise die Linie verfolgt, in der er bewegt wird. Jeder Körper, der sich um einen Mittelpunkt dreht, verfolgt nun aber in jedem Augenblick eine unendlich kleine gerade Linie, die eine unendlich lange Gerade werden würde, wenn sie auf keinerlei Hindernis träfe. Das Ergebnis dieses Prinzips, reduziert auf seinen eigentlichen Wert, ist also nichts anderes als daß ein Körper, der eine gerade Linie verfolgt, immer eine gerade Linie verfolgen wird. Es ist also eine andere Kraft erforderlich, damit er eine Kurve beschreibt. Diese andere Kraft, durch die er die Kurve beschreibt, würde ihn also in jedem Augenblick zum Mittelpunkt fallen lassen, falls die Flugbewegung in gerader Linie aufhören würde. Zwar würde dieser Körper *(Fig. 32)*, wenn er entfliehen könnte, ununterbrochen von A nach B und nach C gelangen, aber ununterbrochen würde er von A, B und C zum Mittelpunkt zurückfallen, da sich seine Bewegung aus zwei Arten von Bewegungen zusammensetzt, der Flugbewegung in gerader Linie und der ebenfalls geradlinig durch die Zentripetalkraft, durch die er nach dem Mittelpunkt gelangen würde, aufgegebenen Bewegung. Gerade dadurch, daß der Körper die Tangenten A, B, C beschreiben würde, ist also bewiesen, daß es eine Kraft gibt, die ihn von diesen Tangenten in dem Augenblick, in dem er sie in Angriff nimmt, zurückzieht. Jeder sich in einer Kurve bewegende Körper muß also unbedingt als von zwei Kräften bewegt betrachtet werden, von denen die eine bewirken würde, daß Tangenten zurückgelegt werden, und die als Zentrifugalkraft oder besser als Trägheitskraft, durch die ein Körper immer, sofern er nicht daran gehindert wird, einer Geraden folgt, bezeichnet wird, und von denen die andere Kraft, die den Körper zum Mittelpunkt zurückholt und die als Zentripetalkraft bezeichnet wird, die eigentliche Kraft ist.

Aus der Feststellung der Zentripetalkraft ergibt sich zunächst der Beweis, daß sich jeder bewegliche Körper, der sich in einem Kreis, einer Ellipse oder in irgendeiner Kurve bewegt, um einen Mittelpunkt bewegt, zu dem er strebt. Es folgt weiter, daß dieser bewegliche Körper, unabhängig von den Kurvenabschnitten, die er durchläuft, in seinen größten Bögen und in seinen kleinsten Bögen in gleichen Zeiten gleiche Flächen überstreicht. Wenn sich zum Beispiel ein beweglicher Körper in einer Minute am Raum ACB *(Fig. 33)*, der eine Fläche von einhundert Meilen umfaßt, entlangbewegt, dann muß er sich in zwei Minuten an einem anderen Raum BCD von zweihundert Meilen entlangbewegen.

Dieses Gesetz, dessen Gültigkeit für alle Planeten beobachtet wurde und das im gesamten Altertum unbekannt war, wurde vor etwa einhundertfünfzig Jahren von *Kepler* entdeckt, der trotz seiner philosophischen Irrtümer die Bezeichnung "Gesetzgeber" der Astronomie verdient. Er konnte den Grund für diese Regel, der die Himmelskörper unterliegen, noch nicht erkennen. Der außerordentliche Scharfsinn *Keplers* fand die Wirkung, für die das Genie *Newtons* die Ursache entdeckte.

Ich werde das Wesentliche des *Newton*schen Beweises angeben: Er ist leicht von jedem aufmerksamen Leser zu verstehen, denn die Menschen haben ein natürliches geometrisches Verständnis, das es ihnen ermöglicht, Verhältnisse zu erfassen, wenn sie nicht zu kompliziert sind.

Der Körper A *(Fig. 34)* wird in einem sehr kleinen Zeitraum nach B bewegt. Nach einem gleichen Zeitraum würde ihn eine genauso fortgesetzte Bewegung (da hier keinerlei Beschleunigung auftritt) nach C bringen. In B findet er jedoch eine Kraft vor, die ihn auf die Linie BHS drängt. Er folgt also weder dem Weg BHS noch dem Weg ABC. Bilden Sie das Parallelogramm CDBH. Der bewegliche Körper, der von der Kraft BC und von der Kraft BH bewegt wird, wählt also die Diagonale BD. Nun sind aber die Linie BD und die Linie BA, wenn man sie sich unendlich klein vorstellt, der Beginn einer Kurve, so daß sich also dieser Körper in einer Kurve bewegen muß.

Er muß sich in gleichen Zeiten an gleichen Räumen entlangbewegen, denn der Raum des Dreiecks SBA ist gleich dem Raum des Dreiecks SBD, da das Dreieck SBA gleich dem Dreieck SBC ist – die Dreiecke haben den gemeinsamen Scheitelpunkt S und die gleichen Grundflächen AB, BC – und das Dreieck SBC gleich dem Dreieck SBD ist, wobei diese Dreiecke die gemeinsame Grundfläche BS und ihre Scheitelpunkte DC auf einer gleichen Linie CD parallel zur Grundfläche BS haben. Diese Flächen sind also gleich. Jeder Körper, dem eine Flugbewegung aufgegeben wurde, und der von einem festen Mittelpunkt angezogen wird, beschreibt zeitproportionale Flächen. Und umgekehrt kann jeder Körper, der gleiche Flächen in gleichen Zeiten in einer Kurve zurücklegt, als von einer Kraft zum Mittelpunkt dieser Flächen angezogen betrachtet werden. Die Planeten streben also zur Sonne und nicht um die Erde, da ihre Flächen, wenn die Erde als Mittelpunkt genommen wird, ungleich im Verhältnis zur Zeit sind und weil diese Flächen, wenn die Sonne zum Mittelpunkt genommen wird, immer proportional den Zeiten sind, sofern Sie die kleinen durch die Gravitation der Planeten verursachten Störungen davon ausnehmen. Schließlich hat *Newton* bewiesen, daß die Anziehungskraft, wenn die um den Mittelpunkt bei dieser Hypothese beschriebene Kurve eine Ellipse ist, in umgekehrtem Verhältnis zum Quadrat der Entfernungen steht.

Um diese zeitproportionalen Flächen noch besser verstehen und mit einem Blick den Vorteil erfassen zu können, den Sie aus diesem Wissen ziehen, betrachten Sie die in ihrer Ellipse um die Sonne S, ihren Mittelpunkt, bewegte Erde *(Fig. 35)*. Wenn sie von B nach D gelangt, überstreicht sie einen genauso großen Raum wie wenn sie den großen Boden HK durchläuft. Der Sektor HK gewinnt an Breite, was der Sektor BD an Länge besitzt. Um die gleiche Fläche dieser Sektoren in gleichen Zeiten zurücklegen zu können, muß sich der Körper nach HK schneller als nach BD bewegen. So bewegt sich die Erde und jeder Planet in seinem Perihel, der Kurve, die sich der Sonne S am nächsten befindet, schneller als in ihrem Aphel, der Kurve, die von dem gleichen Mittelpunkt S am weitesten entfernt ist.

Durch die Flächen, die er zurücklegt, sind also der Mittelpunkt eines Planeten und die Figur, die er auf seinem Umlauf beschreibt, bekannt. Es ist bekannt, daß jeder Planet, wenn er weiter vom Mittelpunkt seiner Bewegung entfernt ist, weniger zu diesem Mittelpunkt strebt. So wird die Erde, die sich während unseres Winters um ein Dreißigstel und mehr – das heißt eintausendzweihundert Meilen näher zur Sonne befindet als in unserem Sommer, im Winter auch stärker angezogen. Aufgrund ihrer Kurve bewegt sie sich dann auch schneller. So haben wir achteinhalb Tage länger Sommer als Winter, und die Sonne erscheint in den nördlichen Tierkreiszeichen achteinhalb Tage länger als in den südlichen. Dann ist also dadurch, daß jeder Planet gegenüber der Sonne, dem Mittelpunkt seiner Umlaufbahn, dem Gravitationsgesetz folgt, dem der Mond gegenüber der Erde ausgesetzt ist und dem alle Körper ausgesetzt sind, indem sie auf die Erde fallen, bewiesen, daß die Gravitation, die Anziehung, auf alle Körper, die wir kennen, wirkt.

Ein weiterer wirksamer Beweis für diese Wahrheit ist das Gesetz, dem alle Planeten in ihrem Lauf bzw. in ihren Entfernungan folgen. Das muß untersucht werden.

KAPITEL V Beweis der Gesetze der Gravitation nach den Regeln von Kepler; daß eines dieser Keplerschen Gesetze die Bewegung der Erde beweist

Keplersche Hauptregel. Falsche Begründungen dieses wunderbaren Gesetzes. Richtige, von Newton gefundene Begründung dieses Gesetzes. Zusammenfassung der Beweise für die Gravitation. Diese Entdeckungen von Kepler und Newton dienen zum Beweis dessen, daß sich die Erde um die Sonne dreht. Aus den gleichen Gesetzen abgeleiteter Beweis der Bewegung der Erde.

Kepler fand auch diese wunderbare Regel, von der ich, um die Sache faßbarer und leichter zu machen, ein Beispiel gebe, bevor die Definition folgt.

Jupiter hat vier Satelliten, die sich um ihn drehen. Der nächste ist zweifünfsechstel *Jupiter*durchmesser entfernt und vollendet seinen Umlauf in zweiundvierzig Stunden. Der letzte dreht sich um Jupiter in vierhundertundzwei Stunden. Ich möchte wissen, welches die Entfernung zwischen diesem letzten Satelliten und dem *Jupiter*mittelpunkt ist. Um dazu zu gelangen, nehme ich folgende Regel: So wie sich das Quadrat von zweiundvierzig Stunden, der Umlaufzeit des ersten Satelliten, zum Quadrat von vierhundertundzwei Stunden, der Umlaufzeit des letzten Satelliten, verhält, so verhält sich der Kubus von zweifünfsechstel Durchmesser zu einem vierten Glied. Wenn dieses vierte Glied gefunden ist, ziehe ich daraus die Kubikwurzel. Diese Kubikwurzel ergibt sich mit zwölfzweidrittel. So sage ich, daß der vierte Satallit vom *Jupiter*mittelpunkt zwölfzweidrittel *Jupiter*durchmesser entfernt ist. Ich wende die gleiche Regel für alle Planeten an, die um die Sonne kreisen. Ich sage: *Venus* läuft in zweihundertvierundzwanzig Tagen um und die Erde in dreihundertfünfundsechzig Tagen. Die Erde ist dreißigmillionen Meilen von der Sonne entfernt, wieviel Meilen ist *Venus* entfernt? Ich sage: So wie sich das Quadrat des Erdjahres zum Quadrat des *Venus*jahres verhält, so verhält sich der Kubus der mittleren Entfernung der Erde zu einem vierten Glied, dessen Kubikwurzel etwa einundzwanzigmillionensiebenhunderttausend Meilen ergibt, die die mittlere Entfernung von *Venus* zur Sonne darstellen. Dasselbe sage ich von Erde und *Saturn* usw.

Das Gesetz lautet also, daß sich das Quadrat einer Umdrehung eines Planeten immer so zum Quadrat der Umdrehungen der anderen Planeten verhält, wie der Kubus seiner Entfernung zum Kubus der Entfernungen der anderen zum gemeinsamen Mittelpunkt.

Kepler, der dieses Verhältnis herausgefunden hatte, war weit davon entfernt, auch den Grund dafür zu finden. Als bewundernswerter Astronom, jedoch weniger guter Philosoph sagt er im vierten Buch seiner "Epitome", daß die Sonne eine Seele hat, keine intelligente Seele, *animum*, sondern eine lebendige, wirkende Seele, *animam*, daß sie sich um sich selbst dreht und dabei die Planeten anzieht, daß die Planeten aber nicht in die Sonne stürzen, weil sie sich um ihre Achse drehen. Bei dieser Umdrehung, sagt er, wenden sie der Sonne einmal eine Freundseite, einmal eine

Feindseite zu.[34] Die Freundseite wird angezogen und die Feindseite wird abgestoßen. Dadurch erklärt sich der Jahreslauf der Planeten in Ellipsen.

Demütigenderweise für die Philosophie muß zugegeben werden, daß er aus diesem so wenig philosophischen Schluß gefolgert hatte, daß sich die Sonne um ihre Achse drehen muß. Der Fehler führt durch Zufall zur Wahrheit. Er erriet die Drehung der Sonne über fünfzehn Jahre früher als die Augen *Galileis* diese mit Hilfe des Fernrohrs erkannten.

Kepler fügt in seiner gleichen "Epitome", Seite 495, hinzu, daß die Masse der Sonne, die Masse des gesamten Äthers und die Masse der Fixsternkugeln vollständig gleich ist und daß das die drei Symbole der Heiligen Dreieinigkeit seien.

Der Leser, der beim Lesen dieser "Elemente" bei einem so großen Menschen wie *Kepler* neben sublimen Wahrheiten so große Träumereien findet, darf darüber nicht erstaunt sein. Man kann auf dem Gebiet von Berechnungen und Beobachtungen ein Genie sein und in allen übrigen Dingen sich seines Verstandes nur schlecht bedienen können. Es gibt solche Geister, die sich auf die Mathematik stützen müssen und die fallen, wenn sie allein laufen sollen. Es ist also nicht erstaunlich, daß *Kepler* bei Entdeckung dieser Gesetze der Astronomie den Grund dieser Gesetze nicht erkennen konnte.[20]

Dieser Grund ist der, daß die Zentripetalkraft genau umgekehrt proportional dem Quadrat der Entfernung vom Mittelpunkt der Bewegung ist, nach dem diese Kräfte gerichtet sind. Aus diesem Gravitationsgesetz ergibt sich, daß ein Körper, der sich dreimal mehr dem Mittelpunkt seiner Bewegung nähert, neunmal stärker angezogen wird, daß er, wenn er sich dreimal mehr entfernt, neunmal weniger angezogen wird und daß er, wenn er sich hundertmal mehr entfernt, zehntausendmal weniger angezogen wird. Ein Körper, der sich kreisförmig um einen Mittelpunkt bewegt, hat also ein Gewicht umgekehrt zum Quadrat seiner gegenwärtigen Entfernung vom Mittelpunkt und im direkten Verhältnis zu seiner Masse. Nun ist aber bewiesen, daß er sich aufgrund der Gravitation um diesen Mittelpunkt bewegt, denn ohne diese Gravitation würde er eine Tangente beschreiben und sich entfernen. Diese Gravitation wirkt also stärker auf einen beweglichen Körper, der sich schneller um diesen Mittelpunkt dreht. Je weiter dieser Körper entfernt ist, umso langsamer dreht er sich, da er dann weniger wiegt. Das Verhältnis zwischen der mittleren Geschwindigkeit dieser Körper oder der Zeit ihrer periodischen Umläufe ist derart, daß die Quadrate dieser Zeiten immer proportional dem Kubus der mittleren Entfernungen sind.

Das ist also das Gravitationsgesetz, das aufgrund des Quadrats der Entfernungen bewiesen wird:

1. Durch die Geschwindigkeit, mit der der Mond seine Bahn beschreibt, verglichen mit seiner Entfernung zur Erde;

[20] Zur Zeit *Keplers* hatte man keinerlei Vorstellung von den Berechnungsmethoden der Bewegung in gekrümmten Linien. Er nahm an, daß die Planeten Ellipsen um die Sonne beschreiben, weil sie infolge einer Anziehung durch dieses Gestirn eine zunehmende Bewegung erfahren. Er bezeichnete sie als materielle Bewegung, weil er nicht wußte, daß ein Körper, der auf keinerlei Hindernis trifft, sich unbegrenzt in gerader Linie weiterbewegt. Er glaubte, daß in diesem Fall von Zeit zu Zeit eine neue Kraft notwendig sei und vermutete diese Kraft in den Planeten selbst. Diese zweite Hypothese ist nicht so lächerlich wie die der Freund- und Feindseiten.

2. Durch den ellipsenförmigen Weg jedes Planeten um die Sonne;
3. Durch den Vergleich der Entfernungen und der Umläufe aller Planeten um ihren gemeinsamen Mittelpunkt.

Es ist nicht ganz unnütz zu bemerken, daß diese *Kepler*sche Regel, die zur Bestätigung der *Newton*schen Entdeckung über die Gravitation dient, auch das System des *Copernicus* über die Bewegung der Erde bestätigt. Man kann sagen, daß *Kepler* allein mit dieser Regel das bewiesen hat, was vor ihm gefunden wurde und daß er den Weg für Wahrheiten eröffnet hat, die man eines Tages entdecken sollte.

Denn einerseits wird bewiesen, daß, wenn das Gesetz der Zentripetalkräfte nicht gültig wäre, die *Kepler*sche Regel unmöglich wäre und andererseits wird bewiesen, daß man nach dieser gleichen Regel, wenn sich die Sonne um die Erde drehen würde, sagen müßte: So wie sich der Umlauf des Mondes um die Erde in einem Monat zum sogenannten Umlauf der Sonne um die Erde in einem Jahr verhält, verhält sich die Quadratwurzel des Kubus der Entfernung des Mondes zur Erde zur Quadratwurzel des Kubus der Entfernung der Sonne von der Erde. Aus dieser Berechnung würde sich ergeben, daß sich die Sonne fünfhundertzehntausend Meilen entfernt von uns befindet. Es ist jedoch bewiesen, daß sie sich weniger als etwa dreißigtausend Meilen von uns entfernt befindet. So wurde die Bewegung der Erde genaugenommen von *Kepler* bewiesen. Das ist also noch ein aus den gleichen Lehrsätzen abgeleiteter einfacher Beweis.

Wenn die Erde der Mittelpunkt der Bewegung der Sonne wäre, wie sie es bei der Bewegung des Mondes ist, würde sich der Umlauf der Sonne auf vierhundertfünfundsiebzig Jahre statt auf ein Jahr belaufen. Denn die mittlere Entfernung, in der sich die Sonne zur Erde befindet, verhält sich zur mittleren Entfernung, in der sich der Mond zur Erde befindet, wie dreihundertsiebenunddreißig zu eins. Der Kubus der Entfernung zum Mond ist nun aber eins, der Kubus der Entfernung zur Sonne achtunddreißigmillionenzweihundertzweiundsiebzigtausendsiebenhundertdreiundfünfzig. Vollenden Sie die Regel und sagen Sie: Wie sich der Kubus von eins zu dieser Kubikzahl von achtunddreißigmillionenzweihundertzweiundsiebzigtausendsiebenhundertdreiundfünfzig verhält, so verhält sich das Quadrat von achtundzwanzig, das den periodischen Umlauf des Mondes darstellt, zu einer vierten Zahl. Es ergibt sich, daß die Sonne vierhundertzweiundsiebzig Jahre statt eines Jahres benötigen würde, um sich um die Erde zu drehen. Es ist also bewiesen, daß sich die Erde dreht.

Es scheint umso ratsamer zu sein, hier diese Beweise anzubringen, als es in Italien, Spanien und sogar in Frankreich immer noch zur Unterrichtung anderer bestimmte Menschen gibt, die an der Bewegung der Erde zweifeln oder zu zweifeln scheinen.

Es ist also durch das *Kepler*sche Gesetz und durch das Gesetz von *Newton* bewiesen, daß jeder Planet von der Sonne, dem Mittelpunkt der Laufbahn, die sie beschreiben, angezogen wird. Diese Gesetze treffen auch auf die *Jupiter*satelliten gegenüber *Jupiter*, ihrem Mittelpunkt, zu, auf die *Saturn*monde gegenüber Saturn, auf den unsrigen gegenüber uns. Alle diese Nebenplaneten, die sich um ihren Hauptplaneten drehen, werden ebenso mit ihrem Hauptplaneten von der Sonne angezogen. So wird der Mond, der durch die Zentripetalkraft um die Erde bewegt wird, gleichzeitig von der Sonne angezogen, um die er auch seinen Umlauf macht. Es gibt keine Veränderung im Lauf des Mondes, in seinen Entfernungen zur Erde, in der Form seiner Laufbahn, die einmal der Ellipse, einmal dem Kreis angenähert ist, usw., die nicht Folge der Gravitation aufgrund der Veränderungen seiner Entfernung zur Erde und seiner Entfernung zur Sonne wäre.

In allen den Fällen, in denen er auf seiner Umlaufbahn nicht in genau gleichen Zeiten genau gleiche Flächen zurücklegt, wurde von *Newton* diese Ungleichheit berechnet. Alle hängen von der Anziehung der Sonne ab. Sie zieht diese beiden Himmelskörper in direkter Abhängigkeit von ihren Massen und in umgekehrter Abhängigkeit vom Quadrat ihrer Entfernungen an. Wir werden sehen, daß die kleinste Veränderung des Mondes eine notwendige Wirkung dieser kombinierten Kräfte ist.

KAPITEL VI Neue Beweise für die Anziehung: daß die ungleichen Bewegungen auf der Umlaufbahn des Mondes notwendigerweise Auswirkungen der Anziehung sind

Beispiel zum Beweis. Ungleichmäßiger Lauf des Mondes, verursacht durch die Anziehung. Ableitung aus diesen Wahrheiten. Die Gravitation ist keine Wirkung des Laufs der Gestirne, sondern ihr Lauf ist die Wirkung der Gravitation. Diese Gravitation, diese Anziehung kann ein in der Natur gültiges grundlegendes Prinzip sein.

Der Mond hat nur eine gleichförmige Bewegung. Das ist seine Drehung um seine eigene Achse, und das ist auch die einzige, die wir nicht wahrnehmen. Durch diese Bewegung sehen wir uns immer etwa der gleichen Scheibe des Mondes gegenüber, so daß er sich, durch seine Drehung um sich selbst, nicht zu drehen und nur eine kleine Schaukel- oder Schwingbewegung zu haben scheint, die er keineswegs hat und die ihm das gesamte Altertum zuschrieb (siehe Kapitel X über die Ursache der Libration des Mondes). Alle seine anderen Bewegungen um die Erde sind ungleichförmig und müssen es auch sein, wenn das Gesetz der Gravitation richtig sein soll. Der Mond befindet sich auf seinem Monatslauf an einem bestimmten Punkt und zu einer bestimmten Zeit seines Laufes notwendigerweise näher an der Sonne. An diesem Punkt und zu dieser Zeit bleibt nun aber seine Masse die gleiche. Da sich nur seine Entfernung verändert hat, muß sich die Anziehung der Sonne im umgekehrten Verhältnis des Quadrats dieser Entfernung verändern. Der Lauf des Mondes muß sich also verändern, er muß sich also zu einer bestimmten Zeit schneller bewegen, als es die Anziehungskraft der Erde allein bewirken könnte. Durch die Anziehung der Erde hätte er nun aber gleiche Flächen in gleichen Zeiten zurückgelegt, wie Sie bereits in Kapitel IV gesehen haben. Diese Flächen müssen also durch die Wirkung der Anziehungskraft der Sonne ungleich werden.

Man kann nicht umhin zu bewundern, mit welchem Scharfsinn *Newton* alle diese Ungleichheiten entwirrt und den Lauf dieses Planeten bestimmt hat, der sich allen Forschungen der Astronomen entzogen hatte. Besonders hier kann man sagen:

Nec propius fas est mortali attingere Divos.

Von den Beispielen, unter denen gewählt werden kann, wollen wir folgendes nehmen: A sei der Mond *(Fig. 36)*, A, B, N, Q die Umlaufbahn des Mondes, S die Sonne, B die Stelle, an der sich der Mond in seinem letzten Viertel befindet. Er hat also jetzt eindeutig die gleiche Entfernung zur Sonne wie die Erde. Da die unterschiedliche Schräge der Richtungslinie des Mondes zur Sonne als vernachlässigbar angesehen wird, ist die Gravitation der Erde und des Mondes nach der Sonne also gleich. Die Erde bewegt sich in ihrem Jahreslauf jedoch von T nach V und der Mond in seinem Monatslauf nach Z. Nun ist aber augenscheinlich, daß er in Z stärker von der Sonne S, an der er sich näher als die Erde befindet, angezogen wird. Seine Bewegung wird also von Z nach N beschleunigt. Die Umlaufbahn, die er beschreibt, wird also verändert, aber wie wird sie verändert? Indem sie etwa abgeflacht wird, indem sie von Z nach N stärker einer Geraden angenähert wird. So verändert also die Gravitation ununterbrochen den Lauf und die Form der Ellipse, in der sich dieser Planet bewegt. Aus dem gleichen Grund muß der Mond seinen Lauf verlangsamen und auch die Form der Umlaufbahn, die er beschreibt, verändern, wenn er wieder von der Konjunktion N in sein erstes Viertel Q übergeht. Denn da er in seinem letzten Viertel seinen Lauf beschleunigen und seine Kurve in Richtung seiner Konjunktion N würde abflachen müssen, muß er seinen Lauf verlangsamen, wenn er von der Konjunktion in sein erstes Viertel übergeht. Wenn jedoch der Mond aus dem ersten Viertel in seine volle Phase A übergeht – er ist dann weiter von der Sonne entfernt, die ihn entsprechend weniger anzieht – gravitiert er stärker in Richtung Erde. Da der Mond dann seine Bewegung beschleunigt, flacht sich die Kurve, die er beschreibt, wie bei der Konjunktion noch etwas ab. Das ist der einzige Grund, weshalb der Mond in seinen Vierteln weiter von uns entfernt ist als bei der Konjunktion und bei seiner Opposition. Die Kurve, die er beschreibt, ist eine Art von Oval, das sich dem Kreis nähert.

So muß also die Sonne, der er sich ununterbrochen nähert oder von der er sich ununterbrochen entfernt, ununterbrochen den Lauf dieses Planeten verändern.

Er hat sein Apogäum und sein Perigäum, seine größte und seine kleinste Entfernung zur Erde. Die Punkte, die Stellen dieses Apogäums und dieses Perigäums müssen sich jedoch verändern. Er hat seine Knoten, das heißt die Punkte, an denen die Bahn, auf der er umläuft, genau die Bahn der Erde trifft. Diese Knoten, diese Schnittpunkte müssen sich jedoch auch ständig ändern. Er hat seinen zum Äquator der Erde geneigten Äquator. Dieser Äquator, der einmal einer stärkeren, einmal einer geringeren Anziehung unterliegt, muß jedoch seine Neigung ändern.

Er folgt der Erde trotz aller dieser Modifikationen. Er begleitet sie auf ihrem Jahreslauf. Die Erde ist jedoch bei diesem Lauf der Sonne im Winter um einemillion Meilen näher als im Sommer. Was geschieht dann unabhängig von allen diesen anderen Veränderungen? Die Anziehung der Erde wirkt im Sommer auf den Mond stärker. Dann vollendet der Mond seinen Monatslauf etwas schneller. Im Winter dagegen, wenn die Erde selbst stärker von der Sonne angezogen wird und sich schneller als im Sommer bewegt, verlangsamt sie den Lauf des Mondes, und die Wintermonate des Mondes sind etwas länger als die Sommermonate. Das wenige Gesagte soll ausreichen, um eine allgemeine Vorstellung von diesen Veränderungen zu geben.

Wenn jemand hier den Einwand erheben würde, den ich gelegentlich gehört habe, weshalb denn der Mond, wenn er stärker von der Sonne angezogen wird, nicht in dieses Gestirn fällt, dann braucht er zunächst nur zu berücksichtigen, daß die Gravitationskraft, durch die der Mond um die Erde gelenkt wird, hier nur durch die Wirkung der Sonne verringert wird.

Aus diesen durch die Anziehung verursachten Unregelmäßigkeiten des Mondlaufs schließen Sie mit Recht, daß sich zwei beliebige Planeten, die so nahe beieinander und so groß sind, daß sie sich gegenseitig deutlich beeinflussen können, niemals in Kreisen und auch nicht in absolut regelmäßigen Ellipsen um die Sonne bewegen können. So erfahren die Kurven, die *Jupiter* und *Saturn* beschreiben, zum Beispiel deutliche Verschiebungen, wenn sich diese Gestirne in der Konjunktion befinden, wenn sich, da sie so nahe wie möglich beieinander und am weitesten von der Sonne entfernt sind, ihre Wirkung aufeinander erhöht und die der Sonne auf sie abnimmt.

Diese entsprechend den Entfernungen erhöhte und abgeschwächte Gravitation würde also dem Weg der meisten Planeten notwendigerweise eine unregelmäßige elliptische Gestalt verleihen. So ist das Gravitationsgesetz nicht die Wirkung des Laufs der Gestirne, sondern die Umlaufbahn, die sie beschreiben, ist die Wirkung der Gravitation. Wenn diese Gravitation nicht, wie das der Fall ist, in umgekehrtem Verhältnis zu den Quadraten der Entfernungen stehen würde, könnte das Universum nicht in der Ordnung, in der es sich befindet, fortbestehen.

Wenn die Monde von *Jupiter* und *Saturn* ihren Umlauf in Kurven vollführen, die einem Kreis ähnlicher sind, dann beruht das darauf, daß der Lauf dieser Monde, da sie sich sehr nahe an den großen Planeten, die ihr Mittelpunkt sind, und weit entfernt von der Sonne befinden, durch die Wirkung der Sonne, die den Lauf unseres Mondes verändert, nicht verändert werden kann. Es ist also bewiesen, daß die Gravitation, deren Name schon ein so seltsames Paradoxon zu sein scheint, ein notwendiges Gesetz im Aufbau der Welt ist, so wie das wenig Wahrscheinliche manchmal wahr ist.

Es gibt heute keinen guten Physiker, der die *Kepler*sche Gesetzmäßigkeit und die Notwendigkeit, eine Gravitation, wie sie von *Newton* bewiesen wurde, anzunehmen, nicht anerkennt. Es gibt jedoch immer noch Philosophen, die ihren Wirbeln aus feiner Materie anhängen und die diese imaginären Wirbel mit den bewiesenen Wahrheiten in Einklang bringen möchten. Wir haben bereits gesehen, wie unannehmbar diese Wirbel sind. Wird aber durch diese Gravitation nicht ein erneuter Beweis gegen sie geliefert? Denn angenommen, es gäbe diese Wirbel, dann könnten sie sich um einen Mittelpunkt nur nach den Gesetzen der Gravitation drehen. Die Gravitation müßte also als Ursache dieser Wirbel herangezogen werden und nicht umgekehrt die angeblichen Wirbel als Ursache der Gravitation.

Wenn man, nachdem man schließlich gezwungen war, diese imaginären Wirbel aufzugeben, sich darauf beschränkt zu sagen, daß diese Gravitation, diese Anziehung von irgendeiner anderen unbekannten Ursache, irgendeiner geheimen Eigenschaft der Materie abhängt, dann kann das durchaus sein. Diese andere Eigenschaft ist jedoch selbst die Wirkung einer weiteren Eigenschaft oder aber die Hauptursache, ein vom Urheber der Natur aufgestelltes Prinzip. Warum soll nun aber die Anziehung der Materie nicht selbst dieses Hauptprinzip sein? *Newton* sagt am Schluß seiner "Optik", daß diese Anziehung vielleicht die Wirkung einer in der Natur verbreiteten, außerordentlich elastischen und seltenen Erscheinung ist.[35] Woher käme jedoch dann diese Elastizität? Ist sie nicht ebenso schwer verständlich wie die Gravitation, die Anziehung und die Zentripetalkraft? Diese Kraft ist nicht bewiesen. Diese elastische Erscheinung wird allenfalls vermutet. Ich will es dabei bewenden lassen. Ich kann kein Prinzip annehmen, für das ich nicht den geringsten Beweis habe, um eine wahre und unverständliche Sache zu erklären, deren Existenz mir durch die gesamte Natur bewiesen wird.[21]

[21] Als Störungen eines Planeten werden die Veränderungen bezeichnet, die durch die Anziehung der Himmelskörper auf der Umlaufbahn verursacht werden, die dieser Planet beschrieben hätte, wenn er nur von der Sonne oder dem Hauptplaneten angezogen worden wäre. *Newton* konnte keine Methode angeben, die genau genug gewesen wäre, um diese Störungen zu berechnen. Diese Methode wurde erst etwa sechzig Jahre nach der Veröffentlichung der "Prinzipien" durch drei große Mathematiker des Kontinents - MM. *d'Alembert, Euler* und *Clairault* - gefunden.

KAPITEL VII Neue Beweise und neue Wirkungen der Gravitation: daß sich diese Kraft in jedem Teil der Materie befindet: von diesem Prinzip abhängige Entdeckungen

Allgemeine und wichtige Bemerkung über das Prinzip der Anziehung. Die Gravitation, die Anziehung ist in allen Teilen der Materie gleichermaßen enthalten. Kühne und bewundernswerte Berechnung Newtons.

Halten wir von allen diesen Begriffen fest, daß die Zentripetalkraft, die Anziehung, die Gravitation die unstreitige Grundlage sowohl für den Lauf der Planeten, für das Fallen aller Gegenstände als auch für die Schwerkraft ist, die wir in den Körpern verspüren. Diese Zentripetalkraft bewirkt die Gravitation der Sonne zum Mittelpunkt der Planeten wie auch die Gravitation der Planeten zur Sonne und die Anziehung der Erde durch den Mond und des Mondes durch die Erde. Eines der Grundgesetze der Bewegung ist noch ein weiterer Beweis für diese Wahrheit. Dieses Gesetz besagt, daß Gegenwirkung gleich Wirkung ist. So strebt die Sonne zu den Planeten und die Planeten streben zu ihr. Zu Beginn des folgenden Kapitels werden wir sehen, auf welche Weise dieses große Gesetz in unserem Universum Anwendung findet. Da diese Gravitation nun aber notwendigerweise *in direktem Verhältnis zu den Massen* wirkt und die Sonne etwa vierhundertvierundsechzigmal größer als alle Planeten zusammengenommen (ohne die Monde von *Jupiter*, dem Ring und die Monde von *Saturn*) ist, muß die Sonne ihr Gravitationsmittelpunkt sein. Demzufolge müssen sie sich alle um die Sonne drehen.

Der Sorgfältigkeit halber sei auch erwähnt, daß, wenn wir sagen, daß die Gravitationskraft *in direktem Verhältnis zu den Massen* wirkt, wir darunter immer verstehen, daß diese Gravitationskraft umso stärker auf einen Körper wirkt, je mehr Bestandteile dieser Körper hat. Das haben wir bewiesen, als wir gezeigt haben, daß ein Strohhalm in der von der Luft befreiten Maschine ebenso schnell fällt wie ein Pfund Gold. Wir haben gesagt (wobei wir den geringen Luftwiderstand außer acht ließen), daß eine Bleikugel zum Beispiel auf der Erde in einer Sekunde fünfzehn Fuß tief fällt. Wir haben bewiesen, daß die gleiche Kugel fünfzehn Fuß tief in einer Minute fallen würde, wenn sie wie der Mond sechzig Erdradien entfernt wäre. Die Kraft der Erde zum Mond verhält sich also zu der Kraft, die sie auf eine in Höhe des Mondes beförderte Bleikugel hätte, wie der feste Körper des Mondes zum festen Körper dieser kleinen Kugel. In diesem Verhältnis wirkt die Sonne auf alle Planeten. Sie zieht *Jupiter* und *Saturn* und die Monde von *Jupiter* und *Saturn* in direktem Verhältnis zur festen Materie, aus der die Monde von *Jupiter* und *Saturn* und *Saturn* und *Jupiter* bestehen, an.

Daraus ergibt sich eine unbestreitbare Wahrheit, nämlich daß sich diese Gravitation nicht nur in der Gesamtmasse jedes Planeten, sondern in jedem Bestandteil dieser Masse befindet, und daß es so kein Materieatom im Universum gibt, das diese Eigenschaft nicht hat.

Wir wählen hier die einfachste Art, auf die *Newton* bewiesen hat, daß diese Gravitation gleichermaßen in jeden Atom vorhanden ist. Wenn nicht alle Teile eines Himmelskörpers diese Eigenschaft in gleicher Weise hätten, wenn es schwächere und stärkere geben würde, würde der sich um sich selbst drehende Planet notwendigerweise bei gleicher Entfernung schwächere und schließlich stärkere Seiten aufweisen. So würden, da ein und dieselben Körper bei allen möglichen Gelegenheiten in gleicher Entfernung einmal diesem und einmal jenem Gravitationsgrad unterliegen würden, das Gesetz vom umgekehrten Verhältnis der Quadrate der Entfernungen und das *Kepler*sche Gesetz immer auf den Kopf gestellt. Das ist nun aber nicht der Fall. Es gibt also in allen Planeten keine Bestandteile, deren Gravitation unterschiedlich wäre. Hier noch ein Beweis. Wenn es Körper gäbe, bei denen diese Eigenschaft unterschiedlich wäre, würde es Körper geben, die in der Vakuummaschine langsamer und andere, die schneller fallen. Alle Körper fallen jedoch in der gleichen Zeit, alle Pendel vollführen gleiche Schwingungen von gleicher Länge, Pendel aus Gold, Silber, Eisen, Ahornholz und Glas vollführen ihre Schwingungen in gleichen Zeiten. Alle Körper haben also diese Eigenschaft der Gravitation in genau dem gleichen Grade, das heißt genau wie ihre Massen, so daß die Gravitation wie einhundert Atome und wie zehn auf zehn Atome wirkt.

Auf dem Umweg über Einzelwahrheiten gelangt man unmerklich zu Kenntnissen, die sich außerhalb der Sphäre des menschlichen Geistes zu befinden scheinen. *Newton* hat allein mit Hilfe der Gravitationsgesetze zu berechnen gewagt, wie groß die Schwerkraft der Körper auf anderen Himmelskörpern sein muß, was der gleiche Körper, den wir hier als Pfund bezeichnen, auf dem *Saturn* und auf der Sonne wiegen muß. Und da diese verschiedenen Schwerkräfte direkt von der Masse der Himmelskörper abhängen, mußte die Masse dieser Gestirne berechnet werden. Nach all dem sage man noch, daß die Gravitation, die Anziehung, eine verborgene Eigenschaft ist, wage man so ein universelles Gesetz zu bezeichnen, das zu so erstaunlichen Entdeckungen führt.

KAPITEL VIII Theorie unseres Planetensystems

Aus der Gravitation abgeleiteter Beweis für die Bewegung der Erde um die Sonne. Größe der Sonne. Sie dreht sich um sich selbst und um den gemeinsamen Mittelpunkt des Planetensystems. Sie verändert ständig ihre Stellung. Ihre Dichte. In welchem Verhältnis die Körper auf der Sonne fallen. Newtonsche Vorstellung über die Dichte des Merkur. Vorhersage des Copernicus über die Venusphasen.

Die Sonne

Die Sonne befindet sich im Mittelpunkt unseres Planetensystems und muß sich notwendigerweise dort befinden. Die Mitte der Sonne muß nicht genau der Mittelpunkt des Universums sein, der zentrale Punkt, zu dem unser Universum strebt, befindet sich jedoch notwendigerweise im Körper dieses Gestirns, und alle Planeten, denen einmal eine Flugbewegung aufgegeben wurde, müssen sich alle um diesen Punkt drehen, der in der Sonne liegt. Hier der Beweis.

Nehmen wir die beiden Himmelskörper A und B, der größere stellt die Sonne *(Fig. 37)*, der kleinere irgendeinen Planeten dar. Wenn sie beide dem Gravitationsgesetz und keiner weiteren Bewegung unterliegen, werden sie in direktem Verhältnis zu ihren Massen angezogen. Sie werden in senkrechter Stellung zueinander bestimmt. A, der einemillionmal größer als B ist, wird einemillionmal schneller zu B gelangen als der Himmelskörper B zu A. Da sie jedoch beide eine Flugbewegung im Verhältnis zu ihren Massen aufweisen, nämlich der Planet entsprechend BC, die Sonne entsprechend AD, unterliegt der Planet zwei Bewegungen. Er folgt der Linie BC und strebt gleichzeitig entsprechend der Linie BA zur Sonne. Er durchläuft also die gekrümmte Linie BF. Die Sonne folgt ebenso der Linie AE, und indem sie zueinander streben, drehen sie sich um einen gemeinsamen Mittelpunkt. Da die Sonne jedoch einemillionmal größer als die Erde ist und die Kurve AE, die sie beschreibt, einemillionmal kleiner als diejenige ist, die die Erde beschreibt, liegt dieser gemeinsame Mittelpunkt notwendigerweise fast in der Mitte der Sonne.

Dadurch wird außerdem bewiesen, daß sich die Erde und die Planeten um dieses Gestirn drehen, dieser Beweis ist umso wertvoller und wichtiger, weil er von jeder Beobachtung unabhängig ist und auf der grundlegenden Mechanik des Planetensystems beruht.

Wenn der Durchmesser der Sonne gleich einhundert Erddurchmesser gesetzt wird und wenn diese demzufolge über einemillionmal größer als die Erde ist, ist sie vierhundertvierundsechzigmal größer als alle Planeten zusammen genommen, ohne daß dabei die *Jupiter*monde noch der *Saturn*ring mitgezählt werden. Sie strebt zu den Planeten und sie bewirkt, daß alle Planeten zu ihr streben. Aufgrund dieser Gravitation vollführen sie eine Kreisbewegung, so daß sie von der Tangente zurückgeholt werden. Die Anziehung, die die Sonne auf sie ausübt, übersteigt diejenige, die sie auf die

Sonne ausüben, um so viele Male wie diese sie an Materiemenge übertrifft. Vergessen Sie nie, daß diese gegenseitige Anziehung nichts anderes als das Gesetz der beweglichen Körper ist, die alle drehend zu einem gemeinsamen Mittelpunkt streben.

Die Sonne dreht sich in fünfundzwanzigeinhalb Tagen um sich selbst. Ihr Mittelpunkt ist immer etwas von diesem gemeinsamen Schwerpunkt entfernt. Der Körper der Sonne entfernt sich in dem Maße von ihm, wie sie von mehreren Planeten in Konjunktion angezogen wird. Wenn sich jedoch alle Planeten auf der einen Seite und die Sonne auf der anderen befinden würden, würde sich der gemeinsame Schwerpunkt des Planetensystems kaum aus der Sonne verlagern, und ihre vereinten Kräfte könnten kaum die Sonne um einen ganzen Durchmesser verschieben und bewegen. Sie verändert also tatsächlich fortwährend in dem Maß, wie sie mehr oder minder von den Planeten angezogen wird, ihre Lage. Diese kleine Annäherung der Sonne gleicht die Verschiebung aus, die die Planeten zueinander haben. So erhält die ständige Verschiebung dieses Gestirns die Ordnung der Natur.

Obwohl sie die Erde um einemillionmal in der Größe übertrifft, hat sie nicht einemillionmal mehr Materie. Wenn sie tatsächlich einemillionmal fester, voller als die Erde wäre, könnte die Ordnung der Welt nicht derart sein, wie sie es ist. Denn die Umdrehungen der Planeten und ihre Entfernungen zu ihrem Mittelpunkt hängen von ihrer Gravitation ab, und ihre Gravitation steht in direktem Vehältnis zur Menge der Materie des Himmelskörpers, in dem sich ihr Schwerpunkt befindet. Wenn also die Sonne unsere Erde und unseren Mond in einem solchen Ausmaß an fester Materie übertreffen würde, würden die Planeten viel stärker angezogen und ihre Ellipsen wären stark gestört.

Die Materie der Sonne kann jedoch nicht gleich ihrer Größe sein. Da dieser Himmelskörper vollständig aus Feuer besteht, ist die Verdünnung notwendigerweise sehr hoch und die Materie nimmt in dem Maße ab, wie die Verdünnung zunimmt. Den Gesetzen der Gravitation zufolge scheint die Sonne nur zweihundertfünfzigtausendmal mehr Materie als die Erde zu haben. Wenn nun die Sonne einemillionmal größer ist und nur einevierteImillionmal mehr Materie hat, hat die Erde, die einemillionmal kleiner ist, also im Verhältnis viermal mehr Materie als die Sonne und ist viermal dichter.

In diesem Fall würde der gleiche Körper, der auf der Oberfläche der Erde so viel wie ein Pfund wiegt, auf der Oberfläche der Sonne so viel wie dreiundzwanzig Pfund wiegen. Der gleiche Körper, der hier in der ersten Sekunde fünfzehn Fuß tief fällt, würde auf der Oberfläche der Sonne bei sonst unveränderten Bedingungen etwa dreihundertfünfzehn Fuß tief fallen.[22]

Nach *Newton* verliert die Sonne immer etwas an Substanz und würde im Verlaufe der Jahrhunderte zu Nichts reduziert, wenn nicht die Kometen, die von Zeit zu Zeit in ihre Sphäre fallen, dazu dienen würden, diese Verluste auszugleichen. Denn alles vergeht und alles wird wieder hergestellt im Universum.

[22] Diese Bestimmungen sind in den "Mathematischen Prinzipien" enthalten. Genauere Beobachtungen haben seitdem ergeben, daß an den von *Newton* gewählten Elementen und demzufolge auch an seinen verschiedenen Ergebnissen einige Veränderungen vorzunehmen waren.

Merkur

Bei seiner Sonnenentfernung von etwa elf bis zwölf Millionen unserer Meilen scheint er gar kein Himmelskörper zu sein. Die mittlere Entfernung *Merkurs* zur Sonne beträgt elf bis zwölf Millionen unserer Meilen. Er ist der exzentrischste aller Planeten. Er dreht sich auf einer Ellipse, die eine Differenz zwischen Perihel und Aphel von etwa einem Drittel zur Folge hat. *Merkur* ist fast siebenundzwanzigmal kleiner als die Erde. Er dreht sich in achtzig Tagen um die Sonne. Das ist sein Jahr.

Seine Umdrehung um sich selbst, die seinen Tag ausmacht, ist unbekannt. Weder seine Schwerkraft noch seine Dichte können bestimmt werden. Es ist lediglich bekannt, daß, wenn *Merkur* ebenso eine Erdkugel wie die unsere ist, die Materie dieses Himmelskörpers etwa achtmal dichter als unsere sein muß, wenn sich nicht alles in einem solchen Grade der Wallung befinden soll, daß Lebewesen unserer Art augenblicklich getötet und jede Materie von der Beschaffenheit des Wassers auf unserem Erdball verdampfen würde.

Hier der Beweis für diese Behauptung. *Merkur* erhält entsprechend dem Quadrat der Entfernungen etwa siebenmal mehr Licht als wir, da er sich um zweizweidrittelmal näher zum Mittelpunkt des Lichts und der Wärme befindet. Er ist also bei sonst gleichen Bedingungen siebenmal wärmer. Auf unserer Erde hätte nun aber die große Sommerhitze, wenn sie etwa um das Sieben- bis Achtfache erhöht würde, zur Folge, daß das Wasser sogleich heftig zu kochen beginnen würde. Alles müßte also etwa siebenmal dichter sein, um einer Hitze standhalten zu können, die sieben- bis achtmal größer als im heißesten Sommer unseres Klimas ist. Merkur muß also mindestens siebenmal dichter als unsere Erde sein, damit das, was sich auf unserer Erde befindet, unter sonst gleichen Bedingungen auch auf dem Planeten *Merkur* fortbestehen kann. Wenn *Merkur* im übrigen siebenmal mehr Strahlen als unser Himmelskörper erhält, weil er etwa zweizweidrittelmal näher an der Sonne ist, erscheint die Sonne aus dem gleichen Grund von *Merkur* aus etwa siebenmal größer als von unserer Erde aus.

Venus

Nach *Merkur* ist *Venus* einundzwanzig- bis zweiundzwanzigmillionen Meilen in ihrer mittleren Entfernung von der Sonne entfernt. Sie ist ebenso groß wie die Erde. Ihr Jahr beträgt zweihundertvierundzwanzig Tage. Ihr Tag, das heißt ihre Umdrehung um sich selbst, ist noch nicht bekannt. Sehr große Astronomen nehmen diesen Tag mit fünfundzwanzig Stunden an, andere mit fünfundzwanzig unserer Tage. Es konnten noch keine Beobachtungen gemacht werden, die sicher genug sind, um zu erfahren, auf welcher Seite sich der Fehler befindet. Bei diesem Fehler kann es sich jedoch nur um ein Mißverständnis der Augen, einen Beobachtungsfehler und nicht um einen Denkfehler handeln.

Die Ellipse, die *Venus* in ihrem Jahr durchläuft, ist weniger exzentrisch als die von *Merkur (Fig. 38)*. Mit Hilfe dieser Abbildung ist es möglich, sich eine gewisse Vorstellung von dem Weg dieser beiden Planeten um die Sonne zu machen.

Es ist nicht unangebracht, hier zu bemerken, daß *Venus* und *Merkur*, so wie auch der Mond, im Vergleich zu uns unterschiedliche Phasen haben. *Copernicus* wurde früher vorgeworfen, daß in seinem System diese Phasen nicht erscheinen, und es wurde geschlußfolgert, daß sein System falsch ist, da sie nicht wahrzunehmen waren. Wenn sich *Venus* und *Merkur*, sagte man, um die Sonne drehen, und wenn wir uns in einem größeren Kreis drehen, müssen wir *Merkur* und *Venus* bald voll, bald in der zunehmenden Phase sehen. Das aber sehen wir nicht. Trotzdem geschieht das, sagte *Copernicus*, und das sehen Sie auch, wenn Sie je ein Mittel finden, Ihre Sehkraft zu verbessern. Die Erfindung der Teleskope und die Beobachtungen *Galileis* dienten bald dazu, die Vorhersage von *Copernicus* zu erfüllen. Im übrigen kann die Masse von *Venus* und die Schwerkraft der Körper auf diesem Planeten noch nicht bestimmt werden.[23]

[23] Die Massen der Planeten können nur durch Berechnung der Störungen oder durch die Bewegung der Achsen der Planeten ermittelt werden (siehe Kapitel I). Um die Masse von *Venus* zu ermitteln, müßte man zum Beispiel, nachdem man das Verhältnis der Masse des Mondes zu dem der Sonne aus ihrer Wirkung auf die Bewegung der Erde geschlußfolgert hat, die von *Venus* erzeugte Beeinträchtigung des Erdumlaufes herausfinden. Nachdem die Beeinträchtigung durch diese Phänomene ermittelt wurde, würde sich die Masse von *Venus* so ergeben, wie sie zur Erzeugung dieser Beeinträchtigung angenommen werden müßte.

Wenn diese Masse gefunden ist, würden durch Vergleich von Beobachtungen und Theorie für einen gegebenen Augenblick die Tafeln der von *Venus* verursachten Störungen theoretisch ermittelt werden können. Die Übereinstimmung dieser Tafeln mit den Beobachtungen würde die Richtigkeit des allgemeinen Gesetzes des Planetensystems beweisen.

KAPITEL IX Über die Figur der Erde

Theorie der Erde. Untersuchung ihrer Figur.

Ich werde mich ausführlich über die Theorie der Erde äußern. Zunächst werde ich ihre Gestalt untersuchen, die sich notwendigerweise aus den Gesetzen der Anziehung und der Umdrehung dieses Planeten um seine Achse ergibt. Ich werde die Bewegungen zeigen, die sie hat, und ich werde die Theorie unseres Erdballs mit den einleuchtendsten Beweisen für die Ursache der Gezeiten, einem bis *Newton* nicht zu erklärenden Phänomen, das zum schönsten Zeugnis der Wahrheiten, die er gelehrt hat, geworden ist, beenden. Ich beginne mit der Form unseres Erdballs.

Geschichte der Meinungen über die Figur der Erde. Entdeckung Richers und ihre Folgen. Theorie von Huygens. Theorie Newtons. Dispute in Frankreich über die Figur der Erde.

Die ersten Astronomen in Asien und in Ägypten nahmen durch die Projektion des Schattens der Erde bei den Mondfinsternissen bald wahr, daß die Erde rund ist. Die Hebräer, die sehr schlechte Physiker waren, stellten sie sich flach vor. Sie dachten sich den Himmel als eine Wölbungshälfte, die die Erde bedeckt, von der sie weder Gestalt noch Größe kannten, die sie jedoch früher oder später zu beherrschen hofften. Diese Vorstellung von einer schmalen und flachen Erde hat unter den Christen lange vorgeherrscht. Bei vielen Gelehrten stand es im fünfzehnten Jahrhundert hinlänglich fest, daß die Erde von Osten nach Westen flach und lang und von Norden nach Süden sehr schmal ist. Ein Bischof von Avila, der zu dieser Zeit schrieb, behandelte die gegenteilige Meinung als Ketzerei und Ungereimtheit. Schließlich erhielt die Erde durch den Verstand und die Reise *Christoph Kolumbus* ihre alte Kugelform zurück. Dann ging man vom einen Extrem zum anderen über. Man hielt die Erde für eine vollkommene Kugel, so wie man auch glaubte, daß die Planeten ihre Umläufe in einem wahren Kreis vollziehen.

Sobald man jedoch erste sichere Kenntnisse darüber hatte, daß sich unser Erdball in vierundzwanzig Stunden um sich selbst dreht, hätte man allein daraus schließen können, daß er eine wirklich runde Form nicht haben könne. Durch die Bewegung der Rotation in vierundzwanzig Stunden werden die Gewässer im Bereich des Äquators nicht nur infolge der Zentrifugalkraft beträchtlich angehoben, sondern sie werden hier außerdem zweimal am Tag durch die Gezeiten um etwa fünfundzwanzig Fuß in der Höhe verschoben. Das Land am Äquator müßte also ständig überschwemmt sein. Das ist nicht der Fall. Die Region am Äquator ist also im Verhältnis zur übrigen Erde viel höher. Die Erde ist also ein am Äquator erhöhter Sphäroid und kann keine vollkommene Kugel sein. Dieser so einfache Beweis war den größten Genies entgangen, da ein universelles Vorurteil selten eine Untersuchung ermöglicht.

Es ist bekannt, daß *Richer* 1672 auf einer Reise nach Cayenne in der Nähe des Äquators, die er auf Befehl *Ludwigs XIV.* unter dem Schutz von *Colbert*, dem Vater aller Künste, unternahm, daß Richer also, neben vielen anderen Beobachtungen, feststellte, daß das Pendel seiner Uhr nicht mehr ebensooft schwang wie auf dem Breitengrad von Paris und daß das Pendel unbedingt um mehr als eineinviertel der Pariser Linie verkürzt werden mußte. Physik und Geometrie waren damals bei weitem nicht so entwickelt wie heute. Wer hätte annehmen können, daß sich aus dieser scheinbar so kleinen Bemerkung und aus einer Pariser Linie mehr oder weniger die größten physikalischen Wahrheiten ergeben könnten? Man fand zunächst heraus, daß die Schwerkraft am Äquator notwendigerweise kleiner als in unseren Breitengraden sein müsse, da nur die Schwerkraft das Schwingen eines Pendels bewirkt. Demzufolge mußte, da die Schwerkraft der Körper mit der Entfernung dieser Körper vom Mittelpunkt der Erde abnimmt, der Äquatorbereich unbedingt viel höher, viel weiter vom Mittelpunkt entfernt sein als der unsere. So konnte die Erde keine wirkliche Kugel sein.

Bei diesen Entdeckungen taten viele Philosophen das, was alle Menschen tun, wenn sie ihre Meinung ändern müssen. Sie stritten über das Experiment *Richers*. Sie behaupteten, daß die Schwingungen unserer Pendel am Äquator nur deshalb weniger schnell erfolgten, weil das Metall durch die Hitze ausgedehnt würde. Man sah jedoch, daß es durch die größte Sommerhitze auf eine Länge von dreißig Fuß nur um eine Pariser Linie gedehnt wird, und hier handelte es sich bei einem Eisenstab von drei Fuß acht Zeilen Länge um eineinviertel, eineinhalb und sogar zwei Pariser Linien.

Einige Jahre später wiederholten *Varin*, *Deshayes*, *Feuillgée*, *Couplet* in Äquatornähe das gleiche Pendelexperiment. Es mußte immer verkürzt werden, obwohl die Hitze unmittelbar am Äquator sehr oft geringer als in einer Entfernung von fünfzehn bis zwanzig Grad war. Dieses Experiment wurde erneut durch die von *Ludwig XV.* nach Peru geschickten Akademiemitglieder bestätigt, die im Gebirge bei Quito, als Frost herrschte, das Sekundenpendel um etwa zwei Pariser Linien verkürzen mußten.[*]

Fast zur gleichen Zeit haben Akademiemitglieder, die einen Meridianbogen im Norden vermessen sollten, in Pello, jenseits des Polarkreises, festgestellt, daß das Pendel verlängert werden muß, wenn es die gleichen Schwingungen wie in Paris vollführen soll. Demzufolge ist die Schwerkraft am Polarkreis größer als in den Breiten Frankreichs, so wie sie in unseren Breiten größer ist als am Äquator. Wenn die Schwerkraft im Norden größer ist, ist der Norden also näher am Mittelpunkt der Erde als der Äquator. Die Erde ist also an den Polen abgeplattet.[36]

Niemals haben Experiment und Vernunftschluß so gut zusammengewirkt, um eine Wahrheit zu beweisen. Durch Berechnung der Zentrifugalkräfte hatte der berühmte *Huygens* bewiesen, daß die Schwerkraft, selbst wenn sie konstant wäre, am Äquator kleiner als in den Polarregionen zu sein scheint und daß die Schwingungen demzufolge kürzer sein müßten. Und damit die bei diesen Schwingungen beobachtete Länge mit der Wirkung der Zentrifugalkraft erklärt werden konnte, mußte die Erde als abgeplattet angenommen werden. *Huygens* glaubte, daß diese den Körpern innewohnende Kraft, die sie auf den Mittelpunkt des Erdballs richtet, daß diese Urschwere überall gleich ist. Er hatte Entdeckungen *Newtons* noch nicht gesehen. Er beurteilte

[*] Das wurde 1736 geschrieben.

also die Abnahme der Schwerkraft nur nach der Theorie der Zentrifugalkräfte. Durch die Wirkung der Zentrifugalkräfte wird die Urschwere am Äquator verringert. Je kleiner die Kreise werden, in denen diese Zentrifugalkraft wirkt, umso stärker tritt diese Kraft hinter der Schwerkraft zurück. So wirkt am Pol, wo die Zentrifugalkraft gleich Null ist, einzig und allein die Urschwere. Dieses Prinzip von einer immer einheitlichen Schwerkraft, wird jedoch durch die Entdeckung *Newtons* zunichte gemacht, von der wir in diesem Werk so viel gesprochen haben und die besagt, daß ein Körper in einer Entfernung von beispielsweise zehn Durchmessern vom Mittelpunkt der Erde einhundertmal weniger wiegt als in einer Entfernung von einem Durchmesser.

Durch Verbindung der Gesetze der Gravitation mit denen der Zentrifugalkraft kann also wirklich gezeigt werden, welche Figur die Erde haben muß. *Newton* und *Gregory* waren sich dieser Theorie so sicher, daß sie ohne zu zögern argumentiert haben, daß die Experimente zur Schwerkraft ein sichereres Beweismittel für die Figur der Erde als irgendeine geographische Messung seien.[24]

Ludwig XIV. hatte seine Regierung durch den durch Frankreich verlaufenden Meridian berühmt gemacht. Der bekannte *Dominique Cassini* hatte damit zusammen mit seinem Sohn begonnen. Er hatte 1701 vom Fuße der Pyrenäen aus über fast unüberwindliche Hindernisse hinweg, die diesem umfangreichen und schwierigen Unternehmen durch die Höhen der Gebirge, die veränderten Brechungen in der Luft und die Beeinträchtigung der Instrumente unaufhörlich entgegengestellt wurden, zur Sternwarte eine Linie gezogen, die so gerade wie möglich war. Er hatte also 1701 sechs Grad und achtzehn Minuten dieses Meridians vermessen. Woher der Fehler auch gekonmen sein mag, er hatte die Gerade in Richtung Paris, das heißt in Richtung Norden, kleiner als die in Richtung Pyrenäen, in Richtung Süden, ermittelt. Diese Messung widerlegte diejenige von *Norwood* und die neue Theorie von der an den Polen abgeplatteten Erde. Diese neue Theorie begann jedoch eine so gute Aufnahme zu finden, daß der Sekretär der Akademie in seinem Bericht von 1701 keineswegs zu sagen zögerte, daß die neuen in Frankreich angestellten Messungen bewiesen, daß die Erde ein Sphäroid sei, dessen Pole abgeplattet seien. Die Messungen von *Dominique Cassini* führten in Wirklichkeit zu einer völlig entgegengesetzten Schlußfolgerung. Da die Figur der Erde jedoch in Frankreich noch nicht auf der Tagesordnung stand, verzeichnete in diesem Fall niemand diesen falschen Schluß. Die Geraden des Meridians von Collioure nach Paris galten als exakt vermessen, und der Pol, der durch diese Messungen notwendigerweise langgestreckt sein mußte, galt für abgeplattet.

Ein Ingenieur mit dem Namen M. des *Roubais*, der über die Schlußfolgerung erstaunt war, bewies, durch die in Frankreich angestellten Messungen, daß die Erde ein länglicher Sphäroid sein müsse, dessen Meridian, der von einem Pol zum anderen reicht, länger als der Äquator ist und dessen Pole langgestreckt sind.[*] Von allen Physikern, denen er seine Abhandlung zusandte, wollte sie jedoch keiner drucken lassen, weil die Akademie ihr Urteil gefällt zu haben schien und weil es für einen einzelnen zu dreist erschien, diese anzufechten. Einige Zeit später wurde der Irrtum von

[24] Das gilt nur in der Annahme, daß die Erde homogen ist und eine gleichmäßige Figur hat und auch nur bei großen Maßen, da die Veränderungen der Schwerkraft bei kleinen Entfernungen nicht wahrnehmbar sind.

[*] Sein Aufsatz befindet sich im Journal littéraire.

1701 erkannt. Man widerrief, und die Erde wurde durch eine aus einem falschen Prinzip gezogene richtige Schlußfolgerung länglich. Der Meridian wurde nach diesem Prinzip von Paris nach Dünkirchen weitergeführt. Die in Richtung Norden ermittelten Grade des Meridians waren immer noch kleiner. Ungefähr zu dieser Zeit sahen Mathematiker, die die gleichen Arbeiten in China ausführten, mit Erstaunen Unterschiede zwischen ihren Graden, die sie für gleich gehalten hatten, und stellten nach mehreren Überprüfungen fest, daß sie zum Norden zu kleiner als zum Süden zu waren. Diese Übereinstimmung zwischen den Mathematikern Frankreichs und Chinas war ein weiterer mächtiger Grund für die Annahme einer länglichen Kugel. Man tat ein weiteres in Frankreich, man führte Messungen parallel zum Äquator durch. Es ist leicht verständlich, daß unsere Längengrade auf einem länglichen Sphäroid kleiner als auf einer Kugel sein müssen. *Cassini* stellte fest, daß der durch Saint-Malo verlaufende Parallellkreis eintausendsiebenunddreißig Klafter kürzer war, als er bei Annahme einer kugelförmigen Erde hätte sein müssen. Dieser Breitengrad war also unvergleichlich kürzer als er bei einem Sphäroid mit abgeplatteten Polen gewesen wäre.

Alle diese falschen Messungen bewiesen, daß die Grade so ermittelt worden waren, wie sie ermittelt werden sollten. Sie stießen für einige Zeit in Frankreich die Beweisführung *Newtons* und *Huygens'* um. Man war sich völlig sicher, daß die Pole eine ganz andere Gestalt haben, als man zunächst geglaubt hatte.

Schließlich stellten die neuen Akademiemitglieder, die 1736 zum Polarkreis gingen, durch weitere Messungen fest, daß der Grad in diesen Regionen viel länger als in Frankreich ist, so daß sich Zweifel zwischen ihnen und den *Cassinis* ergaben. Bald darauf hörten die Zweifel jedoch auf, da die gleichen Astronomen nach ihrer Rückkehr vom Pol auch noch den 1677 von *Picard* im Norden von Paris vermessenen Grad prüften. Sie stellten fest, daß dieser Grad einhundertdreiundzwanzig Klafter länger ist als ihn *Picard* bestimmt hatte. Wenn also *Picard* bei seiner Umsicht seinen Grad um einhundertdreiundzwanzig Klafter zu kurz gemacht hatte, dann war es sehr natürlich, daß die Grade zum Süden zu anschließend länger ermittelt wurden, als sie sein durften. So diente der erste Fehler *Picards*, der als Grundlage für die Messungen des Meridians diente, auch als Entschuldigung für die fast unvermeidlichen Fehler, die sehr gute Astronomen bei diesem großen Werk begehen konnten. Die vom Pol zurückgekehrten Akademiemitglieder hatten in diesem Streit die Theorie und die Praxis auf ihrer Seite. Beide wurden durch ein Bekenntnis bestätigt, das der Enkel des berühmten *Cassini*, der Erbe der Verdienste seines Vaters und seines Großvaters, 1740 vor der Akademie abgab. Er hatte die Messung eines Parallelkreises des Äquators beendet. Er räumte ein, daß diese mit aller Sorgfalt, die der Streit erforderlich machte, durchgeführte Messung schließlich ergab, daß die Erde abgeplattet ist. Dieses mutige Bekenntnis soll den Streit ehrenhaft für alle Seiten beenden. Die vielen verschiedenen Messungen zeigen, wie leicht es ist, sich zu irren. Der Dicke eines Haares auf unserem Planeten entsprechen im Himmel Millionen von Meilen. *Newton* war sich von der Abplattung des Pols aufgrund seiner Beweisführungen sicherer, als er es hätte sein können, wenn der Umfang dieser Abplattung mit den besten Quadraten gemessen worden wäre.

Im übrigen ergibt die Differenz zwischen Kugel und Sphäroid keineswegs einen größeren oder kleineren Kreisumfang. Denn die Fläche eines zum Oval veränderten

Kreises erhöht sich nicht und nimmt auch nicht ab. Die Differenz zwischen den Achsen beträgt keine sieben Meilen. Diese Differenz ist groß für diejenigen, die Partei ergreifen, aber unbeträchtlich für diejenigen, die die Messungen des Erdballs nur vom Nutzen her betrachten, der sich daraus ergibt. Es gibt keinen Geographen, der auf einer Karte diesen Unterschied sichtbar machen könnte, und keinen Steuermann, der wüßte, ob er sein Schiff auf einem Sphäroid oder auf einer Kugel steuert. Die Differenz zwischen den Messungen, durch die der Sphäroid länglich und durch die er abgeplattet wurde, betrug jedoch etwa einhundert Meilen, und dadurch war sie für die Schiffahrt von Bedeutung.[25]

[25] Es ist angebracht zu bemerken, daß, wenn Beobachtung und Theorie übereinstimmend zeigen, daß die Erde an den Polen abgeplattet ist, noch nichts Genaues über den Umfang ihrer Abplattung gesagt werden kann, daß weder die Messungen der Grade untereinander noch die Ergebnisse der Pendelexperimente in Übereinstimmung gebracht werden können, ohne daß eine unregelmäßige Form der Erde vermutet werden muß. Wer sich über diese große Frage informieren möchte, sollte die verschiedenen Abhandlungen von M. *d'Alembert* zu diesem Gegenstand lesen. Hier ist zu sehen, daß die Frage viel komplizierter ist als die meisten Mathematiker gedacht hatten. Und hier sind gleichzeitig sowohl die zur Lösung erforderlichen Prinzipien als auch nützliche Bemerkungen zu finden, durch die man vermeidet, sich zu unsicheren und zu schnellen Schlußfolgerungen hinreißen zu lassen.

KAPITEL X Über die durch die Anziehung verursachte Periode von fünfundzwanzigtausendneunhundertzwanzig Jahren

Allgemeines Mißverständnis in der Sprache der Astronomie, Geschichte von der Entdeckung dieser Periode. Wenig günstig für die Chronologie Newtons. Von den Griechen gegebene Erklärung. Forschungen über die Ursache dieser Periode.

Wenn die Figur der Erde eine Wirkung der Gravitation, der Anziehung ist, dann ist dieses mächtige Prinzip der Natur auch die Ursache aller Bewegungen der Erde in ihrem Jahreslauf. Sie hat in diesem Lauf eine Bewegung, deren Periode sich in nahezu sechundzwanzigtausend Jahren erfüllt. Diese Periode wird als *Präzession* der Äquinoktien bezeichnet. Um diese Bewegung und ihre Ursache zu erklären, muß jedoch etwas weiter ausgeholt werden.

Die Umgangssprache auf dem Gebiet der Astronomie besteht aus einer einzigen Unwahrheit. Es heißt, daß die Sterne am Äquator umfallen, daß sich die Sonne jeden Tag mit ihnen um die Erde von Osten nach Westen dreht, daß sich die Sterne nichtsdestotrotz in einer der Sonne entgegengesetzten Bewegung langsam von Westen nach Osten drehen, daß die Planeten stillstehen und rückläufig sind. Nichts davon ist wahr. Bekanntlich werden alle diese Scheineindrücke durch die Bewegung der Erde verursacht. Man drückt sich jedoch immer so aus, als ob die Erde unbeweglich wäre, und man behält diese Umgangssprache bei, weil die Sprache der Wahrheit unsere Augen und die empfangenen Vorurteile, die noch trügerischer als der Gesichtssinn sind, zu sehr widerlegen würden.

Niemals drücken sich die Astronomen jedoch weniger wahrheitsgetreu aus, als wenn sie in allen Jahrbüchern sagen: "Die Sonne tritt im Frühjahr in diesen oder jenen Widdergrad ein, der Sommer beginnt mit dem Zeichen des Krebses, der Herbst mit dem der Waage." Seit langem haben alle diese Tierkreiszeichen im Vergleich zu unseren Jahreszeiten neue Plätze am Himmel erhalten. Es wäre an der Zeit, die Ausdrucksweise zu ändern, die ja doch eines Tages geändert werden muß. Denn tatsächlich beginnt unser Frühjahr, wenn die Sonne mit dem Stier aufgeht, unser Sommer mit dem Löwen, unser Herbst mit dem Skorpion und unser Winter mit dem Wassermann. Oder, um es genauer zu sagen, unsere Jahreszeiten beginnen, wenn sich die Erde auf ihrem Jahreslauf in den diesen Zeichen gegenüberstehenden Zeichen, die mit der Sonne aufgehen, befindet.

Hipparch hat als erster bei den Griechen wahrgenommen, daß die Sonne im Frühjahr nicht mehr in den Tierkreiszeichen aufgeht, in denen sie früher aufging. Dieser Astronom lebte etwa sechzig Jahre vor unserer Zeitrechnung. Eine so späte Entdeckung, die viel früher hätte gemacht werden müssen, beweist, daß die Griechen in der Astronomie keine großen Fortschritte gemacht hatten. Es wird angenommen (das wird jedoch nur von einem einzigen Autor im zweiten Jahrhundert gesagt), daß zur Zeit des Argonautenzugs der Astronom *Cheiron* den Beginn des Frühlings, das heißt den Punkt, an dem die Ekliptik der Erde den Äquator schneidet, auf den ersten Grad des Widders festgelegt hat. Es steht fest, daß *Meton* und *Euctemon* mehr als fünfhundert Jahre später beobachteten, daß die Sonne zu Beginn des Sommers in den achten Grad des Krebses eintritt. Demzufolge lag das Frühlingsäquinoktium nicht mehr im ersten Grad des Widders, und die Sonne hatte sich seit dem Argonautenzug um sieben Grad nach Osten verschoben. Auf diese fünfhundert Jahre später und ein Jahr vor dem Peloponnesischen Krieg von *Meton* und *Euctemon* gemachten Beobachtungen gründete *Newton* zum Teil sein System der Reformation der gesamten Zeitkunde. In Anbetracht dieses Bildungsstandes aufgeklärter Menschen muß ich hier dazu meine Bedenken unterbreiten.

Es scheint mir, daß *Meton* und *Euctemon* , wenn sie zwischen dem Ort der Sonne zur Zeit *Cheirons* und der Zeit, in der sie selbst lebten, eine so große Differenz wie die von sieben Grad gefunden hätten, sie auch die Präzession der Äquinoktien und die sich daraus ergebende Periode hätten entdecken müssen. Sie hätten nur eine einfache Regeldetri vorzunehmen und zu sagen brauchen: Wenn sich die Sonne in etwas mehr als fünfhundert Jahren um etwa sieben Grad weiter bewegt, in wieviel Jahren vollendet sie dann den ganzen Kreis? Die Periode wäre gefunden gewesen. Bis zur Zeit *Hipparchs* war jedoch nichts davon bekannt. Dieses Schweigen führt mich zu der Annahme, daß *Cheiron* darüber nicht so viel wußte, wie gesagt wird, und daß man erst hinterher angenommen hat, daß er das Frühlingsäquinoktium auf den ersten Grad des Widders festgelegt hat. Man dachte, daß er es getan hätte, weil er es hätte tun müssen. *Ptolemäus* sagt in seinem "Almagest" nichts davon. Diese Überlegung könnte meines Erachtens die Chronologie *Newtons* etwas erschüttern.

Nicht durch die Beobachtungen *Cheirons*, sondern durch diejenigen von *Aristyllos* und *Meton*, die er mit den eigenen verglich, begann *Hipparch* einen neuen Wechsel im Lauf der Sonne zu vermuten. Mehr als zweihundertfünfzig Jahre nach *Hipparch* stellte *Ptolemäus*, wenn auch unklar, die Tatsache fest. Man glaubte, daß dieser Umlauf einen Grad in einhundert Jahren beträgt und setzte nach dieser falschen Berechnung das große Erdjahr auf sechunddreißigtausend Jahre fest. Diese Bewegung beläuft sich jedoch in Wirklichkeit auf etwa einen Grad in nur zweiundsiebzig Jahren, und die Periode beträgt nach den erhaltenen Berechnungen nur fünfundzwanzigtausenneunhundertzwanzig Jahre. Die Griechen, die keine Vorstellung von dem früher in Asien bekannten und von *Copernicus* erneuerten System hatten, waren weit davon entfernt zu vermuten, daß diese Periode mit der Erde zu tun haben könne. Sie stellten sich irgendeine Urtriebkraft vor, die alle Sterne, Planeten und die Sonne in vierundzwanzig Stunden um die Erde trieb, und schließlich einen Kristallhimmel, der sich langsam in sechsunddreißigtausend Jahren von Westen nach Osten drehte und der, ich weiß nicht wie, bewirkte, daß die Sterne trotz dieser Urtriebkraft rückläufig waren. Alle anderen Planeten und selbst die Sonne machten ihren Jahresumlauf jeweils in ihrem Kristallhimmel. Und das nannte sich Philosophie.[26] Schließlich erkannte man im vergangenen Jahrhundert, wie erklärt werden wird, daß diese Präzession der

[26] Vielleicht wäre es gerechter, dieses ganze Gebäude der Himmelskugeln als Hypothesen zu betrachten, die von den Astronomen nicht erdacht wurden, um die wirkliche Bewegung der Gestirne zu erklären, sondern um ihre scheinbare Bewegung zu berechnen. Es ist gewiß, daß sie zu einer Zeit, als die algebraische Analyse unbekannt war, kein einfacheres und sinnreicheres Mittel wählen konnten.

Äquinoktien, diese lange Periode, nur von einer Bewegung der Erde herrührt, deren Äquator die Ekliptik in jedem Jahr in unterschiedlichen Punkten schneidet.

Bevor diese Bewegung dargelegt und ihre Ursache gezeigt wird, sei es mir noch erlaubt zu untersuchen, welches der Grund dieser Periode sein könnte.

So kühn es auch sein mag, die Gründe des Schöpfers bestimmen zu wollen, so scheint mir doch wenigstens entschuldbar zu sein, wenn man zu sagen wagt, daß man die Nützlichkeit der anderen Bewegungen unseres Erdballs ahnt, der uns durch seinen Jahreslauf um die Sonne auf seiner großen Bahn von mindestens etwa einhundertachtundneunzigmillionen Meilen die Jahreszeiten bringt. Wenn er sich in vierundzwanzig Stunden um sich selbst dreht, dann ist wahrscheinlich die Verteilung der Tage und Nächte einer der Gegenstände dieser vom Herrn der Natur befohlenen Rotation. Es scheint mir, daß es noch einen weiteren Grund gibt, der für diese tägliche Bewegung erforderlich ist, nämlich daß es keine Zentrifugalkraft gäbe, wenn sich die Erde nicht um sich selbst drehen würde. Alle ihre durch die Zentripetalkraft zum Mittelpunkt gerichteten Teile, würden eine Adhäsion, eine unüberwindliche Härte erhalten, die unseren Erdball steril machen würde.

Mit einem Wort, die Nützlichkeit aller Bewegungen der Erde ist leicht zu verstehen. Für diese Bewegung des Pols in fünfundzwanzigtausendneunhundertzwanzig Jahren entdecke ich jedoch keinen wesentlichen Zweck. Aus dieser Bewegung ergibt sich, daß unser Polarstern eines Tages nicht mehr unser Polarstern sein wird, und es ist bewiesen, daß er es nicht immer war. Das Äquinoktium und die Solstitien ändern sich. Die Sonne steht im Frühlingsäquinoktium, was die Kalender auch immer sagen mögen, nicht mehr im Widder. Sie steht im Stier, und mit der Zeit wird sie im Wassermann stehen. Aber was soll's. Diese Veränderung erzeugt keine neuen Jahreszeiten, keine neue Wärme- und Lichtverteilung. Alles bleibt in der Natur im wesentlichen unverändert. Welches ist also die Ursache dieser so langen und gleichzeitig scheinbar so unnützen Periode von fünfundzwanzigtausendneunhundertzwanzig Jahren?

Bei allen zusammengesetzten Mechanismen, die wir sehen, gibt es immer irgendeine Wirkung, die selbst nicht den Nutzen erzeugt, der sich aus dem Mechanismus ergibt, die aber eine notwendige Folge seines Aufbaus ist. Zum Beispiel geht bei einer Wassermühle ein großer Teil des Wassers, das auf die Schaufeln fällt, verloren. Dieses Wasser, das durch die Bewegung des Rades nach allen Seiten verspritzt wird, dient dem Mechanismus zu nichts, ist aber eine unerläßliche Wirkung der Bewegung des Rades. Der Lärm, den ein Hammer macht, hat nichts mit den Körpern zu tun, die der Hammer auf dem Amboß bearbeitet. Es ist jedoch unmöglich, daß die Erschütterung des Ambosses keine Begleiterscheinung dieser Wirkung ist. Der Dampf, der einer Flüssigkeit entweicht, die wir kochen lassen, entströmt dieser notwendigerweise, ohne daß er irgendwie zu dem Gebrauch beiträgt, den wir von dieser Flüssigkeit machen. Und derjenige, der urteilt, daß alle diese Wirkungen notwendig sind, obwohl sie oft von keinem wesentlichen Nutzen sind, urteilt richtig.

Wenn es uns erlaubt ist, einen Augenblick die Werke GOTTes mit unseren schwachen Werken zu vergleichen, dann kann man sagen, daß er in diesem immensen Mechanismus die Dinge so angeordnet hat, daß sich notwendigerweise mehrere Wirkungen ergeben, die jedoch keinerlei Nutzen für uns haben. Die Periode von fünfundzwanzigtausendneunhundertzwanzig Jahren scheint durchaus dazu zu gehören. Sie ist eine notwendige Wirkung der Anziehung der Sonne und des Mondes.

Um uns die deutliche Vorstellung von dieser periodischen Bewegung von fünfundzwanzigtausendneunhundertzwanzig Jahren zu machen, stellen wir uns zunächst die Erde vor *(Fig. 39)*, die jahresweise an ihrer großen Achse AB parallel zu ihr um die Sonne bewegt wird. Diese von Westen nach Osten bewegte Achse scheint immer nach dem Polarstern gerichtet zu sein. In der Hälfte ihres Jahreslaufs, also beispielsweise von Frühling bis Herbst, hat die Erde ungefähr achtundneunzigmillionen Meilen zurückgelegt. Dieser Raum ist jedoch nichts im Vergleich zu der extremen Entfernung des Sterns, den sie immer in gleicher Weise erblicken würde, wenn sich die Achse der Erde immer in der gleichen Richtung AB, in der Sie sie sehen, befinden würde. Die Achse verharrt jedoch nicht in dieser Lage. Nach einer sehr großen Anzahl von Jahren befindet sich die auf der Linie der Ekliptik gedachte Achse nicht mehr in der Lage AB. Sie behält ihre Gleichlaufbewegung nicht mehr bei. Sie ist nicht mehr nach dem Polarstern gerichtet. Diese unterschiedliche Richtung ist fast nichts im Vergleich zu der immensen Ausdehnung des Himmels. Sie ist jedoch viel im Vergleich zur Bewegung unseres Pols.

Stellen Sie sich also diesen kleinen Erdball mit seinem sehr kleinen Umlauf von etwa einhundertachtundneunzigmillionen Meilen vor, der nur ein Punkt in dem mit Fixsternen angefüllten immensen Raum ist. Sein Pol, der dem Polarstern in P *(Fig. 40)* entspricht, wird nach zweiundsiebzig Jahren um einen Grad verschoben sein. In sechstausendfünfhundert Jahren wird dieser Pol dem Stern T gegenüberstehen und nach etwa dreizehntausend Jahren wird er dem Stern entsprechen, der sich in Z befindet. Unsere Achse Z wird sich nacheinander nach F verschieben und nach P zurückkehren, so daß wir nach ungefähr fünfundzwanzigtausendneunhundertzwanzig Jahren den gleichen Polarstern wie heute haben.

Nachdem wir diesen Umlauf unserer Achse dargelegt haben, ist es leicht, ihre physikalische Ursache zu ermitteln. Erinnern wir uns, daß *Newton*, als er von den Unregelmäßigkeiten des Laufs des Mondes sprach, bewiesen hat, daß sie alle von der Anziehung der Sonne und der Erde zusammengenommen abhängen. Durch diese Anziehung, diese Gravitation, wird, wie bereits in Kapitel VI zu sehen war, die Lage des Mondes ständig verändert. Umgekehrt wird durch die Anziehung der Sonne und des Mondes auf die Erde ständig die Lage unseres Erdballs verändert. Vergessen wir nicht, daß die Erde am Äquator viel aufgebauchter als an den Polen ist. Stellen Sie sich die Erde in T, den Mond in L und die Sonne in S *(Fig. 41)* vor. Wenn sich die Erde und der Mond immer in der Äquatorebene drehen würden, steht fest, daß diese Aufbauchung der Erde DE immer gleichermaßen angezogen würde. Wenn sich die Erde jedoch nicht in den Äquinoktien befindet, dann wird dieser erhöhte Teil E zum Beispiel von der Sonne und vom Mond angezogen, die ich in dieser Lage annehme. Es geschieht dann das, was mit einer Kugel geschehen muß, die ungleichmäßig belastet ist und auf einer Fläche rollt. Sie würde erzittern und sich neigen. Stellen Sie sich das durch die Anziehung der Sonne nach E gefallene Teil D vor. Es kann nur von D nach E gelangen, wenn der Erdpol P gleichzeitig seine Lage ändert und von P nach Z gelangt. Dieser Pol kann jedoch nur von P nach Z fallen, wenn der Äquator der Erde einem anderen Teil des Himmels als vorher gegenübersteht. So entsprechen die Punkte des Äquinoktiums und des Solstitiums nach Ablauf von zweiundsiebzig Jahren nacheinander einem anderen Grad am Himmel. So trat früher das Äquinoktium ein, als die Sonne im ersten Punkt des Widders zu sein schien, das heißt als die Erde in Wirklichkeit in die Waage, die dem Widder gegenübersteht, eintrat. Das gleiche Äquinoktium findet heute statt, wenn die Sonne im Stier zu sein scheint, das heißt wenn die Erde im Skorpion ist, der dem Stier gegenübersteht. Dadurch haben alle Sternbilder ihre Lage verändert. Der Stier befindet sich an der Stelle des Widders, die Zwillinge an der Stelle des Stiers.

Diese Gravitation, die die einzige Ursache für den Umlauf unseres Erdballs in fünfundzwanzigtausendneunhundertzwanzig Jahren ist, ist auch die Ursache für den Mondumlauf in neunzehn Jahren, den sogenannten *Mondzyklus*, und für den Umlauf der Mondapsiden in neun Jahren. Bei dem sich um die Erde drehenden Mond ereignet sich genau dasselbe wie bei der Aufbauchung unseres Erdballs am Äquator, so daß der Mond als eine Erhebung, als ein an der Erde anliegender Ring betrachtet werden kann. Gleichzeitig kann die Erhöhung am Äquator als ein Ring aus mehreren Monden angesehen werden.

Es ist leicht einzusehen, daß die Sonne an dieser Bewegung der Erde, die die Präzission der Äquinoktien bewirkt, einen größeren Anteil als der Mond haben muß. Die Wirkung der Sonne verhält sich in diesem Fall zu der des Mondes genau wie bei den Gezeiten die des Mondes zur Sonne.[27]

Der Leser wird zweifelsohne vermuten, daß, da die Meere am Äquator angehoben werden, Sonne und Mond, die diesen Äquator beeinflussen, auf die Gezeiten einen stärkeren Einfluß ausüben. Der Beitrag der Sonne zur Bewegung der Präzession der Äquinoktien verhält sich zu dem des Mondes wie drei zu eins. Bei den Gezeiten dagegen ist das Verhältnis von Sonne zu Mond wie eins zu drei – eine erstaunliche Berechnung, die unserem Jahrhundert vorbehalten blieb, und eine völlige Übereinstimmung mit den Gesetzen der Gravitation, die sich die gesamte Natur verschworen hat zu beweisen.

[27] M. *d'Alembert* war der erste, der mit einer sicheren Methode das Problem der Präzession der Äquinoktien gelöst hat, das heißt der die Bewegungen bestimmt hat, die die Anziehung der Sonne und des Mondes auf die Erdachse verursacht.

Neben dieser großen Revolution, die die Präzession der Äquinoktien verursacht, hat die Erdachse jedoch noch eine andere Bewegung, die als *Nutation* bezeichnet wird. Diese Bewegung, deren Revolution hinsichtlich der Dauer mit der der Mondknoten identisch ist, hängt hauptsächlich von der Anziehung dieses Planeten ab. M. *d'Alemert* hat das von *Bradley* beobachtete Phänomen, für das dieser als erster die Ursache entwickelt hat, dazu benutzt, mit größerer Genauigkeit als es bisher möglich war, die Masse des Mondes, das heißt, das Verhältnis seiner Anziehungskraft zu der der Sonne, zu bestimmen. Die Anziehung der Sonne und der Erde erzeugt in der Mondachse eine Bewegung, die die Ursache für das als Libration des Mondes bezeichnete Phänomen ist.

Diese Erscheinung wird nach denselben Grundsätzen berechnet, so daß wir M. *d'Alembert* die Entdeckung der Gesetze der durch die Figur der Gestirne verursachten Himmelserscheinungen verdanken, so wie wir *Newton* die Entdeckung der durch ihre Anziehungskräfte, die als in ihrem Mittelpunkt vereinigt angenommen werden, verursachten Erscheinungen verdankt haben.

KAPITEL XI Über Ebbe und Flut; daß dieses Phänomen eine notwendige Folge der Gravitation ist

Die sogenannten Wirbel können nicht die Ursache der Gezeiten sein. Beweis. Die Gravitation ist eine einzige einleuchtende Ursache der Gezeiten.

Wenn die Wirbel aus feiner Materie je irgendeinen Anschein von Wahrscheinlichkeit hatten, dann bei Ebbe und Flut des Ozeans. Daß das Wasser in den Tropen absinkt, während es an den Polen ansteigt, ist darauf zurückzuführen, heißt es, daß es in den Tropen von der Luft zusammengedrückt wird. Aber weshalb übt die Luft hier einen größeren Druck aus als woanders? Weil sie selbst stärker zusammengedrückt wird. Weil der Weg der feinen Materie durch den Durchgang des Mondes verengt wird.

Der Höhepunkt dieser Wahrscheinlichkeit war, daß die Gezeiten bei Neumond und Vollmond höher als zu den Quadraturen sind und daß schließlich die Rückkehr der Gezeiten zu jedem Meridian etwa der Rückkehr des Mondes zu jedem Meridian folgt. Das, was so wahrscheinlich erscheint, ist jedoch in Wirklichkeit unmöglich. Es wurde bereits gezeigt, daß der Wirbel aus feiner Materie nicht bestehen kann. Wenn es ihn jedoch trotz aller Widersprüche, die ihn entkräften, geben sollte, könnte er keinesfalls die Gezeiten verursachen.

1. Bei Annahme dieses sogenannten Wirbels aus feiner Materie würden alle Linien gleichermaßen auf den Mittelpunkt unseres Erdballs drücken. So müßte der Mond in der zu- und in der abnehmenden Phase und wenn er voll ist in gleicher Weise drücken, vorausgesetzt daß er drückte. So gäbe es keine Gezeiten.

2. Aus einem ebenso überzeugenden Grund kann mit Sicherheit kein von irgendeinem Fluidum bewegter Körper auf dieses Fluidum stärker als das gleiche Volumen dieses Fluidums drücken. Ein in Wasser in Gleichgewicht befindlicher Körper nimmt das gleiche Wasservolumen ein. Ob in einen Fischteich zusätzlich einhundert Kubikfuß Wasser oder aber einhundert unter Wasser schwimmende Fische von je einem Kubikfuß, oder ob in den Fischteich zusätzlich ein einziger Fisch mit neunundneunzig Fuß Wasser gegeben werden, ist vollkommen gleich. Der Grund des Fischteichs wird in keinem dieser Fälle dadurch mehr oder weniger belastet. Ob es so einen Mond über unseren Meeren gibt oder einhundert Monde, ist in dem imaginären System der Wirbel und des vollen Raums vollkommen gleich. Keiner dieser Monde darf nur als gleiche Menge Fluidummaterie betrachtet werden.

3. Die Flut tritt auf dem gleichen Meridian an den entgegengesetzten Punkten am Ufer des Ozeans zur gleichen Zeit ein. Das Meer *(Fig. 42)* sinkt gleichzeitig in A und B. Angenommen, daß der Mond den sogenannten Wirbel aus feiner Materie auf den Ozean A drücken konnte, muß das Wasser nun aber in B ansteigen, statt zu sinken, denn die Schwerkraft zum Mittelpunkt ist in diesem System die Wirkung der sogenannten feinen Materie. Dieses imaginäre Fluidum, das in A auf das Wasser der Erde drückt, muß nun aber das Wasser anheben, auf das es weniger drückt. Aber auf welches Wasser drückt es weniger als auf B?

4. Wenn dieser chimärische Druck bestünde, müßte dann die in den Tropen zusammengedrückte Luft nicht das Quecksilber im Barometer steigen lassen? Das Quecksilber fällt jedoch in der heißen Zone ganz im Gegenteil immer etwas stärker ab als an den Polen. Das, was wahrscheinlich schien, wird also unmöglich, wenn es näher untersucht wird.

Die Gravitation, dieses anerkannte und bewiesene Prinzip, diese allen Körpern innewohnende Kraft, entfaltet sich hier in einer sehr fühlbaren Art und Weise. Sie ist die einleuchtende Ursache aller Gezeiten, das ist leicht zu verstehen. Die Erde dreht sich um sich selbst. Das Wasser, das sie umgibt, dreht sich mit ihr. Der große Kreis jedes sich um seine Achse drehenden Sphäroids ist der mit der größten Bewegung. Die Zentrifugalkraft nimmt in dem Maße zu, wie dieser Kreis größer wird. Der Kreis A *(Fig. 43)* ist einer größeren Zentrifugalkraft ausgesetzt als die Kreise B. Das Wasser des Meeres steigt also allein durch diese Zentrifugalkraft zum Äquator hin an, und nicht nur das Wasser, sondern auch das Land wird zum Äquator hin notwendigerweise angehoben. Diese Zentrifugalkraft würde alle Bestandteile der Erde und des Meeres hinwegfegen, wenn sie nicht durch die Zentripetalkraft, ihre Gegenspielerin, zum Mittelpunkt der Erde angezogen würden. Jedes Meer, das sich jenseits der Wendekreise in Richtung zu den Polen befindet, unterliegt nun aber, da es durch seine Drehung in einem kleineren Kreis eine geringere Zentrifugalkraft hat, einer stärkeren Zentripetalkraft. Es strebt also stärker zur Erde. Es drückt auf den Ozean, der sich zum Äquator hin erstreckt und trägt durch diesen Druck noch ein wenig zur Anhebung des Meeres am Äquator bei. In diesem Zustand befindet sich der Ozean einzig und allein durch die Kombination der zentralen Kräfte. Was muß jetzt infolge der Anziehung von Mond und Sonne geschehen? Die ständige Anhebung des Wassers zwischen den Wendekreisen muß noch zunehmen, wenn die Anhebung bei einem Himmelskörper erfolgt, die ihn anzieht. Nun ist der Bereich der Wendekreise unserer Erde aber immer dem Einfluß der Sonne und des Mondes ausgesetzt. Der Höhenwinkel der Sonne und des Mondes muß also irgendeine Wirkung auf diese Wendekreise haben.

1. Wenn die Sonne und der Mond auf das Wasser in diesen Regionen eine Wirkung ausüben, muß diese Wirkung in der Zeit, in der der Mond gegenüber der Sonne steht, das heißt in Opposition und in Konjunktion, bei Vollmond und bei Neumond, größer sein als in den Vierteln. Denn da er in den Vierteln schräger zur Sonne steht, muß er von der einen Seite wirken, während die Sonne von der anderen wirkt. Ihre Wirkungen müssen sich beeinträchtigen, eine muß die andere verringern. Deshalb sind die Gezeiten in den Syzygien höher als in den Quadraturen.

2. Bei Neumond, wenn sich der Mond auf derselben Seite wie die Sonne befindet, muß er umso stärker auf die Erde wirken, da er sie fast in der gleichen Richtung wie die Sonne anzieht. Die Gezeiten müssen also bei sonst gleichen Bedingungen in der Konjunktion und in der Opposition, bei Neumond sowie bei Vollmond etwas stärker sein, was ja auch festgestellt wird.

3. Die höchsten Gezeiten des Jahres müssen zu den Äquinoktien eintreten. Ziehen Sie *(Fig. 44)* eine Linie von der Sonne am Mond L vorbei bis zum Äquator der Erde. Der Äquator AQ wird von diesen Himmelskörpern fast in der gleichen Linie angezogen. Das Wasser muß stärker als zu jeder anderen Zeit angehoben werden. Und da es

nicht stufenweise angezogen werden kann, hat es seine größte Anhebung nicht genau im Augenblick des Äquinoktiums, sondern ein oder zwei Tage danach in DZ.

4. Wenn aufgrund dieser Gesetze die Gezeiten im Äquinoktium bei Neumond die höchsten des Jahres sind, müssen die Gezeiten in den Quadraturen nach dem Äquinoktium die niedrigsten des Jahres sein. Die Sonne steht zwar fast über dem Äquator, der Mond ist dann jedoch, wie Sie sehen, weit weg. Der Mond L *(Fig. 45)* steht in acht Tagen bei R. Mit dem Ozean geschieht dann das gleiche wie mit einem Gewicht, das von zwei Kräften gezogen wird, die gleichzeitig senkrecht und nicht mehr nur schräg auf dieses einwirken. Diese beiden Kräfte haben nicht mehr die gleiche Größe. Die Kraft der Sonne, die zu der des Mondes hinzukommt, ist kleiner als zu der Zeit, als Mond, Erde und Sonne fast in der gleichen Senkrechten standen.

5. Aufgrund der gleichen Gesetze müssen wir unmittelbar vor dem Frühlingsäquinoktium stärkere Gezeiten als danach und umgekehrt stärkere Gezeiten unmittelbar nach dem Herbstäquinoktium als davor haben. Denn wenn die Wirkung der Sonne in den Äquinoktien zur Wirkung des Mondes hinzukommt, muß die Wirkung der Sonne umso stärker sein, je näher wir uns zu ihr befinden. Nun sind wir aber im Äquinoktium vor dem einundzwanzigsten März näher an der Sonne als danach, dagegen nach dem einundzwanzigsten September näher als vor dieser Zeit. Die höchsten Gezeiten müssen also im Gemeinjahr, wie die Erfahrung bestätigt, vor dem Frühlingsäquinoktium und nach dem Herbstäquinoktium auftreten.

Nachdem bewiesen ist, daß die Sonne beim Steigen des Meeres mit dem Mond zusammenwirkt, muß ermittelt werden, welchen Beitrag sie dabei leistet. *Newton* und andere haben berechnet, daß der Ozean im Mittel zwölf Fuß ansteigt. Die Sonne bewirkt ein Steigen um zweieinviertel, der Mond um achtdreiviertel Fuß.

Im übrigen scheinen die Gezeiten des Ozeans ebenso wie die Präzession der Äquinoktien und die Erdperiode von fünfundzwanzigtausendneunhundertzwanzig Jahren eine notwendige Wirkung der Gravitationsgesetze zu sein, ohne daß die endgültige Ursache dafür festgelegt werden kann, denn wie so viele Autoren sagen zu wollen, daß GOTT uns die Gezeiten zur Erleichterung unseres Handels gegeben hat, hieße vergessen, daß die Menschen Handel mit fernen Ländern über den Ozean erst seit zweihundertfünfzig Jahren treiben. Noch gewagter wäre es zu sagen, daß Ebbe und Flut die Häfen begünstigten. Und wenn die Gezeiten des Ozeans auch den Handel begünstigten, könnte man dann sagen, daß GOTT sie uns aus dieser Sicht sendet? Wie viele Jahrhunderte haben Erde und Meere bestanden, ehe wir die Schiffahrt unseren neuen Bedürfnissen nutzbar machten? "Wie denn", sagte ein gewitzter Philosoph, "kann man denn, nachdem nach einer ungeheuren Anzahl von Jahren endlich die Brille erfunden wurde, sagen, daß GOTT unsere Nasen gemacht habe, damit wir Brillen tragen könnten?" Die gleichen Autoren versichern auch, daß GOTT Ebbe und Flut befohlen habe, damit das Meer nicht faulig wird und verdirbt. Sie vergessen dabei, daß das Mittelmeer durchaus nicht faulig wird, obwohl es keine Gezeiten hat. Wenn man sich erkühnt, so die Gründe alles dessen zu bestimmen, was GOTT getan hat, verfällt man in seltsame Irrtümer. Diejenigen, die sich darauf beschränken zu berechnen, zu wiegen und zu messen, irren sich auch oft, aber was ist das im Vergleich zu denen, die nur ahnen wollen?

Wir wollen hier die Untersuchungen über die Gravitation nicht weitertreiben.[28] Diese Lehrsätze waren in Frankreich noch ganz neu, als sie der Autor 1736 vorstellte. Sie sind es nicht mehr. Man muß mit der Zeit gehen. Je aufgeklärter die Menschen werden, umso weniger braucht geschrieben zu werden.

[28] Wir wollen hier bemerken, daß wir *Newton* noch den Nachweis verdanken, daß Kometen Planeten sind, die um die Sonne ziemlich längliche Ellipsen beschreiben, die schließlich im gesamten Bereich, in dem die Kometen sichtbar sind, zu Parabeln verschmelzen. So reicht ein einziges Erscheinen nicht aus, den vollständigen Umlauf zu bestimmen und die Rückkehr eines Kometen, der nur ein einziges Mal gesehen wurde, vorherzusagen. *Halley*, ein Anhänger *Newtons*, hat die Umlaufbahn einiger Kometen berechnet, deren Umlaufzeit nahezu bekannt war, da sie zweimal gesehen worden waren, und hat versucht, daraus unter Berücksichtigung der von den Planeten verursachten Störungen, an denen die Kometen vorbeiziehen, deren Rückkehr zu ermitteln. Einer dieser Planeten mußte 1759 wieder erscheinen und ist tatsächlich fast annähernd zu dem Zeitpunkt aufgetaucht, an dem er nach den Berechnungen seiner Störungen, die von M. *Clairault* nach einer viel sicheren Methode als der, über die *Halley* verfügen konnte, angestellt worden waren, erscheinen mußte. Ein weiterer wird um 1789 erwartet. Die Umlaufzeit des ersten Kometen beträgt etwa sechsundsiebzig Jahre, die des zweiten etwa einhundertunddreißig.

KAPITEL XII Schluß

Abschließend wollen wir das Wesentliche zusammenfassen, das in diesem Werk gesagt wurde:

1. Es gibt eine wirksame Kraft, die allen Körpern ein Streben zueinander aufgibt.

2. Im Vergleich zu den Himmelskörpern wirkt diese Kraft im umgekehrten Verhältnis der Quadrate der Entfernungen zum Mittelpunkt der Bewegung und in direktem Verhältnis zu den Massen. Diese Kraft wird als *Anziehung* gegenüber dem Mittelpunkt und als *Gravitation* gegenüber den Körpern bezeichnet, die zu diesem Mittelpunkt streben.

3. Die gleiche Kraft bewirkt, daß bewegliche Körper auf unsere Erde fallen, wobei sie nach dem Mittelpunkt streben.

4. Die gleiche Ursache wirkt zwischen Licht und Körpern, wie wir gesehen haben, ohne daß wir wissen, in welchem Verhältnis.

Was kann man hier Besseres tun, als hinsichtlich der Ursache dieser Kraft, die so vergebens sowohl von *Newton* als auch von allen seinen Nachfolgern gesucht wurde, das wiederzugeben, was *Newton* auf der letzten Seite seiner "Prinzipien" gesagt hat? Hier seine Darlegung, die ihn als einen ebenso sublimen Physiker wie tiefschürfenden Mathematiker zeigt: "Bisher habe ich die Gravitationskraft mit Hilfe der Erscheinungen des Himmels und des Meeres gezeigt. Nirgends habe ich jedoch die Ursache dafür bestimmt. Diese Gravitation stammt aus einer Kraft, die in den Mittelpunkt der Sonne und der Planeten dringt, ohne dabei etwas von ihrer Wirksamkeit zu verlieren, und die nicht nach der Menge der Flächen der Materieteilchen, wie bei den mechanischen Ursachen, sondern nach Menge an fester Materie wirkt. Ihre Wirkung erstreckt sich über riesige Entfernungen, wobei diese immer genau entsprechend dem Quadrat der Entfernungen abnimmt usw." Das heißt deutlich und ausdrücklich, daß die Anziehung ein Prinzip ist, das nicht mechanischer Natur ist. Und einige Zeilen weiter sagt er: "Ich mache keine Hypothesen. Hypotheses non fingo. Denn alles, was sich nicht aus den Erscheinungen ableiten läßt, ist eine Hypothese und Hypothesen, seien sie nun metaphysischer oder physikalischer Art, Annahmen verborgener Eigenschaften oder Annahmen von Mechanikern, haben in der experimentellen Wissenschaft keinen Platz."[37]

Ich sage nicht, daß dieses Prinzip der Gravitation die einzige Triebkraft der Physik ist. Es gibt wahrscheinlich noch manches andere Geheimnis, das wir der Natur nicht entrissen haben und das zusammen mit der Gravitation die Ordnung des Universums unterhält. Die Gravitation erklärt zum Beispiel weder die Rotation der Planeten um ihre eigenen Mittelpunkte, noch die Festlegung ihrer Umlaufbahnen in dieser Richtung und nicht in jener, noch die überraschenden Wirkungen der Elastizität, der Elektrizität und des Magnetismus. Vielleicht wird eine Zeit kommen, wo die angesammelten Erfahrungen es ermöglichen, einige weitere verborgene Prinzipien zu erkennen. Alles weist darauf hin, daß die Materie mehr Eigenschaften hat als wir von ihr kennen. Wir befinden uns erst am Ufer eines immensen Ozeans. Wie viele Dinge bleiben noch zu entdecken! Aber wie viele Dinge werden auch immer außerhalb des Bereichs unserer Kenntnisse liegen!

Ende der Philosophie Newtons

Verteidigung des Newtonianismus

Beantwortung der wichtigsten Einwände, die in Frankreich gegen die Philosophie Newtons erhoben wurden

(1739)

Die "Elemente der Philosophie Newtons" wurden veröffentlicht, weil es nützlich erschien, die Öffentlichkeit mit diesen neuen Wahrheiten, von denen in Paris jedermann wie von einer unbekannten Welt sprach, bekannt zu machen. Zur gleichen Zeit arbeitete M. *Algarotti* daran, diese Philosophie seinen Landsleuten schmackhaft zu machen und dekorierte Wahrheiten, die nur der Berechnung zu unterliegen schienen, mit dem Zierrat seines Geistes. Diese Wahrheiten drangen trotz der beherrschenden Vorliebe für die cartesianische Philosophie in die Akademie der Wissenschaften ein. Sie wurden hier zunächst von einem großen Mathematiker vorgelegt,[1] der seitdem durch seine unterhalb des Polarkreises vorgenommenen Messungen die Figur, die *Newton* und *Huygens* der Erde zugeordnet hatten, anerkannt und bestimmt hat. Weitere Mathematiker und Physiker und besonders derjenige, der die Statik der Pflanzen übersetzt und der diese erstaunlichen Experimente noch überboten hat,[2] haben mutig diese bewundernswerte Physik angenommen, die nur auf Tatsachen und auf der Berechnung beruht, die jede Hypothese verwirft und demzufolge die einzig wahre Physik ist.[1]

Der Autor der "Elemente" hat versucht, diese Wahrheiten auch den auf diesen Gebieten weniger geübten Geistern zugänglich zu machen. Und obwohl sein Werk mit vielen Fehlern gedruckt wurde und er durch die Ungeduld der Buchhändler nicht die Zeit hatte, es zu vollenden, war es doch noch immer von einigem Nutzen. Mangelnde Klarheit wurde diesem Buch nicht vorgeworfen.

Trotzdem muß es doch schwerer zu verstehen sein, als angenommen worden war, denn alle, die gegen die dargestellten Wahrheiten geschrieben haben, haben ihm Dinge vorgeworfen, die sich mit Bestimmtheit weder in seinem Buch, noch bei irgendeinem Schüler *Newtons* finden.

[Falsche Vorstellung bei mehreren Kritikern] *

Manch einer stellt sich zum Beispiel vor, daß in einem Brennglas die Mitte eine stärkere Anziehung als die Ränder haben muß und daß sich die Lichtstrahlen nach *Newton* im Brennpunkt des Glases aus diesem Grunde vereinen. Es kostet ihn viel Zeit und große Mühe zurückzuweisen, was nie gesagt wurde.

[Anderer Irrtum über das Licht]

Ein anderer glaubt, daß das Licht nach *Newton* nur deshalb von der Sonne zur Erde gelangt, weil es von der Erde über dreiunddreißigmillionen Meilen hinweg angezogen wird.

[1] M. de *Maupertuis*. Ihm ist es gelungen zu erreichen, daß sich die Öffentlichkeit nur mit ihm beschäftigte und seine Reisegefährten vergaß.

[2] M. de *Buffon*. Er hatte seitdem mit M. *Clairault* einen Streit über die Natur der Anziehungskräfte, den der große Mathematiker überlegen für sich entscheiden konnte.

[Weiteres Mißverständnis über den leeren Raum]

Wieder andere, die zufällig die Worte "das Licht strahlt aus dem leeren Raum zurück" gelesen und dabei das Davor- und das Danachstehende außer acht gelassen haben, haben geglaubt, daß dem leeren Raum eine Wirkung auf die Materie zugeschrieben werden würde. Sie haben deshalb frohlockt und sind entweder beleidigend geworden, haben sich lustig gemacht oder haben ebenso unnütze Mutmaßungen vorgebracht.

Statt etwas zu schreiben, was sie nicht ausreichend untersucht haben, hätten sich diese Herren zum Beispiel über den Stand der Frage informieren sollen. Folgende Antwort wäre ihnen zuteil geworden.

[Erklärung eines schönen Experiments]

Newton hat zwischen dem Licht und den Körpern eine Wirkung entdeckt, von der man keine Vorstellung hatte. Er zeigt zum Beispiel, daß das gleiche schräge Licht, das durch einen Kristall nicht durchgelassen wird, durch diesen dann durchgelassen wird, wenn unter diesen Kristall Wasser gebracht wird. Er hat versichert, daß, wenn es gelänge, die Luft in der Vakuummaschine unter diesem Kristall abzupumpen, der gleiche schräge Strahl, der fast vollständig vom Glas durch das Wasser dieses Kristalls verläuft, nicht durch diesen leeren Raum verlaufen würde. Der Autor der "Elemente der Philosophie Newtons" hat vielleicht als erster in Frankreich dieses Experiment gemacht und hat mit sehr viel Recht geschlußfolgert, daß der Kristall und das Wasser auf das Licht eine unbekannte neuartige Wirkung ausüben müssen, die kein Philosoph mit den gewöhnlichen Mechanismen erklären konnte und die "propter egestatem lingue et rerum novitatem" als Anziehung bezeichnet wird, solange uns GOTT die Ursache noch nicht enthüllt hat.

Der Autor der "Elemente" hat sich, als er von dieser Erscheinung sprach, des so französischen Ausdrucks "que la lumiére rejaillit du sein du vide" ["daß das Licht aus dem leeren Raum zurückstrahlt"] fast so bedient, wie er in Versen sagt:

> Valois se réveilla du sein de son ivresse
> Gouverner son pays du sein des voluptés ...
> [Valois erwachte aus seiner Trunkenheit,
> um sein Land in Sinnenlust zu regieren ...]

Jedermann weiß, wie diese Ausdrücke zu verstehen sind. Sie sind so klar, daß man sich ihrer sowohl in der Prosa als auch in der Poesie bedienen kann, sofern sie maßvoll gebraucht werden und die gefühlvolle Prosa ebenso wie der umgangssprachliche und witzige Stil vermieden werden. Natürlich haben weder die Trunkenheit, noch die Sinneslust, noch der leere Raum ein Zentrum, aus dem heraus sie tatsächlich wirken. Ein Leser, der nicht spitzfindig sein will, sollte nur verstehen, daß das Licht deshalb aus dem leeren Raum zurückstrahlt, weil von einem Nachbarkörper irgendeine Kraft auf ihn ausgeübt wird.

[Aufklärung über eine sehr bedeutsame optische Tatsache und über die Dreiteilung des Winkels]

Einige, die noch ungerechter waren und die, wie fast immer, die Nebensache für die Hauptsache nahmen, taten so, als ob sie glaubten, daß sich der Autor damit rühme, die Dreiteilung des Winkels mit Lineal und Zirkel gefunden zu haben. Statt mit ihm eine sehr wichtige optische Frage zu untersuchen, haben sie es bei der Frage, um die es ging, bewenden lassen und sind ihm wegen der angeblichen Dreiteilung des Winkels, um die es ganz und gar nicht ging, auf die Nerven gegangen.

Hier noch einmal das Problem, das der Autor vorgelegt hat: Sie betrachten gleichzeitig zwei oder mehrere Menschen von gleicher Größe, von denen sich der erste in ein Fuß Entfernung und der letzte in vier Fuß Entfernung befindet. Der erste bildet auf Ihrer Netzhaut einen Winkel, der viermal größer als der des letzten ist. Die Größe der Abbildungen hängt von der Größe der Winkel ab, und trotzdem scheinen diese beiden Menschen für Sie die gleiche Größe zu haben. Ich sage, daß diese alltägliche Erscheinung mit keiner Veränderung im Auge oder in der Linse erklärt werden kann, wie fast alle Optiker behauptet haben. Ich sage, daß, wenn das Auge eine neue Form annimmt, es diese gleicherweise bei dem Menschen annimmt, der sich in ein Fuß Entfernung, und bei demjenigen, der sich in vier Fuß Entfernung befindet. Ich sage, daß der Winkel, wenn Sie sie beide gleichzeitig sehen und wenn dieser Winkel, unter dem Sie sie sehen, größer oder kleiner wird, bei beiden gleicherweise größer oder kleiner wird. Ich sage also, daß dieses Problem mit den Gesetzen der Optik nicht zu lösen ist.

Niemand hat darauf geantwortet, und man möchte sagen, daß auf dieses Argument auch niemand antworten kann.

Was wurde also getan? Die Darstellung sollte lächerlich gemacht werden. Die Krittler haben gesagt, daß es nicht unbedingt wahr ist, daß ein Mensch in einer Entfernung von dreißig Fuß auf Ihrer Netzhaut einen Winkel bildet, der genau dreißigmal kleiner als ein Fuß ist. Nein, das ist bekanntlich ohne Zweifel nicht unbedingt wahr. Aber erstens ist die Differenz so klein, daß sie die Fragestellung durchaus nicht verändert. Bestünden denn das Phänomen und die Schwierigkeit nicht auch, wenn dieser Winkel nur sechsundzwanzig- oder siebenundzwanzigmal kleiner wäre? Es handelt sich hier um genau den gleichen Fall wie bei den beiden Leuten, die im gleichen Augenblick in Paris aufbrechen und gleich schnell gehen, der eine nach Saint-Denis, der andere nach Orléans. Wenn Ihnen jemand sagt, daß der eine dreißigmal mehr Zeit braucht als der andere, würden Sie dann behaupten wollen, daß seine Vorstellung deshalb lächerlich ist, weil bis zu einer vollständigen Meile von Paris nach St. Denis einige Schritt fehlen? Diese Kritiker wußten im übrigen nicht, daß hier unter Winkel die scheinbaren Durchmesser zu verstehen sind, die wirklich im umgekehrten Verhältnis zu den Entfernungen stehen.

[Ungerechte persönliche Beschuldigung]

Die meisten Einwände, die gegen die "Elemente der Philosophie Newtons" erhoben wurden, sind dieser Art. Diejenigen, die aus Passion kritisiert haben, griffen wie üblich und da sie keine besseren Gründe zu nennen hatten, auf Beleidigungen zurück. Sie sollten dem Autor als Verbrechen zur Last legen, daß er in England entdeckte Wahrheiten gelehrt habe. Sie haben ihm Parteigeist vorgeworfen, ihm, der nie irgendeiner Partei angehörte. Sie haben behauptet, daß nicht Cartesianer zu sein, bedeute, ein schlechter Franzose zu sein. Welcher Umschwung in den Meinungen der Menschen! Die Philosophie *Descartes'* war in Frankreich geächtet, als sie den Anschein der Wahrheit hatte und seine findigen Hypothesen nicht durch Experimente widerlegt waren. Heute, da wir mit eigenen Augen seine Irrtümer sehen, wäre es nicht erlaubt, sie aufzugeben?

Wie denn! Die Namen *Descartes* und *Newton* werden zu Schlachtrufen! Immer wenn es nur darum geht zu lernen, wird mit Eifer Partei ergriffen! Was bedeuten Namen! Was bedeuten die Orte, an denen die Wahrheiten entdeckt wurden! Hier geht es nur um Experimente und Berechnungen und nicht um Parteiführer.

Ich lasse *Descartes* ebenso Gerechtigkeit widerfahren wie seine Anhänger. Ich habe ihn immer für das größte Genie seines Jahrhunderts gehalten. Es ist jedoch etwas ganz anderes, zu bewundern, etwas ganz anderes, zu glauben. Ich habe schon gesagt, daß *Aristoteles*, der die Verdienste *Euklids*, *Platons*, *Quintilians* und *Plinius'* vereinte, der durch die Verbindung so vieler Talente in diesem Sinne über *Descartes* und sogar über *Newton* stand, trotzdem ein Autor ist, dessen Philosophie man nicht lesen sollte.

Wenn man sich eine gerechte Vorstellung von der Physik *Descartes'* machen will, lese man, was der soeben verstorbene berühmte *Boerhaave* dazu gesagt hat. In einer seiner Reden äußert er sich so:
"Wenn Sie von der Geometrie *Descartes'* zu seiner Physik übergehen, werden Sie kaum glauben, daß es sich um die Werke ein und desselben Menschen handelt. Sie werden entsetzt sein, daß ein so großer Mathematiker in eine solche Vielzahl von Irrtümern verfallen konnte. Sie werden *Descartes* in *Descartes* suchen. Sie werden ihm alles das vorwerfen, was er den Peripatetikern vorgeworfen hat, nämlich daß nichts durch seinen Ursprung erklärt werden kann".

So denken also sogar diejenigen über die Bücher *Descartes'* die sich als Cartesianer bezeichnen. Niemand kann seinem System über das Licht folgen, das durch alle Experimente zunichte gemacht wurde. *Varen* und *Huygens* usw. haben nachgewiesen, daß seine Gesetze über die Bewegung falsch sind. Seine anatomische Beschreibung des Menschen steht in Widerspruch zu dem, was uns die Anatomie lehrt. Unter denjenigen, die seinen widersprüchlichen Roman von den Wirbeln angenommen haben, befindet sich nicht ein einziger, der daraus nicht einen weiteren Roman gemacht hätte. Trotzdem bezeichnen sich Leute, die seine Dogmen eines nach dem anderen verwerfen, immer noch als Cartesianer, so wie man sich immer noch als Untertan eines Königs bezeichnet, dem nacheinander alle seine Provinzen weggenommen wurden.

Der Verfasser des neuen Buches mit dem Titel "Réfutation des Eléments de Newton"[2] hat alle diese falschen Beschuldigungen in einem Band zusammengetragen. Er hat es wie alle Kritiker gemacht, die die Schwäche ihrer Gründe spüren und deshalb hartnäckig ihren Gegner in Verruf zu bringen versuchen. Er hatte den Mut, auf Seite 121 zu sagen, daß sich der Autor der "Elemente" *gegen sein Vaterland* versündigt hätte. Worin besteht jedoch das große Verbrechen des von ihm Angegriffenen gegenüber seinem Vaterland? Darin, daß er gesagt hat, der Holländer *Snellius* habe als erster das konstante Verhältnis des Einfallssinus zum Brechungssinus gefunden. Das wird vom Autor der "Réfutation" scharfsinnig und mildtätig in ein Staatsverbrechen verwandelt.

[Aufschluß über Descartes und über Snellius]

Der so zum Denunzianten gewordene Kritiker beschuldigt M. de *Voltaire* aufs Geratewohl, dieses Faktum bei *Vossius* gefunden zu haben und fügt hinzu, daß das Theorem, von dem *Vossius* spricht, in Widerspruch zu dem *Descartes'* stehe.

M. de *Voltaire* beteuert jedoch, daß er *Vossius* nicht gelesen habe und daß sich das Faktum bei *Huyghens*, einem Zeitgenossen und Anhänger von *Descartes*, auf Seite 2 und 3 seiner 'Dioptrik' befindet. Falls die Geschichte dieser Entdeckung von Interesse sein sollte, hier ist sie: Die Messung der Brechungen wurde zunächst von dem Araber *Alhazen*, dann von *Vitellio*, schließlich von *Kepler* versucht, die alle scheiterten. *Snellius Willebrode* schließlich fand das Verhältnis der Sekanten und *Descartes* das Verhältnis der Sinusfunktionen. Wie in *Musschenbroeks* ausgezeichneter "Physik", Seite 285,[3] zu sehen ist, handelt es sich dabei um das gleiche Theorem wie bei den Sekanten. *Cartesius*, sagt er, *adhibuit sinus usus inventione Snellii etc.* Damit hat der Autor der "Elemente" nur einfach die Wahrheit gesagt. Ist man denn ein schlechter Bürger, wenn man Ausländern Gerechtigkeit widerfahren läßt? Gibt es also für einen Philosophen überhaupt Ausländer?[3]

Nachdem er M. de *Voltaire* dafür, daß er einen Holländer gelobt hat, als Vaterlandsverräter behandelt hat, tut er sein Bestes, um ihn zum gleichen, bis zum Überdruß gehörten Gegenstand von der Anziehung des Lichts lächerlich zu machen. Er war der Meinung, daß *Newton* und seine Anhänger dächten, daß die Erde das Licht unmittelbar vom Körper der Sonne anziehe. Noch einmal, ist es möglich, den Stand der Frage so gründlich ins Gegenteil zu verkehren? Ist es möglich, uns eine Meinung zuzuschreiben, die allenfalls eines *Cyrano de Berqerac* würdig wäre?

[Mißverständnis der Kritiken zur Anziehung des Lichtes]

Das ist es, was wahrscheinlich den Anlaß zu diesem sonderbaren Mißverständnis gegeben hat.

Der Autor der "Elemente", der in seinem Buch oft vom umgekehrten Verhältnis des Quadrats der Entfernungen zu sprechen hatte, hatte beschlossen, bei geeigneter Gelegenheit, als er vom Licht sprach, dieses Verhältnis zu erläutern, da ja die Stärke des Lichts genau diesem Verhältnis entspricht. Er hatte jedoch ausdrücklich auf Seite 88

[3] Man kann kaum umhin, auf das Wort von *Huygens* und *Vossium* hin zu glauben, daß sich dieses Verhältnis im Manuskript von *Snellius* befindet. Es ist sicher, daß es das von *Descartes* enthält. Kannte der französische Philosoph jedoch die Entdeckung von *Snellius*? Das ist die Frage. Es ist nicht wahrscheinlich, daß *Descartes* das Manuskript von *Snellius* oder dieses Verhältnis im besonderen gekannt hat.

der Londoner Ausgabe darauf hingewiesen, daß sich die Anziehung des Lichts und der Körper und die Anziehung der Planeten und der Sonne, die als Gravitation bezeichnet wird, voneinander unterscheiden.[4]

Daraus, daß *Newton* zwei erstaunliche Phänomene entdeckt hat, ergibt sich nicht, daß diese Phänomene den gleichen Gesetzen gehorchen.

Man muß sich einmal deutlich klarmachen, daß *Newton* herausgefunden hat, daß Körper und Lichtstrahlen über sehr kleine Entfernungen und daß Planeten über sehr große Entfernungen aufeinander einwirken. Die Wirkung der Sonne auf Saturn, auf Jupiter und auf die Erde ist so unterschiedlich von der Wirkung eines Kristalls, an dem und in dem ein Strahl gebeugt wird, wie die Größe, durch die sich dieser Strahl vom Himmelskörper Saturn unterscheidet. Die Anziehung des Lichts mit der der Planeten gleichzusetzen, bedeutet, auch nicht die geringste Vorstellung von den Entdeckungen *Newtons* zu haben.

Eilfertigkeit oder Parteigeist, der so viele Menschen veranlaßt hat, die Philosophie *Newtons* zu kritisieren, ehe sie sie studiert haben, hat hier zu einem merkwürdigen Widerspruch geführt.

Einerseits denken sie, daß die Erde nach *Newton* das Licht der Substanz der Sonne anzieht, was lächerlich ist, andererseits können sie nicht begreifen, in welcher Weise sich *Newton* die Emission des Lichts unmittelbar von der Substanz der Sonne vorstellt. Und das ist nun wirklich leicht zu verstehen.

[Entdeckung Bradleys zur Ausbreitung des Lichts]

Der große *Newton* war überzeugt – und M. *Bradley* hat das seitdem bewiesen –, daß das Licht zu uns von der Sonne und den Sternen gelangt. Die bekannte Entdeckung M. *Bradleys*, die gleichzeitig die Bewegung der Erde und die Ausbreitung des Lichts beweist, zeigt uns, daß diese Ausbreitung gleichförmig ist, daß es in seinem Lauf nicht verzögert wird, daß es ebenso etwa dreiunddreißigmillionen Meilen in sieben Minuten in einem gleichförmigen Lauf von mehr als sechs Jahren zurücklegt, daß es so zwischen den Sternen und unserer Atmosphäre keinerlei Widerstand bietende Materie gibt, da andernfalls dieses Licht verzögert würde, und daß das Licht demzufolge zu uns von der Substanz der Sterne über ein Medium gelangt, das keinen Widerstand entgegensetzt. Denjenigen, die nach bestem Wissen und Gewissen urteilen, bleibt nur festzustellen, ob es möglich ist, daß ein Lichtstrahl in sechs Jahren ohne Veränderung, ohne Verzögerung seines Laufs durch einen absoluten vollen Raum zu uns gelangen kann. Weder *Newton* noch irgendeiner seiner Anhänger hatten also jemals, das sei noch einmal gesagt, die Vorstellung, daß dieses Licht von der Sonne und den Sternen zu uns durch Anziehung gelangt. Sie lehren alle, daß es von der Substanz des Lichtkörpers ausgestrahlt wird.

[Das Licht geht von der Sonne aus]

Es ist sehr leicht zu verstehen, wie die Strahlen der Sonne so schnell zu uns gelangen. Man muß sich nur einmal solch einen in Flammen stehenden Himmelskörper, der sich viermal schneller als die Erde um seine Achse dreht, vorstellen.

Der Autor der sogenannten "Réfutation" hat also in hohem Grade unrecht, erstens weil er geglaubt hat, daß es sich bei der Emission der Strahlen der Sonne um Anziehung handelt, zweitens weil er geglaubt hat, daß das Licht nicht von der Sonne ausgehen kann. Er hat jedoch in einem noch viel höheren Grade unrecht, wenn er als enorme Absurdität das zu bezeichnen wagt, was *Newton*, *Keill*, *Musschenbroek*, *'sGravesande* usw. und sehr große französische Philosophen für so gut bewiesen halten. Selbst wenn er recht hätte, wäre es wahrhaftig der Gipfel der Unanständigkeit, derartige Menschen so zu behandeln. Wie ist es also möglich, sich so offensichtlich zu irren?

Hier ist es unumgänglich zu zeigen, wie sehr System- und Parteigeist die natürlichsten Vorstellungen der Menschen pervertiert. Wer würde nicht vermuten, wenn er nachts eine Fackel sieht, die plötzlich Land in einer Ausdehnung von einer Meile erhellt, daß diese brennende Fackel Teilchen ihrer Flamme im Umkreis von einer Meile ausstrahlt? Gibt es denn nicht Riechstoffe, die, ohne merklich an Gewicht zu verlieren, augenblicklich Korpuskeln über mehr als eine Meile in der Runde verteilen? Das gleiche geschieht mit dem Licht. Als Philosoph kann nicht gelten, wer sich gegen die Geschwindigkeit seines Laufs und gegen die Kleinheit seiner Teilchen auflehnt. Denn nichts ist an sich klein oder schnell, und es kann durchaus sein, daß es Wesen gibt, die einemillionmal feiner und beweglicher sind.

[Die Schwerkraft ist der Materie nicht wesentlich]

Der Verfasser der "Réfutation" ist weder genau noch gerecht, wenn er M. de *Voltaire* und denen, die er als *Newtonianer* bezeichnet, vorwirft, daß sie gesagt hätten, die Schwerkraft wäre der Materie wesentlich. Daß sie diesen Irrtum vorgebracht hätten, ist ebenso falsch wie die Behauptung, daß sie gesagt hätten, daß die Erde das Licht über die Entfernung bis zur Sonne anzieht.

Zusammen mit allen ehrenhaften Philosophen hat der Autor der "Elemente" wirklich gesagt, daß die Schwerkraft, das Streben zu einem Mittelpunkt, die Gravitation, eine Eigenschaft der gesamten bekannten Materie ist, die ihr von GOTT verliehen wurde und die ihr inhärent ist. Der Ausdruck *inhärent* bedeutet durchaus nicht *wesentlich*, er bezeichnet das einer Sache innerlich Anhaftende, so wie *Adhäsion* das einer Sache äußerlich Anhaftende bezeichnet. Das Wesen einer Sache ist die Eigenschaft, ohne die man sie nicht erfassen kann. Die Materie kann man jedoch ohne Schwerkraft sehr gut erfassen. Man sollte immer damit beginnen, sich über den Wert der Begriffe zu einigen. Diese Methode würde so manchen Streit verkürzen.

Hier die Erörterung einer nützlicheren Einzelheit, die zu neuen Wahrheiten führen kann.

Der Autor der "Réfutation" wundert sich, daß der Autor der "Elemente" gesagt hat, daß das Licht beim Eintritt in den Kristall eine kleine Kurve beschreibt.

[Streng genommen bildet die Natur niemals Winkel. Wichtige Vorschläge]

Wir werden ihm das auf sein bloßes Wort hin nicht glauben, sagt er. Nein, mir müssen Sie auf mein bloßes Wort hin auch nicht glauben, könnte er antworten, sondern der Natur. Und die Untersuchung der Natur lehrt uns, daß es weder Reflexion und Refraktion ohne eine kleine Krümmung geben kann. Es wäre ein großer Fehler zu denken, daß eine beliebige Kugel in geraden Linien, die an einer Spitze unbedingt einen Winkel bilden, reflektieren würde. An der Einfallsstelle muß der Winkel eine kleine Krümmung aufweisen *(Fig. 46)*, anderenfalls gäbe es einen Sprung, eine Zustandsänderung *ohne zureichenden Grund.* Das ist unmöglich, alles erfolgt stetig, wie der berühmte *Leibniz* sehr wohl bemerkt hat. Und aufgrund dieses unveränderlichen Gesetzes der Natur gibt es in keinem Fall einen plötzlichen Übergang. Die Verkettung der Natur ist nie unterbrochen. Weder Reflexion noch Brechung eines Strahls erfolgen plötzlich von einer Geraden zu einer anderen Geraden. In diesem Punkt stimmt die Physik *Newtons* auf das Wunderbarste mit der Metaphysik von *Leibniz* überein. Die Wirkung des Glases, das den einfallenden Strahl von der Geraden ablenkt, ist der Kunstgriff, den die Natur hier anwendet, um diesem großen allgemeinen Prinzip gerecht zu werden.

Wie entsteht also notwendigerweise diese unmerkliche Kurve. Ein runder, komprimierbarer Körper fällt in der Richtung AB auf die Ebene DD *(Fig. 47)*. Seine Bewegung setzt sich aus der Horizontalen AF und der Senkrechten AG zusammen, nach der der Körper nach unten fällt. Wenn sich dieser Körper in B befindet, verliert er, wenn er zusammengedrückt wird, eine Menge seiner Geschwindigkeit, die proportional seiner Zusammendrückung ist. Die Geschwindigkeit kann er jedoch nur in der Richtung der Fallinie AG und nicht in der horizontalen Richtung AF verlieren, in der der Körper nicht zusammengedrückt wird. Der Körper gelangt also in BC etwas in die horizontale Richtung. In diesem Raum BC beginnt die Entstehung einer Kurve. Ebenso ist es mit der Wirkung, die der brechende Körper auf den Lichtstrahl ausübt. Bei Annäherung an dessen Fläche beginnt er sich zu krümmen.

Dieses Prinzip ist durch die Ablenkung des Lichts in der Nähe von Körpern für die Augen wahrnehmbar. Man muß nicht glauben, daß das Licht, wenn es zum Beispiel in einem Stahlblättchen in einem dunklen Zimmer abgelenkt wird, einen absoluten Winkel bildet. Es wird offensichtlich in dieser Weise *(Fig. 48)* gekrümmt und gebeugt.

Natura est sibi consona. Aus dem gleichen Grund beschreibt das Licht, wenn es aus der Luft in Wasser eintritt, auf diese Weise eine kleine Kurve AB *(Fig. 49)*. Diese kleine Kurve liegt innerhalb der Grenzen der Anziehung des Glases, die unmerklich sind und sich von denen einer sogenannten Anziehung zwischen der Erde und einem von der Sonne ausgehenden Lichtstrahl unterscheiden.

[Seltsames Mißverständnis über die Menge des Lichts]

Ein weiteres, nicht minder seltsames Mißverständnis ist festzustellen. Der Autor der "Elemente" behauptet nach *Newton* – und stützt sich dabei auf die außerordentliche Porösität der Körper –, daß ein Sonnenstrahl von dreiunddreißigmillionen geographischer Meilen wahrscheinlich nicht einmal einen Fuß feste kompakte Materie habe.

"Wir wissen nicht, ob er dabei von einem linearen Fuß oder von einem Kubikfuß spricht", sagen einige Kritiker. Und aufgrund dieser Unsicherheit stellt der Verfasser der "Réfutation" seine Berechnung mit einem Kubikfuß an. Er schätzt das Gewicht eines Sonnenstrahls auf eintausend Pfund und schlußfolgert, daß sich allein die Strahlen, die in einem Tag auf die Erde auftreffen, auf einhundertvierundvierzigtausendmal eintausendmillionen Pfund belaufen. Diese Berechnung hätte man sich jedoch ersparen können. Man hätte nur das erstbeste Physikbuch oder den gesunden Menschenverstand zu befragen brauchen, um zu sehen, daß es sich hier weder um einen rein linearen Fuß, noch um einen Kubikfuß, sondern um einen Fuß in der Länge von der Größe eines Einzelstrahls handelt.

Mit großer Sicherheit ist anzunehmen, daß alle Körper des Universums eine geringe Eigenmaterie haben. Es ist sicher, daß die dünnsten Körper die wenigste Materie haben, daß das Licht von den wahrnehmbaren Dingen am dünnsten, am feinsten ist und daß sich so die sogenannten einemillionmillionen Pfund, die die Sonne pro Tag auf uns herabstrahlt, leicht auf höchstens zwei oder drei Unzen reduzieren lassen. Dazu kann der Doppelsinn des Begriffs linear führen, der beweist, daß zumindest eindeutige Vorstellungen von den Dingen die Voraussetzung für eine Kritik sind, die mit so viel Anmaßung und Mißachtung vorgebracht wird.

[Das Licht existiert in der Luft nicht unabhängig von den Gestirnen]

Der Autor der "Elemente" hat gesagt, daß es nach dem System von *Descartes* in der Nacht hell sein müßte. Das ist gehr richtig und wird durch die Gesetze der Fluide bewiesen. Wenn das Licht ein im Raum verbreitetes Fluidum und immer vorhanden wäre, wenn es nur zusammengedrückt werden brauchte, um zu reagieren, würde es, sobald es zusammengedrückt wird, nach allen Richtungen reagieren. Und nicht nur die unterhalb des Horizonts befindliche Sonne würde das Licht zu unseren Augen schicken, so wie der Schall, der um einen Berg herum zu unseren Ohren gelangt, sondern wir würden nie so klar wie bei einer totalen Sonnenfinsternis sehen können. Denn wenn der unter der Sonne vorbeiwandernde Mond die Atmosphäre zusammendrückt, drückt er auch die sogenannte Lichtmaterie zusammen, die dann, da sie stärker denn je zusammengedrückt wird, auch stärker reagieren muß.

Der Autor der "Réfutation" und mehrere andere setzen dieser Wahrheit Hypothesen entgegen. Sie nehmen an, daß das Licht in der gleichen Weise wie der Schall zu beurteilen ist. Hier ist es jedoch nicht erlaubt zu sagen, daß die Natur immer in der gleichen Weise verfährt. Die Natur ist nur in gleichen Fällen gleich, und hier sind die Fälle absolut unterschiedlich. Wenn das Licht zu uns wie der Schall gelangen würde, würde es durch eine Mauer hindurchtreten. Der Schall ist die Auswirkung der Schwingungen der Luft. Das ist ein Element, und das Licht ist die Auswirkung eines anderen Elements.

[Falsches System über das Licht]

Nach so vielen Mißverständnissen so vielen falschen Beschuldigungen, so vielen falschen Kritiken und ungerechten Vorwürfen hatte der Autor der "Réfutation" nur noch die Wahl, ein kleines System zu wagen, um die Wirkungen der Natur, die *Newton* entdeckt hat, zu erklären. Das hat er dann auch nicht versäumt zu tun.

Newton lehrt uns zum Beispiel – auch der Hartnäckigste ist schließlich gezwungen, dem zuzustimmen –, daß das Licht nicht von den festen Teilchen der Körper zurückgestrahlt wird.

Statt sich mit einer neuen Wahrheit, die *Newton* bewiesen hat und die nicht geleugnet werden kann, zu begnügen, wird eine Hypothese ausgedacht, wird ein dünner Film aus Lichtmaterie, die sich in den Poren und auf den Oberflächen der Körper befindet, erdichtet. Es wird angenommen, daß mit Hilfe dieses dünnen Films, dieser sogenannten Atmosphäre erklärt werden könne, weshalb das Licht gleichförmig von einem immer unebenen Spiegel reflektiert wird. Diese Atmosphäre, wird gesagt, füllt die Krümmungen und Rauhigheiten des Spiegels aus. Aber es ist doch klar, daß ihr Film aus Lichtmaterie, von der Sie annehmen, daß sie fest an diesem Spiegel haftet, dessen Form annehmen muß und daß Ihr dünner Film, wenn der Spiegel rauh ist, dann auch rauh sein muß.

[Großer Irrtum vieler Philosophen über die Kraft der Atmosphäre]

Sie stützen diese Hypothese vergeblich mit Beispielen. Sie berufen sich vergeblich darauf, daß alles eine Atmosphäre hat, daß ein Schiff seine Atmosphäre hat, die bewirkt, daß eine vom oberen Mastende des Schiffes fallende Kugel eine Parabel beschreibt, bevor sie am Fuß des Mastes auftrifft. Freilich haben Sie dieses Beispiel bei mehreren Autoren gelesen, die diese Tatsache dem Druck der Atmosphäre zuschreiben. Aber leider haben sich alle diese Autoren geirrt, und hier nun, worin dieser Irrtum besteht.

Wenn ein Vogel, der am Mast eines unter vollen Segeln stehenden Schiffes fliegt, vom oberen Ende des Mastes einen schweren Körper fallen läßt, fällt dieser Körper bei weitem nicht am Fuß des Mastes nieder und beschreibt auch keine Parabel. Er fällt entweder auf das Heck oder hinter dem Heck in gerader Linie in das Meer. Warum? Weil, wenn die Bewegung der Parabel das Ergebnis einer senkrecht zum Horizont wirkenden Kraft ist, die eine parallel zum Horizont verlaufende Fluggeschwindigkeit hat, es hier keine Fluggeschwindigkeit, sondern nur eine senkrechte Kraft, folglich keine Parabel gibt.

In welchem Fall beschreibt dieser Körper also eine Parabel? Dann, wenn er gleichzeitig an der horizontalen Bewegung des Schiffes und an der Schwerkraftbewegung, die vom oberen Mastende nach unten verläuft, beteiligt ist.

Das Schiff A *(Fig. 50)* schwimmt von A nach B, CC ist der Mast, D der am Mast mit einem Seil, das durchgeschnitten wird, befestigte Körper. Der Körper hat in DD die gleiche Bewegung wie das Schiff und in DC die Gravitationsbewegung. Aus diesen beiden Bewegungen setzt sich nun die Parabel DFB zusammen. Wenn sich der Mast in B befindet, befindet sich der Körper auch dort. Luft und Atmosphäre haben also keinerlei Anteil an dieser Erscheinung, sie könnten sie nur stören. Aus genau dem gleichen Grund muß ein Reiter, der eine Orange senkrecht in die Luft wirft, galoppieren, wenn er sie wieder auffangen will. Wenn ihm jedoch eine andere Hand diese Orange zuwirft, während er reitet, fällt sie weit hinter dem Reiter zu Boden. Ebenfalls aus dem gleichen Grund fällt ein Stein, der senkrecht zum Horizont hochgeworfen wurde, trotz der Rotation der Erde fast lotrecht zu Boden. An all dem ist die Atmosphäre nicht mehr beteiligt als ein Spaziergänger an den um ihn herumschwirrenden Mücken.

[Kein System aufstellen]

Dieses kleine System der angeblichen Wirkungen einer Atmosphäre soll wenigstens dazu dienen, alle diejenigen aufmerken zu lassen, die von der Krankheit der Hypothesen noch nicht geheilt sind und täglich neue erfinden, um, wie sie meinen, die Entdeckungen *Newtons* zu erklären. Dieser große Mann war sechzig Jahre lang, die angefüllt waren mit Forschungen, Berechnungen und Experimenten, gezwungen, sich mit der einfachen Tatsache, die er entdeckt hatte, zu begnügen. Er hat nie eine Hypothese aufgestellt, um die Ursache der Anziehung der Planeten und des Lichts zu erklären. Er hat bewiesen, daß die Gravitation existiert, daß ein schwerer Körper auf die Erde nur durch die gleiche Zentripetalkraft fällt, die die Gestirne in ihrer Umlaufbahn hält, und daß kein Wirbel aus feiner Materie weder ein großer noch ein kleiner, die Ursache für diese Zentripetalkraft sein kann. Dabei möge man es bewenden lassen und man glaube nur ja nicht, mit einem Roman erreichen zu können, was *Newton* mit seiner Mathematik nicht erreicht hat.

[Newton hat kein System aufgestellt]

Zu denjenigen, die sich sehr gemäßigt in ihren Schriften gegen *Newton* verhalten haben, gehört der schätzenswerte Autor von "Spectacle de la nature" und von "Histoire du ciel".[5] Aber auch er hat ihm beileibe keine Gerechtigkeit widerfahren lassen. Er nimmt in seinen Einwänden an, daß *Newton*, wie die anderen Philosophen, die Verwegenheit besessen habe, sich zur Erklärung der Entstehung des Universums ein System auszudenken. Das steht mit Sicherheit in krassem Gegensatz zu den Methoden *Newtons*. "Hypotheses non fingo" etc., sagt *Newton* am Schluß seiner "Mathematischen Prinzipien". Und trotzdem wirft man ihm noch vor, was er so ausdrücklich verneint.

Der Autor von "Histoire du ciel" nimmt wie viele andere vor ihm und viele andere nach ihm an, daß die Anhänger *Newtons* die Anziehung als ein Prinzip betrachten, "das Kometen und Planeten geschaffen hat, das ihnen einen Rang im Tierkreis und ein mehr oder minder großes Gefolge von Satelliten gegeben hat". Das ist jedoch ebenfalls eine Beschuldigung, die weder *Newton*, noch irgendeiner seiner Anhänger je verdient haben. Sie alle haben ausdrücklich das Gegenteil gesagt. Sie geben alle zu, daß die Materie nichts aus sich selbst heraus ist und daß Bewegung, Trägheitskraft, Schwerkraft, Triebkraft, Vegetation usw. von GOTT verliehen sind.

[Wahre Philosophie Newtons]

Wie ungerecht muß man sein, um den Verdacht zu hegen, daß derjenige, der so viele, den übrigen Menschen unbekannte Geheimnisse des Schöpfers entdeckt hat, das bekannteste und für die geringsten Geister wahrnehmbare Wirken GOTTes geleugnet hätte. Es gibt keine Philosophie, die den Menschen stärker in GOTTes Hand gibt, als die *Newtons*. Diese Philosophie, die die einzige mathematische und die einzige bescheidene Philosophie ist, lehrt uns die genauesten Gesetze der Bewegung, die Theorie der Fluide und des Schalls. Sie analysiert das Licht. Sie entdeckt die wirkliche Schwerkraft zwischen den Gestirnen. Sie sagt nicht, daß diese Schwerkraft, diese Gravitation, deren Gesetze und Wirkungen sie berechnet, das gleiche ist wie die Kraft, durch die das Licht von seinem Weg abgelenkt wird und seine Bewegung in unterschiedlichen Medien beschleunigt. Sie verwechselt keineswegs die Wunder der Reflexion und der Refraktion des Lichts mit denen der Schwerkraft schwerer Körper. Durch den Nachweis, daß die Sonne nach der Erde gravitiert und die Erde nach der Sonne, beweist sie jedoch, daß diese Kraft gerade dadurch, daß sie im Ganzen enthalten ist, auch in den kleinsten Teilchen der Materie enthalten ist. Sie räumt schließlich ein, daß sich diese Unergründlichkeiten durch keinen Mechanismus erklären lassen und bewundert die ewige Weisheit, die deren einzige Ursache ist.

Sie sagt keineswegs (wie ihr vorgeworfen wird), daß die universelle Anziehung die Ursache der *Elektrizität* und des *Magnetismus* ist. Von einer solchen Absurdität ist sie weit entfernt. Sie sagt jedoch: Warten Sie mit Ihrem Urteil über die Ursache des Magnetismus und der Elektrizität, bis Sie über ausreichende Erfahrung verfügen. Es ist noch nicht bewiesen, daß es eine magnetische Kraft gibt. Der elektrischen Materie ist man auf der Spur. Hinsichtlich Gravitation und Lauf der Planeten ist jedoch bewiesen, daß deren Ursache keinerlei Fluidum ist und daß wir uns dabei an ein besonderes Gesetz des Schöpfers halten müssen. Sich auf GOTT zu berufen, wenn es darum geht, das zu berechnen, was in unseren Möglichkeiten liegt, ist dumm, weise ist es jedoch, sich auf GOTT zu berufen, wenn die Grundursachen berührt werden.

[Figur der Erde]

Der Autor von "Histoire du ciel" frischt ein recht beachtliches Mißverständnis auf, dem mehrere Gelehrte verfallen sind. Sie glauben, daß *Newton* die Erhöhung des Äquators allein der Anziehungskraft der Erde zuschreibt.

Weder *Newton* noch seine Anhänger drücken sich so aus. Sie geben alle zu, daß die notwendige Erhöhung des Äquators von der Zentrifugalkraft stammt und stammen muß, die im großen Kreis einer Kugel größer als in den kleinen und Null an der Stelle der Pole der Kugel ist.

Die Anziehung, die Gravitation, die Schwerkraft ist am Äquator geringer, da dieser Äquator höher ist. Er ist jedoch nicht höher, weil die Anziehung hier geringer ist.

Wir werden in einem ernsthaften Buch gefragt, "ob das Vorstehen der Vorderseite des Augapfels, das Herausragen des als Nase bezeichneten Knorpelstücks aus der Mitte des menschlichen Gesichts nicht auf die Anziehung zurückzuführen sei".[4] Wir antworten darauf, daß eine solche Spötterei weder von Vernunft noch von Witz zeugt. Selbst wenn die Spötterei geistvoll wäre, wäre sie für ein Buch, das nur nach Wahrheit suchen darf, nicht geeignet und auf einen Mann wie *Newton* und die berühmten Mathematiker, die ihn studieren, sehr schlecht angewendet. Wir beglückwünschen im übrigen den weisen Autor von "Spectacle de la nature" und "Histoire du ciel" dazu, daß er weniger als mancher andere in den Fehler verfallen ist, witzig sein zu wollen. Die sehr weit verbreitete Mode, ernsthafte Gegenstände heiter und familiär abzuhandeln, würde die Philosophie auf die Dauer lächerlich machen, ohne daß sie dadurch leichter verständlich würde.

[Immaterielle Eigenschaften]

Es wird *Newton* noch vorgeworfen, daß er in der Materie immaterielle Eigenschaften annimmt. Mögen diejenigen, die einen solchen Vorwurf erheben, ihre eigenen Grundlagen konsultieren, um festzustellen, wie viele grundlegende Merkmale dieser so wenig bekannten und als Materie bezeichneten Erscheinungsform immaterieller Natur sind, das heißt Auswirkungen des freien Willens des Höchsten Wesens. Wenn die Materie Bewegung hat, wenn sie sie übertragen kann, wenn sie gravitiert, wenn sich die Gestirne um sich selbst in den meisten Fällen von Westen nach Osten drehen, dann ist alles das ebenso wie die Fähigkeit, die mein Willen erhalten hat, meinen Arm zu bewegen, eine Gabe GOTTes. Jede Materie, die eine Wirkung ausübt, zeigt uns ein immaterielles Wesen, das auf sie einwirkt. Das sind *Newtons* wahre Empfindungen, nichts ist so sicher.

Diese Überlegungen, die der Öffentlichkeit vorgelegt werden, haben bereits auf einige Gemüter Eindruck gemacht. Es ist zu hoffen, daß die Vorurteile einiger weiterer Leser so schließlich sublimen und so vernünftigen Dingen, für die der Autor der "Elemente" nur ein schwacher Interpret war, weichen werden.

[4] Bei der Erklärung des Saturnringes von M. de *Maupertuis.*

Volume de Physique *Planche I.*

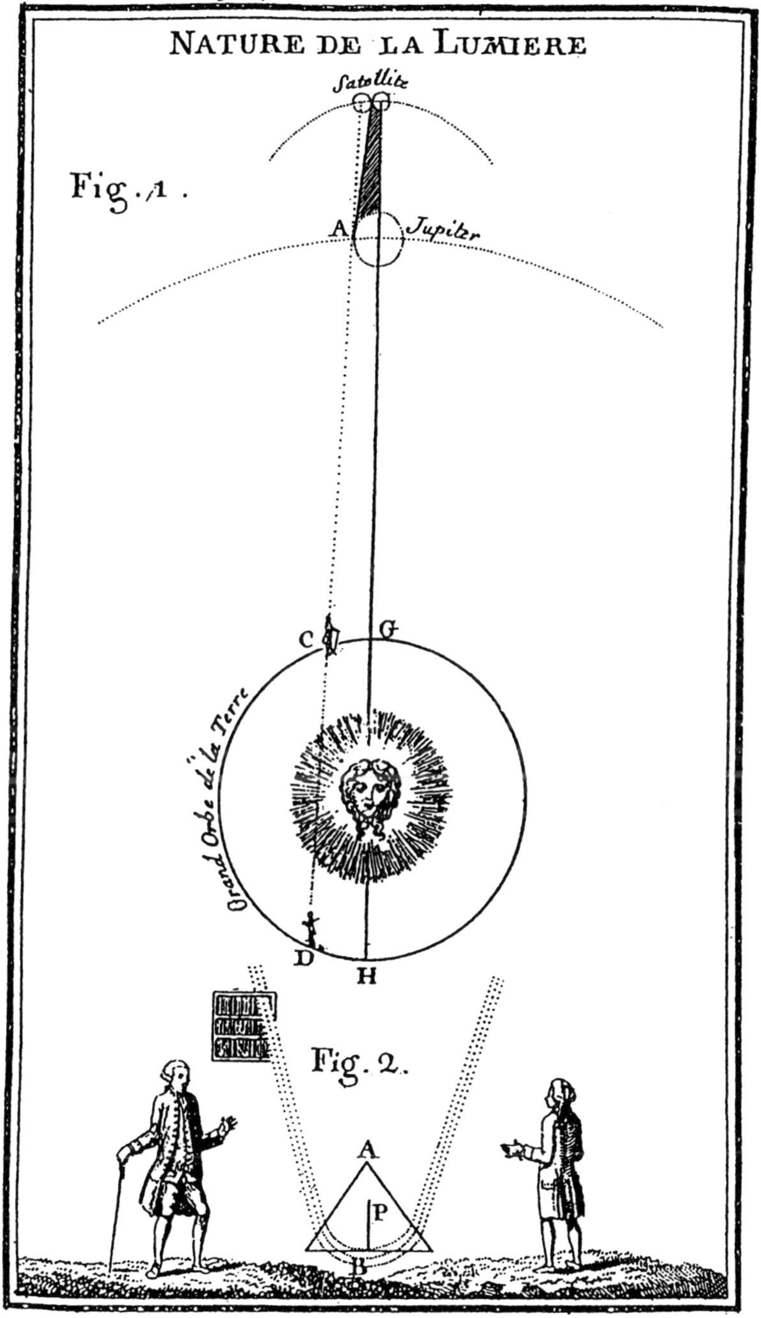

Planche II

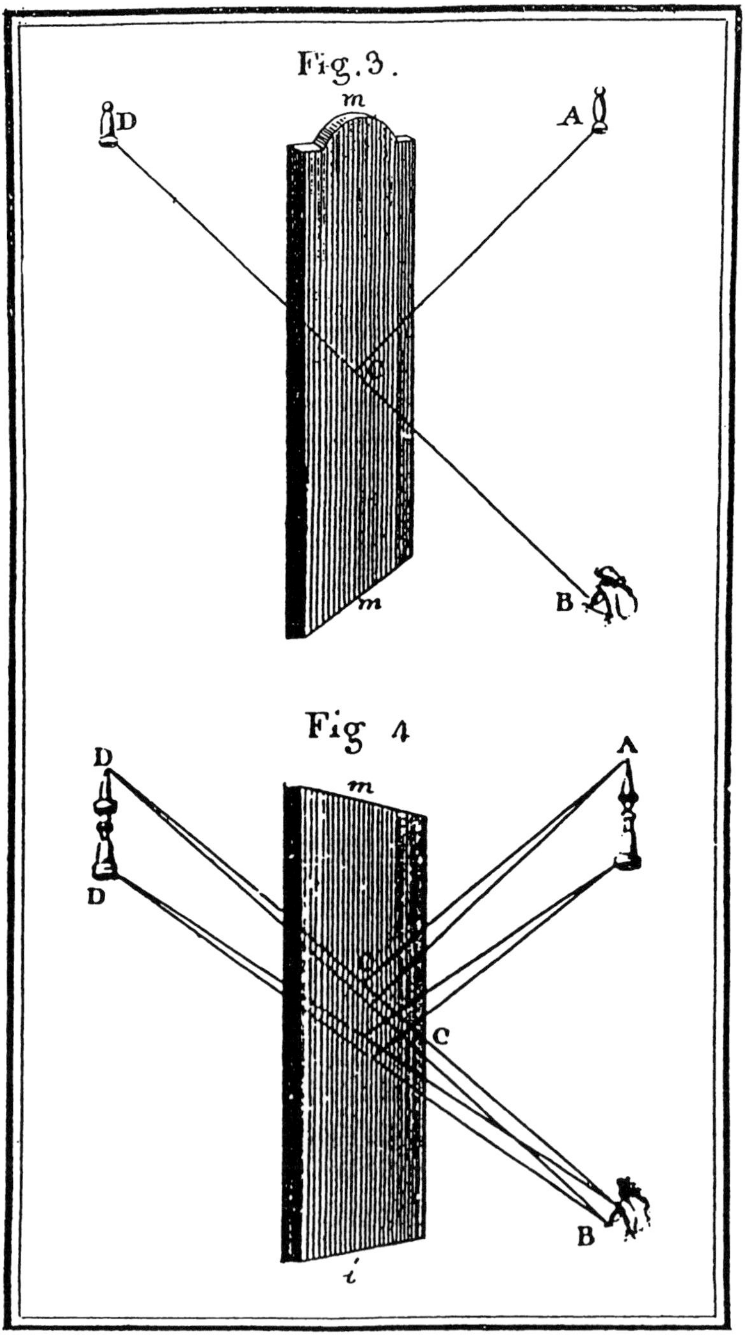

Planche: III.

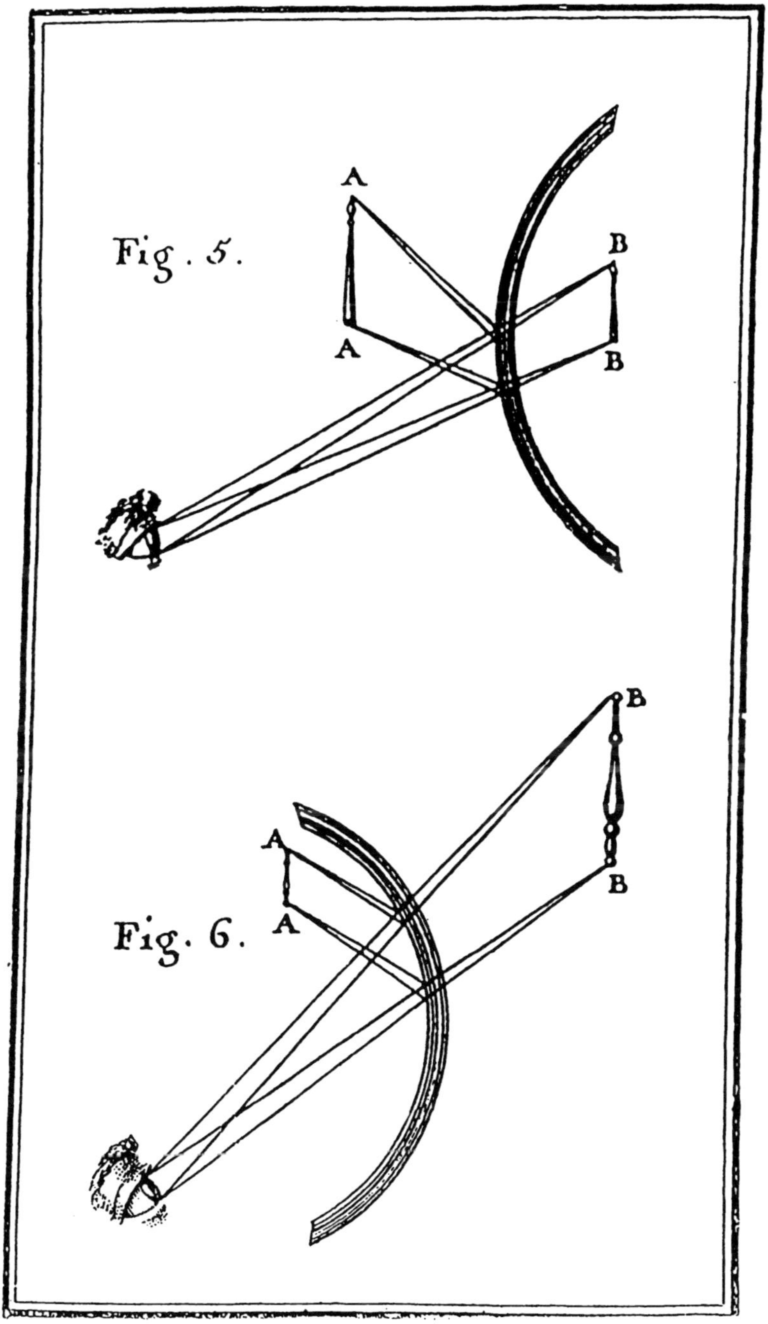

Planche IV.

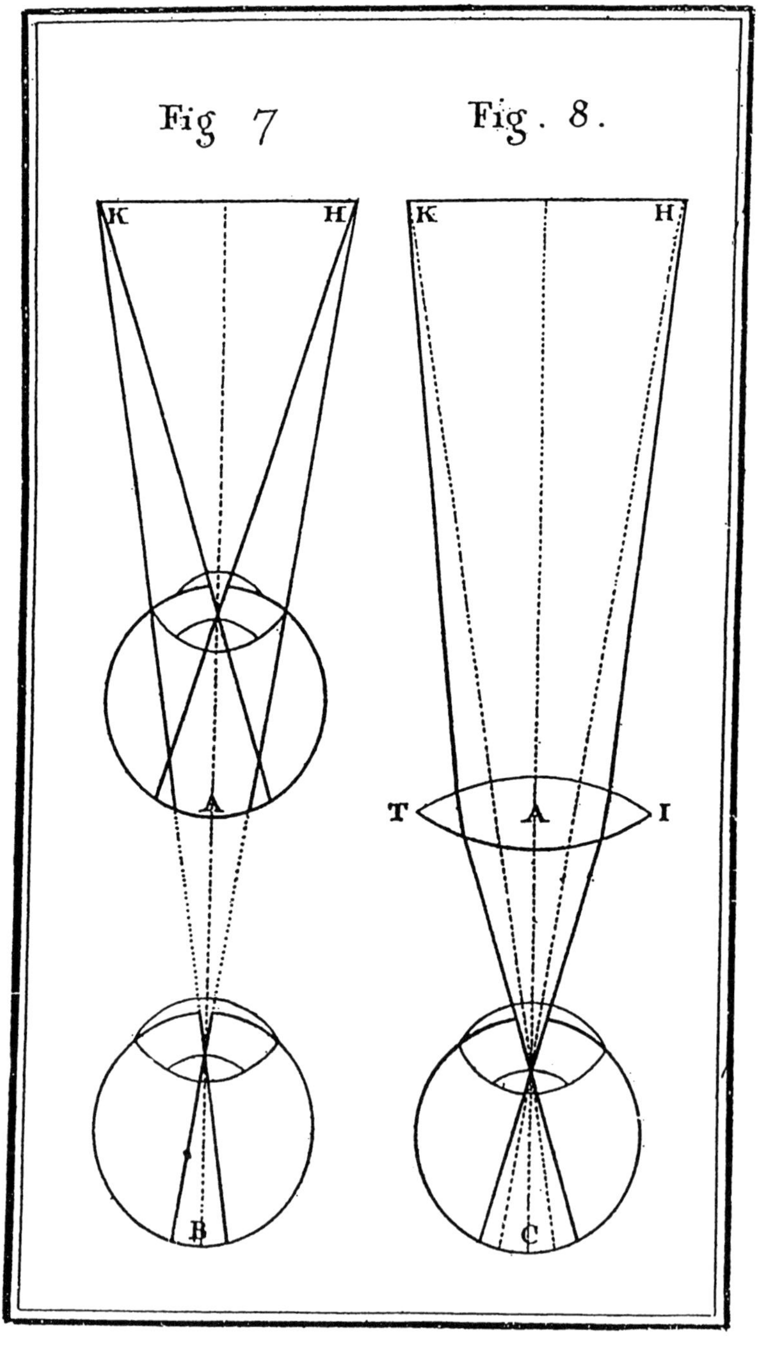

Planche. V.

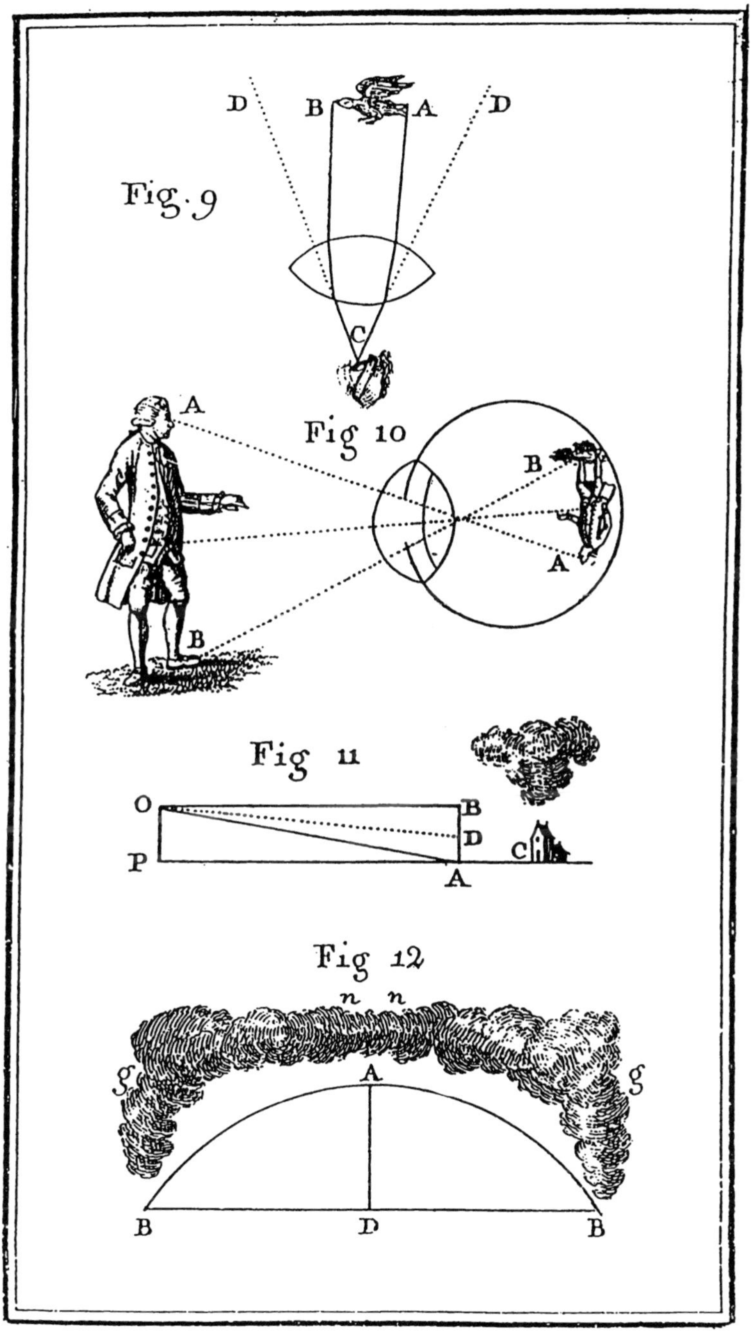

Planche VI.

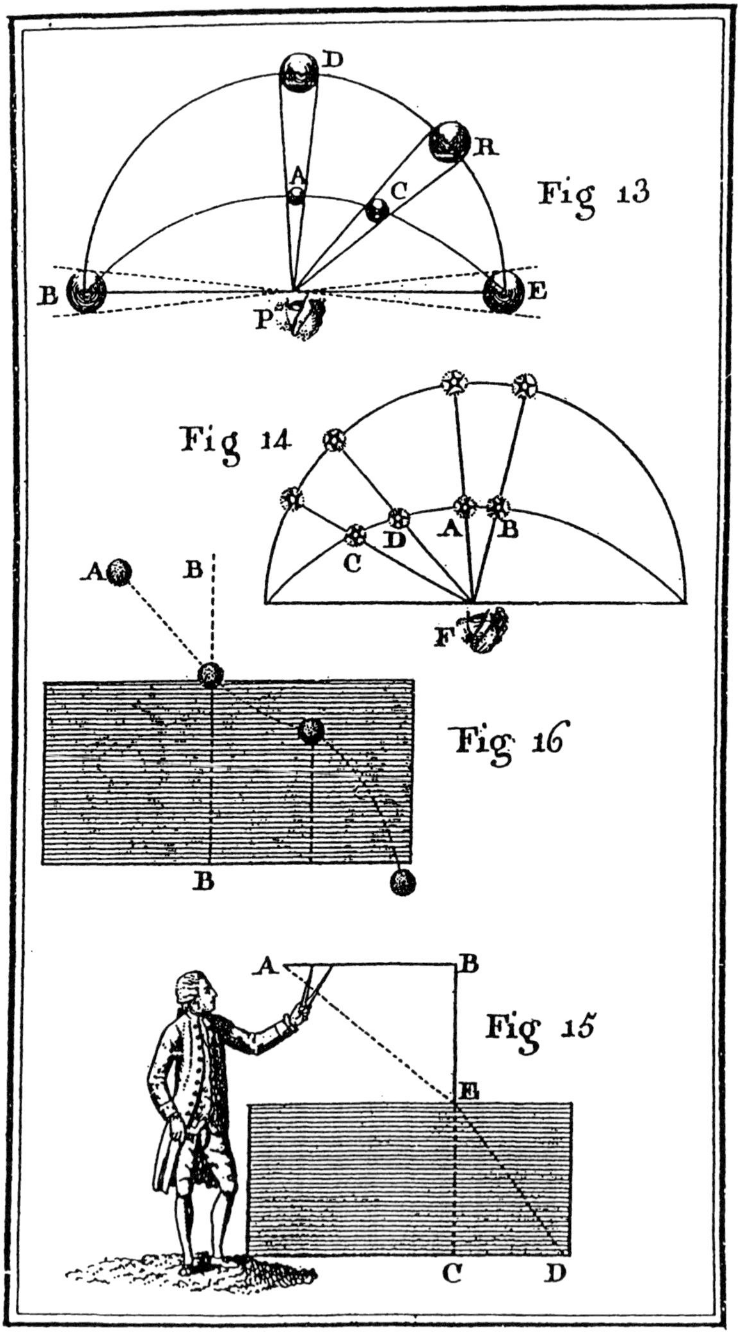

Planche VII.

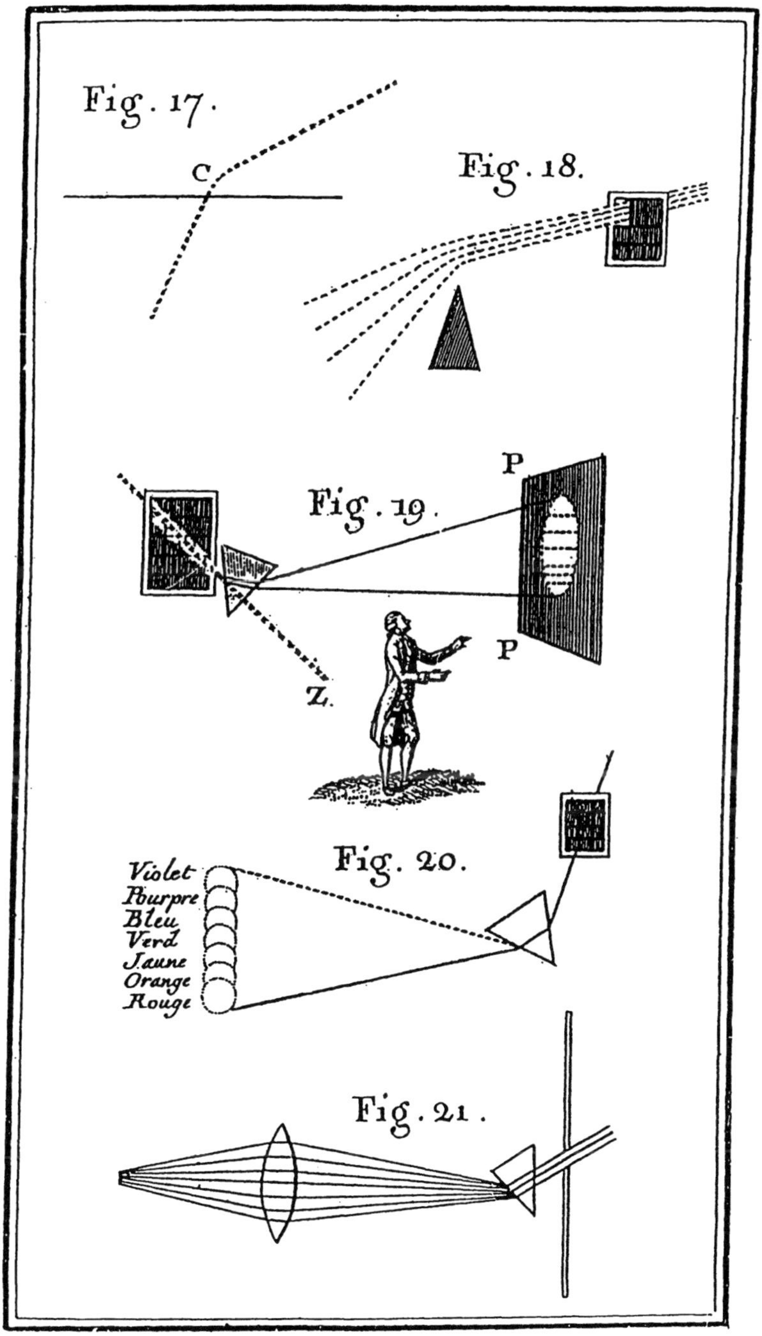
Fig. 17.
C
Fig. 18.
Fig. 19.
P
P
Z.
Fig. 20.
Violet
Pourpre
Bleu
Verd
Jaune
Orange
Rouge
Fig. 21.

Planche VIII.

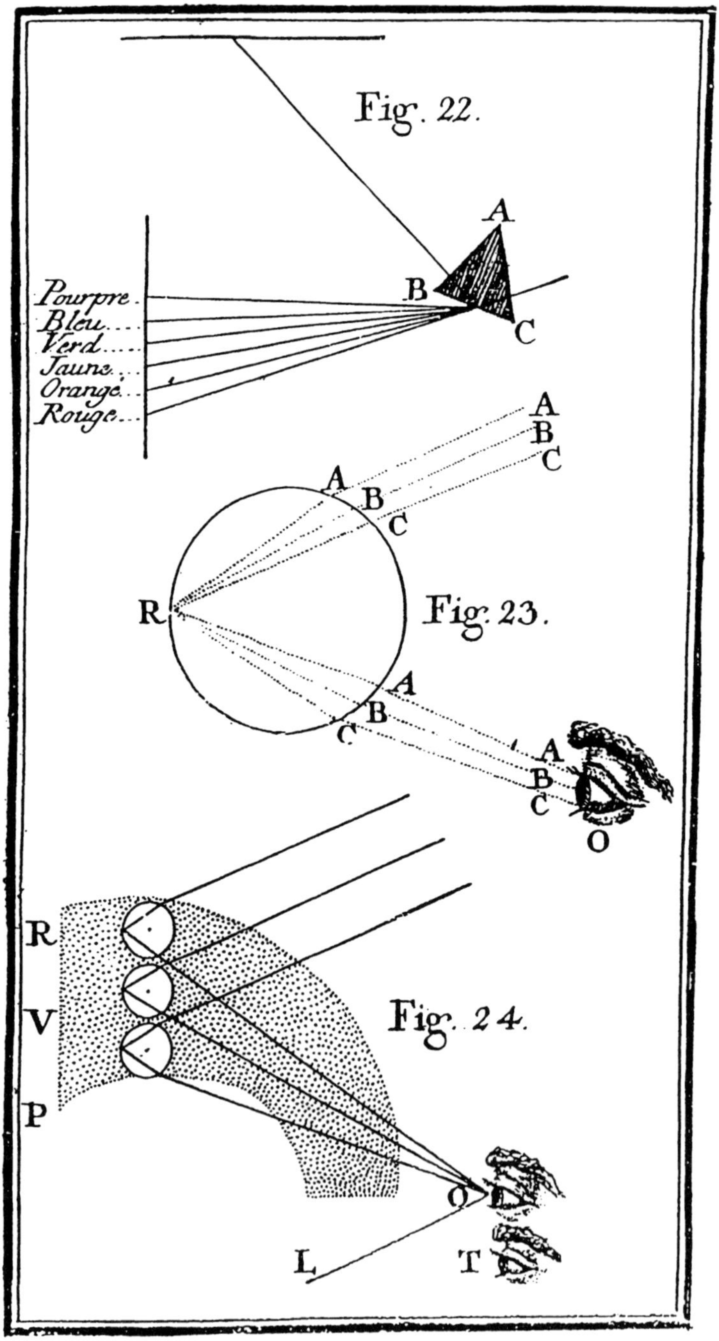

Planche IX.

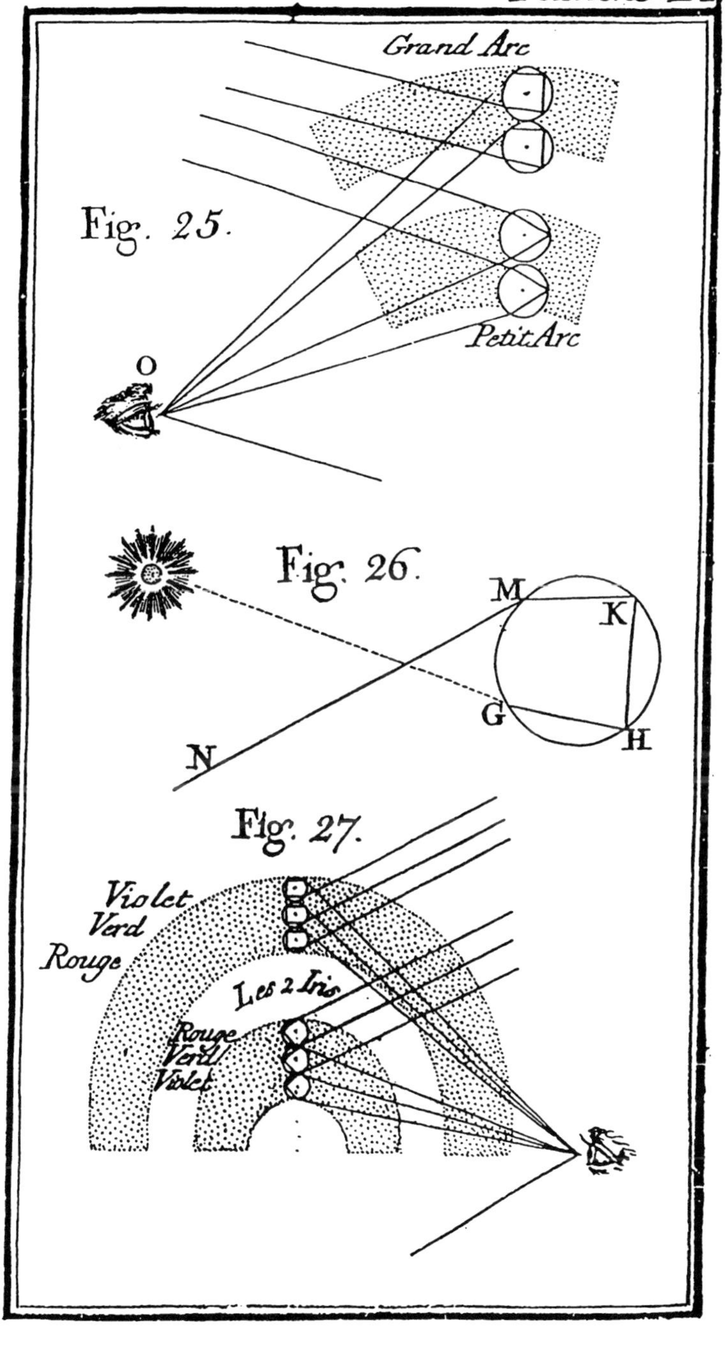
Grand Arc
Fig. 25.
Petit Arc
O
Fig. 26.
M
K
G
H
N
Fig. 27.
Violet
Verd
Rouge
Les 2 Iris
Rouge
Verd
Violet

Planche X.

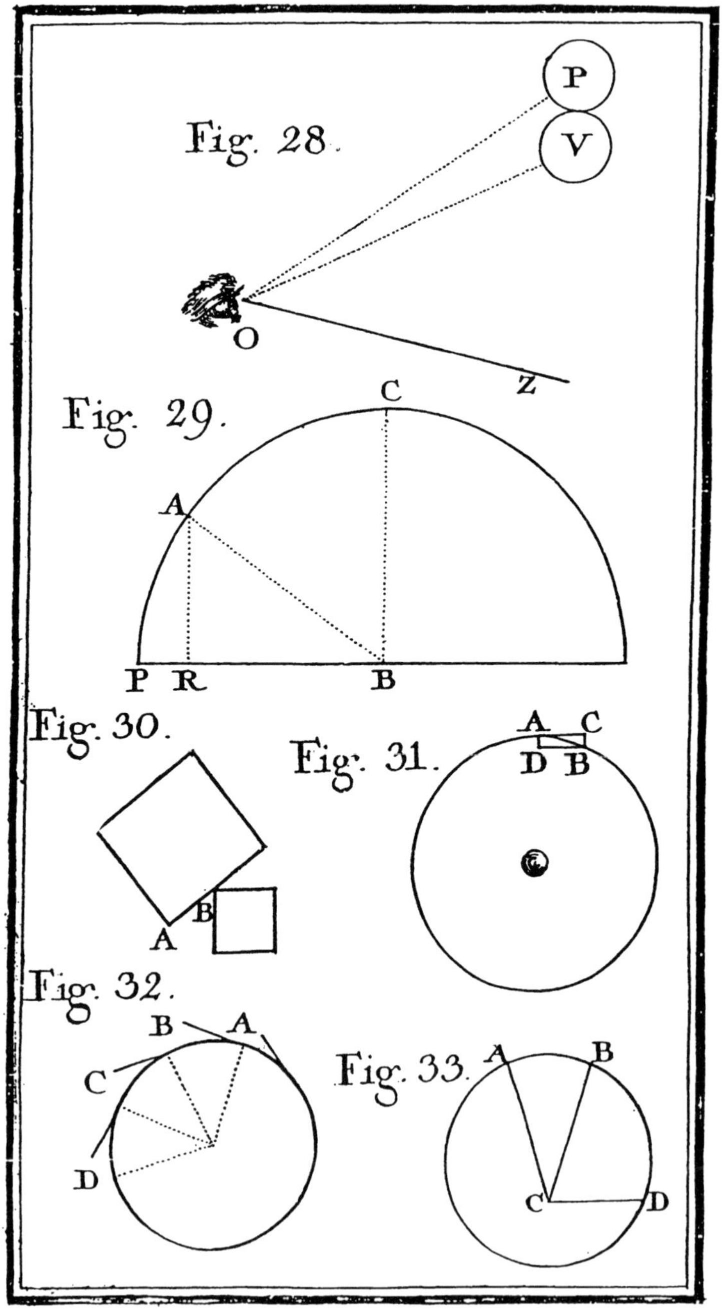
Fig. 28.
P
V
O
Z
Fig. 29.
C
A
P R B
Fig. 30.
A B
Fig. 31.
A C
D B
Fig. 32.
B A
C
D
Fig. 33.
A B
C D

Planche XI.

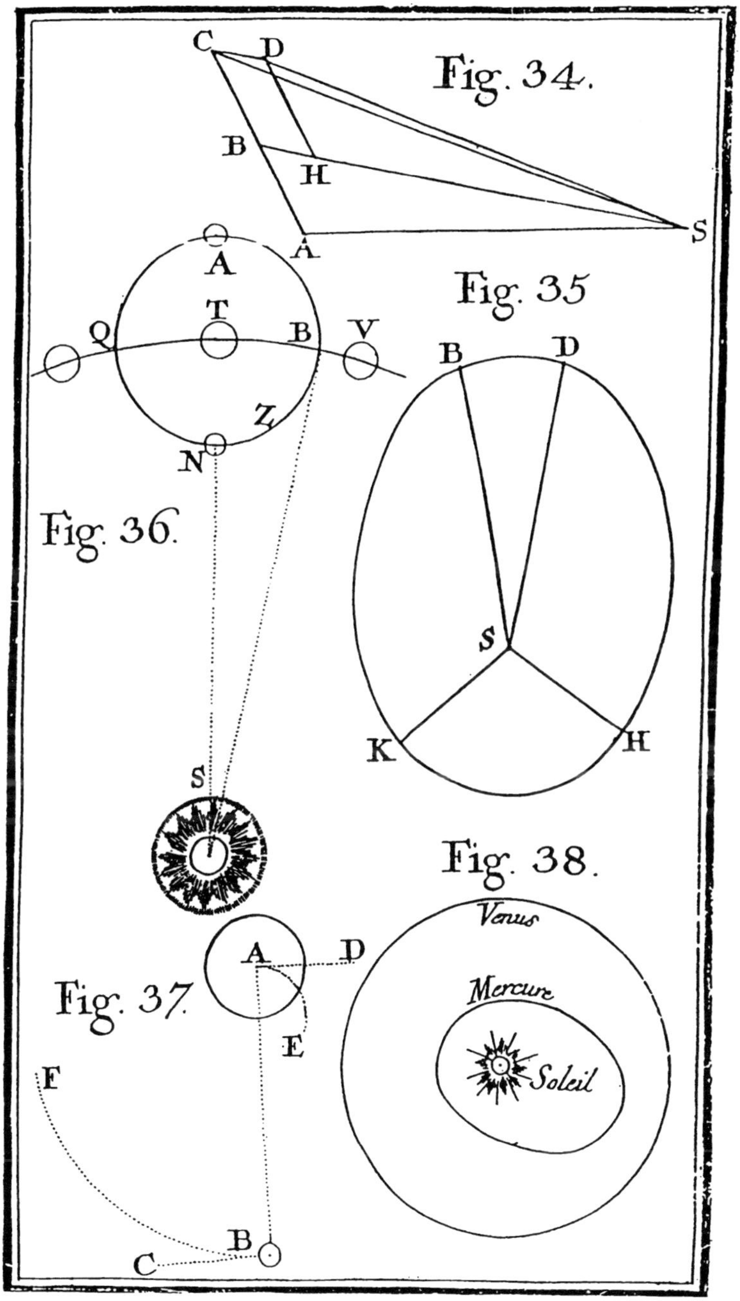
C
D
Fig. 34.
B
H
S
A
A
Fig. 35
T
Q
B
V
B
D
Z
N
Fig. 36.
S
K
H
S
Fig. 38.
Venus
A
D
Mercure
Fig. 37.
E
Soleil
F
B
C

Planche XII.

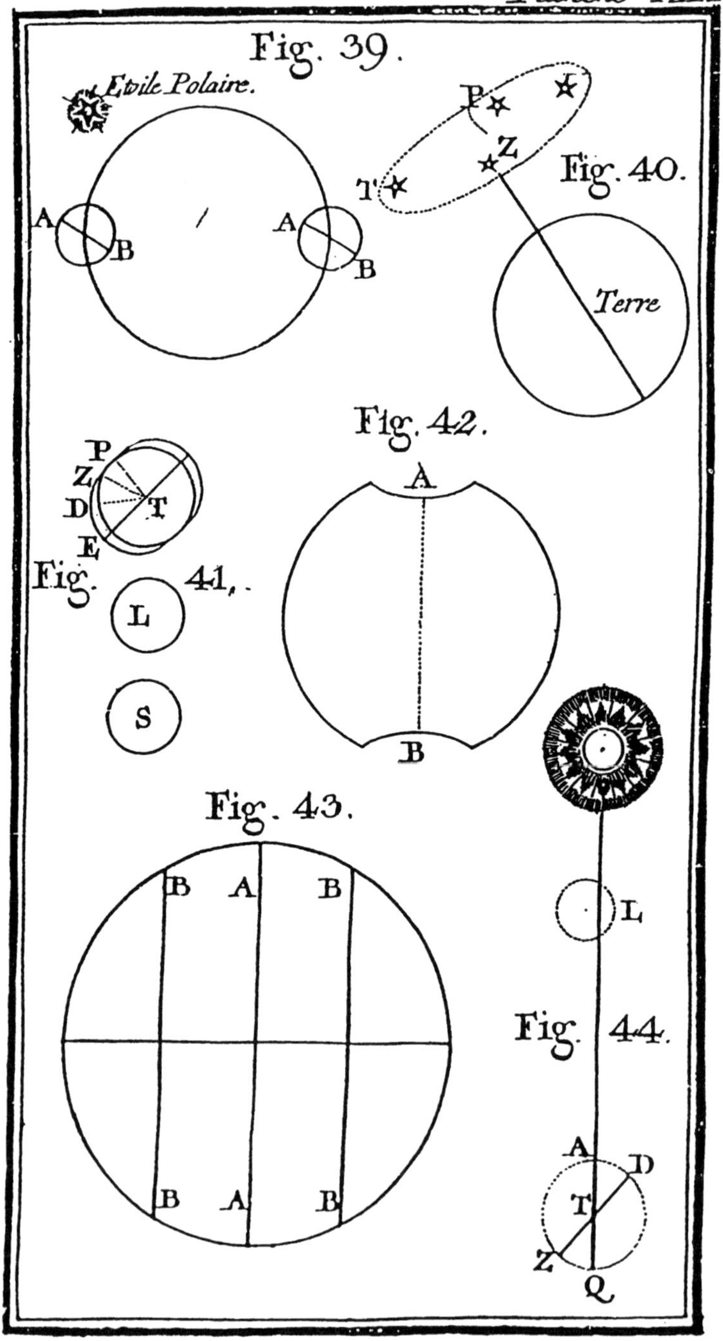
Fig. 39.
Etoile Polaire.
A
B
A
B
P
Z
T
Fig. 40.
Terre
Fig. 42.
A
B
P
Z
D
T
E
Fig. 41.
L
S
Fig. 43.
B
A
B
B
A
B
L
Fig. 44.
A
D
T
Z
Q

Planche XIII.

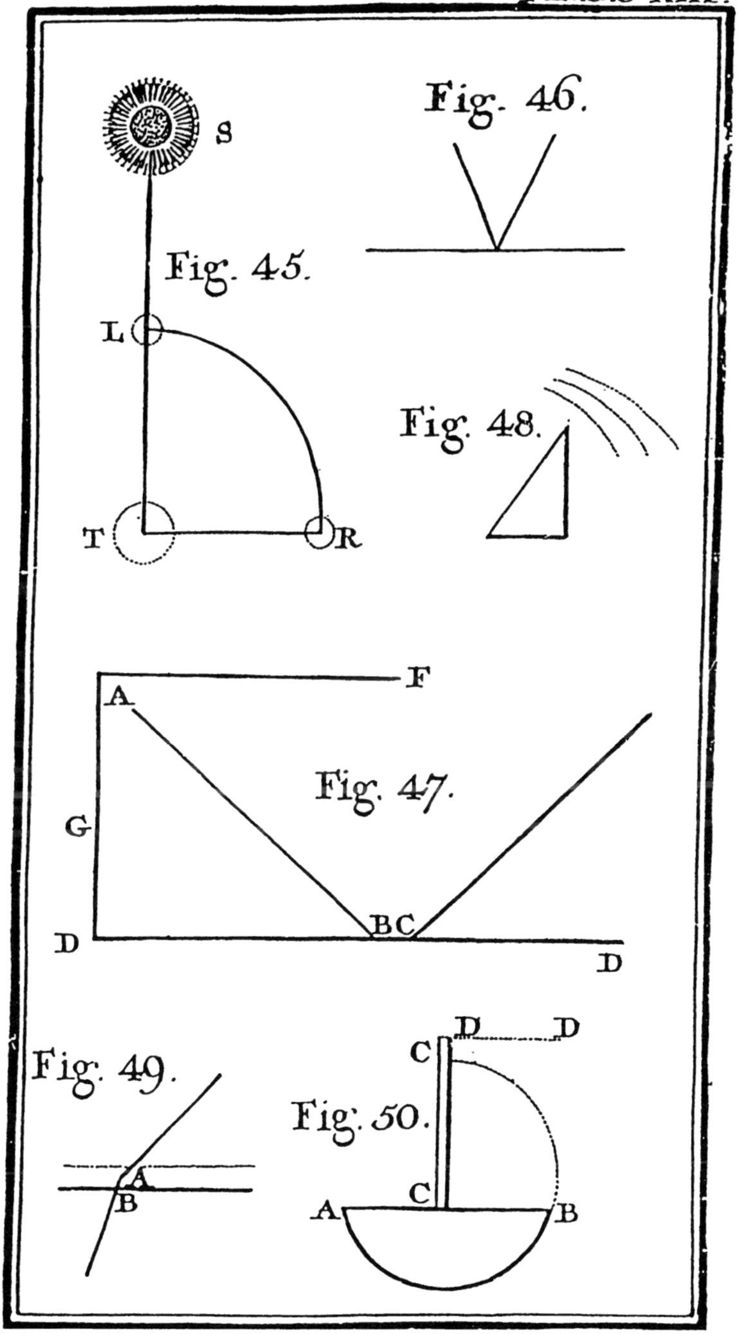

Planche XIV

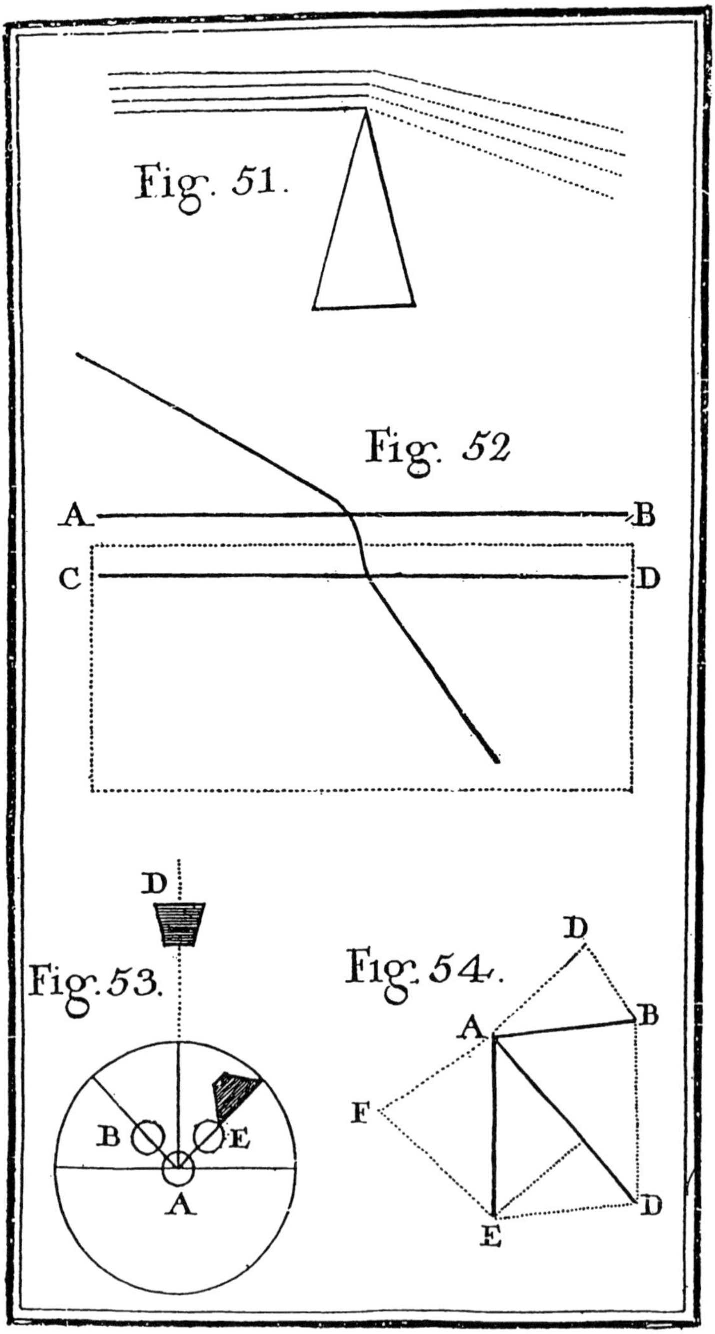

Die Metaphysik des Neuton

Die Metaphysik des Neuton,

Oder

Vergleichung der Meinungen des Herren von Leibnitz und des Neutons.

Von dem Herrn von Voltaire in Französischer Sprache abgefasset und ins Deutsche übersetzet von

G. L. M.

Helmstädt,
Bey Christian Friedrich Weygand.
1741.

Vorrede
des Uebersetzers.

Man hat es vor nicht undienlich gehalten, dieses Werk des Herrn von Voltaire, den deutschen Lesern in die Hände zu liefern. Es ist dasselbe unter uns, sonderlich durch die Wiederlegung des berühmten Herrn Professor Kahle in Göttingen, so bekannt worden, daß sonder Zweifel viel mehrere dererjenigen seyn werden, die dasselbe zu lesen wünschen, als derer, die es bisher haben lesen können. Wer will, der kan diese Uebersetzung füglich zu des Herrn Kahle Wiederlegung anbinden lassen, und alsdenn desto leichter die Vergleichung machen und das Urtheil fällen. Die Schreibart wird an vielen Orten nicht sonderlich philosophisch seyn. Sie wird hauptsächlich den Fehler an sich haben, den die Weltweisen die Unbeständigkeit im Reden nennen. Allein man hat diesen und andere Fehler begehen müssen, weil man hat übersetzen wollen. Der Urheber hat sich selbst nicht allezeit an die strengen Regeln eines geschlossenen Vortrages gehalten. Und oft ist das in einer gewissen Absicht zu loben, was sonst für unvollkommen muß gehalten werden.

* * * * * *
* * *

Vorbe-

Vorbericht
des
Holländischen Buchhändlers.

Der Verfasser dieses Werks hat in demselben eine solche Abtheilung gemacht, daß eigentlich annoch eine Fortsetzung hinzukommen müste. Die Herausgeber haben auch aus dieser Absicht zum Unterscheide die Worte: **Erster Theil** davor gesetzt. Allein es ist ihnen gerathen worden so wohl den **Zweyten Theil**, der von dem **Lichte** handelt, als auch den **Dritten**, der die Schwe-

Vorbericht

re untersucht, zurück zu behalten. Ein gelehrter Mann, den sie wegen ihrer Abschrift um Rath gefragt, hat ihnen deutlich gezeiget, daß das, was sie sich als was Neues ans Licht zu stellen vornähmen, eigentlich zu reden, einerley Sache in einer verschiedenen Gestalt wäre, und sich bereits in den **Anfangsgründen der Neutonischen Metaphysik**, die sie haben drucken lassen, befände, daß es daher eben so viel heissen würde, als die Welt unanständiger Weise zu hintergehen, wenn man sie veranlassen wolte, einerley Sache zweymahl zu kaufen. Die Herausgeber haben vor dieselbe gar zu viel Ehrerbietung, als daß sie sich ihres Vertrauens dergestalt misbrauchen solten. Sie haben es daher vor ihre Schuldigkeit gehalten, ihr diesen Bericht

richt zu ertheilen, damit ein jedweder gegen die Nachstellungen irgend eines andern von ihren Mitbrüdern, der etwa weniger gewissenhaft und verwegener, als sie seyn, und durch falsche oder verkappte Titel einen Betrug spielen könte, auf seiner Hut seyn könne.

In dem Werke selbsten, welches sonsten noch nicht im Druck erschienen, hat sich der Verfasser gar nicht mit einer unnützen Anführung, allerhand bisher unbekannter Umstände und Begebenheiten aufgehalten, ungeachtet viele ein Vergnügen darin finden, ihre Neubegierde in den Dingen, die grosse und ausserordentliche Personen betreffen, dadurch zu sättigen. Er hat sich bloß angelegen seyn lassen, zu zeigen, was für Gedanken Neuten in der Metaphysik geheget.

heget. Und sein Werk muß um so viel nutzbarer seyn, weil es wohl zu glauben stehet, daß dieser berühmte Engelländer, der so viele vortrefliche Warheiten in der sichtbaren Welt entdecket hat, auch in derjenigen Welt, die nur bloß dem Verstande vor Augen stehet, nicht leicht auf Irrthümer werde gerathen seyn. Der verständige Leser kan selbst von dem, was er geleistet hat, urtheilen.

Die

Die Metaphysik.

Erster Theil.

Das erste Hauptstück.

Von GOtt.

Neuton war völlig überführet, daß ein GOtt sey. Er verstand durch dieses Wort nicht nur ein unendliches, allmächtiges, ewiges Wesen, das alle Dinge erschaffen, sondern auch einen HErren, der zwischen sich und seinen Geschöpfen eine gewisse Gemeinmeinschaft aufgerichtet hat. Denn wenn diese Vereinigung oder Gemeinschaft nicht geglaubet wird, so ist die Wissenschaft, daß ein GOtt sey, nichts als ein todter und dürrer Begriff, der das menschliche Geschlecht zu keinem vernünftigen Wandel, und zu keiner Tugend anführet.

Daher giebt dieser grosse Weltweise an dem Ende seiner Philosophischen Grundlehren, eine besondere Erinnerung: Wir sagen nicht, mein ewiger, mein unendlicher, weil diese Eigenschaften nichts mit unserer Natur gemein haben, sondern wir sagen und müssen sagen, mein GOtt: Und mit diesem Worte müssen wir den HErren und Erhalter unseres Lebens, und das Wesen, worauf sich alsdenn unsere Gedanken richten, verstehen. Ich entsinne mich, daß der berühmte Doctor Clarke in verschiedenen Unterredungen, die ich 1726. mit ihm gehabt habe, den Nahmen GOttes niemahls aussprach, ohne durch seine Gebehrden zu bezeugen, daß er seine Gedanken gesammsamlet hätte und von einer besondern Ehrerbietung gerühret wäre. Ich gestand ihm, daß ich durch dieses Bezeigen sehr gerühret würde, und er gab mir zur Antwort, daß er diese Gewonheit unvermerkt vom Neuton angenommen hätte. Billig solten alle Menschen diese Weise an sich haben.

Neutons ganze Philosophie führet nothwendig zu dem Erkantniß eines allerhöchsten Wesens, das alles erschaffen, und alles frey und willkührlich in Ordnung gebracht hat. Denn ist die Welt endlich und giebt es einen leeren Raum, wie Neuton, und mit ihm die Vernunft, behauptet, so ist es wahr, daß die Materie nicht nothwendig da ist, und so muß sie ihr Wesen von einer freyen Ursache empfangen haben. Ist die Materie zum Sinken geneigt, welches ausgemacht ist, so hat sie diese Schwere nicht von Natur, und so muß sie diese Neigung zum Sinken von GOtt empfangen haben. Ist es wahr, daß die Irrsterne sich auf diese und keine andere Weise in einem freyen Raume herumdrehen, so hat die Hand des Schöpfers ohne Zweifel mit einer unumschrenkten Freyheit, ihren Lauf also geordnet.

Des Cartesius vorgegebene Grundlehren der Naturwissenschaft, führen den Verstand bey weitem so gewiß nicht zu dem Erkentniß seines Schöpfers. Es sey ferne von mir, diesen grossen Mann zu beschuldigen, als ob er das allerhöchste Wesen, dem er so viel zu danken, und das ihn fast über alle Leute seiner Zeit erhaben hatte, nicht erkannt hätte, welches eine abscheuliche Verleumdung seyn würde. Ich sage nur, daß er sich seines Verstandes zuweilen übel bedienet, und dadurch seine Schüler in gefährliche Abgründe geführet habe, von welchen er selbsten weit entfernet war. Ich sage, daß aus der Lehre des Cartesius die Lehre des Spinosa entstanden sey. Ich sage ferner, daß ich viele Leute gekannt, die durch die Lehre des Cartesius dahin sind verleitet worden,

daß

daß sie keinen andern GOtt, als die Unendlichkeit aller Dinge, geglaubet haben: Da ich hergegen keinen Anhänger des Neuton gesehen, der nicht in dem allerstrengsten Verstande einen GOtt geglaubet.

So bald man mit dem Cartesius überführet ist, daß die Welt unmöglich endlich seyn könne, und daß allezeit gleichviel Bewegung in der Welt sey: So bald man sich zu sagen unterstehet: Man gebe mir nur Bewegung und Materie, so will ich bald eine Welt machen: So verdringen diese falschen Begriffe, durch ihre unstreitige Folgen, welches nicht zu leugnen ist, den Begriff eines allein unendlichen Wesens, von dem allein alle Bewegung kömmt, und welches allein alle übrige Wesen, die vor sich bestehen, gebildet und eingerichtet hat.

Hie werden sich vielleicht viele wundern, daß Neuton unter allen Beweisthümern, womit man darthut, daß ein GOtt sey, den Beweis,

weis, der von den Endursachen der Dinge hergenommen wird, vor den stärksten gehalten habe. Die Vorstellung eines Endzweks, oder vielmehr die unendlich mannigfaltigen Absichten, die sowohl in den grössesten als in den kleinesten Theilen der Welt sich zeigen, geben einen Beweis ab, der, ob er gleich klar und handgreiflich, dennoch von einigen Weltweisen fast verachtet wird. Allein Neuton glaubte, daß diese unzähligen Verhältnisse der Dinge, die niemand leicht so gut, als er, bemerket hat, das Werck eines unendlich geschickten Künstlers wären.

Einige Gründe sind nicht vor einen [illegible] den.

Der grosse Beweis, den man von der immerwehrenden Folge der Dinge auf einander herniminet, gefällt ihm nicht. Man sagt insgemein, daß wenn die Menschen, die Thiere, die Pflanzen, und alles, woraus die Welt bestehet, ewig wären, man genöthiget seyn würde, eine Folge von Dingen, die von gar keiner Ursache hervorgebracht worden, einzuräumen. Diese Dinge,

sagt

sagt man, würden nichts haben, woraus sich ihr würckliches Daseyn ursprünglich erklären liesse. Der erste Grund ihres Daseyns würde nicht ausser ihnen seyn: Denn man setzet zum voraus, daß die Folge der Dinge auf einander von Glied zu Glied beständig hinaufsteige, und keinen Anfang habe. Und eben dieser Grund würde auch nicht in ihnen selbst seyn, weil keines unter ihnen von sich selbst entstehen könte: Und wir würden daher lauter Würkungen und niemahls Ursachen haben.

Gründe der Materialisten.

Neuton hielt davor, daß dieser Beweis sich allein auf die Zweydeutigkeit der Wörter: **Hervorbringung und Dinge, deren eines aus dem andern folget,** gründe. Denn die GOtteslaugner, die behaupten, daß kein leerer Raum sey, antworten, daß es eigentlich gar keine Hervorbringungen der Dinge gebe, daß gar keine neue Dinge in die Welt gesetzt werden, und daß nicht mehr, als ein einiges vor sich bestehendes Wesen, sey. Die

Welt, sagen sie, ist ein Ganzes, welches nothwendig da ist, und sich unaufhörlich verändert und auswickelt. Es ist nur ein einiges Ding, dessen Natur darinn bestehet, daß es in dem, was es für sich bestehendes hat, unbeweglich, aber in seinen Einschrenkungen, unendlich mannigfaltig ist. Der Beweis also, der bloß von der Folge der Dinge hergenommen wird, würde allem Ansehen nach, gegen einen GOttes-Verleugner, der die Vielheit der Dinge leugne, wenig beweisen. Man müste also mit andern Waffen gegen ihn streiten. Man müste ihm darthun, daß die Materie vor sich selbst keine Bewegung haben könne. Man müste ihm begreiflich machen, daß die geringste Bewegung, die sie von sich selbst hätte, mit zu ihrem Wesen gehören, und es alsdenn ungereimt seyn würde zu sagen, daß etwas seyn könne, welches keine Bewegung habe, oder in der Ruhe sey. Allein wenn der GOttesverleugner antwortet, daß nichts in Ruhe sey, daß das, was man die Ruhe nennet,

net, eine blosse Einbildung und ein Begriff sey, der sich mit der Natur der Welt gar nicht reime, daß eine unendlich dünne Materie stets alle feinen Adern der Körper durchlauffe: Wenn er ferner behauptet, daß sich allezeit gleichviel bewegende Kräfte in der Natur befinden, und daß diese immerwährende Gleichheit der Kräfte zu beweisen scheinen, daß alle Bewegung nothwendig sey, so muß man sich abermahl anderer Waffen gegen ihn bedienen, und der Streit kan sehr von ihm in die Länge gezogen werden. Kurz: ich weiß nicht, ob ein einiger Metaphysischer Beweis sey, der mehr durchdringe, und dem Menschen nachdrüklicher zurede, als die bewundernswürdige Ordnung, die in der Welt herrschet, und ob jemahls etwas schöners, um den Menschen zu überführen, vorgebracht worden sey, als die Worte Davids: *Coeli enarrant gloriam Dei.* Man siehet daher, daß Neuton an dem Ende seiner Sehekunst und Weltweisheit, keinen andern, als eben diesen, beybringet.

Ich will setzen, daß verschiedene denkende und sonsten ganz vernünftige Wesen, vierzehn Tage lang in der Einsamkeit und auf einer gewissen Nordischen Insel leben, auf welcher es gegen das Ende des Maimonats, wie es oft geschicht, noch acht Tage fröre und reifete: Ich will weiter setzen, daß auf diese starke Kälte drey oder vier Tage lang ein starker Sonnenschein, und eine unerträgliche Hitze erfolge; daß darauf ein heftiger Wind entstehe, der alle Bäume niederreisse; und ein Ungezifer herführe, welches alles Korn, und die Früchte verzehre, daß ihnen diese vierzehn Tage über der Mond sehr helle scheine, und darauf eine Sonnenfinsterniß erfolge, daß ihnen hernach eine lange Zeit weder Sonne noch Mond zu Gesichte komme, daß darauf ein Erdbeben entstehe, und dadurch ein Theil der Einwohner von der Erde verschlungen werde, daß nebendem ein anderer Theil entweder vor Hunger oder an Krankheiten sterbe, und noch ein anderer von den wilden

Thie=

Thieren gefressen werde: Werden alsdenn diese vernünftige Wesen, die in diesem mannigfaltigen Schrecken nichts als Verwirrung und Schaden antreffen, werden die gewissen Metaphysischen Gründen leicht Glauben beymessen, womit man zu beweisen pfleget, daß ein unendlich weises und wohlthätiges Wesen sey? Lasset uns hergegen diese Menschen in unsere Gegenden setzen, und ihnen ein so langes Leben geben, daß sie den Regelmäßigen Lauf der Gestirne erkennen und bewundern, die unendliche Menge der Güter, die so reichlich um uns her, und in uns ausgetheilet sind, nach einander betrachten, und allenthalben sowohl Gründe als Folgen und unendliche Wohlthaten erblicken können: Wird alsdenn ein einiger Metaphysischer Grund stärcker seyn, als das, was sie gesehen haben? Neuton war, wie man mir versichern wollen, der Meinung, daß zum Schutze einer ewigen Gottheit nichts Ueberzeugenders und Schöners könte gesagt werden, als das,

was

was in den Gesprächen des Plato eine von den unterredenden Personen anführet. Ihr schliesset, saget sie, daß ich eine vernünftige Seele habe, weil ihr in meinen Reden und Handlungen eine gewisse Ordnung wahrnehmet. Schliesset eben so, daß eine Seele sey, die den allerhöchsten Verstand besitzet, weil ihr eine Welt sehet, in der Ordnung ist.

☆ ☆ ☆ ☆ ☆ ☆ ☆

Das zweyte Hauptstück.

Der Raum und die Dauer sind Eigenschaften GOttes.

Neuton hält den Raum und die Dauer für zwey Wesen, deren Wirklichkeit in GOTT selbsten gegründet ist, und aus seinem Wesen nothwendig folget.

Der unendliche GOtt ist an allen Orten, daher müssen diese Oerter selb-

selbsten auch alle da seyn. Das ewige Wesen dauret von aller Ewigkeit, daher ist die ewige Dauer auch wirklich vorhanden.

Neuton hatte sich an dem Ende seiner Gesichtskunst von ungefehr der folgenden Worte verlauten lassen: **Zeigen nicht diese Begebenheiten in der Natur, daß ein unkörperliches, lebendiges, vernünftiges, allenthalben gegenwärtiges Wesen sey, welches in dem unendlichen Raum, als gleichsam in seinem Sinnlichen Theile, * alles aufs genaueste und vollkommenste siehet, erkennet und begreifet?**

Der berühmte Weltweise Leibnitz hatte zuerst, eben so wie Neuton, angenommen, daß der leere Raum und die Dauer wirkliche vor sich selbst bestehende Dinge wären. Allein er war nicht bey dieser Meinung geblieben: Und nachdem er nicht nur seit

Leibnitz greift Neuton an.

* Sensorium.

seit einer langen Zeit in keinem Stücke mehr mit dem Neuton einerley Meinung gewesen, sondern sich auch in Deutschland gegen ihn zum Haupte einer besonderen Secte aufgeworfen hatte, griff er diese angeführten Worte des Englischen Weltweisen im Jahr 1715. in einem Schreiben an die verstorbene Königin in Engelland, Gemahlin Königs Georg des Zweyten, an. Diese Printzeßin, die sich mit Ruhm unterstehen konte, Leibnitz und Neutonen in Briefen zu unterhalten, brachte es dahin, daß beyde Theile sich zu einem Briefwechsel, und zugleich zu einem ordentlichen Streit einliessen. Neuton indeß, als ein Feind aller Streitigkeiten, und ein Mann, der ungerne Zeit verlohr, überließ es dem Doctor Clarke, der in der Naturlehre sein Schüler, und in der Metaphysik ihm zum wenigsten gleich war, an stat seiner zu diesem Kampf aufzutreten. Die Zwistigkeit betraf fast alle Metaphysische Sätze des Neutons, und dieses Denckmahl eines gelehrten Krieges ist vielleicht das

das schönste unter allen, die wir haben.

Clarkens erste Bemühung gieng dahin, die Redensart, worin Neuton den Raum Gleichnisweise den **sinnlichen Theil GOttes** genennet hatte, zu rechtfertigen. Er setzte, daß ein Wesen nirgends wirken, erkennen und sehen könte, wo es nicht zugegen wäre. GOtt, der allenthalben wirket und siehet, wirkte und sähe in allen den Orten, die man sich nur in dem Raume vorstellen könte. Und nur in diesem Verstande könte der Raum gleichsam als **der sinnliche Theil GOttes** angesehen werden. Im übrigen wäre es in allen Sprachen unmöglich, sich recht auszudrücken, wenn man von GOtt reden wolte.

Leibnitz behauptet, daß der **Raum** nichts anders sey, als das Verhältniß, welches wir uns zwischen den Dingen, die zugleich da sind, vorstellen, nichts anders, als die Ordnung der Körper, ihr Stand und ihre Leibnitzens Meinung.

re

re Lage gegen einander. Clarke behauptet nebst dem Neuton, daß etwas Ungereimtes daraus erfolgen würde, wenn man setzte, daß der Raum nicht wirklich da sey: Denn wenn GOtt die Erde und die Sonne an die Stelle gesetzt hätte, wo jetzo die Firsterne sind, und nur dabey die Erde, der Mond und die Sonne in eben der Ordnung bey einander wären, in welcher sie sich jetzund befinden, so würde daraus folgen, daß die Erde, der Mond und die Sonne an eben dem Orte seyn würden, wo sie jetzo sind: Und das wäre ein ganz offenbahrer Wiederspruch.

Neutons Meinung mit ihren Gründen.

Von der Dauer muß man nach der Meinung des Neuton, eben so wie von dem Raume denken und sagen, daß sie eine völlig vor sich bestehende Sache sey. Denn wenn die Dauer nichts als eine Ordnung der Folge, unter den Geschöpfen wäre, so würde daraus folgen, daß das, was heute geschiehet, und das, was vor vielen tausend Jahren geschehen, in in der That Dinge wären, die sich in einem einigen Augenblick zugetragen: Und dieses würde wiederum einen Wiederspruch in sich fassen.

Der Raum und die Dauer sind etwas, das nach einer gewissen Grösse kan betrachtet werden. Sie sind dahero ausser Streit etwas Wahres und Beständiges.

Man wird nicht übel thun, wenn man sich den alten Einwurf zu Gemüthe führet, auf welchen noch niemahls geantwortet worden. Gesetzt, daß ein Mensch, der am Ende der Welt stünde, seinen Arm ausstreckte. Der Arm wird sich alsdenn in dem reinen Raum befinden: Denn in dem Nichts kan er nicht seyn. Wird man hierauf antworten, daß der Arm noch in der Materie sey, so ist die Welt unendlich, und die Welt ist also GOtt.

Der reine Raum, oder das Leere, kan daher eben so wenig, als die Materie, geleugnet werden: Ja er ist so gar etwas Nothwendiges, da hergegen die Materie nur deswegen vorhanden ist, weil es dem Schöpfer nach seinem freyen Willen so gefallen hat.

Die Unendlichkeit der Materie ist unmöglich.

Wer da saget, daß eine unendliche Materie da sey, der wiederspricht sich selber. Allein, wird man einwenden, ihr gebet einen unermeßlichen und unendlichen Raum zu: Warum soll denn nicht auch eine unendliche Materie da seyn? Es ist, damit wir antworten, zwischen diesen beyden Dingen ein grosser Unterscheid. Der Raum ist nothwendig, weil GOtt nothwendig ist; Er ist unermeßlich, er ist, eben so wie die Dauer, eine unendliche Eigenschaft eines unendlichen und nothwendigen Wesens. Mit der Materie ist es ganz anders beschaffen: Sie ist nicht nothwendig, und wenn sie zugleich ein vor sich bestehendes Ding und unendlich wäre, so würde sie entweder eine wesentliche Eigenschaft GOttes, oder GOtt selbst seyn: Sie ist aber weder

der dieses noch jenes, sie ist daher nicht unendlich, und sie kan es auch nicht seyn.

Ich will hie eine Anmerkung beybringen, die, wie mich dünket, der Aufmerksamkeit werth ist.

Cartesius bekannte einen GOTT, der alles erschaffen, und die Ursache aller Dinge wäre. Allein er leugnete die Möglichkeit des reinen Raums. Epicurus hingegen leugnete, daß ein GOtt wäre, der alles erschaffen, und die Ursache aller Dinge wäre, und gab dabey den leeren Raum zu. Cartesius hätte nach seinen Grundsätzen einen GOtt, der alles erschaffen, leugnen, und Epicurus nach den Seinigen einen GOtt bekennen sollen. Man sehe nur davon diesen klaren Beweis an.

Epicurus hätte einen GOtt, der alles erschaffen und regieret, zugeben sollen.

Wenn der leere Raum unmöglich, wenn die Materie unendlich, wenn die Ausdehnung und die Materie nicht unterschieden wären, so müste die Materie nothwendig da seyn:

Allein wenn die Materie nothwendig wäre, so müste sie aus sich selbst, und Kraft einer unbedingten Nothwendigkeit da seyn, welche ursprünglich mit ihrer Natur verbunden, und vor dem Anfange aller Dinge da war, sie würde also GOtt seyn. Daher muß derjenige, der die Unmöglichkeit **des reinen Raums** zugiebt, wenn er richtig schliesset, keinen andern GOtt, als die Materie glauben.

Wenn hingegen ein reiner Raum da ist, so ist die Materie kein nothwendiges und durch sich selbst bestehendes Wesen: u. s. f. Sie ist also erschaffen; Daher hätte Epicurus, ich will nicht sagen unnütze Götter, sondern einen GOtt, der alles erschaffen, und alles regierte, glauben, und Cartesius hergegen ein solches Wesen leugnen müssen. Woher kömmt es denn, daß Cartesius stets von der Wirklichkeit eines Wesens, das alles erschaffen hätte, und alle Dinge erhielte, geredet, und Epicurus dasselbe verworfen? Es kömmt da-

daher, weil die Menschen sich selten sowohl in Meinungen, als im Wandel, nach ihren Grundsätzen richten, und weil sie sowohl in ihren Lehren, als in ihrem Leben, ein beständiger Krieg mit sich selbsten sind.

Der Raum folget nothwendig aus der Wirklichkeit GOttes. Eigentlich zu reden ist GOtt weder in dem Raume noch an irgend einem Orte. Allein weil er nothwendig allenthalben ist, so entstehet eben dadurch allein der unermeßliche Raum und der Ort. Eben so ist die Dauer oder das ewige Fortwähren eine unumgängliche Folge aus der Wirklichkeit GOttes. Er ist weder in der unendlichen Dauer, noch in einer Zeit. Allein, weil er ewig da ist, so machet er dadurch die Ewigkeit und die Zeit.

Man kan sich den unendlich ausgespannten und untheilbaren Raum in Gedanken vorstellen, als wenn er in viele Theile getheilet wäre. Der Eigenschaften des reinen Raums und der Dauer.

Raum, zum Exempel, worinn der Saturnus schwebet, ist nicht der Raum, den der Jupiter einnimmt. Allein man kan diese Theile, die man sich in Gedancken vorgestellet hat, nicht wirklich von einander absondern. Man kan den einen nicht an die Stelle des andern setzen, so wie man sonst einen Körper an die Stelle eines andern setzen kan.

Eben so kan man sich die unendliche, unzertrennliche und untheilbare Dauer so vorstellen, als wenn sie in viele Theile getheilet wäre. Und man kan sich doch niemahls einbilden, wie ein Theil derselben an die Stelle eines andern gesetzt worden. Die Dinge der Welt befinden sich in einem gewissen Theile der Dauer, welches man Zeit nennet, und können in einer ganz andern Zeit da seyn. Aber ein Theil der Dauer, welches man sich vorgestellet hat, eine Zeit, sie sey welche sie wolle, kan an sonst keinem Orte seyn, als da, wo sie ist. Das Vergangene kan niemals das Zukünftige werden.

Der

Der Raum und die Dauer sind zwey nothwendige und unveränderliche Eigenschaften des ewigen und unendlichen Wesens.

GOtt allein kan den ganzen Raum mit seinem Verstande begreifen. GOtt allein kan mit seinem Verstande die ganze Dauer fassen. Wir Menschen messen einige Theile des Raumes, die aber uneigentlich so genannt werden, vermittelst der ausgespannten Körper, die wir berühren, aus. Wir messen einige Theile der Dauer, die uneigentlich so genannt werden, vermittelst der Bewegungen, die wir warnehmen, aus.

Ich will hie nicht die sämtlichen Beweisthümer aus der Naturlehre nach einander anführen: Ich spare dieselbe bis in andere Hauptstücke. Es ist genung zu erinnern, daß Neuton in allen den Dingen, die den Raum, die Dauer und die Grenzen der Welt betreffen, die alten Meinungen des Democritus, des Epicu-

Uebereinstimmung des Neutons mit dem Gassendi.

rus und vieler anderen Weltweisen, die unser berühmter Gassendi verbessert hat, angenommen habe. Neuton hat vielmahl zu einigen Franzosen, die noch leben, gesagt, daß er den Gassendi vor einen sehr scharfsinnigen und vernünftigen Kopf hielte, und daß er sich eine Ehre daraus machte, in allen den Dingen, von denen ich geredet habe, gänzlich seiner Meinung zu seyn. Wenn Neuton demnach den Raum oder das Leere und die Dauer, in dem Verstande, den wir erkläret haben, annimt, wenn er glaubet, daß die Welt endlich sey, wenn er endlich kleine untheilbare Körpergen oder Luftstäubgen zugiebt, wie wir hernach sagen werden, so ist dieses nicht aus einer Begierde neue Lehren zu erfinden, geschehen: Denn diese Meinungen haben zu allen Zeiten ihre Freunde gehabt. Er ist auch nicht durch eine eitele Begierde dazu angetrieben worden, eine neue Weltweisheit aufzubringen, die der Französischen entgegen gesetzt wäre, wie es einige gemeinet haben. Denn

Ga-

Gassendi war ein Franzose. Ich kan gewiß sagen, daß es ihm um nichts als um die Wahrheit zu thun gewesen, die er mit der grösten Aufrichtigkeit, deren das menschliche Herz fähig ist, und mit einer so grossen Einsicht, als GOTT jemahls einem Menschen verliehen, gesucht hat.

☆ ☆ ☆ ☆ ☆ ☆ ☆

Das dritte Hauptstück.

Von der Freyheit GOttes, und von dem wichtigen Satze des zureichenden Grundes.

Neuton behauptete, daß GOtt, der nicht nur unendlich frey, sondern auch unendlich mächtig wäre, viele Dinge gemacht hätte, von denen man nichts anders, als bloß seinen Willen zur Ursache, warum sie da wären, angeben könte.

Zum Exempel: Daß sich die Irrsterne, von Abend gegen Morgen, und nicht anders, bewegen. Daß so viele und nicht mehr oder weniger Thiere, Sterne und Welten da sind: Daß die Welt, die ihre Schranken hat, in diesem und nicht in einem andern Theile des Raumes ist, u. s. f. Davon kan keine andere Ursache, als der blosse Wille des höchsten Wesens, angegeben werden.

Gründe des Leibnitz.

Leibnitz behauptete das Gegentheil, und gründete sich auf einen alten allgemeinen Satz, dessen sich Archimedes ehemals bedienet hat. **Nichts, sagte er, geschiehet ohne Ursache oder zureichenden Grund: Und GOTT hat an allen Dingen das Beste gewählet. Denn wenn er nicht das Beste, und zwar um deswillen gewählet hätte, weil es das Beste ist, so würde er keine Ursache gehabt haben, die Dinge so, und nicht anders, zu machen.**

Allein

Allein unter gleichgültigen Dingen, sagten die Neutonianer, ist keines das Beste. Allein gleichgültige Dinge, antworteten die Leibnitzianer, giebt es überall nicht. Clarke sagte weiter: Eure Meinung führet schnurstracks auf ein unvermeidliches Schicksal. Ihr machet ein Wesen aus GOtt, welches nothwendiger Weise verfähret, ein Wesen folglich, das sich schlechterdings leidender Weise verhält. Das ist kein GOtt mehr. Allein euer GOtt, antwortete Leibnitz, ist ein Werkmeister, der eine Sache nur will, weil er sie will, der ohne Ursache einen Schluß fasset. Der Wille GOttes ist die Ursache, erwiederte der Engelländer. Leibnitz ließ sich nicht abweisen, und griff seine Wiedersacher mit neuer Stärke an. Sind vielleicht gar zu weit getrieben worden.

Wir können, sagte er, in der Natur keine zwey Körper aufbringen, die einander vollkommen ähnlich sind: Und es ist unmöglich, daß dergleichen Körper seyn sollten. Gesetzt, daß man solche anträfe: So würde Seine Schlüsse sind sehr verfänglich.

würde dieses vors erste ein Zeichen der Unfruchtbarkeit und eines Mangels an Kräften in GOtt seyn, der doch das allmächtige und unendlich fruchtbare Wesen ist. Es würde vors andere keine Ursache da seyn, weswegen vielmehr der eine, und nicht der andere, von zweyen solchen Körpern diesen oder jenen Ort einnehme.

Antwort der Neutonianer.

Die Neutonianer antworteten: Erstlich befindet es sich falsch, daß die Macht des Schöpfers unfruchtbar seyn müsse, wenn man setzet, daß es viele vollkommen ähnliche Wesen gebe. Denn wenn die Elemente der Dinge, die ähnliche Wirkungen hervorbringen sollen, nothwendig selbsten einerley seyn müssen; Wenn, zum Exempel, die Elemente der Lichtstrahlen, die von Ewigkeit her roth sind, stets einerley bleiben müssen, damit sie rothe Strahlen zeugen können: Wenn die Elemente des Wassers einerley bleiben müssen, wo sie Wasser machen sollen, so benimt diese vollkom-

me-

mene Gleichheit und Aehnlichkeit der Grösse GOttes nichts. Sie ist vielmehr eines von den herrlichsten Zeugnissen seiner Macht und Weisheit.

Wenn ich mich unterstehen dürfte, zu den Beweisgründen zweyer so grossen Männer, als Clarke und Neuton waren, etwas hinzu zu setzen, oder wenn ich mir die Freyheit nehmen dürfte, etwas gegen den berühmten Leibnitz einzuwenden, so würde ich sagen, daß nur das unendliche Wesen Dinge machen könne, die einander vollkommen ähnlich sind. Ein Mensch wird es nie dahin bringen, dergleichen Kunststücke zu verfertigen, er mag auch so viel Mühe anwenden, als er immer will. Sein Gesicht wird nie fein genug seyn, alle Unähnlichkeiten zweyer Körper aus einander zu setzen. Wer einen Körper zu Stande bringen will, der in allen seinen Theilen einem andern ähnlich sey, der muß mit seinem Gesichte bis in das unendlich Kleine dringen können.

nen. Allein das hat das unendliche Wesen niemanden als nur sich selbsten vorbehalten.

Neue Einwürfe gegen den Grund des nicht zu Unterscheidenden.

Die Neutonianer können weiter gehen. Vors zweyte, können sie sagen, bestreiten wir Leibnitzen mit seinen eigenen Waffen. Sind alle Elemente der Dinge einander unähnlich, sind die ersten Theilgen eines rothen Lichtstrahls unter einander nicht völlig einerley, so ist kein zureichender **Grund** mehr vorhanden, warum verschiedentliche Theile stets einerley Farbe hervorbringen.

Befrägt man uns, drittens, um den zureichenden Grund, woher das Stäubgen A sich an diesem Orte befindet, und das Stäubgen B, welches ihm durchgehends ähnlich ist, an einem andern, so können wir auch antworten: Der Grund ist in der Bewegung, welche sie beyde forttreibet. Fragt man weiter, was diese Bewegung vor einen Grund habe, so muß durchaus von zweyerley

Din-

Dingen eins geantwortet werden. Man ist entweder gezwungen zu sagen, daß diese Bewegung nothwendig sey, oder man muß gestehen, daß GOtt ihr den Anfang gegeben habe. Wenn endlich gefragt wird, warum denn GOtt der Bewegung ihren Anfang gegeben, so gibt sich die Ursache von selbsten an die Hand. Was für einen andern zureichenden Grund kan man davon finden, als diesen, daß GOtt diese Bewegung anordnen müssen, um die Werke auszuführen, die er in seiner Weisheit entworfen hatte? Allein warum gehet diese Bewegung vielmehr gegen die rechte und nicht gegen die linke Seite? Warum gegen Abend und nicht gegen Morgen? Warum geschiehet sie endlich in diesem Theil der Dauer und nicht in einem andern? Muß man nicht, wenn diese Fragen aufgeworfen werden, zu der blossen Willkühr des Schöpfers seine Zuflucht nehmen? Ein jedweder unpartheyischer Leser wird dieses leichte vor sich selbst untersuchen können.

Das

Das vierte Hauptstück
Von der Freyheit des Menschen.

Neuton und Clarke glaubten, daß das unendlich freye Wesen dem Menschen, seinem Geschöpfe, ein gewisses eingeschrenktes Maaß seiner Freyheit mitgetheilet hätte. Man verstehet hie durch die Freyheit nicht bloß die Macht seine Gedancken auf diese oder jene Sache zu richten, und die Bewegung anzufangen; Man verstehet nicht nur dadurch das blosse Vermögen zu wollen, sondern das Vermögen ganz frey, mit einem vollkommenen und wirksamen Willen zu wollen, ja, bisweilen etwas zu wollen, ohne eine andere Ursach als seinen Willen zu haben. Es ist kein Mensch auf der Welt, der nicht zuweilen merket, daß er diese Freyheit besitze. Viele Weltweisen denken hievon ganz anders, und glauben, daß alle unsre Handlungen noth-

wendig

wendig geschehen, und daß unsere Freyheit nur darin bestehe, daß wir zuweilen mit gutem Willen die Fesseln tragen, welche das Verhängniß uns anleget.

Collens vortrefliches Werk, worin die Freyheit bestritten wird.

Unter allen Weltweisen, die kühn gegen die Freyheit geschrieben, hat niemand unstreitig mehr Ordnung, Nachdruck und Deutlichkeit bewiesen als Collens, ein Richter in London, der ein Buch von der Freyheit zu denken, und viele andere Werke aufgesetzet, die sehr dreist und eben so philosophisch sind.

Ist so wohl abgefasset, daß der Doctor Clarke mit Scheltworten darauf antwortete.

Clarke, der von der Freyheit vollkommen so wie Neuton dachte, und der theils als ein Gottesgelehrter von einer gewissen Secte, theils als ein Weltweiser, die Rechte derselben verthädigte, antwortete dem Collens sehr heftig: Und man konte allein aus der Bitterkeit, die er unter seine Gründe mischte, zur Gnüge abnehmen, daß er mit einem Wiedersacher zu thun hätte, dessen Stärke er wenigstens wohl merken muste.

Er wirft ihm vor, daß er alle Begriffe unter einander werfe, weil Collens den Menschen ein Wesen genennet, das nothwendig handelt. Er sagt, daß der Mensch, wenn dieses wahr wäre, kein **thätiges Wesen** seyn könte. Allein wer siehet nicht, daß dieses ein blosser Luftstreich sey? Collens nennet alles, was nothwendige Wirkungen hervorbringet, **ein thätiges Wesen**. Was liegt daran, ob man es ein thätiges oder leidendes Wesen nennen will? Die Frage ist nur, ob es ganz nothwendiger Weise zu wirken bestimmet werde oder nicht?

Freyheit in gleichgültigen Dingen.

Was mich betrift, so dünket mich, daß es genug sey die ganze Frage zu entscheiden, wenn man nur einen einigen Fall finden kan, in welchem der Mensch die vollkommene Freyheit oder die Wahl zwischen gleichgültigen Dingen hat. Gesetzt, daß jemand unsere Freyheit auf die Probe stellen wolle: Und was für einen Fall werden wir sonsten nehmen können? Man schlägt mir zum

zum Exempel vor, daß ich mich entweder zur Rechten oder zur Linken wenden, oder etwas anders von solchen Dingen thun soll, wozu mich gar keine Lust antreibet, und wovon mich auch gar kein Eckel abhält. Ich wehle alsdenn, und folge gewiß nicht dem Eingeben meines Verstandes, der mir das Beste vorstellet, denn hier ist weder das Bessere noch das Schlimmere. Was thue ich denn? Ich bediene mich des Rechts, das mir der Schöpfer gegeben hat, in gewissen Fällen ohne eine andere Ursach, als meinen Willen selbst, zu thun und zu handeln. Ich habe die Macht und das Recht die Bewegung anzufangen, und sie auch, von welcher Seite ich will, anzufangen: Kan man in diesem Falle keine andre Ursach meines Willens angeben, warum suchet man sie denn anderswo als in meinem Willen selbst? Es ist also wahrscheinlich, daß wir die sogenannte Freyheit der Gleichgültigkeit in solchen Dingen haben, die weder gut noch böse sind. Denn wer kan sagen, daß uns GOtt dieses Geschenke nicht verliehen habe oder nicht verleihen können? Und hat er es gekonnt, uud spühren wir in uns dieses Vermögen, wie können wir denn behaupten, daß wir es nicht haben? Ich habe oft gehöret, daß man von dieser Freyheit als von einer nichtigen Einbildung geredet hat. Man sagt, daß es zu den Eigenschaften der Unsinnigen gehöre, sich ohne Ursach zu etwas zu entschliessen. Allein man bedenket nicht, daß die Unsinnigen Kranke sind, die gar keine Freyheit haben. Sie entschliessen sich nothwendig, weil die Werkzeuge ihres Verstandes fehlerhaft sind. Sie sind ihrer selbst nicht mächtig. Sie wehlen gar nichts. Derjenige ist allein frey, der sich aus sich selbsten entschliesset. Und warum sollten wir uns nicht selbst und durch unsern Willen, in solchen Sachen, die weder gut noch böse sind, entschliessen können?

Freyheit des Willkührs.

Wir besitzen in allen andern Fällen die Freyheit des Willkührs, das heisset: Unser Wille entschliesset sich, wenn

wenn wir gewisse Bewegungsgründe haben, aus Ursache dieser Bewegungsgründe. Und diese sind stets dasjenige, was der Verstand nach seiner Ueberlegung vor gut befunden hat. Wenn sich also mein Verstand vorstellet, daß es mir besser sey, dem Gesetze zu gehorchen, als es zu übertreten, so gehorche ich dem Gesetze mit einer willkührlichen Freyheit. Ich thue das freywillig, was der letzte Ausspruch meines Verstandes mich zu thun verbindet.

Man spühret diese Art der Freyheit niemahls besser, als wenn unser Wille mit unsern Begierden streitet. Ich werde von einer heftigen Begierde angefallen. Mein Verstand befindet es für gut, daß ich dieser Begierde wiederstehen soll: Er stellet mir vor, daß ich ein viel grösseres Gut erlangen werde, wenn ich meine Begierden besiege, als wenn ich mich gefangen gebe. Dieser letzte Grund behält die Oberhand über den andern, und ich bestreite daher meine Begierde durch meinen Willen. Ich gehorche diesem Befehle meiner Vernunft zwar nothwendig, aber ich thue es doch ungezwungen: Ich thue zwar das nicht, wohin meine Begierde gieng. Aber ich thue doch, was ich will. Und daher habe ich diesem Falle alle diejenige Freyheit, der ich bey solchen Umständen nur irgend fähig seyn kan.

Es geschieht sehr oft, daß wir gar keine Freyheit haben.

Endlich bin ich auf keine Weise frey, wenn meine Begierden gar zu stark und mein Verstand gar zu schwach, oder wenn die Werkzeuge meines Geistes in Unordnung sind. Und dieses ist leider der Zustand, in dem sich die Menschen sehr oft befinden. Mich dünket demnach, daß die willkührliche Freyheit das in der Seele sey, was an dem Leibe die Gesundheit ist. Einige Menschen besitzen dieselbe vollkommen und beständig. Andere verliehren sie oft. Noch andere sind die ganze Zeit ihres Lebens krank. Ich sehe so gar, daß alle andere Kräfte des Menschen, eben diesen Veränderungen unter-

unterworfen sind. Das Gesicht, das Gehör, der Geschmack, die Stärke, die Gabe zu denken, sind bey uns bald stärker bald schwächer: Und unsere Freyheit ist eben so wie die anderen Kräfte eingeschränkt und veränderlich. Sie bedeutet mit einem Worte wenig, weil es mit uns selbsten wenig zu bedeuten hat.

Neuton hielt sich gar nicht bey der Schwierigkeit auf, wie die Freyheit unserer Thaten mit dem ewigen Vorherwissen GOttes verglichen werden könne. Er ließ sich gar nicht in diese verfängliche Frage ein. Wenn es einmahl bewiesen ist, daß wir eine Freyheit besitzen, so dürfen wir nicht lange bestimmen, auf was Art GOtt dasjenige, was wir vermöge dieser Freyheit thun werden, vorher sehe. Wir wissen überhaupt nicht, auf was Weise GOtt eigentlich die Dinge, welche vorgehen, siehet. Wir haben gar keinen Begriff von dem, was man in ihm das Vermögen zu sehen nennen mögte. Wie sollten wir denn einen

Begriff von seinem Vermögen, die Dinge vorher zu sehen haben? Alle seine Eigenschaften sind uns gleich unbegreiflich.

☆ ☆ ☆ ☆ ☆ ☆ ☆

Das fünfte Hauptstück.

Von der natürlichen Religion.

Vorwürfe des Leibnitz gegen den Neuton.

Leibnitz beschuldigte Neuton in dem Streite, den beyde mit einander führten, daß er von GOtt sehr niedrige Gedanken vortrüge, und die natürliche Religion ganz und gar zernichte. Neuton, sagte er, machet aus GOtt ein körperliches Wesen: Und diese Beschuldigung war, wie wir gesehen haben, auf das Wort Sensorium, **sinnlicher Theil in GOTT**, gegründet. Er setzte hinzu, daß der GOtt des Neutons, da er diese Welt gemacht, einen sehr mangelhaften Rüstzeug hervorgebracht hätte, der

stets,

stets, wie er zu reden pflegte, des Schabens und Sauberns bedürfte. Neuton hatte gesagt, *manum emendatricem desideraret*. Dieser Vorwurf kömt daher, weil Neuton gesagt, daß sich die Bewegungen mit der Zeit verringern, daß der Lauf der Irrsterne je länger je unordentlicher werden, und die Welt entweder untergehen, oder wenigstens durch ihren Urheber dermahleins in eine neue Ordnung gebracht werden würde.

Es ist aus der Erfahrung ganz klar, daß GOtt Maschinen gemacht, welche haben vergehen sollen. Wir sind ein Werk seiner Weisheit, und vergehen doch. Warum solte es mit der Welt nicht auch auf eben die Weise beschaffen seyn? Leibnitz behauptete, daß diese Welt vollkommen sey. Allein hat sie GOtt so gemacht, daß sie nur eine gewisse Zeit dauren soll, so bestehet ihre Vollkommenheit darin, daß sie nicht länger dauret, als bis die bestimmte Zeit ihres Untergangs herankommen ist. Was die natürliche Religion betrift, so hat kein Mensch jemahls eifriger davor gestritten, als Neuton, wo man anders nicht dem klugen Leibnitz selbsten dieses Lob beylegen will, der den Vorzug an Verstand und Tugend in der That mit ihm theilte. Ich verstehe durch die natürliche Religion die Grundsätze der Sittenlehre, die das ganze menschliche Geschlecht annimt. Neuton leugnete freylich, daß es gewisse Begriffe, Vorstellungen, Neigungen und Grundlehren gäbe, die mit uns gebohren würden. Er war mit Locke der Meinung, daß alle Begriffe nach und nach durch die Sinne in unsern Verstand kämen, so wie die Sinne selbsten allgemach ihre Wirkungen mehr und mehr äusserten. Allein weil er bedachte, daß GOtt allen Menschen einerley Sinne gegeben hätte, so behauptete er doch, daß ihre Bedürfnisse und Neigungen einerley seyn müsten, und daß daher auch die groben und ungeläuterten Empfindungen, die bey der menschlichen Gesellschaft überall zum Grunde liegen, durchgehends einer-

ley

ley wären. Es ist unstreitig, daß GOtt den Bienen und Ameisen um sie zu einem gemeinschaftlichen Leben anzutreiben, etwas gegeben, welches er weder den Wölfen noch den Falken verliehen hat. Es ist gewiß, daß in dem Wesen der Menschen ebenfalls ein geheimes Band sey, durch welches sie GOtt mit einander hat verbinden wollen, weil alle Menschen in Gesellschaft leben. Allein es ist ebenfalls ganz sicher, daß keine einige Gesellschaft unter den Menschen bestehen würde, wenn sie nicht alle auf einerley Weise gebildet wären, und durch einerley Sinnen zu Begriffen gelangten, die ihnen in einem gewissen Alter allgemach die Grundsätze beybringen, welche zu der Vollführung eines gesellschaftlichen Lebens schlechterdings nöthig sind. Hieraus siehet man auch, woher es komme, daß von Siam an bis nach Mexico überall die Warheit, die Erkentlichkeit, die Freundschaft u. s. w. in Ehren gehalten werden.

Ich

Eine Meinung des Locke wird widerlegt.

Ich habe mich stets gewundert, daß der kluge Locke, gleich beym Anfange seines Buches von dem menschlichen Verstande, wo er den Ungrund der von Natur eingepflanzten Begriffe so geschickt darthut, vorgegeben habe, daß gar kein Begriff des Guten und des Bösen, darin alle Menschen übereinkommen, sich eräuge. Ich glaube, daß er hie in keinen geringen Irrthum gefallen sey. Er berufet sich auf die Berichte der Reisenden, welche erzehlen, daß gewisse Völker die Gewonheit haben, ihre Kinder und auch die Mütter, wenn sie zur Zeugung nicht mehr geschickt sind, zu essen; daß man in andern Ländern gewisse Schwärmer mit dem Nahmen der Heiligen beehren, die sich der Eselinnen an statt der Weiber bedienen. Allein solte ein solcher Mann, als Locke war, diese Reisenden nicht für verdächtig halten? Es ist unter ihnen nichts so gemein, als daß sie übel sehen, das, was sie gesehen, übel erzehlen, den Misbrauch eines Gesetzes für das Gesetze selbst unter sol-

solchen Völkern, deren Sprache ihnen unbekannt ist, ansehen, und aus den Thaten einzeler Menschen, davon man die Umstände noch nicht weiß, die Sitten des ganzen Volkes beurtheilen.

Wir wollen setzen, daß ein Perser nach Lissabon, nach Madrit, nach Goa, an einem Tage komme, an welchem ein so genanntes Auto da Fee gehalten wird. Dieser würde nicht ohne Schein der Warheit glauben, daß die Christen GOtt Menschen opferten. Wir wollen weiter setzen, daß eben dieser die Calender lese, die man dem gemeinen Mann in ganz Europa verkauft. Er würde ganz gewiß denken, wir glaubten alle, daß der Mond eine grosse Kraft und Wirkung habe: Und wir sind doch so weit von diesem Glauben entfernet, daß wir vielmehr darüber lachen. Ein Reisender also, der mir zum Exempel sagen wird, daß die Wilden ihre Eltern aus Pflicht essen, wird mir erlauben, ihm zuerst zu antworten, daß diese Sache sehr

zwei-

zweifelhaft sey, und vors andere, daß, wenn sie wahr wäre, nicht daraus folgen würde, daß die Wilden von der Ehrerbietung, die man seinen Eltern schuldig ist, nichts wissen solten. Vermuthlich ist es vielmehr eine Barbarische Gewonheit, seine Liebe an den Tag zu legen, und ein abscheulicher Misbrauch des natürlichen Gesetzes; Man machet sich allem Ansehen nach eine Pflicht daraus, seine Eltern zu tödten, um sie entweder von den Unbequemlichkeiten des Alters, oder von der Wuth ihrer Feinde zu befreyen. Wenn man ihnen aus dieser Absicht den Leib der Kinder zu einem Grabe bestimmet, ehe man sie von dem Ueberwinder fressen lässet, so ist dieses eine Gewonheit, welche, so erschrecklich sie der Einbildung vorkommt, dennoch schlechterdings aus einem guten Herzen kömt. Die natürliche Religion ist nichts anders, als das Gesetz, das der ganzen Welt bekannt ist: **Thue, was du willst, daß man dir thun solle.**

le. Der Barbar, der seinen Vater tödtet, um ihn von seinen Feinden zu retten, und ihn in seinem Leibe begräbet, damit nicht, wie er besorget, der Feind sein Grab werden möge, wünschet, daß sein Sohn eben so mit ihm verfahre, wenn er in solche Umstände gerathen solte. Dieses Gesetz, welches uns befiehlet, mit unserm Nächsten eben so, wie mit uns selbst, zu verfahren, stammet natürlich aus den allergröbsten Begriffen her, und meldet sich früher oder später in dem Herzen eines jedweden Menschen. Weil sie alle einerley Vernunft haben, so müssen allerdings die Folgen derselben als Früchte eines einigen Baumes früh oder spät einander ähnlich werden. Und sie sind auch in der That einander darin ähnlich, daß man in einer jedweden Gesellschaft alles, was man derselben vor zuträglich hält, mit dem Nahmen der Tugend belegt.

Man zeige mir ein Land oder nur eine Gesellschaft von zehn Personen

auf

auf der Welt, worin man das, was dem gemeinen Wesen nützlich erachtet wird, nicht hochhält, so will ich gestehen, daß es keine natürliche Fürschrift der menschlichen Handlungen gebe. Diese Fürschrift verändert sich freylich auf unzehlige Weise. Allein was kan man anders daraus schliessen, als daß sie da sey? Die Materie nimt allenthalben verschiedene Gestalten an. Allein sie behält allenthalben ihre Natur.

Man mag sagen, so lange man will, daß der **Diebstahl** zum Exempel zu Lacedämon befohlen worden sey. Es ist dieses ein blosser Mißbrauch der Wörter. Dasjenige, was wir den **Diebstahl** nennen, war zu Lacedämon nicht befohlen. Die Bürger hatten alles mit einander gemein. Die Erlaubniß, die man ertheilte, das, was sich einzele Personen gegen die Gesetze zueigneten, auf eine geschickte Art zu rauben, war eine Gattung der Strafe, welche man auf die Begierde was Eignes zu haben, die bey diesen Völkern

ver-

verboten war, geleget hatte. Das Dein und Mein war unrecht: Und das, was wir einen Diebstahl nennen, war die Strafe dieses Unrechts. GOtt hat uns allerdings gemacht, um unter einer gewissen Regel zu leben, so wie er die Ameisen geschaffen, damit sie bey einander leben solten: Und diese Regel galt sowohl bey den Lacedämoniern als bey uns.

Das Besie der Gesellschaft ist die natürliche Religion.

Neuton glaubte demnach, daß diese Neigung, die wir alle von Natur haben, in der Gesellschaft anderer zu leben, der Grund des natürlichen Gesetzes sey, welches durch das Christenthum zur Vollkommenheit gebracht wird.

Es ist in dem Menschen absonderlich eine Neigung zum Mitleiden, die eben so allgemein ist, als die andern Triebe unserer Natur. Neuton unterhielt diese natürliche Weichherzigkeit mit allem Fleiß, und übte sie auch sogar an den Thieren aus. Er war so wie Locke vollkommen überführet, daß GOtt den Thieren, die nichts als Materie zu seyn scheinen, ein gewisses Maaß von Begriffen, und eben die Neigungen, die er uns verliehen, gegeben hätte. Er konte sich nicht einbilden, daß GOtt, der nichts umsonst thut, den Thieren die Werkzeuge, wodurch wir empfinden, zu dem Ende gegeben hätte, damit sie gar nichts empfinden solten.

Natürliche Neigung zum Mitleiden.

Er hielt es für einen Wiederspruch, der etwas Abscheuliches in sich hätte, daß einige Leute glauben, daß die Thiere Empfindung hätten, und sie doch quälen könten. Seine Sittenlehre stimmte in diesem Stück mit seiner Weltweisheit überein. Er folgte der unmenschlichen Gewonheit nicht anders als mit Wiederwillen, die uns erlaubt, das Blut und Fleisch der Geschöpfe, die uns ähnlich sind, und denen wir täglich liebkosen, zu unserer Nahrung zu gebrauchen. In seinem Hause durfte man nie ein Thier langsam und durch gewisse Kunstgriffe umbringen,

gen, welche dienen ihr Fleisch schmackhafter zu machen.

Dieses Mitleiden, das er gegen die Thiere hatte, verwandelte sich in Ansehen der Menschen in eine wahre Güte und Mildigkeit. Und in der That ist liebreich und leutselig seyn die Tugend aller Tugenden. Wer die nicht hat, der verdienet kaum den Nahmen eines Weltweisen.

☆ ☆ ☆ ☆ ☆ ☆ ☆

Das sechste Hauptstück.

Von der Seele, ihrer Vereinigung mit dem Leibe, und auf was Art sie ihre Begriffe habe.

Ob die Materie denken könne.

Neuton war, wie fast alle andre Weltweisen, überführet, daß die Seele ein einfaches, unkörperliches und unvergängliches vor sich bestehendes Wesen sey. Allein Neuton sowohl als Locke, wie mir viele Personen, die mit dem letztern vielfältig ümgegangen sind, versichert haben, glaubten dem ungeachtet, **daß wir die Natur nicht sattsam kenneten, als daß wir uns unterstehen dürften zu behaupten, daß es GOtt unmöglich sey, die Gabe zu denken einem gewissen ausgedehnten Wesen mitzutheilen.** Die gröste Schwierigkeit ist nicht auszumachen, wie aus der Materie ein denkendes Wesen werden könne, sondern vielmehr zu erklären, wie irgend ein Wesen, es mag beschaffen seyn, wie es will, denken könne. Das Denken hat freylich mit den übrigen uns bekanten Eigenschaften eines ausgedehnten Wesens, das wir den Körper nennen, gar nichts gemein. Aber kennen wir denn auch alle möglichen Eigenschaften der Körper? Es würde ausser Streit etwas sehr Verwegenes seyn, wenn man zu GOtt gleichsam sagen wolte: Du hast einem Wesen die Be-

we-

wegung, die Schwere, die Kraft zu wachsen und das Leben geben können, und du kanst ihm nicht das Denken geben.

Einige sagen, daß die Seele nicht unsterblich seyn würde, wenn die Materie der Gabe zu denken, fähig seyn solte. Allein schliessen diese richtig? Ist es GOtt schwerer etwas Geschaffenes zu erhalten, als es neu zu schaffen? Wenn überdem ein untheilbares Stäubgen ewig dauret, warum solte die Gabe zu denken, die in ihm ist, nicht auch eben so lange dauren können? Wenn man GOtt die Macht abspricht, die Begriffe der Materie zu geben, und sie mit ihr zu vereinigen, so muß man auch sagen, daß das, was man einen Geist nennet, ein Wesen sey, dessen Natur darin bestehe, mit Ausschliessung aller Ausdehnung zu denken.

Und gehöret es zu der Natur des Geistes, daß er wesentlich denket, so denket er nothwendig, und so ist er ein Wesen, das **vor sich ohne alles Zuthun GOttes** denket, so wie ein jedes Dreyeck vor sich und ohne alles Zuthun GOttes drey Ecken hat.

Was ist in Ansehung GOttes ehrerbietiger geredet, zu sagen, daß gewisse erschaffene Wesen vor sich und ausser aller Verbindung mit ihm denken, oder zu muthmassen, daß er die Gabe zu denken, denen Wesen, welche er dazu ausersehen will, mittheilen könne?

Man kan aus diesem einzigen schon abnehmen, wie ungerecht diejenigen gewesen, die dem Locke seine Meinung als ein Verbrechen ausgelegt haben, und einen Gedanken, der schlechterdings philosophisch ist, aus schlimmen Neigungen und grausamer Weise durch die Waffen der Religion bestreiten wollen.

Neuton nahm sich im übrigen sehr in acht, daß er nicht, wie so viele andere es sich unterstanden haben,

mit

mit einer Erklärung der Natur der Seelen hervorrückte. Er hielt es vor sehr wahrscheinlich, daß noch Millionen anderer denkender und vor sich bestehender Wesen vorhanden wären, deren Natur von der Natur unserer Seele ganz und gar unterschieden sey. Es scheinet also die Abtheilung derer, die die ganze Natur in Körper und Geister abgesondert haben, eben das zu seyn, was die Erklärung eines Tauben und Blinden seyn würde, der sich unterstünde zu sagen, was zu den Sinnen gehörte, ungeachtet es ihm niemahls eingefallen, was Sehen und Hören hiesse. Mit was für Recht will man sagen, daß GOtt den unermeßlichen Raum, nicht falle, mit einer unzehligen Menge vor sich bestehender Wesen angefüllet haben, die uns auf keine Weise gleichen?

Neuton hatte gar keine allgemeine Regeln bey sich feste gesetzt, um die Art und Weise, wie die Seele mit dem Leibe vereiniget wäre, und zu ihren Begriffen gelangte, darnach zu erklären. Er urtheilte von den Sachen nie aus allgemeinen Grundsätzen, sondern beständig aus Erfahrungen. Wenn dieses Licht ihm fehlte, so wußte er die Kunst an sich zu halten. Es sind bisher vier Meinungen von dem Ursprunge der Begriffe in der Welt im Gange gewesen. Die erste ward fast von allen alten Völkern angenommen. Diese dachten nicht daran, daß noch etwas ausser der Materie wäre, und stelleten sich die Begriffe unsers Verstandes nicht anders, als auf dem Wachse ein abgedrucktes Pettschaft, vor. Diese verworrene Vorstellungen waren vielmehr grobe Ausgeburten eines sich selbst gelassenen Witzes, als vernünftige Gedanken.

Vier Meinungen von dem Ursprunge der Begriffe.

Die Weltweisen, die in den folgenden Zeiten beweisen wollen, daß die Materie dächte, haben noch schlimmer gefehlet. Der gemeine Mann betrog sich aus Mangel des Nachdenkens: Und diese irreten aus Ueberlegung. Keiner von ihnen hat jemahls etwas in der Materie finden kön-

Meinung der Materialisten in den alten Zeiten.

können, woraus man beweisen könte, daß die Gedanken nothwendig zu ihrer Natur gehörten.

Locke ist der einzige, der den Zwiespalt zwischen der Materie und dem Denken aufgehoben zu haben scheinet. Er nahm auf einmahl seine Zuflucht zu dem Schöpfer aller Gedanken und aller Materie: **Kan derjenige**, sagte er ganz bescheiden, **der alles kan, nicht auch machen, daß ein körperliches Wesen, ein Stäubgen, ein Element der Materie denke?** Er ist in dieser Sache, so wie es einem klugen Manne zukam, bey der blossen Möglichkeit stehen blieben. Wer behaupten wolte, daß die Materie in der That denke, weil ihr GOtt diese Gabe hat mittheilen können, der würde die alleräuserste Verwegenheit begehen. Allein ist derjenige nicht eben so dreist, der schnurstracks das Gegentheil behauptet?

Die andre Meinung wird von den allermeisten angenommen. Die, wel- Meinung, die insgemein angenommen wird.

welche derselben zugethan sind, setzen, daß die Seele und der Leib zwey Wesen sind, die nichts mit einander gemein haben, und behaupten dabey, daß GOTT sie dennoch zu dem Ende geschaffen habe, damit eines in das andere wirken solte. Wir wissen von dieser Wirkung keinen andern Beweis, als die Erfahrung, die ein jedweder davon zu haben glaubet. Wir spüren, daß unser Leib bald unserm Willen gehorche, bald Herr über denselben sey.

Wir bilden uns ein, daß eines von diesen beyden Dingen, in der That in das andre wirke, weil wir es so empfinden, und es ist unmöglich in der Untersuchung der Sache weiter zu gehen. Dieser Meinung wird ein Einwurf entgegen gesetzt, der dem Ansehen nach kaum zu wiederlegen ist. Er ist dieser: Wenn zum Exempel eine Sache, die ausser uns ist, unsere Nerven in Bewegung setzet, so dringet diese Bewegung entweder bis zu unserer Seele, oder sie reichet nicht so weit. Dringet

sie

sie bis zu der Seele, so theilet sie ihr die Bewegung mit. Dieses würde anzeigen, daß die Seele körperlich sey. Reichet sie hergegen nicht bis an die Seele, so wird alle Wirkung in dieselbe aufgehoben. Alles, was man hierauf antworten kan, ist dieses, daß diese Wirkung zu der Zahl der Dinge gehöre, deren innerliche Verfassung stets unbekant bleiben wird. Diese Art die Sache auszumachen ist traurig. Aber sie ist fast die einige, womit der Mensch in mehr als einer Metaphysischen Frage zufrieden seyn muß.

Meinung des Mallebranche.

Die dritte Meinung ist von Mallebranche, und setzet die zufälligen Ursachen zum Grunde. Mallebranche nimt zuerst an, daß die Seele gar keinen Einfluß in den Leib haben könne. Gleich darauf gehet er alsobald zu weit. Wenn gleich der Einfluß der Seele in den Leib etwas unbegreifliches ist, so folget doch gar nicht daraus, daß derselbe ganz unmöglich sey. Er nimt weiter an, daß einmahl die Materie, als eine zu-

fäl-

fällige Ursache in unsern Leib einen gewissen Eindruck mache, und GOtt alsdenn in unserer Seele einen Begriff erwecke, und daß vors andere der Mensch hinwiederum einen Schluß des Willens hervorbringe, und GOtt unmittelbar so in den Leib wirke, wie es dieser Schluß des Willens erfordert. Also handelt und denket der Mensch bloß in GOtt. Dieses kan, wie mich dünket, nicht wohl auf eine andere Weise deutlich erkläret werden, als wenn man sagt, daß GOtt allein an unserer Statt handele und denke.

Man wird von Schwürigkeiten, die aus dieser Meinung entstehen, überhäufet, wenn man dieselbe annimt. Wie ist es möglich, daß der Mensch, nach dieser Meinung, selbst will, ungeachtet er nicht selbst denket? Ist das Vermögen eine Bewegung und Begriffe hervorzubringen nicht uns von GOtt mitgetheilet worden; ist er allein derjenige, der da handelt und denket, so ist er auch allein der, welcher will. Wir

sind

sind nicht nur nicht mehr frey, sondern wir sind auch entweder nichts, oder gar Einschränkungen des göttlichen Wesens selbsten. Und ist dieses wahr, so ist keine Seele, kein Verstand mehr in dem Menschen, und es verlohnet sich nicht der Mühe, die Art, wie der Leib mit der Seele vereiniget ist, zu erklären, weil die Seele gar nicht, und GOtt nur allein da ist.

Meinung des Leibnitz.

Die vierte Meinung ist die vorherbestimte Harmonie, die Leibnitz ersonnen hat. Seinen Gedanken nach hat die Seele gar keine Gemeinschaft mit ihrem Leibe. Die Seele und der Leib sind zwey Uhrwerke, die GOtt gemacht hat. Ein jedwedes hat sein besonderes Treibwerk: Und beyde gehen eine gewisse Zeit in einer vollkommenen Uebereinstimmung fort. Das eine zeiget die Stunden, das andere schläget. Das Uhrwerk, welches die Stunden zeiget, zeiget sie nicht darum, weil das andere schläget, sondern GOtt hat ihre Bewegung auf

eine

eine solche Art eingerichtet, daß der Zeiger und das Schlagewerk stets mit einander übereinstimmen. Die Seele des Virgilius, zum Exempel, brachte das Heldengedichte, welches die Eneis heisset, hervor: Und seine Hand setzte es auf. Allein diese Hand gehorchte keinesweges dem Willen des Verfassers. GOtt hatte es von Ewigkeit her so geordnet, daß die Seele des Virgilius Verse machen, und eine Hand, die mit dem Leibe des Virgilius verknüpfet wäre, sie entwerfen solte.

Ich will nichts von der ungemeinen Schwürigkeit erwehnen, welche sich findet, wenn man sich vornimt, diese vorherbestimmte Harmonie mit der Freyheit zu vergleichen. Man kan ausserdem noch einen sehr starken Einwurf gegen dieselbe machen. Wenn nach Leibnitzens eigener Meinung nichts ohne zureichendem Grund geschicht, der selbst in dem Wesen der Dinge lieget, so entstehet allerdings die Frage, was denn GOtt für eine Ursach gehabt, zwey

We-

Wesen mit einander zu verbinden, die sich so wenig zusammen schicken? Die von so verschiedener Art, und so sehr weit von einander unterschieden sind, als der Leib und die Seele? Deren keines in das andere einen Einfluß hat? Es wäre eben so gut gewesen meine Seele in den Saturnus als in meinen Leib zu setzen. Die Vereinigung der Seele und des Leibes ist hie ganz unnöthig. Allein der Rest der Leibnitzischen Meinung klingt noch viel ungewöhnlicher. Man kan die Gründe, worauf derselbe gebauet ist, in dem VII. Theile der Zusätze zu der Geschichte der Gelehrten, die zu Leipzig in Lateinischer Sprache herauskomt, nachsehen. Man kan auch daneben die weitläuftigen Erklärungen, die viele Deutsche nach der Geometrischen Lehrart geschrieben haben, zu Rathe ziehen.

Leibnitz schied die einfachen Wesen, die er Monaden nennete, in vier Gattungen, wie wir in dem VII. Hauptstück sehen werden. Wir re-

reden hie bloß von derjenigen Art der Monaden, welche man unsere Seele nennet. **Die Seele**, sagt Leibnitz, **ist ein kurzer Begriff, ein lebendiger Spiegel der ganzen Welt**, der in der Dunkelheit alle Begriffe aller gegenwärtigen, vergangenen und zukünftigen Veränderungen dieser Welt begreifet.

Neuton, Locke und Clarke, da sie von einer solchen Meinung reden hörten, bezeugten gegen dieselbe eine so grosse Verachtung, als wenn Leibnitz nicht Urheber davon gewesen wäre. Allein, da einige grosse Weltweisen unter den Deutschen sich eine Ehre daraus gemacht haben, das zu erklären, was kein Engelländer jemahls verstehen wollen, so werde ich genöthiget, diesen angenommenen Satz des berühmten Leibnitz vorzustellen, der mir weit ehrwürdiger als vorher geschienen, seitdem sie denselben genau zu untersuchen angefangen haben. *

Ein

* Man muß aus dieser Stelle schliessen, daß die ge-
gen-

Ein jedwedes einfaches und erschaffenes Wesen, sagt er, ist der Veranderung unterworfen. Wäre dieses nicht, so müste es GOTT seyn. Die Seele ist ein einfaches und erschaffenes Wesen. Sie kan also nicht stets in einerley Zustande bleiben. Allein die Körper, die aus Theilen bestehen, können gar keine Veränderung in einem einfachen

Wesen

genwärtige Abhandlung von dem Herrn Urheber zuerst als ein Brief abgefasset worden. Es findet sich hie ausser Streit eine Anrede an eine gewisse Person, welches vielleicht die Marggräfin von Chatelet seyn mag, der der Herr von Voltaire seine Anfangsgründe zugeschrieben, und die nur noch neulich in ihren Institutions de la Physique soll gezeigt haben, daß sie den Lehrsätzen des Herrn von Leibnitz gar nicht ungeneigt sey. S. Götting. gel. Zeitung. 1741. p. 233. Der Holländische Buchhändler hat allem Ansehen nach die übrigen Zeichen eines Brieses weggenommen, und dieses einige aus Versehen zurück gelassen. Man siehet aus einem Schreiben des Herrn von Voltaire an den Herrn von Maupertuis, daß seine Verleger auch bey andern Werken, die unter seinem Nahmen gedruckt worden, sich Freyheiten heraus genommen, die ebenfalls zu Irrungen und Fehlern Anlaß gegeben haben. Man sehe die Bibliotheque Françoise Tom. XXVIII. p. 18.

E

Wesen verursachen. Und daher müssen die Veränderungen der Seele ihren Grund in ihrer eignen Natur haben. Ihre Veränderungen sind also die auf einander folgenden Begriffe, von den Dingen dieser Welt. Einige derselben sind zwar klar. Allein alle Dinge dieser Welt, sagt **Leibnitz**, stehen in einer solchen Folge unter einander, sind dermassen unter einander auf ewig verbunden, daß die Seele, wenn sie von einem dieser Dinge einen klaren Begriff hat, von allen den übrigen nothwendig ebenfalls gewisse dunkele und undeutliche Begriffe haben muß.

Man könte diese Meinung zu erklären einen Menschen zum Exempel anführen, der einen klaren Begriff von einem Spiele hat. Dieser hat zugleich viele dunkle Begriffe von vielerley Fällen und Fügungen dieses Spieles. Ein Mensch, der wirklich einen klaren Begriff von einem Dreyecke hat, der hat ebenmässig einen Begriff von verschiedenen

nen Eigenschaften eines Dreyecks, deren jede zu ihrer Zeit sich dem Verstande des Menschen klärer als jetzo vorstellen kan. So ist es ungefehr zu verstehen, wenn die Einheit oder Monade des Menschen, **ein lebendiger Spiegel der Welt** genannt wird.

Es ist leicht auf einen angenommenen Satz von dieser Art zu antworten. Hat GOtt die Seele zu einem Spiegel gemacht, so hat er einen sehr dunklen Spiegel daraus gemacht. Und wenn man keine andre Gründe hat, dergleichen seltsame Sätze darzuthun, als diese vorgegebene unumgängliche Verbindung aller Dinge dieser Welt, so bauet man dieses so kühne Gebäude auf Gründe, die niemand sehen kan. Wenn wir uns von dem Dreyeck einen klaren Begriff machen, so kömt solches daher, weil wir die wesentlichen Eigenschaften des Dreyecks kennen. Und wenn gleich die Begriffe aller dieser Eigenschaften sich nicht auf einmahl unserm Verstande ganz hel- Leibnitzens Meinung wird bestritten.

le darstellen, so sind sie doch da, und sind in diesem klaren Begriff mit eingeschlossen, weil sie alle mit einander in einer nothwendigen Verbindung stehen. Allein ist es mit der Zusammenfügung der Welt nicht ein ganz anders? Wer dem Dreyeck nur eine Eigenschaft nimt, der nimt ihm alles. Allein wird alsdenn die ganze Welt verändert seyn, wenn man ihr gleich ein einiges Sandkörnlein genommen hat? Gesetzt, daß von hundert Millionen Wesen, die paarweise auf einander folgen, die beyden ersten ihre Plätze unter einander vertauschen. Verändern alsdenn die andern ihre Stellen gleichfalls? Bleiben sie nicht gegen einander in einerley Verhältniß? Sind denn die Begriffe eines Menschen auch so mit einander verbunden, als man es von den Dingen dieser Welt zum voraus setzet? Was für ein Band, was für ein nothwendiger Zwischenstand findet sich zwischen dem Begriffe der Nacht und zwischen den unbekanten Dingen, die ich sehe, wenn ich erwache?

wache? Was ist für eine Verknüpfung zwischen dem vorübergehenden Tode der Seele, die in einen tiefen Schlaf oder in eine Ohnmacht fället, und zwischen den Begriffen, die man erlanget, wenn man wieder zu sich selbsten kömt? Ja, gesetzt, daß es möglich wäre, daß GOTT alles, was sich Leibnitz einbildet, gemacht habe. Muß man denn bloß darum, weil es möglich ist, alsobald glauben, daß er es auch wirklich gemacht hat? Was hat demnach Leibnitz durch alle diese neue Bemühungen bewiesen? Dieses, daß er ein Mann von grossem Verstande gewesen. Allein ist er, oder sind andre dadurch klüger worden?

Man begehret vielleicht zu wissen, was Neuton von der Seele und der Art und Weise ihrer Wirkungen für Gedanken geheget, uud welcher von den erzehlten Meinungen er beygepflichtet habe. Ich muß antworten, daß er keiner einigen derselben gefolget sey. Derjenige, der das Unendliche in Zahl und Maaß gefasset, der die Gesetze der Schwere und viele andre Dinge aufgedecket, hatte in dieser Sache eine besondre Wissenschaft. Er zweifelte.

☆ ☆ ☆ ☆ ☆ ☆ ☆

Das siebende Hauptstück.

Von den Elementen oder dem ersten Stoff der Materie.

Es sind von dieser Sache unter andern drey Meinungen bekannt worden, die etwas Ungereimtes an sich zu haben scheinen. Einige haben das Wasser, als den ersten Stoff aller Dinge angesehen. Andere haben alles dem Feuer zugeschrieben. Noch andere bilden sich gewisse Würfelgens ein, die dichte neben einander gesetzet sind, und alsdenn, ich weiß nicht wie, über einander herum gewälzet werden. Wir werden hie von keiner

ner derselben zu handeln, noch auch zu zeigen haben, welche unter ihnen die Lächerlichste sey.

Die allerwahrscheinlichste Meinung ist stets diese gewesen, daß eine gewisse Grundmaterie sey, die sich gegen alles gleichgültig verhält, die dabey gleichförmig und aller Gestalten fähig ist, und aus deren mannichfaltigen Art der Zusammenfügung diese Welt bestehet. Die ersten Elemente dieser Materie sind überall einerley. Sie richtet sich nur in ihren Einschrenkungen nach den verschiedenen Formen, durch welche sie gehet, so wie aus einerley Metall in dem Abgusse bald ein Krug bald eine Bildsäule dargestellet wird. Dieses war die Meinung des grossen Cartesius: Und es schickte sich dieselbe sehr wohl zu seiner zwar sinnreichen, aber dabey unerwiesenen Lehre von den dreyen Elementen.

Meinung von einer ersten Grundmaterie wird untersuchet.

Neuton dachte in diesem Stücke von der Materie eben so, als Cartesius.

tesius. Allein er war zu diesem Schlußsatz durch einen ganz andern Weg gelanget. Wie er überhaupt fast gar kein Urtheil fällete, das nicht entweder auf eine klare mathematische Warheit, oder auf die Erfahrung sich gründete; So glaubte er, daß auch in dieser Untersuchung die Erfahrung auf seiner Seite wäre. Der berühmte Robert Boyle, der unter den Engelländern den Grund zu der Naturlehre geleget hat, behielt einmahl eine gute Zeitlang Wasser in einer Retorte auf, worunter ein beständig gleiches Feuer brannte. Der Chymiste, der mit ihm arbeitete, glaubte, daß dieses Wasser sich zuletzt in Erde verwandelt hätte. Und dieses war doch falsch, wie der so aufmerksame Naturkündiger, als geschickte Arzneyverständige, Boerhave, es nachher bewiesen hat. Das Wasser war ausgedunstet, und die Erde, die sich an seiner Stelle eingefunden, war anderswo herkommen.

Boyle und Neuton sind durch eine unrichtige Erfahrung zum Irthum verleitet worden.

Wie

Wie wenig darf man der Erfahrung trauen, da sie einen Boyle und Neuton betrogen hat! Diese grossen Weltweisen haben kein Bedenken getragen zu glauben, daß die Elemente der Dinge eine einige Materie wären, die nur bloß auf eine mannichfaltige Art eingerichtet sey, weil die ersten Theile des Wassers sich in die ersten Theile der Erde verwandelten.

Es ist glaublich, daß Neuton ganz anders würde geschlossen haben, wenn ihn nicht eine falsche Erfahrung zu diesen Gedanken verleitet hätte.

Ich bitte das Nachfolgende mit Aufmerksamkeit zu lesen.

Der Mensch kan nicht anders von den Sachen, die ihm vorkommen, urtheilen, als wenn er sie nach und nach in ihre ersten Theile auflöset. GOtt allein kan sogleich von den ersten Gründen der Dinge den Anfang machen, wenn er dieselben erkennen will.

Die Meinung von einer ersten Grundmaterie wird bestritten.

will. GOtt ist, wie man ohne Beleidigung seiner Majestät sagen kan, in gewissem Verstande ein Baumeister, und die Welt ein Gebäude. Was muß man von einem Reisenden denken, der ein Theil von dem Aeusserlichen eines Gebäudes ansiehet, und sogleich von der ganzen Kunst und Einrichtung des Inwendigen urtheilen will? Allein eben dieses haben sich fast alle Weltweisen mit tausendmahl so vieler Verwegenheit zu thun unterstanden.

Wir wollen dieses Gebäude, so gut wir können, untersuchen. Was finden wir um uns her? Wir finden Thiere, Pflanzen, Mineralien, wohin ich alle Arten des Schwefels u. s. w. rechne, Schlamm, Sand, Wasser, Feuer, Luft, und weiter nichts: Zum wenigsten hat man bisher noch nichts weiter finden können.

Ehe ich untersuche, ob diese Körper vermischte Körper sind, oder nicht, frage ich mich selbsten, ob es mög-

möglich sey, daß eine Materie, die für gleichförmig ausgegeben wird, nichts von denjenigen sey, was da ist, und dem ungeachtet alles das hervorbringe, was da ist?

I.) Was ist eine Grundmaterie, die nichts von den Sachen dieser Welt ist, und die sie doch alle hervorbringet? Sie ist eine Sache, von der ich mir keinen Begriff machen kan, und die ich daher auch nicht annehmen muß. Es ist wohl wahr, daß ich mir überhaupt von einem vor sich bestehenden Wesen, welches ausgedehnet, undurchdringlich und mannichfaltiger Figuren fähig ist, einen Begriff machen kan, ohne meine Gedanken auf Sand, auf Thon, auf Gold oder sonst etwas zu richten. Allein diese Materie ist dennoch entweder wirklich eine von diesen Sachen, oder sie ist keine von allen. Eben so kan ich an ein Dreyeck überhaupt denken, ohne mich bey den verschiedenen Arten eines Dreyecks, die man gleichschenkelichte, ungleichseitige und gleichseitige nennet,

auf-

aufzuhalten. Allein es muß dennoch ein Dreyeck, das da ist, nothwendig eines von diesen allen seyn. Man darf sich vielleicht nur dieses einige vorstellen, und es dabey wohl erwegen, um die Meinung von einer gewissen Grundmaterie aufzuheben.

I'.) Wenn überhaupt eine jedwede Materie, die in Bewegung gesetzet ist, hinlänglich wäre, dasjenige, was wir auf der Erden sehen, hervorzubringen, so würde gar kein Grund da seyn, warum Staub, der in einer Tonne wohl herumgeschüttelt wird, nicht Menschen und Bäume hervorbringet, oder warum ein Feld, das mit Korn besäet ist, nicht Wallfische und Krebse an stat des Korns heraustreiben kan.

Es wird nichts heissen, wenn man antworten will, daß die Muster dieser Materie oder die dünnen Zäsergen, die den Samen empfangen, dieses verhindern. Denn man wird beständig wieder auf die Frage

zurück

zurück kommen: Warum sind diese Muster oder diese Zäsergen so unveränderlich bestimmet und angeordnet? Wenn hergegen keine Bewegung, wenn keine Kunst jemahls hat machen können, daß Fische an stat des Kornes auf einem Acker, daß Mispeln an stat eines Lammes in dem Leibe eines Schafes, daß Rosen auf einer hohen Eiche, daß Meerfische in einem Bienenstocke u. s. w. gezeuget worden; Und wenn demnach alle Arten der Dinge in sich unveränderlich einerley sind: Warum solte ich denn nicht einigen Grund haben alsobald zu schliessen, daß alle Arten der Dinge durch den HErrn der Welt sind bestimmet worden? Daß eben so viele Absichten, als verschiedene Arten sind? Und daß die Arten der Materie und der Bewegung ohne diesen Absichten in alle Ewigkeit nichts als ein verworrener Haufen ohne Zusammenhang seyn würde?

Alle Versuche, die man angestellet hat, bestärken mich in dieser

Mei-

Meinung. Wenn ich an der einen Seite einen Menschen oder einen Seidenwurm und an der andern Seite einen Vogel oder Fisch untersuche, so befinde ich, daß sie alle so gleich bey dem Anfange der Dinge gebildet worden. Ich sehe nichts, als eine Auswickelung, an ihnen. Die Auswickelung des Menschen und des Ungeziefers sind in gewissen Absichten einander ähnlich und in andern Absichten wiederum unähnlich. Die Auswickelung des Fisches und die Auswickelung eines Vogels sind ebenfalls, wiewohl auf eine andre Art, theils einerley, theils unterschieden. Wir sind, ehe wir in die Gebährmutter unserer Mutter aufgenommen werden, ein Wurm. Wir werden hernach in dem Leibe der Mutter unvollkomne Eulen. * Wenn wir in dem Behältnisse sind, welches man die Haube nennet, so gehen wir aus demselben mit Armen und Beinen wieder hervor, so wie der Wurm, der eine Fliege geworden

* Chrysalides Nymphes.

worden ist, aus seinem Grabe mit Flügeln und Füssen heraus gehet. Wir leben einige Tage so wie er: Und unser Leib wird nachher eben so, wie der Seinige, aufgelöset und stirbt. Der Fisch und der Vogel werden aus einem Ey, das aus der Gebährmutter hervorkommen, gebohren. Die Muscheln werden auf eine ganz andere Weise gezeuget. Die Pflanzen, die Mineralien, sind noch andere Arten erzeugter Dinge. Ein jedwedes Ding ist eine besondre Welt: Und es ist so wenig wahr, daß eine blinde Materie alles durch die blosse Bewegung hervorbringe, daß es vielmehr sehr wahrscheinlich ist, daß GOtt eine unendliche Menge Wesen durch unzählige Mittel gemacht habe, weil er selbst unendlich ist.

Dieses ist es, was ich mir gleich Anfangs einbilde, wenn ich die Natur überhaupt betrachte. Wenn ich ferner in derselben ein Stück nach dem andern durchgehe, und über jedwedes allerhand Versuche anstelle,

so

so ergiebt sich das Folgende. Ich sehe vermischte Körper, zum Exempel Pflanzen und Thiere. Ich löse dieselben auf, und ziehe einige grobe Elemente, den Geist, das Wässerige, den Schwefel, das gebliebene und ausgebrannte Salz heraus. Ich sehe andere Körper, als zum Exempel, Metalle und Mineralien, aus welchen ich durchaus nichts anders, als ihre eigene Theile, in etwas verdünnet, heraus bringen kan. Reines Gold hat nie etwas anders, als Gold, geben können. Aus reinem Queccksilber hat man nie etwas anders, als Quecksilber bringen können. Sand, ungemischter Leimen, reines Wasser, haben nie in ein Wesen von einer andern Art verwandelt werden können.

Was kan ich hieraus anders schliessen, als daß die Pflanzen und die Thiere aus dem ersten Grundstoff zusammen gesetzet sind, der sich gar nicht auflösen lässet? Dieser erste Grundstoff, der unveränderlich ist, machet die Elemente der Körper

aus.

aus. Der Mensch also und die Mücke sind aus den innerlichen Theilen des Koths, des Sandes, des Feuers, der Luft, des Wassers, des Schwefels, des Salzes zusammen gesetzet. Und diese Grundtheile, die nimmermehr können zertrennet werden, sind die Elemente, von welchen ein jedwedes Ding seine eigene und unveränderliche Natur hat.

Wer sich unterstehen wolte das Gegentheil zu behaupten, der müste Verwandlungen der Dinge gesehen haben, Allein hat jemand solche Verwandlungen durch die Hülfe der Chymie jemahls entdecket? Ist der Stein der Weisen nicht von allen klugen Köpfen für eine unmögliche Entdeckung gehalten worden? Und ist es bey der itzigen Verfassung der Welt möglicher, daß Salz in Schwefel, Wasser in Erde, Luft in Feuer, verwandelt werde, als durch das sogenannte Goldpulver Gold zu machen?

Es giebt in der That keine wirkliche Verwandelungen der Dinge.

Es haben zwar einige geglaubet, daß dergleichen eigentlich sogenannte Verwandlungen geschehen könten. Allein sind sie nicht hierin durch den Schein eben so betrogen worden, wie diejenigen, die geglaubet haben, daß die Sonne um die Erde liefe? Man sahe, daß sich Korn und Wasser in menschliche Körper, in Fleisch und Blut verwandelte. Wer konte anders als glauben, daß es Verwundlungen gebe? Allein ist denn dieses alles etwas anders, als Salz, Schwefel, Schlamm u. s. w. welches anders in dem Korne und anders in unserm Leibe zusammen gesetzet wird? Je mehr ich diese Sache überlege, je mehr dünket mich, daß eine Verwandelung, wenn dieses Wort in dem strengsten Verstande genommen wird, nichts, als ein offenbarer Widerspruch sey. Damit sich die ersten Theile des Salzes in die ersten Theile des Goldes verwandeln, sind, wie mich dünkt, zwey Dinge nöthig. Es müssen Elemente des Salzes zernichtet und Elemente des Goldes geschaffen wer-

werden. Hieraus siehet man deutlich, was es mit diesen vorgegebenen Verwandlungen einer gleichgearteten und gleichförmigen Materie für eine Bewandniß habe, die doch bisher von so vielen Weltweisen sind geglaubet worden. Ich wiederhohle kürzlich meinen Beweis.

Es ist unmöglich zu begreifen, daß die Arten der Körper unveränderlich sind, wo man nicht zugleich setzet, daß sie aus unveränderlichen Grundtheilen zusammen gesetzet sind. Wenn in diesem Grunde, in diesen ersten Theilen, die das Wesen der Dinge ausmachen, keine Veränderung vorgehen soll, so müssen sie ganz dichte und feste und folglich allezeit von einerley Gestalt seyn. Sind sie so beschaffen, so können sie keine andern Elemente werden, weil sie sonst nothwendig andere Gestalten annehmen müssen. Und weil es demnach bey der itzigen Beschaffenheit der Welt unmöglich ist, daß das Element, welches einen Menschen hervorzubringen dienet, in das

Element eines Steines verwandelt werde, so würde nothwendig, wenn ein Element eines Steines an stat des Elements eines Menschen entstehen solte, eines von diesen Elementen zernichtet und an dessen Stelle ein anders erschaffen werden müssen. Ich weiß nicht, wie es zugegangen, daß Neuton, der untheilbare Stäubgen glaubte, diese so natürliche Folge daraus nicht hergeleitet hat. Er glaubte, so wie Gassendi, diese Stäubgen oder untheilbaren Körper im ganz eigentlichen Verstande. Allein er war zu diesem Lehrsatz durch seine mathematische Wissenschaft gelanget. Er glaubte zugleich, daß diese Stäubgen, diese untheilbaren Elemente sich ohne Unterlaß eines in das andere verwandelten. Neuton war ein Mensch. Er konte eben so wohl fehlen, wie wir.

Neuton gab untheilbare Stäubgen zu.

Man wird hie ohne Zweifel fragen, wie der erste Samen der Dinge, der doch hart und untheilbar ist, anwachsen und sich ausdehnen könne?

ne? Er wächst allem Ansehen nach so an, daß alle Theile, woraus die Dinge bestehen, sich zusammen fügen und immer eines sich an das andere anleget, viele Theilgen des Wassers machen einen Tropfen aus: Und eben so ist es mit den übrigen Dingen.

Es wird noch zu untersuchen seyn, wie es zugeht, daß diese kleinen Theilgen sich an einander anhängen, oder wie die Theile der Körper unter einander verbunden sind. Vielleicht ist diese Sache eines von den Geheimnisse des Schöpfers, welche dem Menschen stets unbekannt bleiben werden. Es scheinet, daß derjenige, der zu wissen verlangte, wie die Theile, die das Wesen des Goldes ausmachen, ein Stücke Gold machen, diese Theile [illegible]bst sehen müste.

Wenn es erlaubt wäre zu sagen, daß die anziehende Kraft allem Ansehen nach die Ursache dieses Anhängens und dieser Zusammenfügung der Materie sey, so würde dieses das Wahrscheinlichste seyn, das man von dieser Sache vorbringen könte. Gesetzt, daß es bewiesen sey, wie wir in unsern Anfangsgründen gesagt haben, daß sich alle Theile der Materie gegen einander senken, es komme dieses her, wo es wolle! Was ist alsdenn natürlicher, als sich zu bereden, daß die Körper, die sich an mehr als einem Orte berühren, durch die Kraft dieser Schwere die dichtesten und stetigsten sind? Doch es ist hie nicht der Ort sich in dieses Stück der Naturlehre weitläuftig einzulassen.

☆ ☆ ☆ ☆ ☆ ☆ ☆

Das achte Hauptstück.

Von der Natur der Monaden, oder Elementen der Materie.

Meinung des Neuton.

Wo man iemahls hat sagen können: *Audax Japetigenus,*

nus, so muß man es gewiß bey der Untersuchung sagen, welche die Menschen über diese Elemente anzustellen sich erkühnet haben, die doch von den Kraisen unserer Erkentniß unendlich weit entfernet zu seyn scheinen. Neutons Meinung ist vielleicht die allerbescheidenste, die man über diese Sache hat. Er begnüget sich zu glauben, daß die Elemente der Materie, Materie, das heisset ein ausgedehntes und undurchdringliches Wesen seyn, dessen innerliche Natur unser Verstand nicht ausforschen kan: Daß GOtt diese Materie eben so ohne Ende theilen könne, wie er sie zu zernichten vermag; allein, daß er es dennoch nicht thue, sondern diese Theile ausgedehnt und untheilbar erhalte, damit sie allen den Dingen, welche diese Welt hervorbringet, zu einem Grunde dienen können.

Die Dreistigkeit, mit welcher Leibnitz sich so weit hinaus waget, ist im Gegentheil vielleicht das Allerkühnste, was sich einer jemahls un- Meinung des Leibnitz.

unternommen hat. Er fängt von seinem Satze **des zureichenden Grundes** an, und will, wenn es möglich ist, bis in das Innerste der Ursachen, und bis in die unerforschliche Natur dieser Elemente dringen.

Ein jedweder Körper, **sagt er**, ist von ausgedehnten Theilen zusammen gesetzet. Allein **woraus** sind denn diese ausgedehnten Theile zusammen gesetzet? Sie sind, **antwortet er**, wirklich theilbar und ohne Ende getheilet. Man findet also allenthalben nichts als Ausdehnung. Allein wenn man saget, daß die Ausdehnung **der zureichende Grund** der Ausdehnung sey, so macht man einen fehlerhaften Zirkel im Beweisen; Das heißt: Man saget nichts. Man muß also den Grund und die Ursache der ausgedehnten Wesen in solchen Wesen finden, die nicht ausgedehnet sind, nemlich in einfachen Wesen, oder in Monaden. Die Materie ist

ist also nichts, als eine Zusammenfügung einfacher Wesen.

Wir haben in dem Hauptstücke, das von der Seele handelt, gesehen, daß nach Leibnitzens Meinung ein jedwedes einfaches Wesen der Veränderung unterworfen sey. Allein die Veränderungen und auf einander folgenden Bestimmungen, die ein solches Wesen empfänget, können nicht von aussen herkommen, weil dieses Wesen einfach ist, nicht berühret werden kan, und gar keinen Ort einnimt. Der Ursprung aller seiner Veränderungen ist also in ihm selbst, und die äusserlichen Dinge geben nur bloß dazu Anlaß. Es hat also Begriffe. Allein es stehet mit allen Theilen der Welt in einem gewissen nothwendigen Verhältnisse, und muß daher Begriffe haben, die sich auf die ganze Welt beziehen. Die Elemente des geringsten Unflats haben demnach eine unzählige Menge Begriffe. Ihre Begriffe sind allerdings nicht deutlich. Denn es fehlet ihnen das

Bewustseyn, wie Leibnitz saget. Es mangelt ihnen ein innerliches Zeugniß von ihren eignen Gedanken. Allein dem ungeachtet haben sie von dem gegenwärtigen, vergangenen und zukünftigen Vorstellungen, die undeutlich sind.

Vier Gattungen der Monaden.

Er theilet die Monaden in vier Gattungen. Die erste sind die Elemente der Materie, die gar keine klare Gedanken haben. Die andere sind die Monaden der Thiere, die einige klare und keine deutliche Begriffe haben. Die dritte sind die Monaden der endlichen Geister, die nebst den dunklen auch klare und deutliche Vorstellungen haben. Zu der vierten Gattung bringet er endlich die Monade GOttes, die lauter vollständige Begriffe hat.

Einwürfe dagegen.

Die Englischen Weltweisen, wie ich schon gesagt hatte, die sich an keine Nahmen kehren, haben auf alles dieses mit Lachen geantwortet. Allein mir ist es nicht erlaubt, Leibnitzen anders, als durch Grün-

de,

de, zu bestreiten. Mich dünkt, daß ich mir die Freyheit nehmen könte, denenjenigen, die solchen Meinungen Glauben beygemessen, wenn ich es mit ihnen zu thun hätte, auf die folgende Art zu antworten: Alle Welt ist mit euch einig, daß nichts ohne **zureichenden Grund** geschehen könne. Allein ist die Folge, die die ihr aus diesem Satze herleitet, auch ganz richtig?

I.) Ihr gebet zu, daß die Materie wirklich ohne Ende getheilet werden könne. Es ist also unmöglich, daß man ihr kleinestes Theil solte finden können. Es ist kein Theil darunter, das nicht Seiten habe, das nicht einen Ort einnehme, das nicht eine gewisse Gestalt habe. Wie wollet ihr denn behaupten, daß sie aus keinem andern als aus solchen Wesen bestehe, die keine Figur haben, die keinen Ort einnehmen, und keine Seiten haben? Stosset ihr nicht gegen den grossen Satz **des Wiederspruchs** an, indem ihr den

Satz

Satz des zureichenden Grundes nachgehen wollet?

II.) Ist es auch nur einiger massen der Vernunft gemäß, zu glauben, daß ein zusammen gesetztes Ding nicht das geringste an sich habe, welches demjenigen, woraus es bestehet, ähnlich sey? Und was sage ich das geringste? Der Unterscheid zwischen einem einfachen und ausgedehnten Wesen ist unendlich: Und ihr sagt doch, daß das Eine aus dem Andern gemacht sey? Würde derjenige wohl ungereimter reden, welcher sagen würde, daß viele Elemente des Eisens Gold zu wege bringen, oder daß die Theile, durch welche der Zucker bestehet, Coloquinten zeugen?

III.) Könnet ihr mit Gründe behaupten, daß ein Tropfen Urin eine unendliche Menge Monaden sey, und daß eine jedwede derselben, von der ganzen Welt, wiewohl dunkle und undeutliche Vorstellungen habe?

Und

Und dieses darum, weil eurer Meinung nach alles voll und nichts leer ist, weil in diesem angefüllten Raum alles aneinander hänget, weil endlich in diesem **angefüllten Raum,** worin alles an einander henget, eine Monade, die nothwendig Begriffe haben muß, unmöglich eine Vorstellung haben kan, die sich nicht gewisser Maassen auf alles, was in der Welt ist, beziehet.

Man hat eine Menge von Beweisthümern, die theils aus der Metaphysik, theils aus der Naturlehre hergeleitet werden, den **leeren Raum** zu bestärken. Ist es gegen alle diese Gründe bewiesen, daß eure vermeinte Monade Begriffe, die in der That unnüz sind, von allem was in dem angefülleten Raum vorgehet, haben müsse, weil alles voll ist? Ich beruffe mich auf euer Gewissen. Spüret ihr nicht, daß eine solche Meinung blos ein Spiel der Einbildung sey? Ist es nicht weit besser zu bekennen, daß wir Menschen die

erſten

ersten Elemente der Materie nicht kennen als sich mit einer eitelen Wissenschaft zu brüsten? Wie übel wird die Vernunftlehre und die Meßkunst angewendet, wenn ich mir diesen Faden dienen lasse mich in ein solches Labyrinth zu verwirren, und wenn ich mit eben dem Lichte, das mich erleuchten soll, kunstmäßig zu dem Irthum fortwandere?

* * * * * * * * * * *

Das neunte Hauptstück.

Von der thätigen Kraft.

Ich setze gleich Anfangs zum voraus, daß jedermann gestehe, daß die Materie die Bewegung nicht von sich selber haben könne. Diesemnach muß sie ihre Bewegung anderswoher bekommen. Allein sie kan dieselbe von keiner andern Materie empfangen. Denn das wäre ein Wiederspruch. Es muß also eine unkörperliche Ursache die-

dieselbe hervorbringen. Diese unkörperliche Ursach ist GOtt. Und man muß hie wohl merken, daß der gemeine Lehrsatz: **Man muß in der Weltweisheit nicht zu Gott seine Zuflucht nehmen,** nur in den Dingen gelte, die man aus den nechsten natürlichen Ursachen erklären muß. Ich will zum Exempel, erklären, woher es komme, daß ein Gewicht von einem Pfunde einem andern, das vier Pfund schwer ist, die Wage hält. Sage ich: GOtt hat es so geordnet, so verrathe ich meine Unwissenheit: Allein wenn ich sage, es komme daher, weil das einpfündige Gewicht viermahl so weit als das vierpfündige, von dem Ruhepunkt entfernet ist, so löse ich die Frage auf. Mit den ersten Anfangsgründen der Dinge, ist es viel anders beschaffen. In diesen Sachen giebt oft derjenige seine Unwissen an den Tag, der seine Zuflucht zu GOtt nicht nehmen will. Denn es ist entweder gar kein GOtt, oder es sind die ersten Gründe der Dinge bloß in GOtt anzutreffen.

Er

Er hat den Irrsternen die Kraft mitgetheilet sich von Abend gegen Morgen zu bewegen. Er machet daß die Irrsterne und die Sonne sich um ihre Achse drehen.

Er hat allen Cörpern ein Gesetz eingedrückt wodurch sie genöthiget werden, sich alle ohne Unterscheid nach ihrem Mittelpunkt zu sehnen. Er hat endlich Thiere gebildet, denen er eine thätige Kraft mitgetheilet hat, wodurch sie eine Bewegung hervorbringen können.

Allhier entstehet die grosse Frage, ob diese Kraft, die GOtt gewissen Geschöpfen, um die Bewegung anzufangen, verliehen, in der Natur beständig gleich ist.

Ob das Maaß der Bewegung in der Welt stets einerley sey.

Cartesius erwehnte dieser Kraft gar nicht und setzte ohne Beweis, daß stets ein gleiches Maaß der Bewegung in der Natur sey. Seine Meinung war um so viel weniger gegründet, weil ihm die Gesetze der Bewegung selbst unbekannt waren.

Leib-

Leibnitz, der in einer viel hellern Zeit aufstund, ward genöthiget, mit Neuton zu gestehen, daß sich etwas von der Bewegung verlöhre. Allein er hat vorgegeben, daß stets eine gleich grosse Kraft da bleibe, obgleich das Maaß der Bewegung abnehme.

Neuton war hingegen überführet, daß es einen Wiederspruch in sich schlösse zu sagen, daß sich das Maaß der Bewegung und das Maaß der Kraft nicht nach einander richte.

Ehe man sich hierüber in irgend eine Mechanische Untersuchung einlässet, muß man die Sachen in ihrer Natur selbst ansehen. Denn der Metaphysikverständige muß stets den Feldmeßkünstler anführen. Ein Mensch hat stets ein gewisses Maaß der thätigen Kraft. Allein wo war diese Kraft, ehe er gebohren ward? Man wird vielleicht sagen, daß sie in der ersten Anlage des Kindes gewesen. Allein was ist denn eine Kraft, deren man sich nicht bedienen kan? Oder ist er nicht frey, nachdem er ein

Wie die Kraft könne unterschieden werden.

Mensch geworden? Kan er nicht nach Gefallen mehr oder weniger von seiner Kraft anwenden? Ich setze, daß er eine Kraft von dreyhundert Pfunden brauchet, eine gewisse Maschine zu bewegen. Ich setze weiter, welches ganz möglich ist, daß er sich diese Kraft bedienet habe, einen Hebel niederzudrücken, und daß die Maschine, die auf diesem Hebel ruhet, in einem von Luft ausgeleerten Recipienten sich befinde. Es kan alsdenn der Maschine leicht eine Kraft von zwey tausend Pfund zuwachsen.

Wenn die Sache geschehen, die Hand zurückgezogen, der Hebel weggenommen, das Gewicht befestiget ist, so frage ich: Ist der wenigen Materie, die in dem Recipienten war, von der Maschine eine Kraft von zwey tausend Pfunden mitgetheilet worden? Zeigen nicht alle diese Betrachtungen, daß die thätige Kraft sich beständig in der Natur bald erneure, und bald verliere? Man gönne dem folgenden Grunde ein wenig Aufmerksamkeit.

Es

Es kan keine Bewegung seyn, wo kein leerer Raum ist. Ein weicher Körper A. B. C. D. empfängt in allen seinen Theilen einen gewissen Druck. Ich frage hiebey: Verlieren die Theile B. C. D. die keine Körper mehr hinter sich haben, gar nichts von ihrer Bewegung? Und verlieren die Theile B. C. wenn sie ihre Bewegung verlieren, nicht auch augenscheinlich ihre Kraft?

Laßt uns ietzo, um diesen Metaphysischen Streit beyzulegen, Neuton und die Erfahrung hören. Es wird, sagt Neuton, Bewegung hervorgebracht, und es geht Bewegung verlohren. Allein weil die flüßigen Körper sehr zähe sind, und die harten nur sehr wenig ausdehnende Kraft haben, so verlieret sich vielmehr Bewegung in der Natur, als darin wieder hervorgebracht wird. Worte des Neuton.

Wenn dieses zum voraus gesetzt, und hernach der ungezweifelte Grundsatz erwogen wird, daß die Wirkung stets ihrer Ursache gemäß sey, so muß nothwendig da die Kraft verringert werden, wo die Bewegung vermindert wird. Wenn demnach stets ein gleiches Maaß der Kräfte solte erhalten werden, so müste dieser Grundsatz, daß die Wirkung ihrer Ursache gemäß ist, aufhören wahr zu seyn.

Wie man insgemein die Kraft auszurechnen pflege.

Man hat geglaubt, daß es genug wäre dieses gleiche Maaß der Kräfte stets in der Natur zu erhalten: Man hat geglaubt, sage ich, daß es genug wäre, die gemeine Art die Kraft auszumessen zu verändern. An stat also, daß Mersennus, Cartesius, Neuton, Mariotte, Varignon und andere, nach dem Exempel des Archimedes, die Kraft eines Körpers, der in Bewegung ist, stets so abgemessen, daß sie seine Masse durch seine Geschwindigkeit vervielfältiget haben, so haben Leibnitz, Bernoulli, Hermann, Polini, Gravesand, Wolf und die übrigen die Masse durch das Quadrat der Geschwindigkeit vervielfältiget.

Dieser Streit hat das ganze Europa lange von einander getrennet. Nun-

Nunmehr siehet man endlich, wie mich dünket, daß es damit in der That auf einen Wortstreit hinausläuft. Es ist unmöglich, daß diese grossen Weltweisen, ob sie einander gleich schnurstracks wiedersprechen, sich in ihren Rechnungen betriegen solten. Ihre Rechnungen sind gleich richtig. Die Mechanischen Wirkungen stimmen auch sowohl mit der einen, als mit der andern Art zu rechnen überein. Es muß also ausser Streit ein Mittel seyn zu zeigen, daß alle beyde Theile in einem gewissen Verstande Recht haben. Und das Mittel, welches hierzu dienet, ist auch eben dasjenige, welches sie mit einander vereinigen muß. Doctor Clarke hat dasselbe zuerst, wiewohl mit einiger Heftigkeit, angezeiget. Es ist das folgende.

Worin beyde Theile übereinkommen.

Wenn man diejenige Zeit betrachtet, in welcher ein Wesen, das der Bewegung fähig ist, wirket, so findet es sich bey dem Verlauf dieser Zeit, daß die Kraft dieses Wesens so viel austrägt, wie das Quadrat seiner

ner Geschwindigkeit, wenn es durch die Masse vervielfältiget wird. Warum dieses? Weil der Raum, den der Körper durchlaufen ist, dem Quadrat derjenigen Zeit gleich ist, die er gelaufen. Die Zeit, die er gelaufen, ist der Geschwindigkeit gleich, mit welcher er gelaufen. Ein Körper also, der diesen Raum in so viel Zeit durchlaufen, wirket am Ende dieser Zeit durch seine Masse, in so ferne sie durch das Quadrat seiner Geschwindigkeit vervielfältiget wird. Zum Exempel: Die Masse 2. durchlauft in der Zeit 2. einen gewissen Raum mit 2. Grad der Geschwindigkeit. Wenn die Zeit zum Ende ist, so ist seine Kraft der 2. durch das Quadrat seiner Geschwindigkeit 2. vervielfältiget, gleich. Dieses macht 8. aus. Der Körper thut also den Druck durch die Kraft 8. Die Leibnitzianer haben nicht Unrecht, wenn sie sich auf diese Art erklären. Allein die Cartesianer und Neutonianer, die in dieser Sache vor einen Mann stehen, haben ebenfalls unstreitig Recht, wenn sie die Sache von einer andern Seite betrachten. Sie sagen: Ein Körper, der

der vier Pfund schwer ist, wirket in einer gewissen Zeit mit einem Grade der Geschwindigkeit eben so stark, als ein Gewicht von einem Pfunde, mit vier Graden der Geschwindigkeit in eben der Zeit wirket. Und die Körper, die eine ausdehnende Kraft haben, und an einander stossen, springen stets so weit zurücke, wie es ihre Geschwindigkeit und ihre Masse mit sich bringet. Das heisset: Zwey Kugeln, wovon die eine einmahl so groß ist wie die andre, und wovon die erste die Bewegung 1. die andre die Bewegung 2. hat, die endlich beyde gegen einander geschossen werden, kommen zugleich zu ihrem Ziel, und springen auch in einerley Höhe von einander ab. Man muß also nicht ansehen, was den Körpern, die beweget werden, zu verschiedenen Zeiten wiederfähret, sondern was zu einerley Zeit an ihnen wahrgenommen wird: Hiervon ist es eigentlich gekommen, daß man sich einander unrecht verstanden hat. Die neue Art demnach die Kräfte der Körper zu betrachten ist in einem gewissen Verstanstande richtig und in einem andern Verstande falsch. Sie dienet demnach zu nichts, als einen Begriff, der einfach und einzeln ist, zu verwirren und gleichsam gedoppelt zu machen. Daher muß man sich lieber an die alte Fürschrift halten, welche beständig und in allen möglichen Fällen zu dem Maaß der Kraft ihre Geschwindigkeit angegeben hat, wenn sie durch ihre Massa in Absicht auf die Zeit vervielfältiget wird.

Was muß man von diesen beyden Arten die Dinge anzusehen, zuletzt denken? Alle Welt muß einräumen, daß die Wirkung mit ihrer Kraft beständig in einem gleichen Verhältniß stehe. Verliert sich Bewegung in der Welt, so verlieret sich auch die Kraft, welche ihre Ursache ist. Ich habe kürzlich vorgestellet, was für Gedanken Neuton über die meisten Dinge, die zur Metaphysik gehören, geheget habe. Das Urtheil zwischen ihm und Leibnitz zu fällen, kömt Ihnen zu. *

* Siehe die Anmerkung p. 64. u. f.

* * * * * * * * *

Anhang

Anmerkungen der Herausgeber zum Text

Elemente der Philosophie Newtons

1 Verfasser dieses Vorworts ebenso wie der Anmerkungen zur Ausgabe von 1784 ist Condorcet. (Vgl. Einleitung, Anm. 1.)

2 Oeuvres completes de Voltaire, Tome trente-unième, De l'imprimerie de la société littéraire-typographique 1784.

3 Deshalb eben wurden die "Elemente" im Ausland gedruckt und erschienen ohne das "metaphysische" Kapitel.

4 So schreibt zum Beispiel J. Ch. Gottsched: "Der Hauptfehler, den Herr Voltaire in der itzigen Schreibart seinen Landsleuten vorrücket, ist die Vermengung verschiedener Schreibarten in einer Schrift." (J. Ch. Gottsched, Anzeige des sechsten Bandes der Werke Voltaires, Neuer Büchersaal der schönen Wissenschaften und der freyen Künste *I* (1745), 30-52, S. 48.)

5 Vgl. N. A. Pluche, Spectacle de la nature, Paris 1732-1750; ders., Histoire du ciel, Paris 1739; L. B. Castel, Traité de physique sur la pesanteur universelle des corps, Paris 1724; ders., Mathématique universelle, Paris 1728; ders., Nouvelles expériences d'optique & d'acoustique: adressées à m. le président de Montesquieu, in: Mémoires pour l'histoire des sciences & des beaux-arts, Paris 1735; ders., L'Optique des couleurs fondée sur les simples observations, Paris 1740.

6 Zu den drei preisgekrönten und den beiden auch publizierten Arbeiten von Voltaire und Mme du Châtelet siehe: Göttingische Zeitungen Gelehrter Sachen *I* (1739), 883-884: E. du Bois-Reymond; Voltaire als Naturforscher, in: Reden von Emil du Bois-Reymond. Erste Folge, Leipzig 1886, S.12.

7 Siehe hierzu: Einleitung, Anm. 120.

8 In seinem Aufsatz "Exposition du livre des institutions physiques", erschienen in: Bibliothéque raisonnée *27* (1741), 433, rezensierte Voltaire die Arbeit von Mme du Châtelet, wobei er den Leibnizschen Standpunkt scharf kritisierte, ihm allerdings auch eine gewisse Berechtigung zusprach, insofern die These, daß unsere Welt die beste aller möglichen sei, in einzelnen Fällen auch zuträfe, wie die Existenz Emiliens beweise. Auf diese Anzeige wurde von den "Göttingischen Zeitungen" (1742, S. 67) mit dem Vorwurf reagiert, Voltaire habe Leibniz nicht verstanden. "Wir zweifeln" – schrieb der Rezensent –, "daß die Gewalt, so der Herr von Voltaire sich anthut, ein starcker Philosophe zu sein, so gut anschlagen werde, als diejenige, so er angewendet hat, ein guter Poet zu werden."

9 Die Verfasser jenes Vorworts beziehen sich hier auf den Klassiker der französischen Literatur "La princesse de Clèves" von Marie Madeleine de Lafayette.

10 Voltaire bezieht sich hier auf das "Scholium generale". Newton schreibt dort: "Dieses unendliche Wesen beherrscht alles, nicht als Weltseele, sondern als Herr aller Dinge. Wegen dieser Herrschaft pflegt unser Herr Gott παντοκρεατωρ, d. h. der Herr über Alles genannt zu werden. Denn das Wort Gott (Deus) bezieht sich auf Diener und die Gottheit ist die Herrschaft Gottes nicht über einen eigentlichen Körper, wie diejenigen annahmen, welche Gott einzig zur Weltseele machen, sondern über Diener. Der höchste Gott ist ein unendliches, ewiges und durchaus vollkommenes Wesen; ein Wesen aber, wie vollkommen es auch sei, wenn es keine Herrschaft ausübte, würde nicht Gott sein. Wir sagen nämlich wohl: mein Gott, unser Gott, der Gott Israels, der Gott der Götter, der Herr der Herrn; aber wir sagen nie: mein Ewiger, euer Ewiger, der Ewige Israels, der Ewige der Götter und eben so wenig mein Unendlicher, noch mein Vollkommener; weil diese Bezeichnungen sich nicht auf unterworfene Wesen beziehen." [I. Newton, Mathematische Principien der Naturlehre, mit Bemerkungen und Erläuterungen hrsg. von J. Ph. Wolfers, Berlin 1872, S. 508 f. (III. Buch, § 61).]

11 Gemeint ist Samuel Clarkes Werk "A discourse concerning the being and attributes of God, the obligations of natural religion, and the truth and certainty of the Christian revolution, in answer to Mr. Hobbes, Spinoza, the author of the 'Oracles of reason' and other deniers of natural and revealed religion", erschienen 1705/06. Ins Französische wurde es 1717 übersetzt, ins Deutsche 1756.

12 Explizit schreibt Newton am Ende der Frage 28: "*Was erfüllt die von Materie fast leeren Räume, und woher kommt es, dass Sonne und Planeten einander anziehen, ohne dass eine dichte Materie sich zwischen ihnen befindet? Woher kommt es, dass die Natur nichts vergebens thut, und woher rührt all die Ordnung und Schönheit der Welt? Zu welchem Zwecke giebt es Kometen, und woher kommt es, dass die Planeten sich alle in concentrischen Kreisen nach einer und derselben Richtung bewegen, während die Kometen auf alle möglichen Weisen in sehr excentrischen Bahnen laufen, und was hindert die Fixsterne daran, dass sie nicht auf einander fallen? Wie wurden die Körper der Thiere so kunstvoll ersonnen und zu welchem Zwecke dienen ihre einzelnen Theile? Wurde das Auge hergestellt ohne Fertigkeit in der Optik und das Ohr ohne die Wissenschaft vom Schall? Wie geschieht es, dass die Bewegungen des Körpers dem Willen folgen, und woher rührt der Instinkt der Thiere? Ist nicht der Sitz der Empfindung beim Thiere da, wo die empfindende Substanz sich befindet, und wohin die wahrnehmbaren Bilder der Aussenwelt durch die Nerven und das Gehirn geleitet werden, um dort durch ihre unmittelbare Gegenwart bei dieser Substanz zur Wahrnehmung zu gelangen?*

Und da dies Alles so wohl eingerichtet ist, *wird es nicht aus den Naturerscheinungen offenbar, dass es ein unkörperliches, lebendiges, intelligentes und allgegenwärtiges Wesen geben muss, welches im unendlichen Raume, gleichsam seinem Empfindungsorgane, alle Dinge in ihrem Innersten durchschaut und sie in unmittelbarer Gegenwart völlig begreift, Dinge, von denen in unser kleines Empfindungsorgan durch die Sinne nur die Bilder geleitet und von dem , was in uns empfindet und denkt, geschaut und betrachtet werden?* Und wenn uns auch jeder richtige, in dieser Philosophie gethane Schritt nicht unmittelbar zur Erkenntniss der ersten Ursache führt, bringt er uns doch dieser Erkenntniss näher und ist deshalb hoch zu schätzen." [I. Newton, Optik oder Abhandlung über Spiegelungen, Brechungen, Beugungen und Farben des Lichts, übersetzt und hrsg. von W.

Abendroth, Leipzig 1898, Ostwalds Klassiker der exakten Wissenschaften, Bd. 97, S. 122 (Frage 28).]

Eine andere Übersetzung aus dem Englischen bietet folgenden Text: "Was ist an den Orten, die fast ohne Materie sind? Und wie kommt es, daß Sonne und Planeten einander anziehen, ohne daß dichte Materie dazwischen liegt? Wie kommt es. daß die Natur nichts umsonst tut? Und woher kommt all die Ordnung und Schönheit, die wir in der Welt sehen? Wozu dienen die Kometen, und wie kommt es, daß sich alle Planeten im gleichen Sinne auf konzentrischen Bahnen bewegen, während sich die Kometen in jeder Weise auf sehr exzentrischen Bahnen bewegen; und was hindert die Fixsterne daran, aufeinander zu fallen? Wodurch sind die Körper der Lebewesen so kunstvoll konstruiert, und für welche Zwecke sind ihre verschiedenen Teile bestimmt? Ist das Auge ohne Kenntnis der Optik und das Ohr ohne Kenntnis der Akustik konstruiert? Wie folgen die Bewegungen des Körpers aus dem Willen, und woher rührt der Instinkt der Tiere? Ist nicht das Sensorium der Tiere jener Ort, an dem sich die sensitive Substanz befindet und zu dem die wahrnehmbaren Eigenarten der Dinge durch die Nerven und das Gehirn geleitet werden, damit sie hier, indem sie dieser Substanz unmittelbar gegenwärtig sind, wahrgenommen werden? Und wenn diese Dinge auf die rechte Art betrachtet werden, zeigt sich dann nicht aus den Erscheinungen, daß es ein unkörperliches, intelligentes und allgegenwärtiges Wesen gibt, das im unendlichen Raum, als wäre er in seinem Sensorium, die Dinge in ihrem Innersten durchschaut und sie direkt wahrnimmt und sie völlig begreift, weil sie unmittelbar in ihm gegenwärtig sind, während nur Abbildungen dieser Dinge durch die Sinnesorgane zu unserem kleinen Sensorium geleitet werden, die dort durch das, was in uns wahrnimmt und denkt, gesehen und betrachtet werden. Und obwohl nicht jeder wahre Schritt, der in dieser Philosophie getan wird, uns unmittelbar zur Kenntnis der ersten Ursache führt, so bringt er uns ihr doch näher, und aus diesem Grunde muß er sehr hoch gewertet werden." [I. Newton, Optik, in Auszügen übersetzt und hrsg. in: H.-H. v. Borzeszkowski und R. Wahsner, Newton und Voltaire. Zur Begründung und Interpretation der klassischen Mechanik, Wissenschaftliche Taschenbücher Texte und Studien, Bd. 123, Berlin 1980, S. 146 (Frage 28).]

Der zugrunde gelegte englische Text lautet: "What is there in places almost empty of Matter, and whence is it that the Sun and Planets gravitate towards one another, without dense Matter between them? Whence is it that Nature doth nothing in vain; and whence arises all that Order and Beauty which we see in the World? To what end are Comets, and whence is it that Planets move all one and the same way in Orbs very excentrick; and what hinders the fix'd Stars from falling upon one another? How came the Bodies of Animals to be contrived with so much Art, and for what ends were their several Parts? Was the Eye contrived without Skill in Opticks, and the Ear without Knowledge of Sounds? How do the Motions of the Body follow from the Will, and whence is the Instinct in Animals? Is not the Sensory of Animals that place to which the sensitive Substance is present, and into which the sensible Species of Things are carried through the Nerves and Brain, that there they may be perceived by their immediate presence to that Substance? And these things being rightly dispatch'd, does it not appear from Phænomena that there is a Being incorporeal, living, intelligent, omnipresent, who in infinite Space, as it were in his Sensory, sees the things themselves intimately, and throughly perceives them, and comprehends them wholly by their immediate presence to himself: Of which things the Images only carried through the Organs of Sense into our little Sensoriums, are there seen and beheld by that which in us perceives and thinks. And though every true Step made in this Philosophy brings us not immediately to the Knowledge of the first Cause, yet it brings us nearer to it, and on that account is to be highly valued." [I. Newton, Opticks or a Treatise of the Reflections, Refractions, Inflections and Colours of Light, with a foreword by A. Einstein, an introduction by Sir Edward Whittaker, a preface by I. B. Cohen, Dover 1952, S. 369-370 (Query 28).]

Die Worte "... who in infinite Space, as it were in his Sensory ..." können als verbindlich genommen werden, da die zitierte englische Ausgabe auf der letzten von Newton noch durchgesehenen Fassung, der 4. Ausgabe von 1730, beruht (vgl. E. T. Whittaker, Introduction, in: I. Newton, Opticks, a. a. O., S. lxxvii), die in Englisch verfaßt wurde. Die sich bis zum heutigen Tag haltende – nachgewiesenermaßen falsche – Meinung, Newton habe den Raum als Sensorium Gottes bestimmt, gründet neben dem unausrottbaren Glauben, Newton sei Mechanizist gewesen, in der Editionsgeschichte der "Optik" und dem damit verkoppelten Leibniz-Clarke-Briefwechsel. [Ausführlich hierzu A. Koyré and I. B. Cohen, The Case of the Missing *Tanquam*: Leibniz, Newton & Clarke, Isis *52* (1961), 555-566; A. R. Hall and M. B. Hall, Clarke and Newton, Isis *52* (1961), 583-585.] Nachdem 1704 die erste Auflage der "Optik" in Englisch erschienen war, animierte Newton Samuel Clarke, eine lateinische Version zu verfassen. Dieser wurden zu den ursprünglichen 16 Fragen die Fragen 17-24 angefügt, aus denen dann in der zweiten englischen Auflage von 1717 die Fragen 24-31 wurden. Die bewußte Stelle in der Frage 28 übersetzte Clarke zunächst in einer Weise, die die Identifizierung des Raumes mit dem Sensorium Gottes nahelegte. Doch noch vor der vollständigen Bindung und Auslieferung der Auflage wurde diese Stelle durch Newtons Einspruch geändert, derart daß durch die Einfügung des Wortes "tanquam" die Möglichkeit dieser fälschlichen Identifizierung korrigiert wurde. Die sorgfältige Untersuchung der im Umfeld der Leibniz-Newton-Debatte geführten Korrespondenz sowie der Aufzeichnungen Newtons und Clarkes durch Koyré und Cohen ergab, daß Newton das Wort "Sensorium" nicht als Bezeichnung für ein Organ, sondern als Ort der Wahrnehmung verstanden wissen und im Falle Gottes – im Unterschied zu Mensch und Tier – die Gleichzeitigkeit resp. Unmittelbarkeit dieser Wahrnehmung fixieren wollte. Daher die Formulierungen "as it were the Sensory" [S. Clarke, zweite Erwiderung an Leibniz, vgl. A. Koyré and I. B. Cohen, The Case of the Missing *Tanquam*, a. a. O., S. 561] oder "which is as it were His Sensorium (or Place of Perception)" [Clarkes englische Übersetzung der lateinischen Optik-Version in einem Brief an Leibniz, vgl. A. Koyré and I. B. Cohen, The Case of the Missing *Tanquam*, a. a. O., S. 562]. Eine Passage der Frage 31 (der Query XXIV in der lateinischen Fassung der ersten Auflage) schließt zudem explizit die Interpretation des Raumes als Organ Gottes aus.

Newton schreibt dort: "Eine solche wundervolle Gesetzmässigkeit im Planetensystem muss einer bestimmten Sorgfalt und Auswahl entsprechen. Und ebenso die Gleichförmigkeit in den Körpern der Thiere ... der Instinkt der Insekten, wie der wilden Thiere, kann nur entstanden sein durch die Weisheit und Intelligenz eines mächtigen, ewig lebenden Wesens, welches allgegenwärtig die Körper durch seinen Willen in seinem unbegrenzten, gleichförmigen Empfindungsorgane zu bewegen und dadurch die Theile des Universums zu bilden und umzubilden vermag, besser, als wir durch unseren Willen die Theile unseres eigenen Körpers zu bewegen im Stande sind. Und doch dürfen wir die Welt nicht als den Körper Gottes und ihre Theile als Theile von Gott betrachten. Er ist ein einheitliches Wesen ohne Organe, Glieder oder Theile, und Jenes sind seine Kreaturen, ihm unterworfen und seinem Willen dienend; er ist eben so wenig ihre Seele, als die Seele eines Menschen die Seele ist von den Bildern der Aussenwelt, die durch seine Sinnesorgane in ihm zur Wahrnehmung gelangen, wo er sie durch seine unmittelbare Gegenwart, ohne Zwischenkunft eines dritten Dinges wahrnimmt. Die Sinnesorgane dienen nicht dazu, dass die Seele die Bilder der Aussenwelt in ihrem Empfindungsorgane wahrnimmt, sondern nur, um sie dorthin zu leiten; Gott hat solche

Organe nicht nöthig, da er bei den Dingen überall allgegenwärtig ist." [I. Newton, Optik a. a. O., Bd. 97, S. 146 (Frage 31).]

Oder in einer anderen Übersetzung: "Solch eine wundervolle Gleichförmigkeit im Planetensystem muß als bevorzugt angesehen werden. Und so muß die Gleichförmigkeit in den Körpern der Lebewesen geartet sein, ... und [kann] der Instinkt der wilden Tiere und der Insekten durch nichts anderes als durch die Weisheit und Kunstfertigkeit eines mächtigen immerseienden Akteurs bewirkt sein, der allgegenwärtig ist und der fähiger ist, durch seinen Willen die Körper mit seinem grenzenlosen gleichförmigen Sensorium zu bewegen und hierbei die Teile des Universums zu bilden und umzubilden, als wir es sind, um durch unseren Willen die Teile unseres eigenen Körpers zu bewegen. Und dennoch dürfen wir nicht die Welt für den Körper von Gott halten oder ihre verschiedenen Teile für Teile von Gott. Er ist ein einheitliches Wesen ohne Organe, Glieder oder Teile, und sie sind seine Kreaturen, ihm untergeordnet und seinem Willen unterworfen; und er ist ebensowenig ihre Seele, wie die Seele des Menschen die Seele der Spezifik der Dinge ist, die durch die Sinnesorgane an den Ort der Wahrnehmung geleitet wird, wo sie sie mittels ihrer unmittelbaren Gegenwart wahrnimmt, ohne daß ein drittes Ding dazwischentritt. Die Sinnesorgane sind nicht dazu da, die Seele zu befähigen, die Spezifik der Dinge in ihrem Sensorium wahrzunehmen, sondern nur dazu, sie dorthin zu leiten; und Gott benötigt solche Organe nicht, da er überall in den Dingen gegenwärtig ist." [I. Newton, Optik, in Auszügen übersetzt und hrsg. in: H.-H. v. Borzeszkowski und R. Wahsner, Newton und Voltaire, a. a. O., S. 169 f. (Frage 31).]

Der englische Urtext lautet: "Such a wonderful Uniformity in the Planetary System must be allowed the Effect of Choice. And so must the Uniformity in the Bodies of Animals, ... and the Instinct of Brutes and Insects, can be the effect of nothing else than the Wisdom and Skill of a powerful ever-living Agent, who being in all Places, is more able by his Will to move the Bodies within his boundless uniform Sensorium, and thereby to form and reform the Parts of the Universe, than we are by our Will to move the Parts of our own Bodies. And yet we are not to consider the World as the Body of God, or the several Parts thereof, as the Parts of God. He is an uniform Being, void of Organs, Members or Parts, and they are his Creatures subordinate to him, and subservient his Will; and he is no more the Soul of them, than the Soul of Man is the Soul of the Species of Things carried through the Organs of Sense into the place of its Sensation, where it perceives them by means of its immediate Presence, without the Intervention of any third thing. The Organs of Sense are not for enabling the Soul to perceive the Species of Things in its Sensorium, but only for conveying them thither; and God has no need of such Organs, he being every where present to the Things themselves." [I. Newton, Opticks, a. a. O., S. 402-403 (Query 31).]

Die Auffassung, Newton habe den Raum als Sensorium Gottes bestimmt, wenn auch nur *gleichsam*, trifft Newtons Standpunkt – berücksichtigt man die Gesamtheit seiner Äußerungen über die Beziehung "Gott – Raum" resp. den Geist seines diesbezüglichen Konzepts – nicht. Eher ist die Einfügung "tanquam" als nicht ganz glückliche, aber aufgrund der Umstände kurz sein müssende Korrektur des Clarkeschen Mißverständnisses zu erkennen.

Doch bereits 1740 hatte man sich auf die Meinung festgelegt: "Im 2ten Cap. betrachtet Neuton den Raum und die Dauer, als Eigenschaften Gottes". (Göttingische Zeitungen von Gelehrten Sachen *II*(1740), 778.) Gegen dieses Vorurteil hat bisher keine sachliche Untersuchung etwas ausrichten können.

13 Vgl. G. W. Leibniz, Brief vom 10. 5. 1715 an die Prinzessin von Wales Wilhelmine Charlotte Caroline zum Beispiel in: Der Leibniz-Clarke-Briefwechsel,

übersetzt und hrsg. von V. Schüller, Berlin 1989, S. 204-206. Zum Zeitpunkt dieses Briefes regierte noch Georg I. Sein Nachfolger Georg II., der Caroline 1705 geheiratet hatte, kam erst 1727 an die Macht.

14 Siehe hierzu: Einleitung, Anm. 51, 52, 116.

15 Siehe Anm. 12.

16 Vermutlich meint Voltaire die Diskussion des Verhältnisses von Äther und (leerem) Raum insbesondere in den Fragen 21-24, 28; siehe auch die Fußnote 36 des Herausgebers der deutschen Ausgabe der "Optik" von 1898 sowie I. B. Cohen, Preface to I. Newton, Opticks, a. a. O., S. XXXIII-XXXV; vgl. auch R. Wahsner und H.-H. v. Borzeszkowski, Die Wirklichkeit der Physik. Studien zu Idealität und Realität in einer messenden Wissenschaft, Frankfurt a. M./ Berlin/ Bern/ New York/ Paris/ Wien 1992, S. 29-40.

17 Im "Scholium generale" erklärt Newton: "Es folgt hieraus, dass der wahre Gott ein lebendiger, einsichtiger und mächtiger Gott, dass er über dem Weltall erhaben und durchaus vollkommen ist. Er ist ewig und unendlich, allmächtig und allwissend, d. h. er währt von Ewigkeit zu Ewigkeit, von Unendlichkeit zu Unendlichkeit, er regiert alles, er kennt alles, was ist oder was sein kann. Er ist weder die Ewigkeit noch die Unendlichkeit, aber er ist ewig und unendlich; er ist weder die Dauer noch der Raum, aber er währt fort und ist gegenwärtig; er währt stets fort und ist überall gegenwärtig, er existirt stets und überall, er macht den Raum und die Dauer aus. Da jedes Theilchen des Raumes beständig existirt, und jeder untheilbare Moment der Dauer überall fortwährt; so kann man nicht behaupten, dass derjenige, welcher der Herr und Verfertiger aller Dinge ist, nie und nirgend existire. ... Es ist klar, dass der höchste Gott nothwendig existire, und vermöge derselben Nothwendigkeit existirt er überall und zu jeder Zeit." [I. Newton, Mathematische Principien der Naturlehre, a. a. O., S. 509 f. (III. Buch, § 61).]

18 Siehe hierzu: Einleitung, Anm. 143, 150, 216.

19 Es war ein Mißbrauch, indem sie die Bezeichnung "lacédémone" von dem Wort "larcin" = "kleiner Diebstahl" ableiteten.

20 Actorum Eruditorum Supplementa (1721), 500-514. Der Text ist betitelt: "Principia philosophiae autore G. G. Leibnitio".

21 Anmerkung des deutschen Übersetzers der "Metaphysik des Neuton".

22 Zu Voltaires Mißverständnis des Newtonschen Atomismus siehe: Einleitung, Anm. 143, 150, 216.

23 Dies ist zweifellos wahr: Das Ganze ist nicht lediglich die Summe seiner Teile. Aber die Kluft, die Voltaire zwischen dem Endlichen und dem Unendlichen sieht, besteht so – wie späterhin Kant und in anderer Weise die ihm nachfolgende dialektische Philosophie gezeigt haben – nicht. Voltaires Sicht ist allerdings eine

notwendige Folge seiner Ablehnung von Metaphysik. (Siehe hierzu die Seiten 64-69 der Einleitung, insbes. auch Anm. 219.

24 Siehe hierzu: Einleitung, Anm. 120.

25 Vermutlich ist das Werk gemeint: Lettres de M. Descartes, 3 Bde., Paris 1657-1667. Vgl. auch: R. Descartes, Die Welt von René Descartes oder Abhandlung über das Licht, übersetzt und hrsg. von G. M. Tripp, Berlin 1989, S. 113-121 (Kapitel XIV. Über die Eigenschaften des Lichts).

26 Gemeint ist N. A. Pluche, dessen achtbändiges Werk "Le spectacle de la nature" von 1732-1750 erschien (deutsch: "Das Schauspiel der Natur", Frankfurt/ Leipzig u. a. 1753 ff.). Voltaire bezieht sich auf dieses Werk auch in der "Verteidigung des Newtonianismus" sowie in seiner Schrift "Der unwissende Philosoph". (Über dieses Werk siehe, A. Kleinert, Die allgemeinverständlichen Physikbücher der französischen Aufklärung, Aarau 1974, S. 110-121.) Vgl. auch Anm. 5 zur "Verteidigung des Newtonianismus".

27 Es handelt sich um Samuel Molyneux, den Sohn von William Molyneux, und den bekannten Instrumentenbauer George Graham. Zur Erläuterung siehe: The Dictionary of National Biography, From the Earliest Time to 1900, hrsg. von Sir Leslie Stephen and Sir Sidney Lee, Oxford 1993, Bd. XIII, S. 583.

28 1 Pariser Linie = 1/12 Pariser Zoll = 2,2558 mm.

29 Der zitierte Titel konnte bislang nicht ermittelt werden.

30 Es handelt sich vermutlich um L. B. Castel. Vgl. Anm. 5 zur "Verteidigung des Newtonianismus".

31 Die Frage, ob ein Blinder, der plötzlich sehen kann, eine Kugel und einen Kubus, die er durch Tastwahrnehmung kennt, nur mit dem Sehsinn unterscheiden kann, wird als Molyneuxsches Problem bezeichnet. William Molyneux, dessen "Dioptrica Nova" 1692 in London erschien und später ein Standardwerk der Optik wurde, hatte 1688 diese Frage gestellt. Sie wurde sofort lebhaft aufgegriffen und spielte während der gesamten Aufklärung eine wichtige Rolle. Man diskutierte mit ihr den Zusammenhang verschiedener Sinne und den zwischen Sinnen und Begriffen, die Rolle der Wahrnehmung für den Erkenntnisprozeß, die Existenz angeborener Ideen sowie das Verhältnis von Ich und Außenwelt. Locke, Berkeley, Condillac und vor allem Diderot mit seinem "Brief über die Blinden" machten sie zum Gegenstand ihrer Konzepte. (Vgl. E. Cassirer: Die Philosophie der Aufklärung, Tübingen 1932, S. 149-160; ders., Das Erkenntnisproblem in der Philosophie und Wissenschaft der neueren Zeit, Darmstadt 1994 (Reprint), Bd. II, S. 282-284; F. Ueberweg, Grundriß der Geschichte der Philosophie, neu bearbeitete Ausgabe, Bd. 3, Basel 1988, S. 735-738. 800 f.)

32 In der Kehler Ausgabe wird auf die Fußnote 15 verwiesen, was aber offensichtlich ein Druckfehler ist.

33 In den einleitenden "Erklärungen" zu seinen "Prinzipien" schreibt Newton: "Die Benennung: Anziehung, Stoss oder Hinneigung gegen den Mittelpunkt nehme ich ohne Unterschied und untereinander vermischt an, indem ich diese Kräfte nicht im physischen, sondern nur im mathematischen Sinne betrachte. Der Leser möge daher aus Bemerkungen dieser Art nicht schliessen, dass ich die Art und Weise der Wirkung oder die physische Ursache erklären, oder auch dass ich den Mittelpunkten (welche geometrische Punkte sind) wirkliche und physische Kräfte beilege, indem ich sage: die Mittelpunkte ziehen an, oder es finden Mittelpunktskräfte statt." (I. Newton, Mathematische Principien der Naturlehre, a. a. O., S. 25.)

34 Vgl. J. Kepler, Epitomes astronomiae copernicanae, Liber quartus, in: Johannes Kepler, Gesammelte Werke, hrsg. von Max Caspar, Bd. 7. Epitome astronomiae copernicanae, München 1991.

35 Vermutlich bezieht sich Voltaire auf die folgende Textstelle: "Ist nicht das Medium in der Sonne, den Sternen, Planeten und Kometen viel dünner, als in den leeren Himmelsräumen zwischen ihnen? Wird es nicht in grossen Entfernungen von ihnen beständig immer dichter und dichter und verursacht dadurch die gegenseitige Gravitation solcher grossen Körper und ihrer Theile, weil jeder Körper von dem dichteren Theile des Mediums nach dem dünneren zu gehen strebt? ... ist kein Grund vorhanden, warum dieses Wachsen der Dichte irgendwo aufhören und nicht vielmehr durch alle Entfernungen von der Sonne bis zum Saturn und darüber hinaus sich fortsetzen sollte. Wenn auch dieses Wachsen der Dichte bei grossen Entfernungen ausserordentlich gering sein mag, so reicht es doch hin, wenn die elastische Kraft des Mittels ausserordentlich gross ist, um die Körper von den dichteren nach den dünneren Theilen des Mediums zu treiben mit aller der Kraft, welche wir Gravitation nennen. ... Daher muss die elastische Kraft dieses Mediums im Verhältniss zu seiner Dichte über 700 000 × 700 000 (d. i. über 490 000 000 000)mal grösser sein, als die elastische Kraft der Luft im Verhältniss zu ihrer Dichte. Denn die Geschwindigkeiten der Stösse des elastischen Mediums sind proportional der Quadratwurzel aus der Elasticität und Dichte des Mediums zusammengenommen." [I. Newton, Optik, a. a. O., Bd. 97, S. 109 f. (Frage 21).] Eventuell hat Voltaire auch eine spätere Passage im Blick: "Aus diesem Beispiele erhellt, dass Bewegung gewonnen oder verloren werden kann. Aber wegen der Zähigkeit der Flüssigkeiten und der Reibung ihrer Theilchen und der schwachen Elasticität der festen Körper wird viel mehr Bewegung verloren, als gewonnen, so dass sie beständig in Abnahme begriffen ist. Denn Körper, die absolut hart sind oder so weich, dass sie aller Elasticität entbehren, werden nicht von einander zurückprallen; ihre Undurchdringlichkeit hält nur ihre Bewegung auf. Wenn zwei gleiche Körper im luftleeren Raume direct zusammenstossen, so werden sie zufolge der Bewegungsgesetze alle ihre Bewegung verlieren und zur Ruhe kommen, ausser wenn sie elastisch sind und von ihrem Anprall neue Bewegung erhalten. ... Da wir also sehen, dass die verschiedenen Bewegungen, die wir in der Welt vorfinden, in stetiger Abnahme begriffen sind, so liegt die Nothwendigkeit vor, sie durch thätige Principe zu erhalten und zu ergänzen, wie eine solches die Ursache der Schwerkraft ist, durch welche die Planeten und Kometen in der Bewegung auf ihren Bahnen erhalten werden und die Körper ihre grosse Fallgeschwindigkeit erreichen, ferner die Ursache der Gährung, welche Herz und Blut der Thiere in immerwährender Bewegung und Wärme, das Erdinnere beständig warm, an manchen Stellen sogar sehr heiss erhält, durch welche die Körper brennen und leuchten, die Berge in Feuer entflammen, die Höhlen in der Erde aufgetrieben werden

und die Sonne beständig aufs Heftigste glüht und leuchtet und mit ihrem Lichte Alles erwärmt." [I. Newton, Optik, a. a. O., Bd. 97, S. 142 f. (Frage 31).]

36 Eine ausführliche Beschreibung der hier zitierten Pendelexperimente findet sich unter dem Stichwort "Pendel" in: Allgemeine Enzyklopädie der Wissenschaften und Künste, hrsg. von J. S. Ersch und J. G. Gruber, Dritte Section, Leipzig 1844 (siehe insbes. S. 456).

37 Wörtlich schreibt Newton gemäß der Wolfersschen Übersetzung und einschließlich der von Voltaire zwischen den beiden Zitaten ausgelassenen Sätze: "Ich habe bisher die Erscheinungen der Himmelskörper und die Bewegungen des Meeres durch die Kraft der Schwere erklärt, aber ich habe nirgends die Ursache der letzteren angegeben. Diese Kraft rührt von irgend einer Ursache her, welche bis zum Mittelpunkte der Sonne und der Planeten dringt, ohne irgend etwas von ihrer Wirksamkeit zu verlieren. Sie wirkt nicht nach Verhältniss der Oberfläche derjenigen Theilchen, worauf sie einwirkt (wie die mechanischen Ursachen), sondern nach Verhältniss der Menge fester Materie, und ihre Wirkung erstreckt sich nach allen Seiten hin, bis in ungeheure Entfernungen, indem sie stets im doppelten Verhältniss der letzteren abnimmt. Die Schwere gegen die Sonne ist aus der Schwere gegen jedes ihrer Theilchen zusammengesetzt, und sie nimmt mit der Entfernung von der Sonne genau im doppelten Verhältniss der Abstände ab, und dies geschieht bis zur Bahn des Saturns, wie die Ruhe der Aphelien der Planeten beweist; sie erstreckt sich ferner hin zu den äusseren Aphelien der Kometen, wenn diese Aphelien in Ruhe sind.
Ich habe noch nicht dahin gelangen können, aus den Erscheinungen den Grund dieser Eigenschaften der Schwere abzuleiten, und Hypothesen erdenke ich nicht. Alles nämlich, was nicht aus den Erscheinungen folgt, ist eine Hypothese und Hypothesen, seien sie nun metaphysische oder physische, mechanische oder diejenigen der verborgenen Eigenschaften, dürfen nicht in die Experimentalphysik aufgenommen werden." [I. Newton, Mathematische Principien der Naturlehre, a. a. O., S. 511 (III. Buch, § 61).] Siehe auch: Einleitung, Anm. 95.

Verteidigung des Newtonianismus

* Die Zwischentitel stammen nicht von Voltaire, sondern von den Herausgebern der hier zugrunde gelegten Ausgabe.

1 Buffon publizierte 1735 das von ihm übersetzte Werk von Stephen Hales "Vegetable Staticks", das eine nach Berechenbarkeit strebende und auf zahlreichen Experimenten beruhende Pflanzenphysiologie vorstellt, und analysierte in seinem Vorwort die Methode von Hales. Im Jahre 1740 übersetzte und publizierte Buffon Newtons "Fluxions", in dessen Vorwort er die Differenz von Newton und Leibniz hinsichtich des Infinitesimalkalküls diskutierte. Zu der Schrift von Hales vgl. auch I. B. Cohen, Preface to I. Newton, Opticks, a.a. O., XVIII-XIX, sowie Ch. Wolff, Vorrede zu Stephan Hales übersetzten Gewächs-Statick 1748, in Rengerischer Buchhandlung, in: Christian Wolff, Gesammelte Werke, hrsg. von J. École, H. W. Arndt, Ch. A. Corr, J. E. Hofmann und M. Thomann, I. Abteilung. Deutsche Schriften, Bd. 22, Halle 1755, S. 129-134.

2 Gemeint ist die Schrift von J. Banières, Examen et réfutation des Eléments de la philosophie de Newton de M. de Voltaire, Paris 1739.

3 Vgl. P. Musschenbroek, Essai de Physique, Leiden 1739.

4 Diese Bemerkung Voltaires bezieht sich auf das Kapitel XI des Zweiten Teils.

5 Es handelt sich um die Schriften von Noel Antoine Pluche "Le spectacle de la nature", Paris 1732-1750, und "Histoire du ciel considere selon les idees des poetes, des philosophes, et de Moise", Paris 1739. Vgl. auch Anm. 5 zu den "Elementen".

Literatur

Alembert, Abhandlung über Dynamik, hrsg. von A. Korn, Leipzig 1899.

Algarotti, Francesco, Newtons Welt-Wissenschaft für Frauenzimmer oder Unterredungen von dem Licht, von den Farben und von der anziehenden Kraft, Braunschweig 1745.

Ayer, Alfred J., Voltaire. Eine intellektuelle Biographie, Frankfurt a. M. 1987.

Barber, W. H., Introduction to Voltaire's "Traité de métaphysique", in: The Complete Works of Voltaire, hrsg. von W. H. Barber and Ulla Kölving, Bd. 14, Oxford 1989, S. 359-411.

Bergmann, Peter Gabriel, Cosmology as a science, Foundations of Physics *1* (1970), 17-22.

Bergner, Tilly, Voltaire. Leben und Werk eines streitbaren Denkers, Berlin 1976.

Besterman, Theodore, Voltaire, aus dem Englischen übersetzt von Siegfried Schmitz, München 1971.

Bois-Reymond, Emil du, Voltaire als Naturforscher, in: Reden von Emil du Bois-Reymond. Erste Folge. Literatur – Philosophie – Zeitgeschichte, Leipzig 1886, S. 1-32.

– Zu Diderots Gedächtnis, in: Reden von Emil du Bois-Reymond. Erste Folge. Literatur – Philosophie – Zeitgeschichte, Leipzig 1886, S. 518-532.

– Brief an Eugen Dreher, zitiert nach Eugen Dreher, Die Grundlagen der exakten Naturwissenschaft im Lichte der Kritik, Dresden 1900.

Bondi, Hermann, Cosmology, Cambridge 1952.

Borzeszkowski, Horst-Heino v., Bemerkungen zum Verhältnis von Newton und Locke, in: Locke-Kolloquium. Halle 1985, Kongreß und Tagungsberichte der Martin-Luther-Universität Halle-Wittenberg, Halle 1988.

Borzeszkowski, Horst-Heino v., und Wahsner, Renate, Die Mechanisierung der Mechanik. Rezeption und Popularisierung der klassischen Mechanik durch Voltaire, in: Newton-Studien, Berlin 1978.

– Kosmologie – Physik oder Metaphysik?, Deutsche Zeitschrift für Philosophie *26* (1978), 242-246.

– Erkenntnistheoretischer Apriorismus und Einsteins Theorie. Einstein in seiner Beziehung zu Newton und Kant, Deutsche Zeitschrift für Philosophie *27* (1979), 213-221.

– Newton und Voltaire. Zur Begründung und Interpretation der klassischen Mechanik, Berlin 1980.

– Über die Notwendigkeit der Philosophie für die Naturwissenschaft, in: Dialektik 1. Beiträge zu Philosophie und Wissenschaften. Orientierungen der Philosophie, hrsg. von Bernhard Heidtmann, Köln 1980.

– Die Metaphysizierung der Physik, in: Weltanschauung und Denkweise, hrsg. von Hubert Horstmann, Berlin 1981.

– Noch einmal über das Bedürfnis der Naturwissenschaften nach Philosophie, in: Dialektik 5. Beiträge zu Philosophie und Wissenschaften. Darwin und die Evolutionstheorie, hrsg. von Kurt Bayertz, Bernhard Heidtmann und Hans-Jörg Rheinberger, Köln 1982.

– Did the Nonlinear Irreversible Thermodynamics Revolutionize the Classical Time Conception of Physics? Foundations of Physics *14* (1984), 653-670.

– Erwin Schrödingers Subjekt- und Realitätsbegriff, Deutsche Zeitschrift für Philosophie *35* (1987), 1109-1118.

– Evolutionism as a Modern Form of Mechanicism, Science in Context *2* (1988), 287-306.

– Physikalischer Dualismus und dialektischer Widerspruch. Studien zum physikalischen Bewegungsbegriff, Darmstadt 1989.

– Stichwörter "Kosmologie", "Kosmos", in: Europäische Enzyklopädie zu Philosophie und Wissenschaften, hrsg. von Hans Jörg Sandkühler, Hamburg 1990.

– Messung als Begründung oder Vermittlung? Ein Briefwechsel mit Paul Lorenzen über Protophysik und ein paar andere Dinge, hrsg. und geführt von Horst-Heino v. Borzeszkowski und Renate Wahsner, Sankt Augustin 1995.

– Not Even Classical Mechanics Is Mechanistic, in: Einstein meets Magritte. An Interdisciplinary Conference on Science and Society, hrsg. von Diederik Aerts, Yellow Book. Worldviews and the Problem of Synthesis. Dordrecht: Kluwer Academic Publishers (im Druck).

Boswell, James, Besuch bei Rousseau und Voltaire, Frankfurt a. M. 1990.

Brockmeier, Peter, Desné, Roland, und Voss, Jürgen, (Hg.), Voltaire und Deutschland. Quellen und Untersuchungen zur Rezeption der Französischen Aufklärung. Internationales Kolloquium der Universität Mannheim zum 200. Todestag Voltaires, mit einem Geleitwort von Alfred Grosser, Stuttgart 1979.

Brunet, Pierre, Maupertuis, Paris 1929.

– L'introduction des théories de Newton en France an XVIIIe siècle, Paris 1931.
– La vie et l'oeuvre de Clairaut, Paris 1952.
Cassirer, Ernst, Die Philosophie der Aufklärung, Tübingen 1932.
– Newton and Leibniz, The Philosophical Review *II* (1943), No. 310.
– Substanzbegriff und Funktionsbegriff. Untersuchungen über die Grundfragen der Erkenntniskritik, Darmstadt 1990.
– Das Erkenntnisproblem in der Philosophie und Wissenschaft der neueren Zeit, Darmstadt 1994 (Reprint), Bd. I-IV.
Chandrasekar, S., and Johnson, W., Voltaire's contribution to the spread of Newtonianism – I. Letters from England: Les lettres philosophiques; II. Élémens de la philosophie de Neuton: The elements of the philosophy of Sir Isaac Newton, International Journal of mechanical sciences, *32* (1990), 423-453, 521-546.
Chandrasekhar, Subrahmanyan, Newton's Principia for the common reader, Oxford 1995.
Châtelet, Gabrielle-Émilie, Brief an an Charles Augustin Ferriol Comte d'Argental vom Januar 1737, in: Voltaire, Correspondence and Related Documents, a. a. O., Bd.88, S. 210-213 (D 1265) (deutsch in: Briefe des alten Frankreich, übertragen und hrsg. von Werner Langer, Leipzig 1941, S. 254-256).
Clarke, Samuel, Abhandlung von dem Daseyn und den Eigenschaften Gottes, von den Verbindlichkeiten der Natürlichen Religion, und der Wahrheit und Gewißheit der Christlichen Offenbarung, aus dem Englischen übersetzt und mit einer Lebensbeschreibung begleitet von Benjamin Sarum, Braunschweig und Hildesheim 1756.
– Briefwechsel mit Leibniz, in: Gottfried Wilhelm Leibniz, Hauptschriften zur Grundlegung der Philosophie, übersetzt von Artur Buchenau, durchgesehen und hrsg. von Ernst Cassirer, Hamburg 1966, Bd. I (auch: Der Leibniz-Clarke-Briefwechsel, hrsg. von Volkmar Schüller, Berlin 1989).
Cohen, I. Bertrand, Preface to I. Newton, Opticks, a. a. O., S. IX-LVIII.
– Introduction to Newton's Principia, Cambridge 1972.
Condorcet, Marie Jean Antoine Nicolas Caritat, Marquis de, Avertissement des editeurs, in: Oeuvres complètes de Voltaire, Tome trente-uniéme, De l'imprimerie de la société littéraire-typographieque 1784 [hier S. 81-88].
– Vie de Voltaire, in: Oeuvres complètes de Voltaire, Tome soixante-dixime, De l'imprimerie de la société littéraire-typographieque 1789.
– Brief an Jen François de La Harpe vom Juni 1774, in: Voltaire, Correspondence and Related Documents, a. a. O., Bd. 125, S. 23-25 (D 18991) (deutsch in: Theodore Besterman, Voltaire, a. a. O., S. 158).
Desaguliers, John Theophilus, The Newtonian System of the World, the Best Model of Government: An Allegorical Poem, London and Westminster 1728.
Descartes, René, Regeln zur Ausrichtung der Erkenntniskraft, Berlin 1972.
– Von der Methode des richtigen Vernunftgebrauchs und der wissenschaftlichen Forschung, in: René Descartes, Philosophische Schriften in einem Band, mit einer Einführung von Rainer Specht und "Descartes' Wahrheitsbegriff" von Ernst Cassirer, Hamburg 1996.
Diehl, Robert, Beaumarchais als Nachfolger Baskervilles. Entstehungsgeschichte der Kehler Voltaire-Ausgabe in Baskerville-Typen, Frankfurt a. M. 1925.
Dijksterhuis, Eduard Jan, Die Mechanisierung des Weltbilds, Berlin/ Göttingen/ Heidelberg 1956.
Duhem, Pierre, Die Wandlungen der Mechanik und der mechanistischen Naturerklärung, Leipzig 1912.
Duvernet, Théophile Imarigeon, La Vie de Voltaire, Genf 1786.
Erdmann, Johann Eduard, Versuch einer wissenschaftlichen Darstellung der Geschichte der neuern Philosophie, Faksimile-Neudruck der Ausgabe Leipzig 1834-1853 in sieben Bänden, Stuttgart 1982, Bd. III.
Fehér, Márta, The triumphal march of a paradigm. Algarotti, ambassador of the Newtonian Empire, in: dies., Changing tools. Case studies in the history of scientific methodology, Budapest 1995.
Fontenelle, Bernard, Dialog über die Vielheit der Welten, in: ders., Philosophische Neuigkeiten für Leute von Welt und für Gelehrte. Ausgewählte Schriften, Leipzig 1989.
– Eloge auf Newton, in: ders., Philosophische Neuigkeiten für Leute von Welt und für Gelehrte. Ausgewählte Schriften, Leipzig 1989.
Fontius, Martin, Literaturkritik im "Zeitalter der Kritik", in: Französische Aufklärung. Bürgerliche Emanzipation, Literatur und Bewußtseinsbildung, Leipzig 1979.
– Voltaire – Proteus der Schriftsteller, Einleitung zu : Voltaire – Erzählungen. Dialoge. Streitschriften, hrsg. von Martin Fontius, Berlin 1981.

– Voltaire. Ein Lesebuch für unsere Zeit, Berlin/ Weimar 1989.
Fromm, Hans, Bibliographie deutscher Übersetzungen aus dem Französischen 1700-1948, Baden-Baden 1950-1953.
Goenner, Hubert, Erkenntnistheoretische und begriffsgeschichtliche Vorbemerkungen, in: ders., Einführung in die Kosmologie, Heidelberg/ Berlin/ Oxford 1994.
Goethe, Johann Wolfgang v., Ausgewählte Schriften über die Natur, Weimar 1961.
Gottsched, Johann Christoph, Der Werke des Herrn von Voltaire sechster Band, in: Neuer Büchersaal der schönen Wissenschaften und der freyen Künste *1* (1745), 30-52.
– Historische Lobschrift weiland Herrn geheimen Raths und Kanzlers, Freyherrn von Wolff, in: Christian Wolff, Gesammelte Werke, hrsg. von J. École, H. W. Arndt, Ch. A. Corr, J. E. Hofmann und M. Thomann, I. Abteilung. Deutsche Schriften, Bd.10. Biographie, Leipzig/ Breslau 1739, Leipzig 1841, Halle 1755.
Guerlac, Henry, Newton on the Continent, Ithaca and London 1981.
Hall, Alfred Rupert, and Hall, Marie Boas, Clarke and Newton, Isis *52* (1961), 583-585.
Harnack, Adolf, Geschichte der Königlich Preußischen Akademie der Wissenschaften zu Berlin, Erster Bd., Berlin 1900.
Hegel, Georg Wilhelm Friedrich, Enzyklopädie der philosophischen Wissenschaften im Grundrisse, in: Werke in 20 Bden., auf der Grundlage der Werke von 1832-1845 neu edierte Ausgabe, Frankfurt a. M. 1986, Bde. 8-10.
– Vorlesungen über die Geschichte der Philosophie, Bde. I-III, in: Werke, Bde. 18-20.
– Jenaer Systementwürfe III. Naturphilosophie und Philosophie des Geistes, hrsg. von Rolf-Peter Horstmann, Hamburg 1987.
Helmholtz, Hermann v., Über das Ziel und die Fortschritte der Naturwissenschaft. Eröffnungsrede für die Naturforscherversammlung zu Innsbruck im Jahre 1869, in: Vorträge und Reden von Hermann von Helmholtz, Bd. I, Braunschweig 1896.
Hertz, Heinrich, Einleitende Übersicht, in: Gesammelte Werke von Heinrich Hertz, hrsg. von Ph. Lenard, Leipzig 1894, Bd. II.
– Die Prinzipien der Mechanik, in: Gesammelte Werke von Heinrich Hertz, a. a. O., Bd. III.
Huygens, Christiaan, Oeuvres Complétes de Christiaan Huygens, publiées par la Société hollandaise des Sciences, 22 Bde., La Haye 1888-1950, insbes. Bd. IX, S. 190-191, 521-527, 536-540; Bd. X, S. 4225-432; XXI, 377-382.
Kant, Immanuel, Gedanken von der wahren Schätzung der lebendigen Kräfte und Beurtheilung der Beweise deren sich Herr von Leibnitz und andere Mechaniker in dieser Streitsache bedient haben, nebst einigen vorhergehenden Betrachtungen welche die Kraft der Körper überhaupt betreffen, in: Immanuel Kant, Werke in 12 Bdn., hrsg. von Wilhelm Weischedel, Frankfurt a.M 1968, Bd. I.
– Der Gebrauch der Metaphysik, sofern sie mit der Geometrie verbunden ist, in der Naturphilosophie, dessen erste Probe die physische Monadologie enthält, in: Immanuel Kant, Werke in 12 Bdn., hrsg. von Wilhelm Weischedel, Frankfurt a.M 1968, Bd. II.
Kepler, Johannes, Epitome astronomiae copernicanae, in: Johannes Kepler, Gesammelte Werke, hrsg. von Max Caspar, München 1991.
Kleinert, Andreas, Die allgemeinverständlichen Physikbücher der französischen Aufklärung, Aarau 1974.
Klemperer, Victor, Einleitung zu: Voltaire, Sämtliche Romane und Erzählungen in zwei Bänden, übersetzt von Ilse Lehmann, mit einer Einleitung von Victor Klemperer, Leipzig 1960.
Koch, Otto Julius, Voltaires "Diatribe", Bremen 1991.
Korff, Hermann August, Voltaire im literarischen Deutschland des XVIII. Jahrhunderts. Ein Beitrag zur Geschichte des deutschen Geistes von Gottsched bis Goethe, Heidelberg 1917.
Koyré, Alexandre, and Cohen, I. Bernard, The Case of the Missing *Tanquam*: Leibniz, Newton & Clarke, Isis *52* (1961), 555-566.
– Newton and the Leibniz-Clarke correspondence with notes on Newton, Conti and Des Maizeaux, Archives internationales d'histoire des sciences *15* (1962), 63-126.
Krauss, Werner, Werk und Wort, Berlin 1972.
Lange, Friedrich Albert, Geschichte des Materialismus, Leipzig 1902.
Laplace, Pierre Simon de, Philosophischer Versuch über die Wahrscheinlichkeit, hrsg. von R. v. Mises, Leipzig 1932.
Laßwitz, Kurd, Geschichte der Atomistik, Hamburg/ Berlin 1890.
Leibniz, Gottfried Wilhelm, Briefwechsel mit Clarke, in: Gottfried Wilhelm Leibniz, Hauptschriften zur Grundlegung der Philosophie, übersetzt von Artur Buchenau, durchgesehen und hrsg. von Ernst

Cassirer, Hamburg 1966, Bd. I (auch: Der Leibniz-Clarke-Briefwechsel, hrsg. von Volkmar Schüller,Berlin 1989).
Leithäuser, Joachim G., Voltaire. Leben & Briefe. Bericht eines großen Lebens, Briefe ausgewählt und übersetzt von Theophile Sauvageot, Essen nach 1961.
Lepape, Pierre, Voltaire. Oder die Geburt der Intellektuellen im Zeitalter der Aufklärung, Frankfurt a. M./ New York 1996.
Lessing, Gotthold Ephraim, Grabschrift auf Voltaire, in: Lessing's Werke, in 20 Theilen, Berlin 1868 ff., Erster Theil. Gedichte und Fabeln, S. 154.
Ley, Hermann, Voltaires militante Aufklärung, in: ders., Geschichte der Aufklärung und des Atheismus, Bd. 4/2, Berlin 1984.
Libby, Margaret Sherwood, The attitude of Voltaire to magic and the sciences, New York 1935.
Locke, John, Über den menschlichen Verstand, Berlin 1962, Bd. II.
Mahrenholtz, Richard, Voltaire im Urteile der Zeitgenossen, Berlin 1883.
Martin, Benjamin, Philosophia Britannica oder neuer und faßlicher Lehrbegriff der Newtonschen Weltweisheit, Astronomie und Geographie in zwölf Vorlesungen ..., aus dem Englischen übersetzt, mit einer Vorrede von August Gotthelf Kästner, Leipzig 1778.
Marx, Karl, Hefte zur epikureischen, stoischen und skeptischen Philosophie, in: Karl Marx und Friedrich Engels, Werke, Ergänzungsband. Erster Teil, Berlin 1968.
Newton, Isaac, Mathematische Principien der Naturlehre, hrsg. von J. Ph. Wolfers, Berlin 1872.
– Opticks or a Treatise of the Reflections, Refractions, Inflections and Colours of Light, with a foreword by Albert Einstein, an introduction by Sir Edward Whittaker, a preface by I. Bernard Cohen, Dover 1952.
– Optik oder Abhandlung über Spiegelungen, Brechungen, Beugungen und Farben des Lichts, übersetzt und hrsg. von Gaston William Abendroth, Leipzig 1898 (Bde. 96 und 97 der Reihe "Ostwalds Klassiker der exakten Naturwissenschaften"), Reprint eingeleitet und erläutert von Markus Fierz, Braunschweig 1983.
– Optik, in Auszügen übersetzt und hrsg. in: Horst-Heino. v. Borzeszkowski und Renate Wahsner, Newton und Voltaire. Zur Begründung und Interpretation der klassischen Mechanik, Wissenschaftliche Taschenbücher Texte und Studien, Bd. 123, Berlin 1980.
– Briefe an Richard Bentley, in: Isaac Newton's Papers and Letters on Natural Philosophy, hrsg. von I. Bernard Cohen, Cambridge/ Massachusetts 1958.
– Brief an Henry Oldenburg vom 10. 6. 1672, in: The Correspondence of Isaac Newton, hrsg. von Herbert Westren Turnbull, Cambridge 1959, Bd. I, S. 163-171.
– Brief an Robert Boyle vom 28. 2. 1678/9, in: The Correspondence of Isaac Newton, hrsg. von Herbert Westren Turnbull, Cambridge 1960, Bd. II, S. 288-295.
– Brief an Edmund Halley vom 27. 5. 1686, in: The Correspondence of Isaac Newton, hrsg. von H.erbert Westren Turnbull, Cambridge 1960, Bd. II, S. 433-434.
Orieux, Jean, Das Leben des Voltaire, aus dem Französischen von Julia Kirchner, Frankfurt a. M. 1968.
Pemberton, Henry, A view of Sir Isaac Newton's Philosophy, London 1728.
Rathlef, Ernst Ludwig, Die Geschichte des Herrn Franz Arouet von Voltaire, in: ders., Geschichte Jetztlebender Gelehrten, Siebender Theil, Zelle 1743, S. 29-148.
Rosenberger, Ferdinand, Isaac Newton und seine physikalischen Principien. Ein Hauptstück aus der Entwicklungsgeschichte der modernen Physik, Leipzig 1895.
Ruben, Peter, Mechanik und Dialektik, untersucht am Streit zwischen Cartesianern und Leibnizianern über das wahre Maß der bewegenden Kraft, in: Mikrokosmos – Makrokosmos, Bd. II. Berlin 1967.
– Geschichtliche Bildung und theoretisches Konzept der klassischen bürgerlichen Naturanschauung, in: Naturphilosophie – Von der Spekulation zur Wissenschaft, hrsg. von Herbert Hörz, Rolf Löther und Siegfried Wollgast, Berlin 1969.
Sakmann, Paul, Voltaire in seinen Beziehungen zur Naturwissenschaft, Jahreshefte des Vereins für Mathematik und Naturwissenschaften *8* (1897), 143-154.
– Voltaires Geistesart und Gedankenwelt, Stuttgart 1910.
Schöpf, Hans-Georg, Newton zwischen Geometrie und Erfahrung, in: Gottfried Wilhelm Leibniz im philosophischen Diskurs über Geometrie und Erfahrung, hrsg. von Hartmut Hecht, Berlin 1991.
– Newton zwischen Physik und Theologie, Neue Zeitschrift für Systematische Theologie und Religionsphilosophie, *33* (1991), 262-281.

Schröder Winfried, Gesellschaftliche Gegebenheiten der Literaturproduktion in der sich auflösenden Ständegesellschaft und ihre Konsequenzen für die Aufklärungsphilosophie, in:, Französische Aufklärung. Bürgerliche Emanzipation, Literatur und Bewußtseinsbildung, Leipzig 1979.
Schrödinger, Erwin, Die Natur und die Griechen, Wien 1955.
– Geist und Materie, Braunschweig 1959.
– Die Besonderheit des Weltbildes der Naturwissenschaft, in: ders., Was ist ein Naturgesetz? München/ Wien 1962.
Schüller, Volkmar, Anhang des Herausgebers zu : Der Leibniz-Clarke-Briefwechsel, Berlin 1989 (dieser Band enthält auch viele den Briefwechsel betreffende Korrespondenzen und Dokumente).
Stierle, Karlheinz, Vorwort zu: Voltaire. Aus dem Philosophischen Wörterbuch, hrsg. und eingeleitet von Karlheinz Stierle, Frankfurt a. M. 1967.
Strauß, David Friedrich,Voltaire, neu hrsg. und mit Anmerkungen versehen von Hans Landsberg, Leipzig 1924.
Treder, Hans-Jürgen, Relativität und Kosmos, Berlin 1968.
– Elementare Kosmologie, Berlin 1975.
– Newton und die heutige Physik, in: Newton-Studien, Berlin 1978.
Ueberweg, Friedrich, Grundriß der Geschichte der Philosophie, neu bearbeitete Ausgabe, Bd. 3, Basel 1988.
Voltaire, François Marie, Élémens de philosophie de Newton, in: Oeuvres complètes de Voltaire, Tome trente-uniéme, De l'imprimerie de la société littéraire-typographieque 1784 .
– Die Metaphysik des Neuton oder Vergleichung der Meinungen des Herren von Leibnitz und des Neutons. Von dem Herrn von Voltaire in Französischer Sprache abgefasset und ins Deutsche übersetzt von G. L.M., Bey Christian Friedrich Weygard, Helmstädt 1741.
– Defense du Newtonianisme, in: Oeuvres completes de Voltaire, Tome trente-unième, De l'imprimerie de la société littéraire-typographique 1784.
– Traité de métaphysique, critical edition by W. H. Barber, in: The Complete Works of Voltaire, hrsg. von W. H. Barber and Ulla Kölving, Bd. 14, Oxford 1989, S. 357-509.
– Sammlung verschiedener Briefe des Herrn von Voltaire, die Engelländer und andere Sachen betreffend, Jena 1747.
– Courte réponse aux longs discours d'un docteur Allemand, in: The Complete Works of Voltaire, hrsg. von W. H. Barber and Ulla Kölving, Bd. 15, Oxford 1992, S. 756-762.
– Das Zeitalter Ludwigs XIV., deutsch von Robert Habs, Leipzig 1885.
– Denkwürdigkeiten aus dem Leben des Herrn de Voltaire aufgezeichnet von ihm selbst, Berlin 1983.
– Abbé – Beichtkind – Cartesianer. Philosophisches Wörterbuch, hrsg. von Rudolf Noack, übersetzt von Erich Salewski, Leipzig 1965.
– Die Ohren des Grafen von Chesterfield, in: Voltaire, Sämtliche Romane und Erzählungen in zwei Bänden, übersetzt von Ilse Lehmann, mit einer Einleitung von Victor Klemperer, Leipzig 1960, Bd. II.
– Zadig, in: Voltaire, Sämtliche Romane und Erzählungen in zwei Bänden, Leipzig 1960, Bd. I.
– Mikromegas, in: Voltaire, Sämtliche Romane und Erzählungen in zwei Bänden. a. a. O., Bd. II.
– Der unwissende Philosoph, in: Voltaire – Erzählungen. Dialoge. Streitschriften, a. a. O., Bd. 3.
– Es gilt, sich zu entscheiden, oder das wirkende Prinzip, in: Voltaire – Erzählungen. Dialoge. Streitschriften, a. a. O., Bd. 3.
– Correspondence and Related Documents, definitive edition by Theodore Besterman, in: The Complete Works of Voltaire, hrsg. von W. H. Barber and Ulla Kölving, Bde. 85-135, Institut et Musée Voltaire, Geneve 1968-1977.
– Korrespondenz aus den Jahren 1749-1760, hrsg. von Rudolf Noack, Leipzig 1978.
– Aus dem Briefwechsel Voltaire – Friedrich der Große, hrsg., vorgestellt und übersetzt von Hans Pleschinski, Darmstadt 1992.
– Brief an Georg I., König von England und Irland, vom 6. 10. 1725, in: Correspondence and Related Documents, a. a. O., Bd. 85, S. 267-268 (D 250).
– Brief an Jean Baptiste Nicolas Formont vom Juni 1733, in: Correspondence and Related Documents, a. a. O., Bd. 86, S. 342-343 (D 617).
- Brief an Friedrich II. vom 1. 9. 1736, in: Correspondence and Related Documents, a. a. O., Bd. 88, S. 45 f. (D 1139).(deutsch unter dem Datum 26. 8. 1736 in: Joachim G. Leithäuser, Voltaire. Leben & Briefe. Bericht eines großen Lebens, Briefe ausgewählt und übersetzt von Theophile Sauvageot, a. a. O., S. 398.

– Brief an Charles Augustin Ferriol Comte d'Argental vom 27. 1. 1737, in: Correspondence and Related Documents, a. a. O., Bd. 88, S. 221-222 (D 1270) (deutsch in: Voltaire in seinen schönsten Briefen, ausgewählt, übersetzt und kommentiert von Hermann Missenharter, Stuttgart 1953).
– Brief an Henri Pitot vom 29. 5. 1737, in: Correspondence and Related Documents, a. a. O., Bd. 88, S. 314-315 (D 1332).
– Brief an Friedrich II. vom 1. 9. ? 1738, in: Correspondence and Related Documents, a. a. O., Bd. 89, S. 281-283 (D 1608).(deutsch in: Aus dem Briefwechsel Voltaire – Friedrich der Große, a. a. O., S. 111 f.).
– Brief an Ludwig Martin Kahle (März ?) 1744, in: Correspondence and Related Documents, a. a. O., Bd. 93, S. 78-79 (D 2945).
– Brief an Claude-Adrien Helvétius vom 15. 9. 1763, in: Correspondence and Related Documents, a. a. O., Bd. 110, S. 403-405 (D 11418).
– Brief an die Marquise du Deffand vom 22. 5. 1764, in: Correspondence and Related Documents, a. a. O., Bd. 111, S. 386-388 (D 11883) (deutsch in: Briefe des alten Frankreich, übertragen und hrsg. von Werner Langer, Leipzig 1941, S. 247-249).
– Brief an Horace Walpole vom 15. 7. 1768, in: Correspondence and Related Documents, a. a. O., Bd. 117, S. 449-454 (D15140) (deutsch in: Voltaire in seinen schönsten Briefen, ausgewählt, übersetzt und kommentiert von Hermann Missenharter, Stuttgart 1953).
– Brief an den Marquis de Villevieille vom 26. 8. 1768, in: Correspondence and Related Documents, a. a. O., Bd. 118, S. 33-36 (D 15189) (deutsch in: Briefe des alten Frankreich, übertragen und hrsg. von Werner Langer, Leipzig 1941, S. 249-250).
– Exposition du livre des institutions physiques, Bibliothéque raisonnée *27* (1741), 433.
– Kritische und satirische Schriften, aus dem Französischen übertragen von Karl August Horst, Joachim Timm und Liselotte Ronte, mit einem Nachwort von Fritz Schalk, München 1970.
– Voltaire – Erzählungen. Dialoge. Streitschriften, hrsg. von Martin Fontius, Berlin 1981.

Wade, Ira Owen, Voltaire and Madame du Châtelet. An essay on the intellectual activity at Cirey, Princeton 1941.
– Studies on Voltaire, Princeton 1947.
– Voltaire's Micromégas, Princeton 1950.

Wagner, Fritz, Zur Apotheose Newtons. Künstlerische Utopie und naturwissenschaftliches Weltbild im 18. Jahrhundert, München 1974 (Sitzungsberichte der Bayrischen Akademie der Wissenschaften. Phil.-Hist. Klasse, Jg. 1974, Heft 10).

Wahsner, Renate, Mensch und Kosmos - die copernicanische Wende, Berlin 1978, Einleitung.
– Das Aktive und das Passive. Zur erkenntnistheoretischen Begründung der Physik durch den Atomismus - dargestellt an Newton und Kant, Berlin 1981, Kapitel I und II.
– Bemerkungen zum Verhältnis von Newton und Locke, in: Locke-Kolloquium. Halle 1985, Kongreß und Tagungsberichte der Martin-Luther-Universität Halle-Wittenberg, Halle 1988.
– Eigenschaft und Verhalten - Zur Beziehung von Mathematik und Physik, in: Gravitation und Kosmos. Beiträge zu Problemen der Allgemeinen Relativitätstheorie, hrsg. von R. Wahsner, Berlin 1988.
– Stichwort "Messung", in: Europäische Enzyklopädie zu Philosophie und Wissenschaften, hrsg. von Hans Jörg Sandkühler, Hamburg 1990.
– "Ich bin der Apostel und Märtyrer der Engländer gewesen". Die Repräsentation Newtons durch Voltaire, in: Naturauffassungen in Philosophie, Wissenschaft und Technik. Bd. II: Renaissance und frühe Neuzeit, hrsg. von Lothar Schäfer und Elisabeth Ströker, Freiburg/ München 1994.
– Die Newtonsche Vernunft und ihre Hegelsche Kritik, Deutsche Zeitschrift für Philosophie *43* (1995), 789-800.
– Zur Kritik der Hegelschen Naturphilophie. Über ihren Sinn im Lichte der heutigen Naturerkenntnis, Hegeliana. Studien und Quellen zu Hegel und zum Hegelianismus, hrsg. von Helmut Schneider, Bd. 7, Frankfurt a. M. 1996.

Wahsner, Renate, und Borzeszkowski, Horst-Heino v., Die Wirklichkeit der Physik. Studien zu Idealität und Realität in einer messenden Wissenschaft, Frankfurt a. M./ Berlin/ Bern/ New York/ Paris/ Wien 1992.

Walters, Robert Lowell, Voltaire and the Newtonian universe. A study of the "Eléments de la philosophie de Newton", Diss. Princeton 1954 (siehe auch: Dissertation Abstracts *16* (1956), 540).

Walters, Robert Lowell, and Barber, W. H., Introduction to Volaire's "Eléments de la philosophie de Newton", in: The Complete Works of Voltaire, hrsg. von W. H. Barber and Ulla Kölving, Bd. 15, Oxford 1992, S. 98-140.
Wickert, Johannes, Isaac Newton. Ansichten eines universalen Geistes, München/ Zürich 1983.

Wolff, Christian, Brief vom 1. 10. 1740 an Ernst Christoph v. Manteuffel, in: Heinrich Wuttke, Vorwort zu: Christian Wolffs eigene Lebensbeschreibung, in: Christian Wolff, Gesammelte Werke, hrsg. von J. École, H. W. Arndt, Ch. A. Corr, J. E. Hofmann und M. Thomann, I. Abteilung. Deutsche Schriften, Bd. 10. Biographie, Leipzig/ Breslau 1739, Leipzig 1841, Halle 1755, S. 70.
- Brief an Manteuffel vom 27. 1. 1741, in: Ch. Wolff, Selbstbiographie, hrsg. von H. Wuttke, Leipzig 1841, in: Christian Wolff, Gesammelte Werke, a. a. O., I. Abteilung. Deutsche Schriften, Bd. 10, a. a. O., (zitiert nach: Hermann August Korff, Voltaire im literarischen Deutschland des XVIII. Jahrhunderts, a. a. O., S. 210).
- Brief vom 14. 8. 1740 an Ernst Christoph v. Manteuffel, in: Heinrich Wuttke, Vorwort zu: Christian Wolffs eigene Lebensbeschreibung, in: Christian Wolff, Gesammelte Werke, a. a. O, I. Abteilung. Deutsche Schriften, Bd. 10. a. a. O., S. 69, siehe auch 70-71.
- Christian Wolff, Brief an J. D. Schumacher vom 25. 3. 1741, in: Chritstian Wolff, Gesammelte Werke, a. a. O, I. Abt. Deutsche Schriften, Bd. 16. Briefe von Christian Wolff aus den Jahren 1719-1753, St. Petersburg/ Leipzig 1860, S. 133 f.
- Christian Wolffs eigene Lebensbeschreibung, in: Christian Wolff, Gesammelte Werke, a. a. O, I. Abteilung. Deutsche Schriften, Bd. 10. a. a. O.
- Vorrede zu Stephan Hales übersetzten Gewächs-Statick 1748, in Rengerischer Buchhandlung, in: Christian Wolff, Gesammelte Werke, a. a. O., I. Abteilung. Deutsche Schriften, Bd. 22, Halle 1755.

Wuttke, Heinrich, Vorwort zu: Christian Wolffs eigene Lebensbeschreibung, in: Christian Wolff, Gesammelte Werke, a. a. O., I. Abteilung. Deutsche Schriften, Bd.10.
Zabuesnig, Johann Christoph v., Historische und kritische Nachrichten von dem Leben und den Schriften des Herrn von Voltaire und anderer Neuphilosophen unserer Zeiten, Augsburg 1779.

Zeitschriften

Actorum Eruditorum Supplementa (1721), 500-514.
Bibliothèque française *XXVIII* (1738?), 18, 257-289; *XXXII* (1741), 119-135.
Bibliothéque germanique *XLIII* (1738), 227.
Deutsche Acta Eruditorum *230* (1739), 77-102.
Göttingische Zeitungen von Gelehrten Sachen *I* (1739), 29, 881-882; *II* (1740), 393, 777-782; *III* (1741), Vorrede, 233; *VII* (1745), 67-68.
Journal Littéraire d'Allemagne *I* (1742), 11, 373-395.
Nova Acta Eruditorum (1740), 511-516, 517-518; (1742), 87-93.

Biographische und bibliographische Daten

	Leben Voltaires	Ereignisse in Frankreich und andere wichtige Ereignisse
1685		Aufhebung des Edikts von Nantes, 200000 Protestanten verlassen Frankreich
1689		"Bill of Rights" begründet in England die konstitutionelle Monarchie
1694	Voltaire am 21. November als François-Marie Arouet in Paris geboren	In Frankreich regiert seit 1661 der "Sonnenkönig", Ludwig XIV. – Schloß Versailles, seit 1678 Sitz der Regierung, des Hofes seit 1683, wird fertiggestellt – die Bank von England wird gegründet – "System der Natur" von Leibniz und "Wörterbuch der Académie Française" erscheinen
1695		Marschall de Vauban kritisiert französischen Merkantilismus: erste demographische und wirtschaftliche Statistik in Frankreich
1696		Separatfrieden Frankreichs mit Savoyen
1697	Sein Pate, der Abbé de Châteauneuf, läßt ihn Fabeln von La Fontaine aufsagen	Frankreich verliert Lothringen – Fénelon nach Cambrai verbannt – "Historisch-kritisches Wörterbuch" von Bayle (Bd. I-II) erscheint in Rotterdam
1698		Johann Bernoulli berechnet die kürzesten, die geodätischen, Linien auf einer gekrümmten Fläche – die volkstümliche Himmelskunde von Huygens "Cosmo theoros" erscheint postum
1699		Österreich-Ungarn wird zur europäischen Großmacht – Tod von Racine – Erziehungsroman "Telemach" von Fénelon erscheint – "Eine Untersuchung über die Tugend" von Shaftesbury
1700		Stiftung der Preußischen Akademie der Wissenschaften nach Leibnizens Plan – "Neue Untersuchung über den menschlichen Verstand" von Leibniz
1701	Tod der Mutter	Spanischer Erbfolgekrieg (bis 1713), geführt von England, den Niederlanden und Österreich gegen Frankreich

1702		Letzter Hugenottenkrieg: Aufstand französischer protestantischer Bauern, der Camisards
1703		Peter I. gründet Petersburg
1704	Eintritt in das Gymnasium Louis-le-Grand	Tod Lockes – "Opticks" von Newton
1705		Jakob Bernoulli begründet die Wahrscheinlichkeits- und Variationsrechnung – Halley sagt Wiederkehr des nach ihm benannten Kometen voraus – Leibniz wirft Newton Plagiat der Infinitesimalrechnung vor
1706	Schreibt seine erste (verlorengegangene) Tragödie "Amulius und Numitor" – Sein Pate führt ihn in den um den Großprior Vendôme versammelten Kreis von Libertins und Anhängern des Epikureismus, den "Temple", ein	Tod Bayles
1707		Zwangskurs des Papiergeldes – Marschall Vauban fällt in Ungnade wegen seiner gegen die enorme steuerliche Überbelastung des Volkes gerichteten Schrift "Der Königszehnt" – Vereinigung von Schottland und England zu Großbritannien
1708		Papst Clemens XI. verdammt die Thesen des jansenistischen Theologen Quesnel – "Eine neue Theorie des Sehens" von Berkeley
1710	Sein erstes Werk, die Schrift "Nachahmung von Pater Lejays Ode auf die heilige Genoveva" erscheint	Hungersnot in Frankreich – Zerstörung von Port Royal – Lord Bolingbroke wird englischer Außenminister (bis 1714) – "Théodicée" von Leibniz erscheint – "Abhandlung über die Prinzipien der menschlichen Erkenntnis" von Berkeley
1711	Beendet seine Schulzeit im Louis-le-Grand und wird Student der Rechte	Newcomen konstruiert die erste Dampfmaschine – "Abhandlung über die Kritik" von Pope
1712	Aufgabe des Rechtsstudiums – "Ödipus" begonnen	"Vernünftige Gedanken von den Kräften des menschlichen Verstands" von Wolff
1713	Aufenthalt in Caën – Erregt im Salon der Mme d'Osseville Anstoß durch freies Denken – Folgt dem französischen Botschafter als Sekretär nach Den Haag, verliebt sich in Olympe Dunoyer, die Tochter einer emigrierten Hugenottin; wird nach Paris zurückgeschickt – Der Vater will ihn nach Amerika deportieren lassen – "Ode über die Mißgeschicke der Zeiten"	Papst Clemens XI. erläßt die Bulle "Unigenitus" – Utrechter Frieden Frankreich mit England und den Niederlanden – Ende der politischen HegemonieFrankreichs – "Plan zum ewigen Frieden" von Abbé de Saint-Pierre erscheint

1714	Mißerfolg der "Ode an die Jungfrau" – Nimmt seine juristischen Studien wieder auf – Sein "Das Gelübde Luois XII." wird beim Dichterwettbewerb von der Académie Française abgelehnt – Ärgernis durch zwei satirische Gedichte: "Das Schlammloch" und "Der Anti-Zigeuner"	Ludwig XIV. zwingt den obersten Gerichtshof, die Bulle "Unigenitus" zu Protokoll zu nehmen – Frieden von Rastatt – Katastrophale Lage der französischen Staatsfinanzen – "Monadologie" von Leibniz
1715	Verkehrt im "Temple" und mit den Libertins – Liest in Sceaux vor der Duchesse du Maine seine Tragödie "Ödipus"	Tod Ludwigs XIV., für den erst fünfjährigen Thronfolger übernimmt bis 1723 Philippe von Orléans die Regentschaft – Beginn des Leibniz-Clarke-Briefwechsels (bis 1716)
1716	Verbannung wegen eines satirischen Gedichts nach Tulle, dann nach Sully-sur-Loire – Liason mit Mademoiselle de Livry	Der Schotte John Law wird Finanzberater des Regenten, Gründung der Generalbank durch Law – Konzessionserwerb zur Ausbeutung französischen Kolonialbesitzes am Mississippi – Tod von Leibniz
1717	Rückkehr nach Paris und Wohnung in der Rue de la Calande – Beginnt mit der "Henriade" – Einkerkerung in der Bastille (Mai) wegen einer Satire auf den Regenten	Erste Freimaurergroßloge in London – Peter I. in Paris – Schulpflicht in Preussen
1718	Wird aus der Bastille (April) entlassen und geht ins Exil nach Châtenay – Die erfolgreiche Aufführung des "Ödipus" bringt die gesellschaftliche Rehabilitierung – Notariat und Studium werden endgültig aufgegeben	Laws Bank wird Staatsunternehmen – Halley erkennt Eigenbewegung der Fixsterne
1719	Nimmt den Namen "Voltaire" an – Veröffentlichung des "Ödipus" – Aufenthalt auf den Schlössern Sully, Villarts, Le Bruel bei befreundeten Adligen	Französisch-spanischer Krieg – es erscheint "Robinson Crusoe" von Defoe
1720	Erste Aufführung von "Artémire" – Vorlesung von Fragmenten der "Henriade" bei Lord Bolingbroke in "La Source" bei Orléans	Bankrott des Lawschen Finanzsystems, die Gebrüder Pâris (Voltaires finanzielle Ratgeber) nehmen Laws Platz ein
1721	Überreicht sein Manuskript "La Henriade" dem Regenten und zieht Nutzen aus dem Zusammenbruch des Lawschen Systems – Prügel durch Polizeispitzel Beauregard	Ende des Nordischen Krieges, Rußland wird europäische Großmacht – "Persische Briefe" von Montesquieu erscheinen – von 'sGravesande erscheint "Physices elementa mathematica, experimentis confirmata, sive Introductio ad philosophiam Newtoniam"
1722	Tod des Vaters – Bewirbt sich um eine geheime Mission in Deutschland – Reist mit Mme de Rupelmonde nach Brüssel und Holland – Begegnung mit dem Dichter Jean-Baptiste Rousseau – Schreibt einen weltanschaulichen Schlüsseltext "Das Für und das Wider"	

1723	"Essay über die Bürgerkriege" beendet – Verhältnis mit Mme Bernières – Veröffentlichung der "Henriade" unter dem Titel "Poem der Liga " – Erkrankt an den Blattern und wird von Adrienne Lecouvreur gepflegt – Schreibt die Tragödie "Mariamne"	Ludwig XV. besteigt den französischen Thron – "Vernünftige Gedanken von den Wirkungen der Natur" von Wolff
1724	Mißerfolg von "Mariamne" – Mit Herzog von Richelieu in Bad Forges – Seine Gesundheit verschlechtert sich	Deklaration des Königs gegen die Protestanten – Erlaß gegen das Betteln
1725	Drei Stücke Voltaires bei der Hochzeit Ludwigs XV. aufgeführt – Erste Aufführung "Der Indiskrete" – Schickt "Henriade" an Georg I. von England – Pension aus der Schatulle der Königin – Beginn der zwanzigjährigen Fehde mit Desfontaines	Erste Freimaurerloge in Paris – Ludwig XV. heiratet Marie Leszcinska – Tod Peters I. – Gründung der Akademie der Wissenschaften in Petersburg
1726	Prügel durch Bedienstete des Chevalier de Rohan – Kommt in die Bastille – Auf dem Weg ins englische Exil; kehrt heimlich nach Paris zurück, um Rohan zum Duell zu provozieren – Erzwungene Reise nach England	Fleury Premierminister, setzt die Reichsfinanzpächter wieder ein – "Gullivers Reisen" von Swift erscheint
1727	Wird Georg I. vorgestellt – Teilnahme an der Beisetzung Newtons – Veröffentlicht auf Englisch "Essay über die Bürgerkriege Frankreichs" und "Essay über epische Dichtung" – Unterhält sich mit Fabrice über das Leben Karls XII., dessen Geschichte er zu schreiben beginnt – Begegnet Swift, Pope, Congreve, Walpole, Gay und vor allem Clarke sowie kurz Bischof Berkeley.	Kardinal Fleury übernimmt die politische Leitung des Staates – Tod von Newton – "Reflexionen über die Monarchie" von Montesquieu
1728	Veröffentlicht in London die "Henriade", die er der Königin von England widmet – Kehrt nach Frankreich, jedoch nicht nach Paris zurück	Bradley entdeckt Aberration des Fixsternlichtes – "A view of Sir Isaac Newton's philosophy" von Pemberton (1793 dt.)
1729	Tragödie "Brutus" – "Geschichte Karls XII." und "Philosophische Briefe" begonnen – Aufenthalt am Hof in Lothringen – Erhält die Erlaubnis, in Paris zu wohnen - – Sprengt mit La Condamine die Lotterie des Ministers Pelletier und legt sein Vermögen bei den Brüdern Pâris an	"Elementa physices" von Musschenbroek (1739 frz., 1747 dt.)
1730	"Geschichte Karls XII." beendet – Erstaufführung des "Brutus" – Poem "Der Tod von Mademoiselle Lecouvreur" – Aufenthalt in den Bädern von Plombières mit Richelieu	

1731	"Geschichte Karls XII." beschlagnahmt – "Brutus"-Vorlesung vor Jesuiten – Aufenthalt in Rouen	Bei den englischen Gerichten wird die lateinische Sprache durch die englische ersetzt – "Manon Lescaut" von Prévost erscheint
1732	Aufführung der Hamlet-Adaption "Eriphyle" – "Das Jahrhundert Ludwigs XIV" begonnen – Erste Ausgabe der "Werke" (zwei Bände) erscheint in Amsterdam – Triumphaler Erfolg der "Zaïre"– Aufnahme in die Académie Française abgelehnt	Maupertuis verteidigt als erster in Frankreich Newtons physikalisches Weltbild mit der Schrift "Abhandlung über die unterschiedlichen Gestalten der Sterne"
1733	Die Literatursatire "Der Tempel des Geschmacks" bringt die Literaten gegen ihn auf – "Alzire" – Operntexte "Tanis und Zélide" und "Sanson" – "Philosophische Briefe" erscheinen in England – Bekanntschaft mit Mme du Châtelet	
1734	"Adelaide du Guesclin" – "Philosophische Briefe" nach Veröffentlichung in Paris verbrannt – Haftbefehl, Flucht nach Lothringen, dann nach Cirey zu Mme du Châtelet	
1735	Arbeit an der "Pucelle" und am "Das Jahrhundert Ludwigs XIV" – Streit mit Desfontaines – Schulaufführung von "Tod von Julius Cäsar" – Rückkehr nach Paris gestattet – Aufenthalt in Lothringen – Lernt Pfarrer Meslier kennen	Erfindung der Spinnmaschine – "Systema naturae" von Linné
1736	Erstaufführung "Alzire" – "Der verlorene Sohn" – Erster Brief des preußischen Kronprinzen Friedrich an Voltaire, der eine lebenslange Korrespondenz einleitet – Flucht nach Holland, um nach Verbreitung des Gedichts "Das Weltkind" kein Risiko einzugehen	Expeditionsreisen nach Lappland (unter Maupertuis1736/37) und Peru (unter La Condamine 1736/44) bestätigen die Gravitationstheorie Newtons – "Mechanica" von Euler, die Erkenntnis enthaltend, daß ein kräftefreier Körper auf einer Fläche der kürzesten, der geodätischen, Linie folgt
1737	Überwacht in Amsterdam und Leyden den Druck der "Elemente der Philosophie Newtons" – Rückkehr nach Cirey – "Merope"	"Il Newtonianismo per le dame. Ovvero, dialoghi sopra la luce, i colori e l'attrazione" von Algarotti (1745 dt.)
1738	"Elemente der Philosophie Newtons" – Schriften zur Optik und Mechanik Newtons – Erste "Diskurse über den Menschen" – "Der Mißgünstige" – Vorlesungen der "Pucelle" in Cirey – Wissenschaftliche Experimente gemeinsam mit Mme du Châtelet	Arbeiteraufstände in England

1739	"Verteidigung der Philosophie Newtons" – Aufenthalt in Brüssel zur Prozeßführung zugunsten der Familie du Châtelet – Die Sammlung "Flüchtige Stücke in Vers und Prosa" und eine Ausgabe der ersten Kapitel von "Das Zeitalter Ludwigs XIV." werden beschlagnahmt	"Göttingische Anzeigen von gelehrten Sachen" als wissenschaftliche Bibliographie gegründet
1740	Korrigiert in Den Haag die Schrift "Anti-Machiavel" Friedrichs II. – Premiere von "Zulime" – Erste Begegnung mit König Friedrich II. auf Schloß Moyland – Rückkehr nach Belgien – "La Métaphysique de Newton" – Polemik Kahles gegen diese Schrift Voltaires	Ludwig XV. stellt England ein Ultimatum – Tod Friedrich Wilhelms I. von Preußen und des Kaisers Karl VI. – Friedrich II. besteigt in Preußen den königlichen, Maria Theresia in Österreich den kaiserlichen Thron – Abschaffung der Folter in Preußen – Beginn des Ersten Schlesischen Krieges – "Institutionen der Physik" von Mme du Châtelet – Die theosophische Schrift "Die Verehrung und Liebe Gottes" von Swedenborg erscheint
1741	Erfolgreiche Aufführung des "Mahomet" in Lille – "Essay über die Sitten und den Geist der Nationen" unter dem Titel "Universalgeschichte" begonnen – In deutscher Übersetzung "Die Metaphysik des Neuton oder Vergleichung der Meinungen des Herren von Leibniz und des Neutons"	Französisch-Preußische Allianz – Neue Diskussionen um die Bulle "Unigenitus" – Maupertuis wird Präsident der Preußischen Akademie der Wissenschaften – Tod von Jean-Baptiste Rousseau
1742	Aufführung des "Mahomet" in Paris, anschließend Spielverbot – Reisen nach Brüssel und Paris	
1743	Premiere der "Merope" – Aufführungsverbot für "Tod des Julius Cäsar" – Mit Regierungsauftrag in Berlin – Wiederholte Ablehnung der Aufnahme in die Académie Française, aber Aufnahme in die Royal Society of London	Tod von Kardinal Fleury – "Abhandlung über die Dynamik" von d'Alembert
1744	Auftrag zur Abfassung eines Festspiels – "Merope" veröffentlicht – Arbeit am Festspiel "Die Prinzessin von Navarra"	Ludwig XV. erklärt England und Österreich den Krieg, dringt nach Piemont und in die Niederlande ein, erobert Freiburg – Friedrich II. beginnt im Bündnis mit Frankreich gegen Österreich den Zweiten Schlesischen Krieg Schwere Erkrankung Ludwigs XV., dessen Genesung und Rückkehr nach Paris vom Volk stürmisch gefeiert wird – Streik der Seidenweberinnen von Lyon – Voltaires Schulfreund d'Argeson wird Außenminister

1745	"Die Prinzessin von Navarra" in Verailles erfolgreich aufgeführt – "Ode an den Sieg von Fontenoy" – "Der Tempel des Geschmacks" – "Abriß der Geschichte Ludwigs XV. – Korrespondenz mit dem Papst über "Mahomet" – Ernennung zum Hofhistoriographen – lernt Jean-Jaques Rousseau kennen – Beginn des Verhältnisses mit seiner Nichte Mme Denis	Marquise de Pompadour wird tonangebend am französischen Hof
1746	Wahl in die Académie Française – Mitglied der Preußischen und der Petersburger Akademie – Ernennung zum königlichen Kammerherrn – Erste Begegnung mit d'Alembert	Diderots "Philosophische Gedanken" werden öffentlich verbrannt – "Geschichte meiner Zeit" (in französischer Sprache) von Friedrich II.
1747	"Zadig" in Holland gedruckt – "Memnon" – "Babouc"– "Scarmentado" – Flucht nach Sceaux zur Herzogin von Maine - In deutscher Übersetzung "Sammlungen verschiedener Briefe des Herrn von Voltaire die Engelländer und andere Sachen betreffend"	Diderot und d'Alembert werden mit der Leitung der "Enzyklopädie" betraut – "Gedanken von der wahren Schätzung der lebendigen Kräfte" von Kant – Franklin beginnt Experimente zur Elektrizität
1748	Aufenthalt am Hofe in Lunéville – Mme du Châtelet verliebt sich in den Marquis de Saint-Lambert – Erfolgreiche Premiere der "Semiramis"	"Eine Untersuchung über den menschlichen Verstand" von Hume – "Geist der Gesetze" von Montesquieu erscheint in Genf – Lamettries "Der Mensch - eine Maschine" erscheint in Holland – Die "Naturgeschichte" Buffons beginnt mit dem Band "Theorie der Erde"
1749	Premiere der Komödie "Nanine" – Mme du Châtelet stirbt bei der Geburt einer Tochter	Steuerkonflikt des Finanzministers mit den privilegierten Ständen – Edikt gegen das Streik- und Koalitionsrecht der Arbeiter – Diderot in Festungshaft wegen der Schrift "Brief über die Blinden zum Gebrauch der Sehenden" – "Naturgeschichte" von Buffon
1750	Ist in Paris, Mme Denis zieht zu ihm in die Rue Traverière Saint-Honoré – Dialog "Verschönerung der Stadt Kaschmir" – Abreise zu Friedrich II. – Beginn des definitiven Exils – Ernennung zum Kammerherrn Friedrichs II. – Prozeß mit Hirschel	Jean-Jaques Rousseaus "Abhandlung über die Künste und Wissenschaften" "Prospekt zur Enzyklopädie" – Franklin erfindet den Blitzableiter
1751	Arbeit am "Zeitalter Ludwigs XIV.", das am Jahresende in erster Fassung in Berlin erscheint – "Dialog zwischen einem Philosophen und einem Generalkontrolleur der Finanzen" – Ohne Genehmigung erscheinen erstmalig in Paris die "Werke"	Der erste Band der "Enzyklopädie" erscheint mit d'Alemberts Einleitung – Tod Lamettries

1752	"Geschichte des Krieges von 1741" beendet – Im Streit zwischen Maupertuis und Samuel König ergreift er Partei gegen den Akademiepräsidenten – Plan zu einem "Philosophischen Wörterbuch" – Entschluß, Berlin zu verlassen – Die Satire gegen Maupertuis "Akakia" wird auf königlichen Befehl verbrannt – "Mikromegas", woran er seit den dreißiger Jahren in Zusammenhang mit der Newton-Beschäftigung gearbeitet, erscheint	Zweiter Band der "Enzyklopädie", die zeitweise verboten wird – Lehrgedicht "Die Natur der Dinge" von Wieland
1753	Zerwürfnis mit Friedrich II. – Abreise aus Berlin und Fahrt über Leipzig nach Gotha, wo er im Auftrage der Herzogin "Annalen des Kaiserreichs" beginnt – Verhaftung in Frankfurt a. M. durch den preußischen Residenten – Besuch beim pfälzischen Kurfürsten – Aufenthalt in Colmar, da Paris versperrt – "Universalgeschichte" erscheint in Den Haag	Staatsbankrott, Verwarnungen des Parlaments
1754	Arbeit am "Essay über die Sitten" in der Benediktinerabtei von Senones – Ankunft in Genf	"Abhandlung über die Ungleichheit" von Jean-Jaques Rousseau – "Gedanken über die Interpretation der Natur" von Diderot – Frérons Zeitschrift "Année littéraire" beginnt zu erscheinen – Tod Christian Wolffs
1755	Kauft das Schloß "Les Délices" bei Genf – Läßt den Drucker Grasset wegen Raubdrucks der "Jungfrau" verhaften – Beschwerde des Genfer Konsistoriums über Theateraufführungen in "Les Délices" – Schreibt "Das Erdbeben von Lissabon" – Wird Mitarbeiter der "Enzyklopädie"	Tod von Montesquieu – "Gesetzbuch der natürlichen Gesellschaft" von Morelly erscheint – "Allgemeine Naturgeschichte und Theorie des Himmels" von Kant
1756	"Essay über die Sitten" erscheint in Genf – Enzyklopädieartikel "Geschichte"	Beginn des Siebenjährigen Krieges – Die Zeitschrift "Journal encyclopédique" beginnt zu erscheinen – Drei Abhandlungen über das Erdbeben von Lissabon und "Monadologia physica" von Kant
1757	Auf Ersuchen des russischen Botschafters Beginn der "Geschichte Rußlands unter Peter dem Großen" – Friedrich II. nimmt Korrespondenz mit Voltaire, der mit dem Außenminister Bernis befreundet ist, wieder auf, da er nach einer Aussöhnung mit Frankreich sucht – Regt d'Alembert zu dem Enzyklopädie-Artikel "Genf" an, der in Genf zum Skandal wird	Attentat auf Ludwig XV. wird zum Vorwand genommen, um die Maßnahmen gegen Schriftsteller und Verleger zu verschärfen – Französische Armee wird von der Armee Friedrichs II. geschlagen – Tod Fontenelles – "Naturgeschichte der Religion" von Hume

1758	Erneuter Besuch beim pfälzischen Kurfürsten – Kauft Ferney und die Grafschaft Tournay an der französischen Grenze zur Schweiz	D'Alembert verläßt die "Enzyklopädie" – "Brief an d'Alembert über die Schauspiele" von Jean-Jaques Rousseau – Das bürgerliche Drama "Der Hausvater" und "Abhandlung über die dramatische Dichtkunst" von Diderot – "Vom Geiste" von Helvétius – "Tableau économique" von Quesnay
1759	"Candide"erscheint und wird verboten – Sein Poem "Das natürliche Gesetz" wird zusammen mit der "Enzyklopädie" (sieben Bände) und Helvétius' "Vom Geiste" in Paris verbrannt – Beginn der Kampagne gegen die Kirche mit "Vernichtet die Verruchte"	Verbot der jetzt achtbändigen "Enzyklopädie" – "Essay über die Elemente der Philosophie" von d'Alembert – Clairaut schließt auf einen unbekannten Planeten – "Briefe, die neueste Literatur betreffend" von Lessing – "Tristtram Shandy" von Sterne
1760	Schwierigkeiten mit dem Konsistorium in Genf – Läßt sich in Ferney nieder – Aufführung von "Tankred" und "Die Schottin" in Paris – Aufnahme der Großnichte Corneilles – Bruch mit Jean-Jaques Rousseau	Französische Niederlagen in Indien und Kanada – "Differentialgleichungen" von d'Alembert – "Emile oder Von der Erziehung" von Rousseau – Friedrichs II. "Werke des Philosophen von Sanssouci" – Lambert bestimmt Grundgesetze der Photometrie – Black unterscheidet zwischen Temperatur und Wärmemenge, begründet die Kaliorimetrie
1761	Läßt als Patron die Kirche in Ferney umbauen - Beginnt den "Kommentar zu Corneille" – "Predigt des Rabbi Akkiba" – Komödie "Das Recht des Herrn"	Selbstmord des Marc-Antoine Calas – Preisfrage der Preußischen Akademie der Wissenschaften: "Sind die metaphysischen Wissenschaften derselben Evidenz fähig wie die mathematischen?"
1762	Intensiviert seinen Kampf für Toleranz und Gerechtigkeit: "Geschichte von Elisabeth Canning und Jean Calas" – "Predigt der Fünfzig", "Auszüge der Gedanken Jean Mesliers" Wird zum Anwalt der Verfolgten und macht den Calas-Prozeß zur Affäre	Der oberste Gerichtshof befiehlt die Verteibung der Jesuiten – "Der Gesellschaftsvertrag" von Rousseau erscheint, sein "Emile" wird verbrannt und gegen ihn Haftbefehl erlassen – "Rameaus Neffe" von Diderot – "Kreuzzüge eines Philologen" von Hamann
1763	Erfolg im Calas-Prozeß, der revidiert wird – Mademoiselle Corneille heiratet, ausgestattet mit einer von Voltaire gestifteten Mitgift – Zweibändige "Geschichte Rußlands unter Peter dem Großen" abgeschlossen – "Abhandlung über die Toleranz"	Frieden von Paris, Ende des Siebenjährigen Krieges – "Der einzig mögliche Beweisgrund zu einer Demonstration des Daseins Gottes" von Kant – "Neues Organon" von Lambert

1764	Interveniert zugunsten hugenottischer Galeerensträflinge – Schlägt vor, eine Kolonie mit französischen Protestanten in Guyana anzusiedeln – "Rede an die Welschen" – "Philosophisches Taschenwörterbuch" – Erzählungen "Jeannot und Colin" und "Der Weiße und der Schwarze" – Veröffentlicht d'Alemberts Schrift "Über die Vernichtung der Jesuiten"	Auflösung des Jesuitenordens in Frankreich – Todesurteil gegen Pierre-Paul Sirven – Tod der Marquise de Pompadour – "Von den Verbrechen und den Strafen" von Beccaria – "Briefe vom Berge" von Jean-Jaques Rousseau – "Geschichte der Kunst des Altertums" von Winckelmann – "Abhandlung über die Evidenz in den metaphysischen Wissenschaften" von Moses Mendelssohn
1765	Jean Calas wird rehabilitiert – "Philosophie der Geschichte" erscheint in Holland – "Fragen über die Wunder" – Denkschrift zum Fall Sirven – Freispruch der Familie Calas – Der russische Botschafter besucht Ferney	Freier Handel für alle Untertanen des Königs – Die letzten Textbände der "Enzyklopädie" erscheinen – Nicolai gibt in Berlin die "Allgemeine Deutsche Bibliothek" heraus
1766	Greift in die Genfer politischen Auseinandersetzungen ein – Aufruf an die Genfer Uhrenarbeiter – "Kommentar zu Beccarias 'Von den Verbrechen und den Strafen'" – "Der unwissende Philosoph" – Fühlt sich durch die Hinrichtung La Barres bedroht und zieht sich in die Schweiz zurück – Schlägt den französischen Philosophen vor, auf preußisches Territorium auszuwandern	Lothringen kommt an Frankreich – Jean-Jaques Rousseau in London bei Hume – "Geschichte des Agathon" von Wieland – "Laokoon" von Lessing
1767	"Das Diner beim Grafen Boulainvilliers" – "Das Naturkind" – "Wichtige Untersuchung des Grafen Bolingbroke" – "Bericht über den Tod des Chevalier de La Barre" – Revision des Sirven-Prozesses beginnt	Erstmalige Verwendung von Eisenschienen im englischen Bergbau – Beginn der Weltumsegelung Bougainvilles – "Das entschleierte Christentum" von Holbach – Chodowickis Kupferstich – "Abschied des Jean Calas von seiner Familie" wird verbreitet – "Hamburgische Dramaturgie" und "Minna von Barnhelm" von Lessing
1768	$\mathrm{M^{me}}$ Denis muß Ferney für zwei Jahre verlassen, da sie Manuskripte verkauft hat – Feiert als Patron Ostern in seiner Kirche und predigt seinen Bauern – Erzählungen "Der Mann mit den vierzig Talern" und "Die Prinzessin von Babylon" – "Das Abc oder Dialoge zwischen A, B und C"	Erste Weltreise Cooks
1769	"Geschichte des Parlaments von Paris" – "Die Vernunft nach dem Alphabet" – Unterstützt unzufriedene Bürger von Genf bei der Gründung einer Uhrmachermanufaktur in Freney – Eigene Seidenstrumpfproduktion	Watt erwirbt für seine Dampfmaschine das Patent – Monopol der Gesellschaft für den Handel mit den beiden Indien wird aufgehoben – "D'Alemberts Traum" von Diderot – "Journal meiner Reise nach Frankreich" von Herder

1770	Beginn der Arbeit an "Fragen über die Enzyklopädie" – Subskription in ganz Europa für eine Voltaire-Statue von Pigalle	Beginn der ökonomischen Krise in Frankreich, Unruhen und Aufstände nehmen zu – Konflikt zwischen König und Parlament – "System der Natur" von Holbach – "Bekenntnisse" von Jean-Jaques Rousseau – Kant verfaßt "Von der Form der Sinnen- und der Verstandeswelt und ihrem Grunde" und arbeitet (bis 1781) an der "Kritik der reinen Vernunft"
1771	Begrüßt die Entmachtung der französischen Gerichthöfe – Sirven wird freigesprochen	Beseitigung der Leibeigenschaft in Savoyen – Russen erobern die Krim
1772	"Die Gesetze des Minos" – Schreibt eine Ode zum zweihundertsten Jahrestag der Bartholomäusnacht – "Fragen über die Enzyklopädie" erscheint in neun Bänden	Erste Teilung Polens – Affäre zwischen Beaumarchais und Goezmann – Diderot reist nach Rußland – "Emilia Galotti" von Lessing – "Über den Ursprung der Sprache" von Herder – "Briefe an eine deutsche Prinzessin" von Euler
1773	Schwere Erkrankung, stark verringerte Arbeitskraft – Erneute Anklage gegen einen Justizmord in "Historische Fragmente über Indien und über den General Lally"	Gründung der Großloge "Le Grand Orient de France" – Diderot bei Katharina II. in Petersburg – Erste Stahlbrücke in London – Diderot beendet "Jakob und sein Herr" – Postum erscheint "Über den Menschen" von Helvétius – "Götz von Berlichingen" von Goethe – "Von deutscher Art und Kunst" von Herder
1774	Erzählungen "Der weiße Stier" und "Der einäugige Lastträger" – "Sophonisbe" in Paris ausgepfiffen – Vergebliche Bemühung um die Rehabilitierung d'Etallondes, des Gefährten von La Barre,	Regierungsantritt Ludwigs XVI. – Wiedereinsetzung des obersten Gerichtshofes – Befehl des Königs, Voltaires Nachlaß nach dessen Tod zu versiegeln – Turgot wird Finanzminister – Lessings "Fragmente des Wolfenbütteler Ungenannten" – "Die Leiden des jungen Werther" von Goethe – "Auch eine Geschichte zur Bildung der Menschheit" von Herder – Lavoisier erkennt Erhaltung der Masse bei chemischen Prozessen
1775	"Schrei des unschuldigen Blutes" – "Jennis Geschichte" – Die "gerahmte" Ausgabe der "Vollständigen Werke" erscheint in Genf (Cramer) – Erreicht durch Turgot die Entlassung des Gebietes von Ferney aus der Generalpacht und wird von der Bevölkerung gefeiert – "Lobrede auf die Vernunft" – Turgot besucht Ferney	"Mehlkrieg" in Frankreich – Der Landgraf von Hessen verkauft 12800 Soldaten an England für den Krieg in Nordamerika – "Barbier von Sevilla" von Beaumarchais

1776	"Die endlich erklärte Bibel" erscheint	Sturz Turgots aufgrund seiner Edikte über die Freiheit des Handels und der Industrie – Entlassung Malesherbes – Unabhängigkeitserklärung der Vereinigten Staaten von Amerika, Erklärung der Menschenrechte und Trennung von Staat und Kirche – Benjamin Franklin in Paris – in England Gründung der ersten Gewerkschaft – "Sturm und Drang" von Klinger – "Eine Untersuchung über das Wesen und die Ursachen des Reichtums der Nationen" von Adam Smith
1777	"Dialoge des Eubemeros" – "Preis der Gerechtigkeit und der Menschlichkeit"	Schwere Finanzkrise in Frankreich
1778	Ankunft in Paris (Februar), empfängt über dreihundert Besucher, erkrankt schwer – Unterzeichnet einen Widerruf, verweigert aber die Kommunion – Ehrung in der Académie Française – Triumph der "Irène" – Stirbt am 30. Mai, seine Leiche wird heimlich überführt und in der Abtei Seillières in der Champagne beigesetzt – Mme Denis verkauft Ferney – Katharina II. kauft die Bibliothek	
1789		Mit dem Sturm auf die Bastille beginnt die Französische Revolution
1791	Auf Beschluß der Nationalversammlung werden die sterblichen Reste Voltaires ins Pantheon überführt	

Vgl. auch die tabellarischen Darstellungen von Voltaires Leben und seiner Zeit in: J. Orieux, Das Leben des Voltaire, Frankfurt a. M. 1968; T. Bergner, Voltaire. Leben und Werk eines streitbaren Denkers, Berlin 1976; M. Fontius, Voltaire. Ein Lesebuch für unsere Zeit, Berlin/ Weimar 1989. Von den zahlreichen Voltaire-Biographien sei besonders erinnert an: D. F. Strauß, Voltaire, neu hrsg. und mit Anmerkungen versehen von Hans Landsberg, Leipzig 1924.

Personenregister

Das Register führt im Text (und in Titeln) erwähnte Personen sowie zitierte Autoren auf, nicht jedoch Herausgeber sowie lediglich zur Zeitcharakterisierung genannte Namen.

Hier liegt – wenn man euch glauben wollte,
Ihr frommen Herrn! – der längst hier liegen sollte.
Der liebe Gott verzeih' aus Gnade
Ihm seine Henriade
Und seine Trauerspiele
Und seiner Verschen viele;
Denn was er sonst ans Licht gebracht,
Das hat er ziemlich gut gemacht.

G. E. Lessing, Grabschrift auf Voltaire

Bei Fragen zur Produktsicherheit wenden Sie sich bitte an:
If you have any questions regarding product safety,
please contact:

Walter de Gruyter GmbH
Genthiner Straße 13
10785 Berlin
productsafety@degruyterbrill.com